Erwin Rutte
Bayerns Erdgeschichte

ERWIN RUTTE

Bayerns Erdgeschichte

Der geologische Führer durch Bayern

Mit über 150 teils farbigen Abbildungen
und Karten

Ehrenwirth

CIP-Kurztitelaufnahme der Deutschen Bibliothek

Rutte, Erwin:
Bayerns Erdgeschichte. Der geologische Führer durch Bayern / Erwin Rutte. 1. Aufl. –
München: Ehrenwirth 1981.
 ISBN 3-431-02348-7

ISBN 3-431-02348-7
© 1981 by Franz Ehrenwirth Verlag GmbH & Co. KG, München
Gesamtherstellung: Welsermühl, Wels
Printed in Austria 1981

Inhaltsverzeichnis

Vorwort 7
Einleitung 8

Das Alte Gebirge 13

Frankenwald 17
  Präkambrium 17
  Kambrium 18
  Ordovizium 18
  Silur 20
  Devon 20
  Karbon 22
Münchberger Gneismasse 22
  Landschaftliches 26
  Wirtschaftliches 26

Fichtelgebirgszone 27
Sedimente und metamorphe Gesteine ... 27
Granite 30
  Landschaftliches 32
  Wirtschaftliches 33

Oberpfälzer Wald 34
Metamorphite 34
Granite 35
  Landschaftliches 36
  Wirtschaftliches 37

Bayerischer Wald 38
Metamorphite 38
Granite 41
  Landschaftliches 43
  Wirtschaftliches 43

Kristalliner Vorspessart 44
  Landschaftliches 47
  Wirtschaftliches 47

Das Alte Gebirge unter dem Deckgebirge 47

Deckgebirge 51

PERM 52

Rotliegendes 52
  Landschaftliches 54
  Wirtschaftliches 55

Zechstein 55
  Landschaftliches 58
  Wirtschaftliches 58

TRIAS 59

Buntsandstein 60
  Landschaftliches 65
  Wirtschaftliches 66

Muschelkalk 67
Wellenkalk 71
  Landschaftliches 74
  Wirtschaftliches 76
Mittlerer Muschelkalk 76
  Landschaftliches 77
  Wirtschaftliches 78
Hauptmuschelkalk 78
  Landschaftliches 81
  Wirtschaftliches 81
Muschelkalk in randnaher
und terrestrischer
Ausbildung 82

Keuper 83
Lettenkeuper 87
  Landschaftliches 88
  Wirtschaftliches 88
Mittlerer Keuper 88
Rhät 96
  Landschaftliches 96
  Wirtschaftliches 97

Alpine Trias 98
Skyth (Buntsandstein) 100
  Werfener Schichten und Haselgebirge 101
Anis und Ladin 102
  Reichenhaller Schichten 102
  Alpiner Muschelkalk 102
  Ramsaudolomit 103
  Partnachschichten 103
  Wettersteinkalk 103
Karn 104
  Raibler Schichten 104
  Bunte Hallstätter Kalke 104
Nor und Rhät 105
  Hauptdolomit 105
  Plattenkalk 106
  Kössener Schichten 106
  Dachsteinkalk 106
  Oberrhätkalk 107

JURA 108

Lias 110
Lias Alpha 111
Lias Beta 111
Lias Gamma 111
Lias Delta 112
Lias Epsilon 112
Lias Zeta 113
   Landschaftliches 113
   Wirtschaftliches 113

Dogger 114
Dogger Alpha 115
Dogger Beta 115
Dogger Gamma 116
Dogger Delta 116
Dogger Epsilon 116
Dogger Zeta 117
   Landschaftliches 117
   Wirtschaftliches 118

Malm 118
Malm Alpha 126
Malm Beta 126
Malm Gamma 127
Malm Delta 128
Malm Epsilon 128
Malm Zeta 129
   Landschaftliches 130
   Wirtschaftliches 130

Alpiner Jura 132
Lias 132
Dogger 134
Malm 134

KREIDE 136
   Wirtschaftliches 141

Alpine Kreide 142
Kreide in den Kalkalpen 142
Kreide in der Flysch-Zone 144
Kreide in der Helvetikum-Zone .. 146

TERTIÄR 148

Inneralpines Tertiär 149
Tertiär in der Flysch-Zone 149
Tertiär in der Helvetikum-Zone . 150

Molasse 151
   Schichtenfolge 155
   Obere Meeresmolasse 159
   Subjurassische Sonderbildungen 160
   Obere Süßwassermolasse 161

Braunkohlentertiär 164
   Oberpfalz/Niederbayern 164
   Fichtelgebirgszone 168
   Rhön 170
   Untermain 170
   Mittelfranken/Südliche Frankenalb 171

Vulkanismus 172
   Untermaingebiet/Mainischer
   Odenwald 175
   Rhön 175
   Mineralwasser und Heilquellen 176
   Heldburger Gangschar 176
   Bamberger/Coburger Raum 178
   Ostbayerisches Altes Gebirge und
   Vorland 178

Riesereignis 180

TEKTONIK UND LAGE-
RUNGSVERHÄLTNISSE 203

Alpen 203

Außeralpines Bayern 205

ERDBEBEN 212

QUARTÄR 213

Altmühldonau 214
Arvernensiszeit 219
Ältestpleistozän 221
Altpleistozän 223

Pleistozän im Glazialbereich . 227
Mindel 227
Holstein 228
Riß 228
Eem 228
Würm 230

Pleistozän im Periglazialbereich . 236
Mittelpleistozän 236
Jungpleistozän 236
   Löß 238
   Flugsand 240
Schichtstufenlandschaft 240
Karsterscheinungen 241
Der fossile Mensch 245

Holozän 247

Danksagung 250
Ortsregister 251
Sachregister 260

Vorwort

Jede geologische Formation ist in Bayern in Aufschlüssen über Tage vertreten. Baden-Württemberg kennt keine Kreide, Böhmen hat weder Trias noch Jura zu bieten. Von den erdgeschichtlichen Dokumenten gelten als einmalig der Urvogel *(Archaeopteryx lithographica)*, der kleinste aller Dinosaurier *(Compsognathus longipes)*, das größte Amphibium *(Mastodonsaurus ingens)* und die langlebigste Tierart, das Blattfüßlerkrebschen *Triops cancriformis*.

Im fränkischen Muschelkalk gibt es die größten Austernriffe und den bisher einzigen vollständigen Nautilus-Kiefer. Eine Besonderheit sind die Werkzeuge des ältesten Europäers *Homo erectus heidelbergensis* aus dem Altpleistozän von Würzburg. Bei Miesbach sind 6500 Meter Gestein durchbohrt und wissenschaftlich untersucht worden. Beispielhaft wurde die im Voralpenland aufgestellte Gliederungsmaxime des Eiszeitalters.

Berühmt sind die Münchberger Gneismasse, der fränkische Quaderkalk, das Nördlinger Ries – und die Würzburger Lügensteine, die ersten (1726) in gewinnsüchtiger Absicht hergestellten Falsifikate von Fossilien.

Ein Abriß der Erdgeschichte von Bayern, der einigermaßen allgemeinverständlich sein möchte, muß mit vielen Kompromissen zusammengestellt werden. Er kann weder die Erläuterung zu einer geologischen Karte noch ein Lehrbuch noch ein Sprachrohr für Hypothesen sein.

Gerade in diesen Jahren ändern sich die wissenschaftlichen Befunde sehr rasch. Neben überholungsbedürftigen alten Anschauungen stehen brandneue Forschungsergebnisse. Manche Doktorarbeit ändert schlagartig eine althergebrachte Lehrmeinung. Bei der in den Erdwissenschaften üblichen Langwierigkeit des Gelehrtenstreits und dem verbreiteten Unwillen, sich neuen Gedankengängen anzuschließen, fallen Entscheidungen manchmal erst nach Jahrzehnten – dann erst, wenn sie längst wieder überholungsbedürftig geworden sind.

So entstand eine durchaus unfertige, sehr subjektiv eingestellte Momentaufnahme.

Die in jedem besseren Lexikon enthaltenen Fachausdrücke werden nicht erläutert. Regionen mit leicht erreichbaren und geologisch instruktiven Landschaftsbildern sowie Aufschlüssen werden bevorzugt. Die Lage der Südlichen Frankenalb in der Mitte Bayerns bot sich zu einer ausführlicheren Darstellung der dortigen geologischen Besonderheiten an. Im übrigen sind die Vorkommen von Schichtgesteinen, in denen Fossilien gesammelt werden können, herausgestellt.

Die Ausführungen sind kürzer gehalten, wenn moderne Geologische Führer vorliegen.

Abbildungen, Karten und Tabellen sind durchlaufend mit einer Nummer versehen; im Text wird auf diese Zahl in Klammern verwiesen, z. B. (51). Die im Farbteil zusammengefaßten Bilder werden mit dem Vorsatz F gesondert bezeichnet, z. B. (F 14).

Einleitung

Erdgeschichte ist – in der Historischen Geologie – die chronologische Darstellung erdwissenschaftlicher Daten mit dem Ziel, den Werdegang des Planeten Erde von seinen Anfängen bis zum gegenwärtigen Zustand zu beschreiben.

Die erdgeschichtlichen Dokumente kommen von der Allgemeinen Geologie (mit Petrologie, Lithologie, Mineralogie, Geochemie, Sedimentologie, Bodenkunde, Astrophysik, Geophysik, Hydrologie, Tektonik). Es ist die Lehre

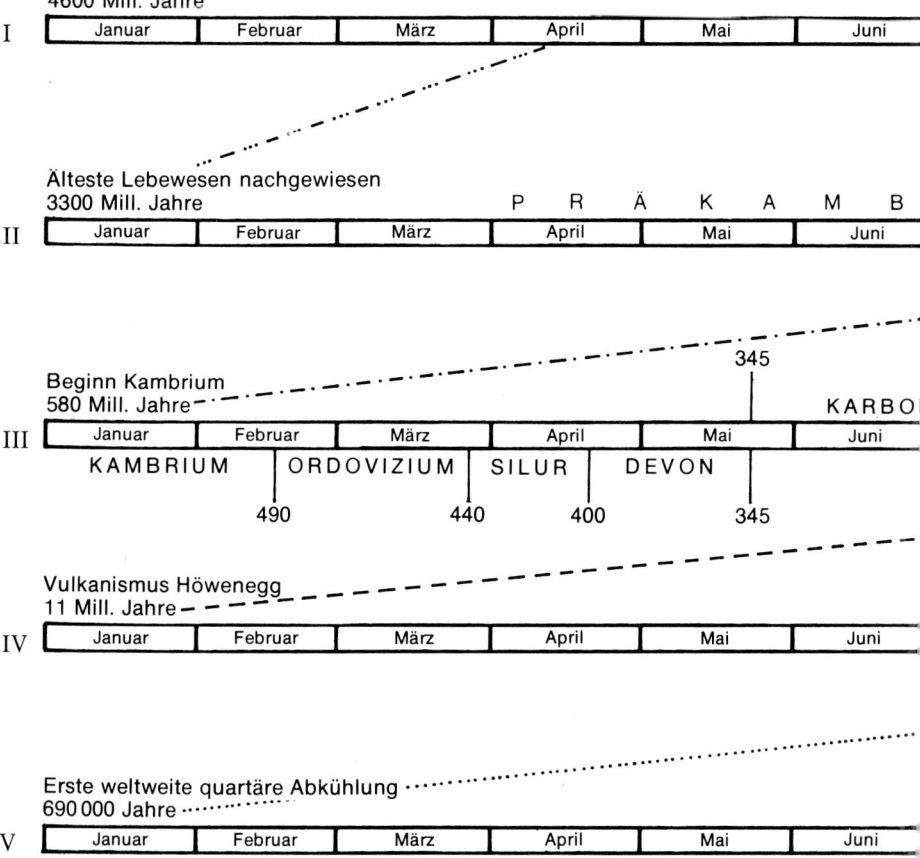

1 Das Verständnis für die **Dauer geologischer Zeiten** stellt sich am ehesten im Vergleich mit dem Kalender ein. Als Bezugspunkte sind anerkannte radiometrische Marken gewählt. In III sind die Werte der Formationstabelle (2) aufgetragen.
Wenn die zwölf Monate des Jahres auf die für 4600 Millionen Jahre angesetzte Entstehung der festen Erdkruste übertragen werden (I), dann fällt der Nachweis der ersten Lebewesen in die Mitte des April (II). Der Beginn Kambrium (III) liegt in I Mitte November, in II Ende Oktober. Das für Mitteleuropa wichtigste

vom Stoffbestand und Bauplan der Erdkruste, von den Vorgängen, die sich auf und in ihr vollziehen sowie von den physikalischen und chemischen Gesetzmäßigkeiten, die den Erscheinungen zugrunde liegen.

Weitere Daten liefert die Paläontologie (mit Paläobiologie und Palökologie). Es ist die Lehre von der in der erdgeschichtlichen Vergangenheit existenten Tier- und Pflanzenwelt, ihrer Entwicklung, Verbreitung und Fossilwerdung.

Die Stratigraphie (Formationskunde) informiert über die zeitliche Bildungsfolge und die Einstufung der Gesteine, Schichten und Formationen sowie die Altersbeziehungen unter Verwendung relevanter organischer Einschlüsse wie auch fazieller Ausbildungsunterschiede. Die Rekonstruktion geographischer bzw. klimatologischer Zustandsbilder für bestimmte Epochen der Erdgeschichte obliegt der Paläogeographie bzw. der Paläoklimatologie.

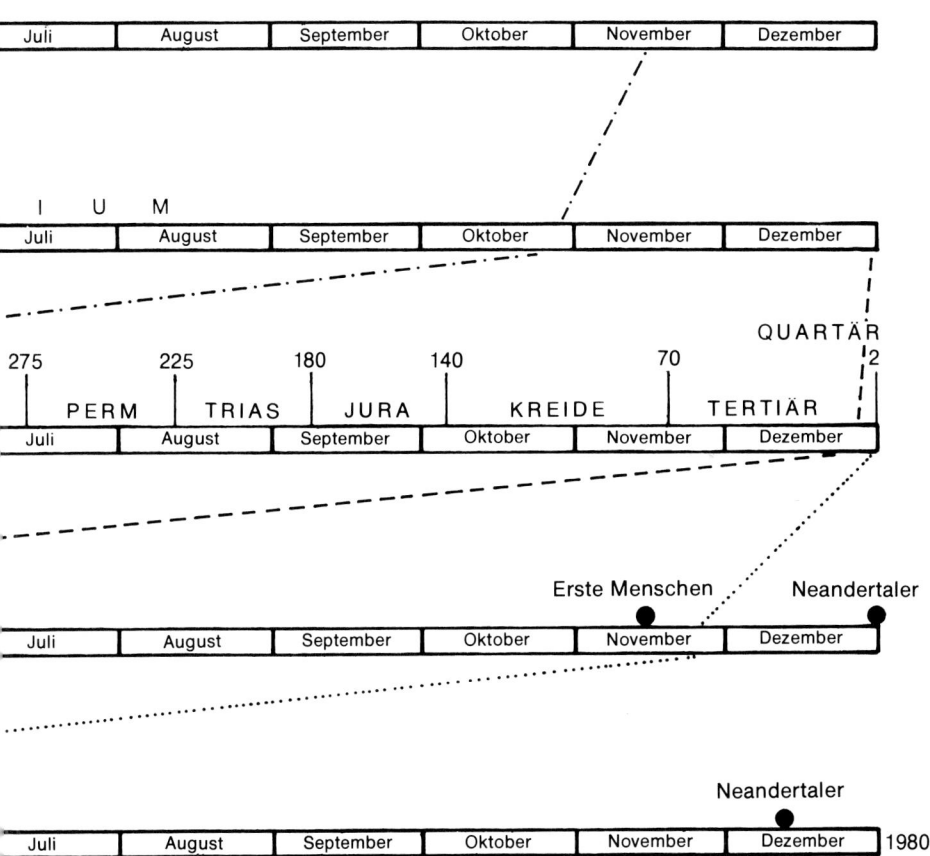

radiometrische Datum wurde in Basalten vom Vulkan Höwenegg (im Hegau) ermittelt. Die Vulkanite müssen jünger als altpliozäne Leitfossilien sein, da sie diese durchstoßen haben (IV). Elf Millionen Jahre fallen in III bereits auf Ende Dezember. Der Zeitpunkt für die erste weltweite Abkühlung (Beginn Mittelpleistozän) liegt in IV Ende November. Entsprechend wäre die Lebenszeit des *Homo erectus heidelbergensis* in die Mitte des November zu stellen. Die zeitliche Distanz zwischen Heidelberger und Neandertaler (IV bzw. V) ist erheblich.

Mit *Fazies* (lat. Gesicht) wird die Art und Weise der Ausbildung eines Gesteins umschrieben.

Die bei der Gesteinsentstehung mitwirkenden Elemente und Faktoren (Mineralgesellschaften, Fossilien, Bildungsraum, Milieu, Strukturierung usw.) werden beurteilt, in den Unterschieden verglichen und im sogenannten Faziesbegriff definiert.

Je nachdem, ob man für die Deutung einer Fazies in erster Linie den organischen Gehalt des Gesteins berücksichtigt oder den lithologischen bzw. petrographischen Charakter, spricht man von Biofazies oder Lithofazies bzw. Petrofazies. Werden Mineralgesellschaften in einem Gestein unter bestimmten chemischen oder physikalischen Vorzeichen zugrunde gelegt, dann wird die entsprechende Ausbildungsweise als Mineralfazies bezeichnet.

In der stratigraphischen Geologie wird im Regelfall der durch andersgeartete genetische Bedingungen verursachte Unterschied zwischen *gleichzeitig* entstehenden Gesteinen zum Ausdruck gebracht.

Ist ein Sediment hier sandig und dort tonig, dann steht die Sandfazies neben der Tonfazies. Die Küstenfazies unterscheidet sich von der Flachseefazies durch andere Fossilien, Körnung und Mächtigkeit. Der festländischen Kontinentalfazies steht irgendwo eine Marinfazies gegenüber, der Riffazies unweigerlich eine Riffschuttfazies, der fluviatilen Fazies eine Deltafazies, der limnischen eine brackische, der Beckenfazies eine Schwellenfazies. Windsedimente sind äolische Fazies, eiszeitliche sind Glazialfazies oder Fluvioglazialfazies. Es gibt Geröllfazies, tuffitische Fazies wie auch Algen-, Schnecken-, Korallen- und Brachiopodenfazies usw.

Die Geologie kennt zwei Arten der *Altersbestimmung*. Die Relative Altersbestimmung arbeitet in Schichtgesteinen mit der Stratigraphie und, im weitesten Sinne, mit der irreversiblen Entwicklung der Organismen. Das stratigraphische Grundgesetz besagt, daß jede höhere (hangende) Gesteinsschicht jünger als die tiefere, darunter liegende, sein muß.

Vergleiche von Schichtfolgen gleichartigen Fossilgehalts mit solchen, in denen die Organismen einen Wandel erkennen lassen, gestatten die Aufstellung einer relativen Ordnung (Biostratigraphie). Sie ist Grundlage der Gliederung in Formationen (2) und der Formationstabelle.

Die Absolute Altersbestimmung bedient sich zur Feststellung des absoluten Alters physikalisch-chemischer Methoden. Insbesondere werden die Erscheinungen der Radioaktivität ausgenutzt. Man kennt mittlerweile über 20 radiometrische Methoden. Allerdings sind nur bestimmte Stoffe, in erster Linie Minerale, meßbar.

Absolute Jahreszahlen, allerdings für geologisch kürzeste Zeitabschnitte, vermitteln ferner die Jahresring-Zählung in Baumstämmen, die jahreszeitlich bedingten Schichtungsrhythmen in Gletschertonen oder Salzgesteinen, die Wachstumsringe in Fischschuppen und Fisch-Gehörsteinchen.

Die Anwendbarkeit der radiometrischen Daten für erdgeschichtliche Betrachtungen wird gerne überschätzt. Auch ist zu berücksichtigen, daß das Erdjahr wegen anderer Rotations- und Umlaufgeschwindigkeiten der Erde in früheren Perioden vermutlich kürzer war.

Für die geologisch jüngeren Formationen stehen viel zuwenig Daten, die eine Eichung von Leitfossilien darstellen könnten, zur Verfügung.

Ära	Formation	Abteilung	Dauer in Mill. Jahren	Beginn vor Mill. Jahren
Känozoikum	Quartär	Holozän	2	8150 v. Chr.
		Pleistozän		2
	Tertiär	Pliozän	10	12
		Miozän	13	23
		Oligozän	10	33
		Eozän	20	53
		Paläozän	17	70
Mesozoikum	Kreide	Oberkreide	70	140
		Unterkreide		
	Jura	Malm		
		Dogger	40	180
		Lias		
	Trias	Keuper		
		Muschelkalk	45	225
		Buntsandstein		
Paläozoikum	Perm	Zechstein	50	275
		Rotliegendes		
	Karbon	Oberkarbon	70	345
		Unterkarbon		
	Devon	Oberdevon		
		Mitteldevon	55	400
		Unterdevon		
	Silur		40	440
	Ordovizium		50	490
	Kambrium	Oberkambrium		
		Mittelkambrium	90	580
		Unterkambrium		
Präkambrium	Jungproterozoikum	(Algonkium)	1220	1000
	Altproterozoikum			1800
	Archaikum		1700	3500
	Katarchaikum			
Bildung der Erstarrungsrinde der Erdoberfläche				4600

2 Tabelle der erdgeschichtlichen Formationen.

Der vollständige radiometrische Wert umfaßt die eigentliche Altersangabe und in der Regel einen Zahlenwert, der über die Verläßlichkeit der Analyse Auskunft gibt. So lautet beispielsweise die exakte Altersangabe für den mit der Kalium-Argon-Methode gemessenen Kuschberg-Basalt 19,2 ± 0,9 Millionen Jahre, für den Kammerbühl-Basalt (bei Karlsbad) 2,0 ± 1,8 Millionen Jahre (W. Todt & H. Lippolt, 1975).

Eines der wichtigsten radiometrischen Daten Mitteleuropas ist das auf 11 Millionen Jahre ermittelte Alter des Höwenegg-Basaltes (1). Er dringt durch Sedimente mit altpliozänen Leitfossilien – die also älter als der Basalt sein müssen.

Im Präkambrium und Paläozoikum werden hauptsächlich magmatische Gesteine und Metamorphite, im Tertiär Vulkanite herangezogen. Im Jungpleistozän und Holozän werden kohlenstoffhaltige Substanzen (Holzkohle, angekohlte Knochen, Tropfsteine, Kalktuffe u. ä.) mit der C^{14}-Methode radiometrisch datiert.

DAS ALTE GEBIRGE

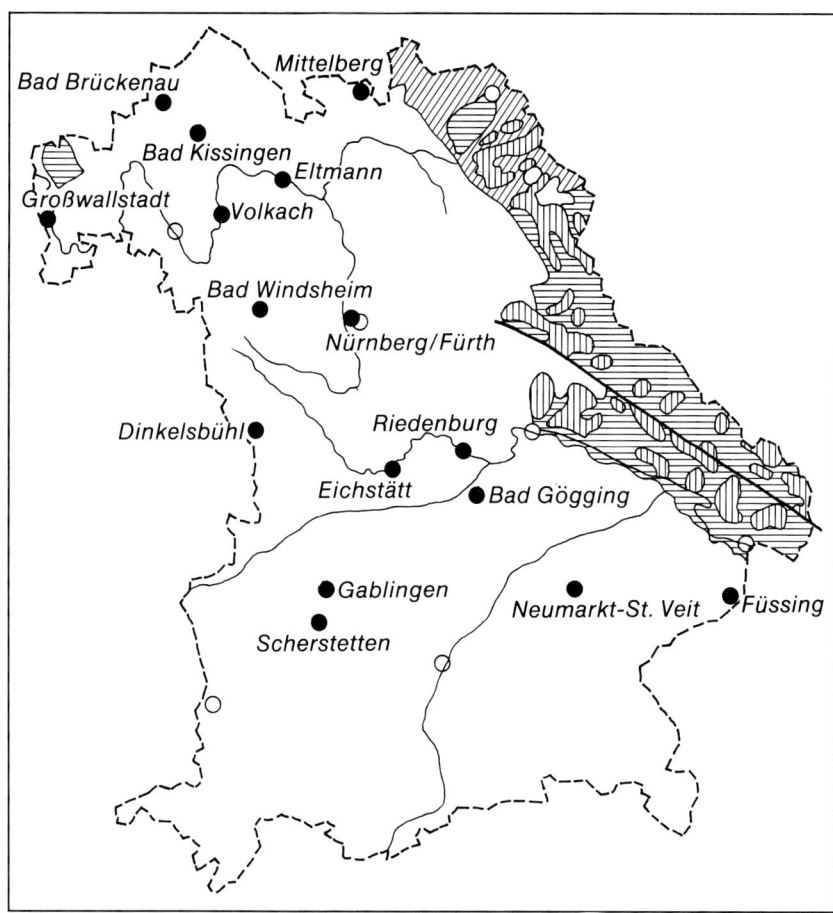

Das Areal der Gneise und Granite in der Fichtelgebirgszone, im Oberpfälzer und im Bayerischen Wald sowie der paläozoischen Ablagerungen im Frankenwald (in Verbindung mit der Münchberger Gneismasse) wird seit langem mit der glücklich gewählten Bezeichnung Altes Gebirge definiert. Es ist der im Osten an der Erdoberfläche heraustretende Ausschnitt des Grundgebirges, jenes Sockels zumeist kristalliner Gesteine, der in Nordbayern wie in einer riesigen flachen Schüssel die Gesteinsserien des Deckgebirges umfaßt und im Spessart erneut zutage tritt. Niveau, Oberfläche und Stoffbestand sind durch mehrere Tiefbohrungen bekannt.

Auch in Südbayern und bis unter die Alpen haben Tiefbohrungen und geophysikalische Messungen das Bild einer ziemlich gleichmäßig südwärts absinkenden Fläche vermittelt.

Die früher übliche Benennung »Das kristalline Grundgebirge« ist insofern nicht angebracht, als ein Teil der Gesteine – jener des Frankenwaldes – wegen allgemein geringerer umformender Beanspruchungen nicht der Definition »kristallin« entspricht. Doch sind gerade deshalb die Befunde aus dem Frankenwald Angel- und Ausgangspunkt für Vergleiche und Beziehungen zu den anderen Einheiten. Nur dort ist der Geologe in der Lage, an Hand der üblichen Kriterien die stratigraphisch-paläontologische Position und das relative Alter mit Hilfe von Fossilien zu bestimmen. Einige Gesteine können auch in kristalliner Überprägung wiedererkannt werden, obwohl Metamorphose und Tektonik die ursprünglichen Verhältnisse oft völlig veränderten.

Die Gesteine des Alten Gebirges entstanden im ausgehenden Präkambrium und im Paläozoikum.

Das Eindringen von Graniten (während einer großen Gebirgsbildung im Karbon) in die zuvor entstandenen, zumeist sedimentären Gesteine veränderte allerorten die Landkarte Europas. Es entstehen einheitlich strukturierte, orientierte und bis in die Gegenwart orographisch dominante Komplexe. 1888 hat Eduard Suess den heute in aller Welt gebräuchlichen geologischen Begriff »variskisch« geprägt:

»Nirgends aber treten die Umrisse einzelner, alter Gebirgskerne so deutlich hervor als in der Münchberger Gneismasse bei Hof. Es ist daher entsprechend, daß in dem Lande der Varisk8er, dem Vogtlande, der Name des die meisten Horste umfassenden Gebirges gewählt werde, und es wird dasselbe nach der Curia Variscorum (Hof in Bayern) das variscische Gebirge genannt werden.«

Die meisten Verdienste um die Erforschung des Nordbereiches im Hinblick auf die stratigraphisch-tektonischen Grundlagen hat der Geologe Adolf Wurm erworben. Er hat die Situation treffend beschrieben: »Nicht nur dem Laien, auch dem Fachgeologen enthüllt das Alte Gebirge nur schwer seine Rätsel, und mancher, der tagelang durch eintönige Schiefergebirge zog, mag enttäuscht dem Alten Gebirge den Rücken gekehrt haben. Und dennoch ist das Alte Gebirge überreich an geologischen Sehenswürdigkeiten; sie liegen nur der Beobachtung nicht so offen zutage wie im jüngeren Deckgebirge. Hinter der anscheinenden Gleichförmigkeit verbirgt sich oft eine außerordentliche Komplikation, die in gleicher Weise den stratigraphischen wie den tektonischen Aufbau beherrscht.«

Die ältesten geologischen Betrachtungen stammen vom Ende des 18. Jahrhunderts aus der Feder des Bergrats Flurl. In den zwanziger Jahren des vorigen Jahrhunderts ist der Frankenwald längst Objekt internationalen geologischen Interesses. Die Münchberger Gneismasse beschäftigt seitdem Scharen von Geologen und Mineralogen. Demgegenüber ist es still um den Oberpfälzer und den Bayerischen Wald. Das hat den Vorteil, daß die moderne Forschung ungehemmt vom Ballast der Tradition neue Marken setzen kann. Tatsächlich stehen heutzutage der Oberpfälzer Wald und bestimmte komplizierte Mischgesteine im Bayerischen Wald im vollen Interesse von Fachgenossen aus aller Welt.

Die Abgrenzung der geologischen Einheiten des Alten Gebirges (3) deckt sich nur einigermaßen mit den Landschaftseinheiten. Die erdwissenschaftlichen Definitionen stimmen nicht immer mit den geographischen und ortsüblichen überein. Natürliche geologische Gren-

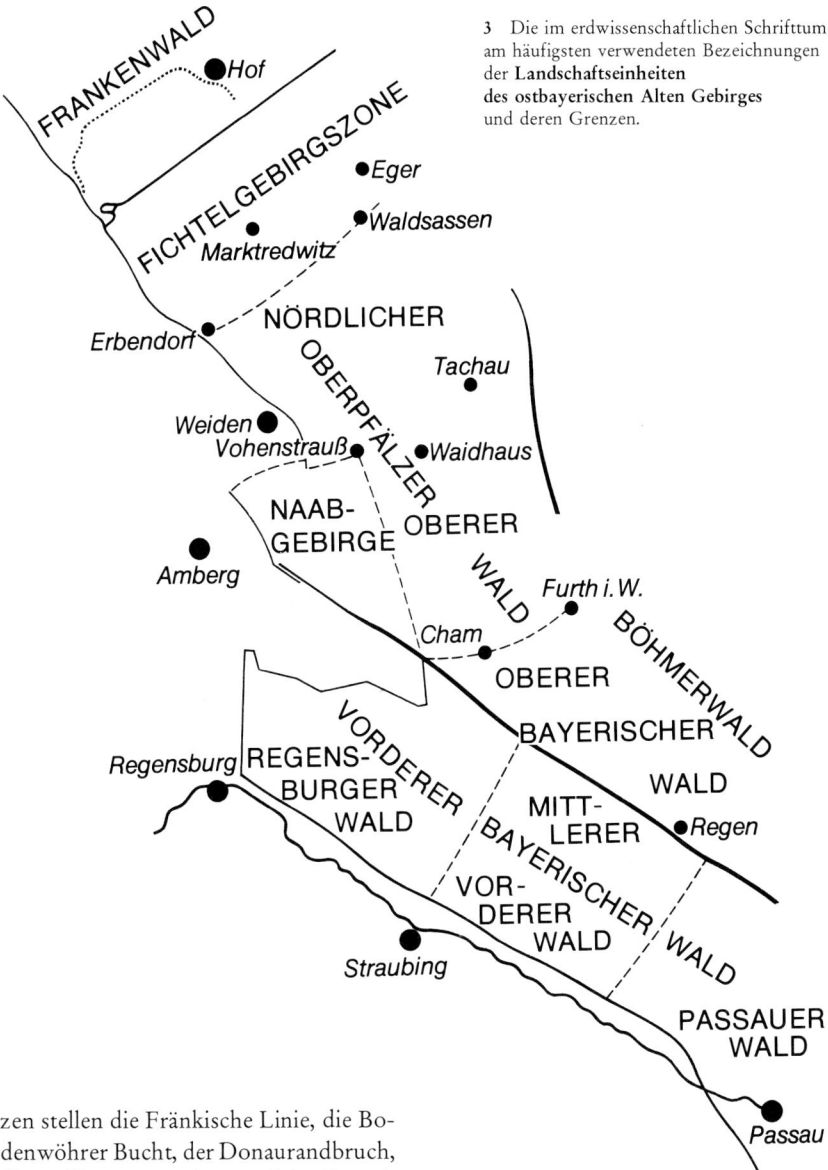

3 Die im erdwissenschaftlichen Schrifttum am häufigsten verwendeten Bezeichnungen der **Landschaftseinheiten** des ostbayerischen Alten Gebirges und deren Grenzen.

zen stellen die Fränkische Linie, die Bodenwöhrer Bucht, der Donaurandbruch, die Keilbergverwerfung und der Bayerische Pfahl.

Der Frankenwald grenzt im Norden und Nordosten an Thüringen bzw. an Böhmen, im Westen an die Fränkische Linie. Im Süden geht er zwischen Bad Berneck und Rehau in die Fichtelgebirgszone über.

Die Fichtelgebirgszone hat im Westen wiederum die Fränkische Linie, im Osten Böhmen und im Süden zum Oberpfälzer Wald die Linie von Erbendorf über Mitterteich, Waldsassen, Wondrebtal zur Begrenzung.

Der Oberpfälzer Wald ist am schwierigsten zu umgrenzen. Im Westen klingt an der Luhe die Fränkische Linie aus; der Naabgebirgsvorsprung muß einbezogen werden. Pfahl und Bodenwöhrer Bucht markieren ihn gegen Südwesten, das Tal der Cham gegen Süden. Die Verbindungslinie Vohenstrauß–Roding trennt den Oberen Oberpfälzer Wald vom Naabgebirge, die Linie Vohenstrauß–Waidhaus diesen vom Nördlichen Oberpfälzer Wald.

Als Bayerischer Wald wird heutzutage die Region zwischen der Linie Bodenwöhrer Bucht–Cham–Furth i. W. im Norden, der Grenze zu Böhmen im Nordosten, der Keilbergverwerfung im Westen und dem Donaurandbruch bzw. der Staatsgrenze zu Österreich im Süden und Osten verstanden. Der Obere Bayerische Wald liegt nördlich, der Vordere Bayerische Wald südlich des Pfahls. Hier wiederum wird der Regensburger Wald vom Mittleren Vorderen Wald durch die Stallwanger Furche, der Passauer Wald von diesem durch die Hengersberger Tertiärbucht geschieden.

Früher hat man außerordentliches Gewicht auf die Zuordnung des Alten Gebirges zu europäischen geotektonischen Einheiten gelegt. Heute, mit Detailkenntnissen und der Gewißheit, daß einige Probleme noch ungelöst sind, ist es stiller um Saxothuringikum und Moldanubikum im bayerischen Teil der Böhmischen Masse geworden.

Kristalliner Vorspessart, Frankenwald mit Münchberger Gneismasse und die Fichtelgebirgszone sind Glieder des Saxothuringikums. Es wird charakterisiert durch die sich nach Süden steigernde Gesteinsmetamorphose und dem Phänomen Munchberger Gneismasse.

Die Scheidelinie Saxothuringikum/Moldanubikum wird in den Bereich des Nördlichen Oberpfälzer Waldes gelegt. Das Moldanubikum hat im Gegensatz zum Saxothuringikum keine stratigraphisch fixierbaren Einheiten mehr. Von stärkster Metamorphose in tieferen Stockwerken der Kruste wurden die Merkmale verwischt. Auch sind die mechanischen Beeinflussungen und die Verflechtung mit Graniten intensiver.

Das Alte Gebirge wird dreimal von gebirgsbildenden Bewegungen betroffen: 1. in der Assyntischen Ära an der Wende Präkambrium/Kambrium, 2. im Zuge kaledonischer Bewegungen im Altpaläozoikum und 3. in der Variskischen Ära, hierin hauptsächlich in der sudetischen Faltungsphase Ende Unterkarbon/Beginn Oberkarbon.

Im Frankenwald werden die Bewegungen präzise durch die bei Unruhe erfolgenden Konglomeratschüttungen oder durch Diskordanzen und Schichtlücken angezeigt. In der Fichtelgebirgszone künden Grauwacken, Geröllquarzite und Geröllarkosen in drei lithostratigraphischen Niveaus vom gebirgsbildenden Geschehen.

Im Perm erfolgen im Ausklang der Variskischen Gebirgsbildung die letzten Zerreißungen. Sie sind mit dem Aufdringen vulkanischer Laven verbunden. Porphyre sind im Kristallinen Vorspessart, bei Erbendorf, Aign und Lenau sowie im Regensburger Wald nachzuweisen. Seitdem ist es im Alten Gebirge ruhig.

Frankenwald

Weder geologisch noch landschaftlich ist der Frankenwald selbständige Einheit, vielmehr ein Ausschnitt des Ostthüringisch-Fränkischen Schiefergebirges. Dennoch gibt es hier geologische Prozesse, die eine Sonderstellung rechtfertigen. Es handelt sich um eine Gesteinsentwicklung, die als »Bayerische Fazies« der »Thüringischen Fazies« gegenübergestellt wird (4).
Die Thüringische Faziesentwicklung ist das Normale. Die paläozoischen Sedimente werden in tieferen Meeresbereichen gebildet. Die Ablagerung erfolgt stetig-ruhig. Die Schichten sind deshalb mächtiger. Dagegen ist es im Meer der späteren Bayerischen Fazies unruhig. Zeitweise, am stärksten im Ordovizium, kommt es unter kleinräumigen Absatzbedingungen zu gewaltigen Einschüben untermeerischer vulkanischer Laven. Schichtlücken sind häufiger. Es ist nicht auszuschließen, daß die Bayerische Fazies das erste Anzeichen jener Revolution ist, die später den Komplex der Münchberger Gneismasse hervorbringt.
In der Thüringischen Fazies ist die Schieferung ideal entwickelt. Dagegen zeigt sich im Bereich der Bayerischen Fazies das tektonische Inventar mit Schuppenzonen und »Hackbrett-Tektonik« äußerst kompliziert. Eingebettet in die Bayerische Fazies liegt die Münchberger Gneismasse (6). Neben dem Nördlinger Ries ist sie die bekannteste bayerische geologische Spezialität.

Die Literatur zum Frankenwald ist ungewöhnlich reich. Die Anzahl der Fachpublikationen zeigt noch immer steigende Tendenz. An Geologischen Führern sind zu erwähnen:

H. Ziehr, 1960: Fichtelgebirge und Münchberger Gneismasse
A. Wurm, 1961: Frankenwald, Münchberger Gneismasse, Fichtelgebirge, Nördlicher Oberpfälzer Wald
K. Mohr, 1962: Zwischen Waldstein und Döbraberg

Das paläontologisch Bedeutende ist der Nachweis der ersten und ältesten Fossilien auf bayerischem Boden im Mittelkambrium der Gegend von Stadtsteinach. Aber auch jüngere Schichtfolgen fallen verschiedentlich durch ihre Faunen und Pflanzen auf. Im karbonischen Kohlenkalk können Brachiopoden gesteinsbildend sein. Kirchgattendorf ist wegen seiner Cephalopoden-Dokumentation eine klassische Lokalität. Elbersreuth und Schübelhammer gelten als die Wiege der paläontologischen Erforschung. Über die Fossilien haben bereits 1832 Graf zu Münster und 1839 die Briten Murchison und Sedgwick gearbeitet.
Die Gesteine des Frankenwälder Paläozoikums sind mariner oder vulkanischer Entstehung. Es überwiegt der Tonschiefer. Die Bezeichnung taucht in vielen Schichtnamen auf. Daneben gibt es Sandsteine, Quarzite, Kieselschiefer, Grauwacken, Konglomerate und Kalke. Auffälliges Element sind die vulkanischen Zeugnisse in Gestalt der Diabase, Keratophyre, Tuffe und Tuffite sowie die damit verbundenen Eisenerze.

Präkambrium
(4) Die Katzhütter Schichten und Altenfelder Schichten sind in Bayern nicht vorhanden. Präkambrium kann in der Bayerischen Faziesentwicklung nur in Gestalt von Geröllen in kambrischen Gesteinen, etwa in den Wildensteiner Schichten, aufgezeigt werden. Man darf

diese im primären Vorkommen unbekannten Gerölle als Folge von Bewegungen einer assyntischen Faltung auffassen.

Kambrium

(4) Die fossilfreien Tiefenbachschichten sind bei Stadtsteinach aufgeschlossen. Die wegen der ältesten Fossilien berühmten mittelkambrischen Schichten kommen, bis auf die Lippertsgrüner Schichten bei Schwarzenbach a. W., ebenfalls im Umlande von Stadtsteinach bzw. Wildenstein vor. Der Hauptfundort Galgenberg südlich Premeusel liefert neben Brachiopoden, Schwammnadeln, Cystoideen und anderen Wirbellosen die Trilobiten *Paradoxides oelandicus* und *P. pusillus, Kingaspidoides frankenwaldensis* und *Dawsonia oelandica*.

Die Triebenreuther Schichten sind eine Wechselfolge von (Trilobiten führenden) Tonschiefern mit vulkanischem Tuff. Es ist der erste nachweisbare Vulkanismus im Frankenwald. Lippertsgrün stellt im Aufschluß an der Weidstaudenmühle Trilobiten wie *Paradoxides paradoxissimus, Sao* und *Conocoryphe*. In den obersten Metern der rund 75 Meter mächtigen Bergleshofschichten deuten gröbere sandige Komponenten die jetzt einsetzende Meeresregression an. Wie in ganz Mitteleuropa fehlt auch im Frankenwald das Oberkambrium.

Ordovizium

(4) Flachmeerablagerungen mit Vulkaniten und sedimentären Eisenerzen bestimmen das stratigraphische Bild.
Die Frauenbachschichten sind nur im Thüringischen Schiefergebirge voll entwickelt. Man kann sie aber in der Fichtelgebirgszone, in Tiefbohrungen und im Kristallinen Vorspessart (trotz Metamorphose) als Frauenbachquarzit wiedererkennen.

Die Phycodenschichten haben den Namen von *Phycodes circinatum*, einem Wurm, der pflanzenähnliche Grabgänge erzeugt. Sie sind bei Rehau, Ludwigstadt und Stadtsteinach zu finden, sie bilden die Felsen im Inneren von Burg Lauenstein. Die mehrere hundert Meter mächtige Folge steht im Steilufer der Saale westlich Töpen an.

Die Erzhorizonte enthalten das Mineral Thuringit. Es ist ein stark eisenhaltiger Chlorit. Der Eisengehalt kann 35 Prozent erreichen. Das Gestein ist bunt, kann brekziös oder sandig sein und enthält Einschlüsse von Geröllen und Phosphoritknollen. Bei Töpen ist der untere bis 5, der obere 2,5 Meter mächtig.

Die Griffelschiefer – 125 Meter mächtige Tonschiefer – besitzen die charakteristische Schieferung. Sie wurde dem Gestein in nachfolgenden tektonischen Beanspruchungen sekundär aufgeprägt. Ist nur eine Schieferung vorhanden, liegt Dachschiefer vor, kreuzen sich zwei Schieferungen, der Griffelschiefer. Der größte Abbau erfolgte in Tiefengrün. Dort künden riesige Steinbruchanlagen von der früheren wirtschaftlichen Bedeutung. Neben diesen ordovizischen Dachschiefern gibt es im Frankenwald noch devonische und karbonische.

Der bis 150 Meter mächtige Hauptquarzit ist ein gleichkörniger, quarzitisch gebundener Sandstein. Auf den Schichtflächen sind Wellenrippeln häufig. Fossilien fehlen. Zwischen Selbitz und Hof ist er als Felsenbildner bemerkbar.

Der Lederschiefer ist ein grobsandiger Tonschiefer. Er verwittert ledergelb. Schon immer hat er wegen gelegentlicher Einschlüsse von Quarzitgeröllen interessiert: sie werden als marin-glaziale Zeugnisse, als vom Tang mitgeschleppte Steine oder als Folgen subaquatischer Rutschungen interpretiert.

			THÜRINGISCHE FAZIESREIHE	BAYERISCHE FAZIESREIHE	
PERM	Zechstein		bei Burggrub: Sandstein, Schiefertone + Dolomite		
	Rotliegendes	O / U	bei Stockheim, Sandsteine, Fanglomerate, Schiefertone + Kohle Erbendorf: Porphyrite		
---- Sudetische Phase ---------------- Fichtelgebirgsgranite ----------------					
UNTER KARBON	Goniatites-Stufe		Tonschiefergrauwackenserien + Konglomerate (Teuschnitzer Kgl.) Obere Bordenschiefer / Obere Dachschiefer Wetzsteinquarzitserie + Wurstkonglomerat Kalkgrauwacken, Konglomerate	Grauwackentonschieferserie Blockkonglomerat Konglomerate, Kieselschieferbrekzien, (Kalk-)Grauwacken	
	Pericyclus-Stufe		Untere Bordenschiefer Lehestener Dachschiefer Rußschiefer	Poppengrüner / Kohlenkalke, Konglomerat / Polygene Kalkbrekzien Liegende Schieferserien	
	Gattendorfia-Stufe		Tonschiefer von Fels Schichten von Kirchgattendorf		
DEVON		II–VI	Hangende Quarzite		
	O		Cypridinenschiefer / Kalkknollenschiefer	Kalkknollenschiefer / Ostracodenschiefer Cephalopodenkalke («Kramenzelkalke», Flaserkalke)	
		I	Tuffitschichten / Tuffgrauwacken Diabas-Granitkonglomerat am Hirschberger Sattel	Roteisenerze («Grenzlager») Diabase, Tuffe («Schalsteine»)	Helle Kieselschieferserie
	M –	Givet Eifel	Schwärzschiefer		
	U	Ems Siegen Gedinne	Tentaculitenschiefer + Nereitenquarzite Tentaculitenknollenkalk	Tentaculitenkalk	
SILUR	Ludlow Wenlock Llandovery		Obere Graptolithenschiefer + Lydite Ockerkalkschichten + Alaunschiefer Untere Graptolithenschiefer + Lydite	Ostracodenkalk von Löhmar Elbersreuther Orthocerenkalk Alaunschiefer + Lydite	
ORDOVIZIUM	Ashgill Caradoc Llandeilo Llanvirn Arenig Tremadoc		Lederschiefer (mit Geröllen) Hauptquarzit + Oberer Erzhorizont Griffelschiefer Unterer Erzhorizont Phycodenschichten Frauenbachschichten	Döbrasandstein Plattensandstein Randschieferserie /Schwarzenbacher Serie Guttenberger Schichten Vogtendorfer Schichten Leimitzschiefer	Sandsteine Kieselschiefer Tonschiefer Tuffe Keratophyre Diabas
				Gräfenthaler Schichten Hirschberger Granit	
KAMBRIUM	O M U		Goldisthaler Schichten Basisquarzite Katzhütter Schichten + Altenfelder Schichten	Bergleshofschichten Lippertsgrüner Schichten Triebenreuther Schichten Wildensteiner Schichten Galgenbergschichten Tiefenbachschichten Präkambrische Gerölle in kambrischen Gesteinen: Lydit, Quarz, Quarzit, Schiefer, Quarzporphyr	? Quarzkeratophyre
				metamorphe Arzberger Serie im Fichtelgebirge	

4 Schichten des Paläozoikums in Frankenwald und Fichtelgebirge. Zusammengestellt von W. Trapp.

Demgegenüber sind die Gesteine des Ordoviziums in Bayerischer Fazies großzügiger in mächtigeren Serien geschüttet. In Verbindung mit den Folgen eines gewaltigen Vulkanismus ergeben sich markante geologische Einheiten.

Die Leimitzschiefer, östlich von Hof in zwei tektonisch begrenzten Schuppen überliefert, sind schon 1868 von Barrande beschrieben worden. In den etwa 45 Meter mächtigen feinkörnigen Tonschiefern kommen Trilobiten *(Euloma, Niobella)*, der Brachiopod *Obolus siluricus* und auch Cephalopoden vor.

Die Hauptmasse des Ordoviziums bildet die Randschieferserie (6). Sie wird auf mindestens 600 Meter, örtlich auf über 2000 Meter geschätzt. Der Name nimmt Bezug auf die Verbreitung am Rande der Münchberger Gneismasse. Es handelt sich um eine unbeschreiblich lebhafte Mischung von Tonschiefern und Plattensandsteinen mit verschiedenen Vulkaniten. Sonderentwicklungen (wie etwa bei Schwarzenbach a. W. und Elbersreuth) gehören zur Regel. Auffälligstes Kennzeichen sind die riesigen Komplexe von Diabas und Keratophyr. Einen Eindruck davon geben die Steinbrüche von Kupferberg.

In ihrer Entstehungsgeschichte mit dem ordovizischen Vulkanismus eng verknüpft findet man im Raum Kupferberg-Wirsberg submarin-sedimentäre Sulfiderze. Sie gaben über Jahrhunderte Anlaß zu regem Bergbau. Es handelt sich um die bedeutendste Kupferlagerstätte Bayerns.

Der Döbrasandstein steht westlich des Ortes Döbra und an der Süd- und Südwestflanke des durch die schöne Aussicht bekannten Döbraberges, nicht aber auf dem mit 795 Metern höchsten Berg des Frankenwaldes an. Den Gipfel bilden devonische Helle Kieselschiefer.

Silur

(4) Das bekannteste Gestein ist der Kieselschiefer, der Lydit. Er ist schwarz und stets stark zertrümmert. Ein dichtes Netzwerk von (ausheilenden) winzigen Gängen eines weißen Quarzes läßt ihn leicht erkennen. Er konkurriert mit einem devonischen Lydit als Mainsystem-Leitgeröll; er ist seltener.

Alaunschiefer sind pyritreiche Tonschiefer. Sie sind stets dunkel und stärker bituminös; Graptolithen sind vergleichsweise häufig zu finden. Man kann sie als euxinischen Faulschlamm – in sauerstoffarmen, schwefelwasserstoffreichen Meereszonen entstanden – interpretieren. Alaun, eine eisenhaltige Sulfatausblühung, entsteht bei der Zersetzung des empfindlichen Pyrits.

Der Elbersreuther Orthoceratenkalk entstand in Schwellengebieten im Areal der Bayerischen Faziesentwicklung (6). Er findet sich, räumlich begrenzt, nahe Elbersreuth bei Presseck und im Steinachtal. Neben vielen Orthoceraten kommen Trilobiten und Muscheln vor. Die Faunen sind sehr formenreich. Den besten Eindruck von den Fossilien, die bereits 1840 Graf zu Münster beschrieben hat, bekommt man im Bayreuther Erdgeschichtlichen Museum.

Devon

(4) Auswirkungen von Bewegungen im Zusammenhang mit der Kaledonischen Gebirgsbildung sind in verschiedenen Schwellen- bzw. Beckenbildungen, in unruhiger Sedimentation, in Schichtlücken sowie erneut starkem Diabas-Vulkanismus zu registrieren. In der Thüringischen Fazies kommt es zu Kalkabscheidung und Eisenerzlagerstättenbildung.

Tentaculitenkalke finden sich in Ebersdorf bei Ludwigstadt, Weidesgrün bei

Naila und bei Stadtsteinach. In den Knollenkalken sind Conodonten, Trilobiten und Tentaculiten nicht selten. Die bis 225 Meter mächtige Serie von Tentaculitenschiefern und Nereitenquarziten zeigt bei Selbitz die Nereiten (Weidespuren von Würmern), Styliolinen und Tentaculiten. Die Schwärzschiefer, bituminöse Tonschiefer mit Conodonten, sind nur bei Ludwigstadt und im Steinachtal nachgewiesen.

Das Oberdevon wird mit Hebungen im Zusammenhang mit der Reussischen Phase der Kaledonischen Gebirgsbildung eingeleitet. Dies hat Abtragung zur Folge. Im Gewölbe des Hirschberger Sattels bei Reitzenstein fehlen Unter- und Mitteldevon. Es entsteht das bei Töpen und Reitzenstein imposante Granitkonglomerat, eine Bildung aus der Brandungszone des devonischen Meeres. Manche Blöcke erreichen 1,2 × 0,5 Meter Größe.

Ganz gewaltig äußert sich der Vulkanismus. Es werden über 1000 Meter Diabas geliefert. Die Steinbrüche um Bad Berneck, im Ölschnitztal und Rimlasgrund zeigen ein Gestein, das als Lava unter Wasserbedeckung in Schlamme eindrang oder auf dem Meeresgrund verfloß. In devonischen Diabasen (F 3) beobachten wir deshalb die kissenförmigen Pillow-Absonderungsformen, den Mandelstein (wenn Gasblasenhohlräume von Kalzit, Quarz, Chlorit gefüllt sind) und die Varietäten Spilit und Pikrit.

Diabas-Tuffe finden sich reichlich im Steinach- und Rodachtal. Sie können in Form der schalig brechenden Schalsteine absondern. In Schalsteinen des Krebsbachtales bei Hof beobachtet man sogar Brachiopoden und Korallen. Am Labyrinthberg bei Hof kommt Katzenauge, ein Quarz mit faserigem Aktinolithasbest, vor.

Tuffite sind Gesteine aus Tuffen, die vom Wasser, in das diese geschleudert wurden, überprägt sind. Bezeichnend sind schichtige Zusätze von Sedimentanteilen. Es können Bänderschiefer entstehen.

Das Roteisenerz-»Grenzlager« – es wurde früher bei Stadtsteinach abgebaut – wird als die Folge von Exhalationen im Zusammenhange mit dem Diabas-Vulkanismus, heute auch als sekundäre Verwitterungsbildung aus Diabasen gedeutet.

Um die vom Diabas aufgehöhten Meeresbodenpartien bilden sich in der Folgezeit riffähnlich begrenzte Kalke. Vor allem im Steinachtal bei Stadtsteinach häufen sich sehenswerte Vorkommen in den Felsbildungen von Kanzel, Nordeck, Steinachfelsen und Forstmeistersprung.

Im Oberdevonkalk auf dem Rauheberg südlich vom alten Forsthaus Langenau nahe Geroldsgrün wird die einzige Höhle des Frankenwaldes 150 Meter lang und bis 30 Meter breit.

Die Cephalopoden in den Kalken haben die paläontologische Gliederung des Oberdevons ermöglicht. Kirchgattendorf ist eine klassische Oberdevonlokalität. Fossilfundstätten sind der Steinbruch zwischen Köstenhof und Schübelhammer im kleinen Seitental der Wilden Rodach und die Ruine Nordeck im Steinachtal. Auch zwischen den Tonschiefern, Kieselschiefern und Tuffiten sind gelegentlich fossilreiche Nester überliefert.

Die Helle Kieselschieferserie der Bayerischen Fazies spielt als Lieferant von Frankenwald-Leitgesteinen eine große Rolle. Die Lydite sind lichtgrau und nicht so auffällig zertrümmert wie die silurischen. Sie sind im Main häufiger anzutreffen.

Karbon

(4) Oberkarbon ist im Frankenwald nicht entwickelt. Dafür spielt das mit mehr oder weniger großer Schichtlücke dem Devon folgende Unterkarbon in der Umgebung der Münchberger Gneismasse (6) eine bedeutende Rolle.

Die Gesteine sind überwiegend als graue Tonschiefer überliefert. Markant sind darin die Konglomerate und Kieselschieferbrekzien, die Dachschiefer, die Kohlenkalk-Linsen, der örtliche Reichtum an Fossilien, darunter auch Pflanzenresten. Das Gestein ist insgesamt so charakteristisch, daß ein eigener Name Kulm dafür eingeführt worden ist. Wir sprechen auch von Kulm-Fazies. Überall lassen sich die Auswirkungen unruhiger Sedimentationsbedingungen als Vorankündigung der variskischen tektonischen Bewegungen ablesen. Überdies haben alle Entwicklungen ein stark differenziertes kleintektonisches Gepräge erhalten. Dieses Unterkarbon stellt den größten Anteil der Oberfläche des Frankenwaldes.

Am bekanntesten ist das Lehestener Dachschieferlager. Die bedeutendsten Gewinnungsstätten in Bayern waren Eisenbühl bei Reitzenstein, Ebersdorf bei Ludwigstadt und die Grube Lotharheil bei Dürrenwaid.

Wegen der Ähnlichkeit einer frischen Gesteinsbruchfläche mit geschnittener Thüringer Rotwurst hat das Wurstkonglomerat seinen Namen erhalten. Das Teuschnitzer Konglomerat wird bis 25 Meter mächtig. Es führt Gerölldurchmesser bis 25 Zentimeter.

In der Bayerischen Fazies gibt es die gleichen Vorzeichen. Das basale Karbon, die Kalkknollenschiefer von Kirchgattendorf, enthält eine reiche Fauna, darunter den populären Cephalopoden *Gattendorfia*. In der Liegenden Schieferserie bei Geigen westlich Hof stehen die bis 15 Meter mächtigen Geigenschiefer mit Trilobiten, Productiden, Korallen, *Münsteroceras* und nicht weniger als 22 Landpflanzen an. Ein Äquivalent ist das eng begrenzte Vorkommen sehr fossilreicher Tonschiefer von Osseck a. W. Die Kieselschieferbrekzien enthalten sowohl die schwarzen silurischen wie die hellen devonischen Lydite. Das Poppengrüner Konglomerat, gut im Bahneinschnitt von Poppengrün erschlossen, bietet neben Fossilien in Kohlenkalken Geröllkaliber bis 50 Zentimeter Durchmesser. Im Poppengrüner Hauptkohlenkalk findet man auch die gesteinsbildend angereicherten Productiden sowie in Lebensstellung eingebettete Korallenkolonien.

Münchberger Gneismasse

Die größte Besonderheit des Alten Gebirges war bereits 1817 von Goldfuß & Bischof in Stoff und Lagerung richtig erkannt und beschrieben worden. Seitdem ist die – von Mineralogen auch Münchberger Masse genannte – Baueinheit als »Sphinx der Geologie« ununterbrochen in der Diskussion. Zunächst ging es um die Frage: neptunistisch oder plutonistisch?, darauf, ob sie vertikal hochgepreßt oder in der Horizontalen als Decke, aus südlichen Bezirken kommend, herausgeschoben sei; also um das Problem autochthon/allochthon. Bezeichnend für die Schwierigkeit der Interpretation ist die seit über hundert Jahren laufende Debatte um die Stellung der Schollen am Wartturmberg bei Hof (6).

Heute herrscht die Ansicht vor, die Münchberger Gneismasse sei eine hochgepreßte Keilscholle (5).

Die Gesteine sind von besonderer Art und lassen sich nicht ohne weiteres mit Bekanntem vergleichen. In der zentralen Gneismasse bilden im Nordwesten und Westen saure (weil mit höherem Kieselsäureanteil) Gneise geschlossene Verbände, während im Osten und Südosten Hornblende-Bändergneise dominieren. Hinzu treten basische und ultrabasische (weil mit relativ geringem Kieselsäureanteil) Gesteine und Amphibolite sowie Orthogneise (durch Metamorphose aus einem prävariskischen Granit hervorgegangen). Nirgends ist ein Reliktgefüge des Ausgangsmaterials enthalten. Dennoch haben unermüdlich weitergeführte mineralogisch-petrographische Untersuchungen in Verbindung mit erfolgrei-

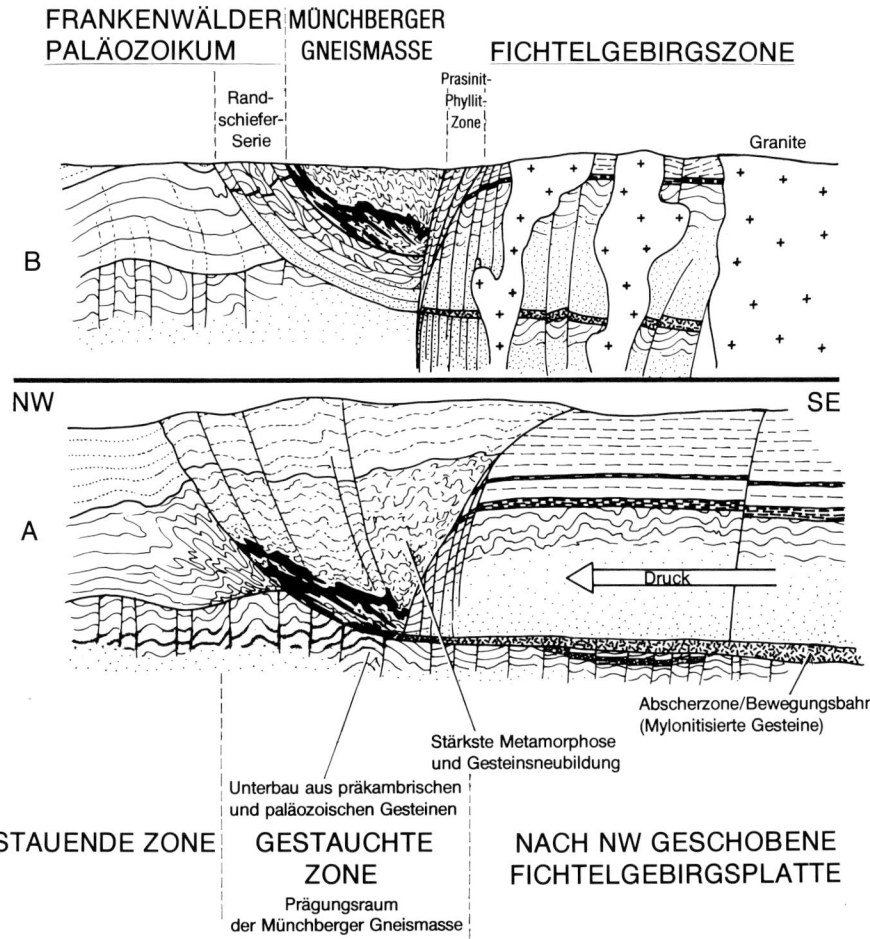

5 Interpretation des Werdegangs, des Stoffbestandes und der Lagerungsverhältnisse in und an der **Münchberger Gneismasse**. A. Zu Beginn der Variskischen Gebirgsbildung vor dem Aufstieg der Fichtelgebirgsgranite – B. Gegenwärtige Situation. In Anlehnung an G. Stettner, 1976.

cher Interpretation der ungemein komplizierten Tektonik (insbesondere in den Randbereichen) ein neues Modell geliefert.

Man kann sich vorstellen, daß unter der Gneismasse ein mobiler Krustenstreifen lag. In diesem sedimentierten die präkambrischen und paläozoischen Serien in andersgearteter, zumindest mächtigerer Ausbildung. Sie werden im Oberkarbon im Zuge der Variskischen Gebirgsbildung intensivster Metamorphose ausgesetzt.

Die entscheidende Rolle mag dann ein quer zum Gebirgsbau in Nordwest-Südost-Richtung wirkender Einengungsvorgang (gemeinsam mit einem aus der Tiefe herauspressenden Druck) gespielt haben. In mehreren Phasen erfaßt er bereits fest gewordene Gesteine und schiebt sie nach beiden Seiten auf das Frankenwald-Paläozoikum hinauf. Der Aufschiebungsprozeß ist von mehreren Fakten bestätigt: den steil nach Südosten bzw. Nordwesten einfallenden Flanken der Münchberger Masse, tektonischen Schuppen, und von Form, Neigung und Dichte von Störungsflächen. Gleichzeitig ist eine Aufkippung des Westteils erfolgt.

Ein Schnitt durch die Münchberger Gneismasse läßt zwei Komplexe auseinanderhalten (5). Sie wurden Liegend- bzw. Hangendserie benannt. Die Hangendserie stellt den inneren Bereich. Die Gesteine ähneln verschiedentlich den Randamphiboliten und der Prasinit-Phyllit-Serie des Rahmens. Sie sind entschieden höher metamorph als die der Liegendserie.

Die Liegendserie liegt zwar unter der Hangendserie, ist aber geringer metamorph. Deshalb kann man eine Beziehung zu ordovizischen Folgen im Frankenwald und Fichtelgebirge, speziell zu den Frauenbach- und Phycodenschichten, herstellen. Weil aber sämtliche Deutungsversuche diese inverse Situation nicht befriedigend erklären können, ist die Münchberger Gneismasse weiterhin ein geologisches Rätsel.

Den besten Eindruck von Hornblende-Bändergneisen geben die Felsen an der Ostmarkstraße am Königstuhl bei Bad Berneck. Dort ist ferner der Bernecker Gneiskeil – ein von der Hauptgneismasse abgetrennter, um zwei Kilometer abgesetzter und von Störungen begrenzter Teil – zu begreifen. Augengneise sind um Schloß Schauenstein, Orthogneise im Rehbachtal nahe der Rehmühle zu sehen.

In Tiefteilen der Hangendserie kommen die weithin berühmten Eklogite vor. Es sind außerordentlich harte, farbenprächtige Grüngesteine. Sie bestehen hauptsächlich aus Granat, grünem Augit, Disthen, Muskovit und Hornblenden. Ausgangsgestein dürften Basalte gewesen sein. Der bekannteste Aufschluß ist das Naturdenkmal »Eklogit des Weißensteins« bei Stammbach (6). Für den Aussichtsturm diente er als Baustein. Der verwandte Metagabbronorit vom Steinhügel bei Höflas ist wie der Serpentinit vom Peterleinstein bei Kupferberg häufiges Ziel interessierter Spezialisten.

Für das räumliche Verständnis der Münchberger Gneismasse ist der Rahmen wichtiger als der Inhalt, weil dort die Lagerungsverhältnisse an besser deutbaren Gesteinsserien beurteilt werden können. Der beste Aufschluß zum Studium der Übergänge ist das Schorgasttal bei Wirsberg. Dort erkennt der

Fachmann deutlich die Randschieferserie, die Prasinit-Phyllit-Serie, Amphibolite und Muskovit-Biotitgneise der Liegendserie.

Im Südwesten und Südosten herrschen die Randamphibolite vor. Es handelt sich um metamorphes Paläozoikum, wahrscheinlich Ordovizium. Hauptgesteine sind Feldspat- und Granatamphibolite neben wenigen Hornblendeschiefern. Vermutlich sind die grobkörnigen Varietäten aus Diabasen, die feinkörnig-gebänderten aus Tuffen, Tuffiten und Kalkmergel hervorgegangen. Daß sedimentäre Folgen die Grundsubstanz sind, wird durch gelegentliche Marmoreinschlüsse angezeigt. Die Randamphibolite sind im Nordwesten tektonisch unterdrückt.

Auch das schmale Band der nur im Südwesten und Südosten der Gneismasse vertretenen Prasinit-Phyllit-Serie ist metamorphes Paläozoikum, der Diabase wegen wohl ebenfalls Ordovizium. Für ehemalige Sedimente sprechen hier der Quarzitphyllit (mit Spuren von Graphit), Quarzite, Marmore und Kalksilikate. Für magmatische Provenienz – wobei an die Randschieferserie gedacht werden muß – ist eventuell der Prasinit ein Zeuge. Das geschieferte, grünliche, aus Tuffen ableitbare Gestein enthält eine Fülle besonderer Minerale. Auch Serpentinit, das dichte, hell- oder dunkelgrüne Gestein von meist nicht allzu großer Härte, aber enormer Zähigkeit, ist vertreten. Im Hauptabbau Wurlitz enthält er den Kalkeisengranat Topazolith, Sepiolith, Talk, Quarz, Magnetit und Titanit. An der Serpentinkuppe von Haidberg bei Zell hat Alexander von Humboldt zum ersten Mal den Polarmagnetismus (starke Blitzschlag-Magnetisierung mit lokalen Nord- und Südpolen) festgestellt.

Nicht metamorph ist dagegen die ordovizische Randschieferserie im Westen, Nordwesten und Osten. Im Streifen Kupferberg–Neufang–Adlerhütte zieht ein schwefel- und kupferkieshaltiges Gangsystem in Richtung Nordwest-Südost durch den aus Randschieferserie und Prasinit-Phyllit-Serie bestehenden Randbereich der Gneismasse.

Eventuell mit der Entstehung der Münchberger Gneismasse verbunden, vielleicht mit den Fichtelgebirgsgraniten zusammenhängend, möglicherweise die Folge tektonischer Zerreißungen ist das Aufdringen von Eruptivgängen.

Am bekanntesten sind die Goldkronacher Gold-Antimon-Gänge im Zoppatental. Sie stehen in ordovizischen Phycodenschichten. Das Streichen ist Nord-Süd und Südwest-Nordost. Das Einfallen ist mit 60–80 Grad nach Osten gerichtet. Sie setzen nur im lichten, nicht im dunklen Schiefer auf. Gewöhnlich sind sie einen halben Meter, maximal einen Meter breit. In der Füllung sind die goldhaltigen Haupterze Pyrit, Arsenkies und Antimonglanz am wichtigsten.

40 Meter unter Tage – in der vom Relief und der Verwitterungseindringtiefe gesteuerten Zementationszone – waren die Gänge am goldreichsten. Als der Bergbau diese Zone erreicht hatte, waren im Schlich (1 Zentner) 3–6 Lot (50–100 Gramm) Gold nicht ungewöhnlich. Die Blütezeit fällt in die Jahre 1365–1430. Kronach wurde 1365 zur Bergstadt Goldkronach. Mit dem Abbau der Zementationszone ging die Goldausbeute rapide zurück und erlosch im vorigen Jahrhundert.

Auch das Freigold – ausgewittertes und fluviatil in Seifen angereichertes Gold – ist mittlerweile ausgewaschen. Es wurde hauptsächlich im Bereich des Main-Austrittes am Saum des Alten Gebirges gewonnen.

Zwischen Bad Steben und Joditz enthalten die Füllungen der »Joditzer Gangschar« Kupferkies, Spateisen, Kalkspat, Flußspat, Schwerspat und Quarz. Bleiglanz-Zinkblende-Schwerspat-Gänge setzen bei Dürrenwaid–Wallenfels–Rothenkirchen auf.

Bei Sparnberg nordwestlich von Hof wird in der Tiefe ein Granit vermutet. Bei Pottiga erreicht ein Kontakthof die Erdoberfläche und äußert sich in mehreren Erz- und Mineralgängen im Raum Hirschberg, Sparnberg, Bad Steben, Lichtenberg, Blauberg, Blintendorf und Berg.

Landschaftliches

Der Frankenwald ist landschaftlich von besonderer Eigenart. Der Besucher empfindet ihn zunächst – wie den nahen Thüringer Wald – als herb. Ebene, freie und überwiegend landwirtschaftlich genutzte Hochflächen wechseln mit tief eingeschnittenen, stark bewaldeten, schluchtartigen Tälern (»Frankenwaldtäler«). Nur wenige Bergkuppen überragen das Gelände. Einen großartigen Rundblick bietet Burg Lauenstein. Im Übergang zum Vorland haben sich an der Fränkischen Linie riesige Kerbtäler entwickelt. Imposant ist das Rodachtal. Im wildromantischen Höllental östlich Lichtenberg werden Diabase in den verschiedensten Erscheinungsformen sowie Tuffe und Tuffbrekzien zur vielbeachteten Gesteinskulisse. Das Steinachtal gilt als das landschaftlich schönste Tal des Frankenwaldes. Es erschließt fast alle Einheiten des Paläozoikums und die Gesteine der Liegendserie. Der rasche Wechsel der Gesteinsarten ist überall die Grundlage einer außergewöhnlich artenreichen Flora.

Ein harter karbonischer Quarzkeratophyr hat die Steinach bei Waffenhammer in eine schmale Klamm gezwungen. Der Verlauf der Bäche und Flüßchen im Raum Sparneck–Hallerstein richtet sich eindeutig nach den Verwerfungslinien.

Das Areal der Münchberger Gneismasse ist flach und eintönig. Da die Gneise einen besseren Boden liefern, wird es überwiegend als Feldland genutzt. Nur die extrem widerständigen Gesteine sind in der Lage, Felsen zu bilden. Die bekanntesten Beispiele sind der Eklogit vom Weißenstein, der Serpentinit vom Peterleinstein bei Kupferberg und der Keratophyr vom Torkel. Serpentinit ist wegen des Mangels an Kalium, Natrium und Kalzium nährstofffrei und daher florafeindlich; dies ist eindrucksvoll an der Wojaleite bei Wurlitz-Oberkotzau zu sehen.

Auch die harten Hellen Kieselschiefer wirken landschaftsgestaltend. Sie verursachen die Radspitze an der Fränkischen Linie (mit Fernblick bis in den Erbendorfer Raum) oder die Berge zwischen Presseck und Schwarzenbach a. W. (Döbraberg, Rodachsrangen, Pressecker Knock). Burg Stein im Ölschnitztal nutzt einen Diabas-Felsen.

Wirtschaftliches

Der zur Zeit am meisten genutzte Bodenschatz ist der Diabas. Die oft riesigen Steinbrüche liefern ein in vielen technischen Bereichen weithin außerordentlich geschätztes Material. Bedeutend ist auch der sehr zähe, grünblaue Serpentinit, der in der Prasinit-Phyllit-Serie an der Wojaleite bei Wurlitz und auf dem Haidberg bei Zell gewonnen wird.

An Quetschmassen des Serpentinits gebunden ist der hellgrünliche Topfstein. Er ist ein Gemenge von Talk und Chlorit, ähnlich dem Speckstein. Er wird bei Schwarzenbach a. d. S. gewonnen.

Im recht kalkarmen Alten Gebirge wurden und werden alle Kalke abgebaut. Die meisten Gewinnungsstätten liegen im Kohlenkalk. Auch von den silurischen und devonischen Kalken bleibt kaum ein Vorkommen ungenutzt. Ein begehrtes Gestein ist der (oberdevonische) farbenprächtige »Marxgrüner Marmor« vom Weiler Horwagen südlich Bad Steben; es können dort Blöcke bis 5 Kubikmeter Größe herausgesägt werden. Die lebhafte Strukturierung entstand im Gefolge von untermeerischen Rutschungen.

Die früher bedeutsame Dach- und Griffelschiefergewinnung ist ebenso zum Erliegen gekommen wie Goldbergbau und -wäscherei sowie die Alaunsiederei. Auch die Gewinnung und Verarbeitung von Eisenerzen (ordovizische, devonische Gangvorkommen) hatte die Blütezeit in vergangenen Jahrhunderten. Zentren waren Naila, Selbitz, Stadtsteinach und Wartenfels.

Fichtelgebirgszone

Neben dem Bayerischen Wald ist die Fichtelgebirgszone hinsichtlich der geologischen Eigentümlichkeiten der am leichtesten faßbare Raum des Alten Gebirges. Nirgends werden die Zusammenhänge zwischen Gestein und Landschaftsformung eindringlicher demonstriert. Hier treffen sich die Gebirgszüge, liegen die Quellen bedeutender mitteleuropäischer Flüsse, entstand die einzige Ost-West-Senke von Franken nach Böhmen. Dieselbe Achse öffnete dem jungen Vulkanismus die Wege. Es konzentrieren sich mannigfache Bodenschätze. Die Granite, im Entstehen in Kontakt mit datierbaren Sedimenten getreten, geben beispielhafte Daten zum Alter der magmatischen Prozesse wie auch der Gebirgsbildungen.

Die Fachliteratur ist umfangreich. Zur Zeit stehen neben der Granit-Petrographie die südlichen Regionen im Übergang zum Oberpfälzer Wald in intensiver Bearbeitung. Als besonders schwierig stellt sich dabei der Erbendorfer Raum heraus. An Geologischen Führern liegen vor:

H. Ziehr, 1960: Fichtelgebirge und Münchberger Gneismasse
A. Wurm, 1961: Frankenwald, Münchberger Gneismasse, Fichtelgebirge, Nördlicher Oberpfälzer Wald
K. Mohr, 1962: Zwischen Waldstein und Döbraberg
F. Müller, 1979: Bayerns steinreiche Ecke

Das Fichtelgebirgsmuseum und die Gesteinskundlichen Sammlungen der Fachschule für Steinbearbeitung in Wunsiedel bieten unter anderem das einmalige Deutsche Natursteinarchiv mit über 1000 polierten Platten.

Sedimente und metamorphe Gesteine
Verglichen mit dem Frankenwald ist die Fichtelgebirgszone ein eigenständiger Ablagerungsraum für (größtenteils) paläozoische wie auch präkambrische Schichten (4). Karbonatbildung spielt eine wichtige Rolle. Der Vergleich wird mit Hilfe des Frauenbachquarzits, dem Äquivalent der ordovizischen Frauenbachschichten, vorgenommen. Das Liegende ist die durch starke Metamorphose gekennzeichnete Arzberger Serie. Im Hangenden folgen verschiedene, schwach metamorphe Tonschiefer

(Phyllite). Bis auf Phycoden kennt man Fossilien bislang nur von zwei Orten im Erbendorfer Raum: eine spärliche Makrofauna, vorwiegend Brachiopoden, in ordovizischen Gesteinen sowie Conodonten in den devonisch-karbonischen Relikten.

Die Gesteine sind mächtig. Es müssen weit über 1000 Meter angesetzt werden. Dabei sind sie ausgesprochen eintönig. Das Verbindende ist neben den Merkmalen der Metamorphose die nur selten fehlende Bänderung. Hauptgestein sind Phyllite sehr verschiedener Prägung. Der beste Aufschluß ist die imposante Felspartie des Wenderner Steins bei Kleinwendern. Es folgen Glimmerschiefer-Varietäten und Quarzite. Kalksilikatfels und der Marmor geben als metamorphe Zeugen kalkiger Schichten nicht nur ein Bild vom damaligen Meeresmilieu, sondern auch in der gut dokumentierten Verbreitung die Grundlage zur Interpretation der Lagerungsverhältnisse.

In der geologischen Karte (6) treten auffällig zwei Marmorzüge in Erscheinung. Der nördliche setzt bei Mehlmeisel ein und richtet sich nach einer granitbedingten Unterbrechung über Tröstau–Wunsiedel – Göpfersgrün – Thiersheim nach Hohenberg. Der südliche führt von Unterwappenöst über Neusorg–Waldershof–Redwitz–Arzberg nach Schirnding. Gute Aufschlüsse gibt es in der Gegend von Wunsiedel (F 4), Marktredwitz, im Fichtelnaabtal bei Ebnath–Neusorg, im Typusprofil Flittersbach bei Arzberg. Der Marmor enthält Spuren von Graphit (als Nachweis ehemaliger Organismen), aber keine Fossilien. In

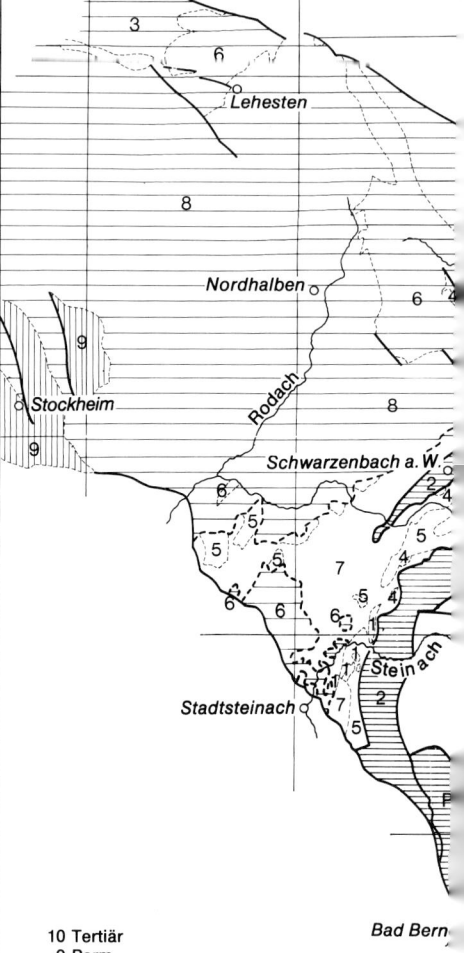

10 Tertiär
9 Perm
8 Unterkarbon der Thüringischen Fazies
7 Unterkarbon der Bayerischen Fazies
6 Devon der Thüringischen Fazies
5 Devon der Bayerischen Fazies
4 Silur
3 Ordovizium der Thüringischen Fazies
2 Ordovizium der Bayerischen Fazies und Randschieferserie
1 Kambrium

P Amphibolit und Prasinit-Serpentinitserien
G Gneise, Glimmerschiefer, Arkosen
A Arzberger Serie

BG Bernecker Gneiskeil
We Weißenstein
Wa Wartturmbergscholle
Gö Göpfersgrün

6 Geologische Karte **Frankenwald und Fichtelgebirge**. Zusammengestellt von H. Mielke und W. Trapp.

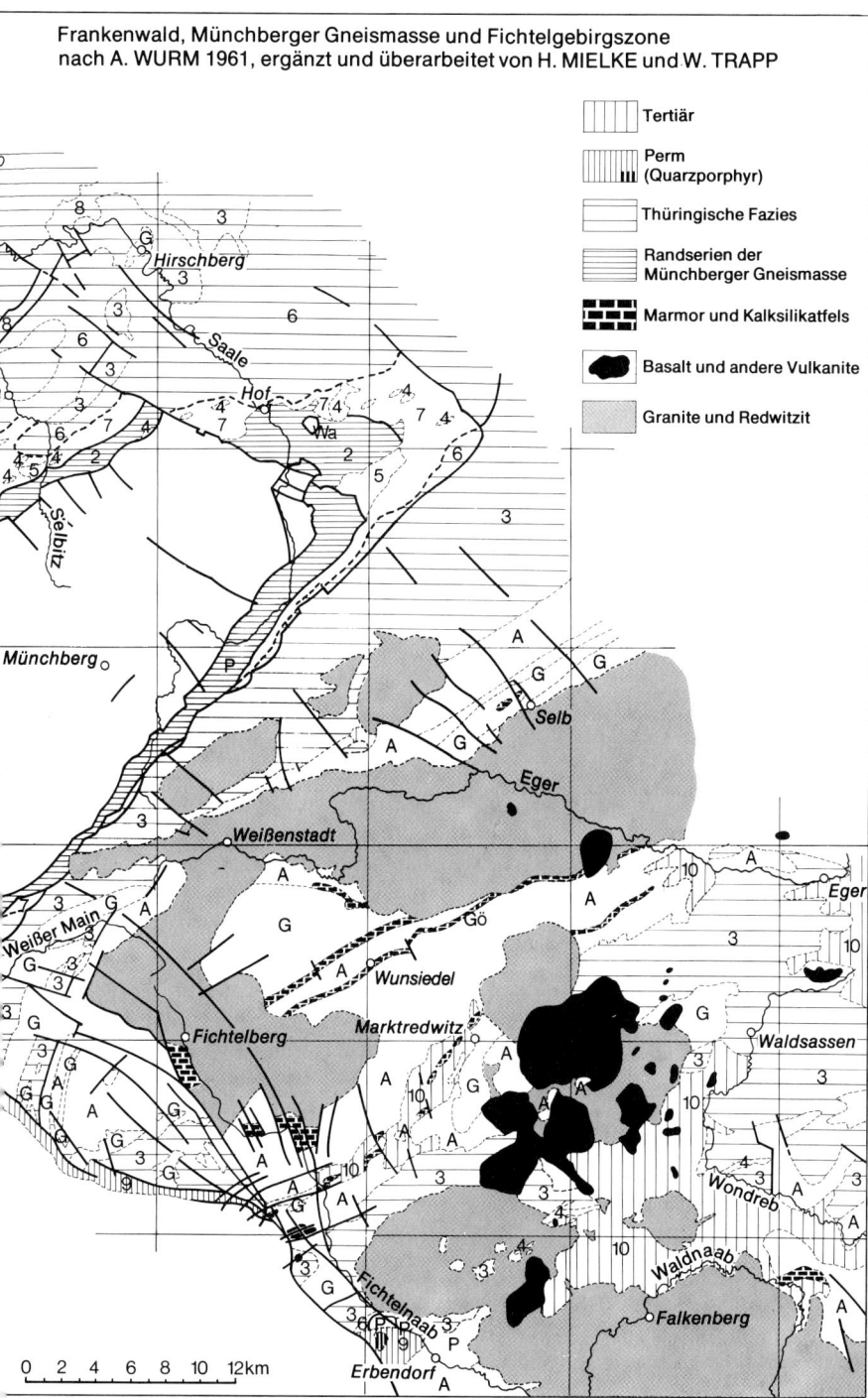

Frankenwald, Münchberger Gneismasse und Fichtelgebirgszone nach A. WURM 1961, ergänzt und überarbeitet von H. MIELKE und W. TRAPP

Göpfersgrün steht er mit der Entstehung des Specksteins in direktem Zusammenhang. Die Marmorzüge fallen gleichmäßig mit 40–50 Grad nach Südosten ein.

Als Alter wird Kambrium vermutet, hauptsächlich, weil in dieser Zeit weltweit eine Periode starker Kalkabscheidung aus dem Meer zu registrieren ist. Darüber hinaus wird nach der »Regel der Zeitgleichheit der Gesteine« eine Brücke zu den Marmoren im Bayerischen Wald geschlagen.

Die Amphibolite (F 4) verzeichnen meistens diabasartigen Gesteinschemismus. Sie sind deshalb mit variskisch mobilisierten paläozoischen Vulkaniten in Beziehung gebracht worden. Dagegen sind die in der Literatur angeführten Orthogneise nicht leicht voneinander zu unterscheiden. Im Begriff verbergen sich Keratophyrtuffe, Geröllarkosen, Metagranite und Blastomylonite. Sie haben große Verbreitung in der Wunsiedler Gneisbucht, in der Umgebung von Selb–Marktredwitz, zwischen Weidenberg–Warmensteinach–Goldmühl. Gerölle aus diesem Orthogneis sind in unterkarbonischen Konglomeraten des Frankenwaldes sowie im Oberdevon/Unterkarbon von Kemnath enthalten.

Das Paläozoikum über dem Frauenbachquarzit (Phycodenschichten, Gräfenthaler Schichten u. a.) läßt sich mit Hilfe der Erzhorizonte in den Gräfenthaler Schichten (4) ohne Schwierigkeiten mit Partien in der Thüringischen Faziesentwicklung im Frankenwald verknüpfen. Es handelt sich um dunkle Tonschiefer. Manchmal sind sie angedeutet phyllitisch.

Dem früheren Abbau von Spateisenerzen an den Marmorzügen verdankt Arzberg seinen Namen.

Als Inhalt kleiner, tektonisch begrenzter Schollen sind in der südlichen Fichtelgebirgszone silurische Kiesel- und Alaunschiefer und devonische Tonschiefer überliefert. Auch Unterkarbon ist inzwischen – in allerdings winzigen Vorkommen – im Raum Bingarten östlich Kemnath nachgewiesen worden. Postgranitisch greift die Ablagerung von Rotliegendem, selbst von Trias, in diesem Raum über die Fränkische Linie hinüber bis an die Fichtelnaab.

Granite

In der sudetischen Phase der Variskischen Gebirgsbildung, an der Wende Unter-/Oberkarbon, wird auch die Fichtelgebirgszone von tiefgreifenden Durchbewegungen erfaßt. Die bisher abgelagerten Sedimente sowie die alten eruptiven und magmatischen Gesteine werden der Metamorphose unterworfen, geschiefert und in großem Zuge nach bestimmtem System gefaltet. Es entsteht der Fichtelgebirgssattel. Die auf beiden Seiten entwickelten Spezialfalten können mit dem Ausstrich der Marmor- und Kalksilikatzüge gefaßt werden. Damit verbunden dringen die Granite empor. Sie fügen sich dem Bau ein und treten mehr oder weniger intensiv mit dem Vorhandenen in Kontakt. Heute nehmen Granite mit rund 380 km² fast die Hälfte der Fläche der Fichtelgebirgszone ein.

Vielseitige Forschungen haben ergeben, daß die Granite in mehreren Schüben zeitlich hintereinander eindringen und erstarren. Dies ergibt sich aus Gefügeunterschieden und der Art der Kontaktmetamorphose.

Das Erstarrungsprodukt der ersten Stunde ist der Redwitzit, eine Granitvariante besonderer Art. Wegen des hohen Gehaltes an Biotit und Hornblende ist er meist dunkel gefärbt. Die Kristallisation verrät ein tieferes Entstehungsstockwerk.

Der Redwitzit geht also dem ersten Granit, dem Porphyrgranit von Weißenstadt–Marktleuthen, voraus. Bis zwölf Zentimeter lange Felspäte in einer mittelkörnigen Grundmasse sorgen bei diesem für die porphyrische Struktur. Der relativ dunkle Granit des Teilmassivs der Reut bei Gefrees stellt den härtesten Fichtelgebirgsgranit. Ein anderer Hauptgranit ist der Falkenberger Granit mit dem Steinwaldgranit und den Massiven um Marktredwitz–Mitterteich–Wiesau. Allerdings ist er oft vom Braunkohlentertiär bedeckt – und der größere Anteil fällt in den Nördlichen Oberpfälzer Wald. Die Grenze Fichtelgebirgszone/Oberpfälzer Wald geht hier mitten durch den Granitkomplex.

Nach einem längeren Zeitabschnitt, aber noch im Oberkarbon, dringen jene Granite auf, die den Zentralstock des Fichtelgebirges bilden. Man unterscheidet einen rasch erstarrten, recht unterschiedlich entwickelten Randgranit vom etwas jüngeren Kerngranit. Dieser enthält nämlich in großen Linsen und Schlieren den Randgranit. Er ist außerdem unter dessen schützendem Dach gemächlich-gleichmäßig abgekühlt. Darum auch ist er die weitaus schönere Variante. Repräsentanten des seltener aufgeschlossenen Randgranits sind Teilbereiche am Schneeberg-Südhang, Ochsenkopf, an Platte, Waldstein und Kornberg.

Der bekannteste Kerngranit ist der bläuliche Kösseine-Granit an der Luisenburg. Auch die meisten Granite des Waldstein-Kornbergzuges gehören dazu. Aus den leichtflüchtigen Bestandteilen der Kerngranit-Schmelzen entstehen die weltbekannten Mineraldrusen vom Waldstein und Epprechtstein. Sie enthalten über 20 Minerale mit großen, flächenreichen Kristallen, darunter Topas, Turmalin, Flußspat, Zinnstein und Wolframit.

Als Restschmelze schaltet sich schließlich der Zinngranit (F 1) ein. Wir finden ihn am Schneeberg-Nordhang, südlich Weißenstadt, am Fuchsbau, im Leupoldsdorfer Wald und – wegen der schichtartig-plattigen Absonderungsformen besonders auffällig – in den Felsgebilden am Rudolfstein und der Drei Brüder. In seinem Bereich liegt der frühere Zinnbergbau.

Das Zinn wurde überwiegend in Seifenlagerstätten gewonnen. Davon künden heute noch die zahllosen Gräben und Halden der »Zinnhänge« wie auch der »Zinnschützweiher«. Das Uran des Fichtelgebirges ist an den Zinngranit gebunden.

Erscheinungen der Kontaktmetamorphose um die Granite sind Fleck-, Knoten- und Knotenglimmerschiefer sowie Hornfelse. Sie sind zumeist aus ordovizischen Schiefern hervorgegangen. Berühmt ist der Chiastolith-Schiefer von Schamlesberg bei Metzlersreuth. Der Chiastolith (Hohlspat) ist eine Abart des Andalusits; man findet ihn am Waldrand zwischen Schamlesberg und Gottmannsberg südöstlich Gefrees. Er ist im Kontaktbereich des Reut-Granits in Gräfenthaler Schichten entstanden. Im Wunsiedler Marmor sind Granat, Vesuvian, Diopsid, Epidot und andere Minerale Zeugnisse kontaktmetamorpher Beanspruchungen.

Im allerletzten Abschnitt der Variskischen Gebirgsbildung, zeitlich gesehen im Rotliegenden, dringen die postgranitischen Eruptivgänge auf. Sie beeinflussen auf mannigfache Art das vorhandene Gestein. Die Folgen sind in jedem Falle interessante, zum Teil einmalige Bildungen.

Der Proterobas ist ein Grüngestein, eine Abart des Diabases mit einem hohen Gehalt an sulfidischem Erz. Am Ochsenkopf füllt er neben mehreren schmalen einen 5–30 Meter breiten, 8 Kilometer langen Gang in Nordwest-Südost-Richtung von Neubau–Fichtelberg bis Bischofsgrün. Das technisch außerordentlich geschätzte Gestein wird gegenwärtig in zwei Steinbrüchen abgebaut.

Parallel dazu gibt es Quarzgänge mit Imprägnationen von Eisenglimmer. Am Gleißinger Fels bei Fichtelberg wurden sie früher bergbaulich gewonnen. Auch im Marktleuthener Granitmassiv sind Gangfüllungen nicht selten.

Quarzporphyr (Paläorhyolith) ist ein permisches Ergußgestein, das in Stöcken und Gängen im Raum Göpfersgrün–Thiersheim, ferner (6) am Schadenreuther Kornberg bei Erbendorf und bei Aign vorkommt. Als schönster Aufschluß gilt ein Schlot mit 50 Metern Durchmesser nahe Lenau bei Kulmain. Dort dringt er in Sedimente des Rotliegenden ein; folglich muß er jünger als diese sein. Gleiches Alter wird für die begleitenden Blei-Zink-Gänge angenommen. Mit Hilfe des Quarzporphyrs wird die Lokalität Göpfersgrün geologisch datiert.

In der Johanniszeche bei Göpfersgrün und in der Umgebung von Thiersheim (6) kommt in einer 5 Kilometer langen Zone der berühmte Speckstein (Steatit) vor. Es handelt sich um ein (technisch wertvolles) dichtes Aggregat von feinschuppigem Talk. Er ist durch Metasomatose aus dem Wunsiedler Marmor entstanden. Dieser trennt dort zwischen Granit (im Norden) und Glimmerschiefer (im Süden). In dieses schmale Marmorband ist nun in Querrichtung eine Schar von Porphyr-Gängen eingedrungen. Damit wurde die Bildung von Speckstein aus Marmor provoziert. Früher deutete man die Genese mit heißen, kohlensäurereichen Quellen im Zusammenhange mit dem jungtertiären Vulkanismus.

Eine andere Besonderheit ist die verhältnismäßig starke Anreicherung von Uran-Mineralen und -Imprägnationen in Klüften des Fuchsbau-Granits bei Weißenstadt (F 1). Hauptmineral ist der Kupferuranglimmer Torbernit. Autunit ist seltener. Im Zinngranit am Rudolfstein kommt neben Zinnerz, Arsenkies und Wolframit das Uran-Mineral Uraninit vor. In der Umgebung sind radioaktive Quellen zahlreich. Das Wasser von Bischofsgrün gehört zu den extrem stark radioaktiven Quellen. Bei Großschloppen unweit des Epprechtsteins laufen zur Zeit großangelegte Untersuchungen auf Uranvorkommen.

Landschaftliches

Die Hochlage des Fichtelgebirges ist in erster Linie das Resultat tektonischer Hebung, weniger der Granithärte. Zudem haben jungtertiäre Einrumpfung in Verbindung mit außerordentlich tiefreichenden und nivellierenden Verwitterungseffekten sowie die Kaolin-Bildung große flächige Regionen erzeugt. Die Mittelgebirgssituation empfindet man daher weniger inmitten der Zone, eher schon bei einem Überblick vom Vorland aus, etwa von der Bayreuther Autobahn oder vom Basaltkegel des Neustadter Rauhen Kulm.

Granite verursachen die stets bewaldeten Höhenzüge. Von den Aussichtstürmen hat man eine hervorragende Fernsicht. Der Waldstein bietet den eindrucksvollen Kontrast zwischen der flachen Münchberger Gneismasse einerseits und den Granithöhen andererseits, die Kösseine wiederum das Steinwaldmassiv und die Vulkanruinen im Oberpfälzer Vorland.

Durch Verwitterung herauspräparierte Felsbildungen im Granit sind die Wollsack-Türme. Beispiele finden sich am Rudolfstein und Waldstein. Das Felsenmeer an der Luisenburg wurde bereits von Goethe richtig gedeutet.

In den Wäldern zwischen den Höhen befinden sich häufig Senken, die mit Fließerden und Mooren gefüllt sind. Der Fichtelsee ist ein solcher, über 6 Meter tiefer Torfgrund.

Die aus Sedimenten hervorgegangenen Schiefer verursachen offene, der nährstoffreichen Böden wegen meist landwirtschaftlich genutzte Gebiete. Ein Beispiel ist die zwischen Graniten eingebettete Wunsiedler Bucht (F 4). Andererseits können größere Phyllit-Komplexe das Phyllitgebirge (Königsheide, Tressenberg) und Quarzitphyllite sogar Härtlinge (Kohlwald, Siebenlindengebirge) ergeben.

Wirtschaftliches

Die Steinindustrie spielt im Fichtelgebirge eine große Rolle. Dies ist Ausdruck zahlreicher Vorkommen qualitativ hochwertiger nutzbarer Gesteine. Hauptorte sind Weißenstadt, Wunsiedel, Niederlamitz. In Wunsiedel gibt es eine Steinfachschule.

Der Fichtelgebirgsgranit ist außerordentlich variationenreich. Er ist politurfähig. Im Unterschied zum in der Regel feinkörnigen und grauen Granit des Bayerischen Waldes ist er lebhaft bunt und grobkörniger. In den meisten Steinbrüchen wird der Kerngranit abgebaut.

Eine erst kürzlich publizierte Ansicht erklärt den Ruf des Fichtelgebirges als Zentrum der Granitverarbeitung in Deutschland mit der Wirkung der Granitsäulen in der Kelheimer Befreiungshalle auf die vielen mächtigen Gäste bei der Einweihungsfeierlichkeit 1863. Das Liefergebiet soll ein Porphyrgranit ehemaliger Steinbrüche am Rudolfstein sein. Andere Quellen verlegen die Herkunft der insgesamt 72 Säulen allerdings in Steinbrüche in der Gegend von Freudensee bei Wegscheid im Bayerischen Wald.

Die blaugetönten Mikrokline machen den Kösseine-Granit besonders dekorativ.

Redwitzit aus der Umgebung von Marktredwitz ist wegen der extremen Härte und Verwitterungswiderständigkeit geschätzt, desgleichen der Proterobas vom Ochsenkopf; dieser wurde früher gerne für monumentale Bildhauerwerke herangezogen.

Im außerordentlich kalkarmen Fichtelgebirge kommt den Marmoren ganz besondere Bedeutung zu. Früher als Brenn- und Düngekalk sehr begehrt, sind sie heute dank der Nähe des Vorkommens zu vielen steinverarbeitenden Betrieben Rohstoff für verschiedenartigste Erzeugnisse.

Der Speckstein von Göpfersgrün, das in Deutschland einmalige Magnesiumsilikat, hat wegen der vielseitigen Verwendungsmöglichkeiten, vor allem in der keramischen Industrie, speziell für hochwertige Elektrokeramik wie auch für Hochspannungsisolatoren, ferner als Füllstoff und Trägersubstanz sowie wegen der Fähigkeit, gebrannt hohe Härtegrade anzunehmen, die Lagerstätte zu einem weithin bekannten Begriff werden lassen.

Oberpfälzer Wald

»Eine lange Festlandszeit hat die ruhigen und ausgeglichenen Züge dieser Landschaft geprägt, die auf den ersten Blick kaum etwas von dem nur schwer entzifferbaren Gesteinsaufbau erahnen läßt. Weitflächige und tiefgründige Verwitterung verschleiert den Einblick, die komplizierte Verformung und die jüngere Granitdurchtränkung erschweren die Analyse des Gebirgsbaues. Vielleicht trägt auch dies dazu bei, daß unsere geologische Vorstellung von diesem Krustenabschnitt so wechselhaft und uneinheitlich ist. Auch heute noch werden in wichtigen Fragen gegenteilige Meinungen geäußert« (G. Stettner, 1975).

Es ist nicht möglich, ein einfaches Bild von Stoff und Bau zu entwerfen. Andererseits ist der Oberpfälzer Wald die bekannteste und ergiebigste Region für den Mineraliensammler. Hier finden sich fast unzählige, zum Teil weltberühmte Fundpunkte und das größte mitteleuropäische Pegmatitgebiet. Der Interessent bekommt die mineralogischen Besonderheiten angeboten. Hier findet man die meisten erdwissenschaftlichen Sammlungen, Ausstellungen und Museen Bayerns (Pleystein, Weiden, Sulzbach-Rosenberg, Theuern, Schwarzenfeld) und den großartigen Geologischen Lehrpfad Tännesberg.

Die führende Literatur ist ebenso reichhaltig wie unerläßlich für das nähere Kennenlernen:

VFMG, 1957: Zur Geologie, Petrographie und Mineralogie der Oberpfalz
Beiheft »Fortschritte der Mineralogie«, 1974: Exkursionsführer
Sonderband 26 »Der Aufschluß«, 1975: Zur Mineralogie und Geologie der Oberpfalz

Metamorphite

Verglichen mit der Fichtelgebirgszone sind die Daten und Dokumente unübersichtlicher. Auch sind sie ohne spezielle mineralogisch-petrographische Fachkenntnisse kaum zu interpretieren. Im Prinzip geht es um die Erfassung der Übergänge in der Metamorphose und die Eingliederung in geotektonische Baustufen. Demnach liegt beispielsweise das altpaläozoische Stockwerk in Gestalt des Waldsassener Schiefergebirges (mit Tillenberg und Stiftsbergen) auf dem assyntisch, also Ende Präkambrium formierten Sockel. Dieser wird aus Gesteinen der Bunten Gruppe (phyllitischen Glimmerschiefern mit Amphiboliten, Chloritschiefern, Marmoren, Quarziten und Metakieselschiefern) gebildet.

Die Tillenglimmerschiefer des Oberpfälzer Waldes sind für die Gräfenthaler Schichten, Phycodenschichten und Frauenbachquarzite einigermaßen mit der Fichtelgebirgszone (4) zu verknüpfen. Die als kambrisch angesehenen Altmuglschichten führen Horizonte, die lithologisch mit Granat-Albit-Staurolith-führenden Gesteinen bzw. Muskovitquarziten des Fichtelgebirges identisch sind.

Inwieweit sich kaledonische Bewegungen ausgewirkt haben, ist ebensowenig klarzustellen wie die Rolle der Variskischen Gebirgsbildung. Nicht zuletzt sind es solche Schwierigkeiten, die eine präzise Definition und Trennung von Saxothuringikum und Moldanubikum vor Ort noch nicht gestatten. Dagegen passen die Granite in die für das gesamte Alte Gebirge gültigen Regeln der Entstehungsmechanismen und Zeitabläufe.

Die Gesteine der einzelnen Stockwerke sind von unbeschreiblicher Vielfalt. Es dominieren die Paragesteine. Das sind Gneise, die im Zuge der Metamorphose aus Sedimenten hervorgegangen sind. Groß ist die Zahl der Spielarten, nur in wenigen Fällen gelingt die Identifikation im Steinbruch. Fast immer ist man auf spezielle petrographische Untersuchungsmethoden angewiesen. Phyllite, Augen-, Flaser- und Bändergneise oder von vorherrschenden Mineralen gekennzeichnete Varianten bestimmen das Bild. Hauptgesteine sind der dunkelblaugraue, lagige Cordierit-Sillimanit-Gneis, der Biotitgneis und der Biotit-Plagioklas-Gneis. Quarzitgneise, hervorgegangen aus Sandsteinschichten, sind verschiedentlich ein willkommenes Leitgestein.

Die in der Metamorphose aus magmatischen Körpern hervorgegangenen Orthogesteine komplizieren die Situation. Die stärkste Differenzierung bietet das Naabgebirge (zumal hier Granite eine große Rolle spielen). Entlang einer Nord-Süd-Linie grenzt im Raum Winklarn-Rötz ein von Graniten freies Areal monotoner Biotitgneise an. Man hat daraus geschlossen, das Naabgebirge sei herausgehoben worden und die Abtragung habe daher die Granite anschneiden können.

Eine Spezialität des Oberpfälzer Waldes sind die Metabasite, es sind zumeist dunkelgrün gefärbte Gesteine. Gute Aufschlüsse in Gabbro bietet der Steinbühl bei Kaimling. Vorkommen von Serpentinit finden sich im Erbendorfer Gebiet (»Erbendorfer Grünschieferzone«), bei Floß, Waldau, an der Ostmarkstraße bei Winklarn und mehreren anderen Orten. Eklogit, Prasinit, Norit, Amphibolit und weitere basische Gesteine sind Objekte intensiver wissenschaftlicher Bearbeitung. Bei Pleystein sind Kalksilikatfelse in der Varietät des Granat-Vesuvian-Diopsid-Felses (mit vielen seltenen Mineralen wie Hessonit, Scheelit) verbreitet.

Granite

Die Granite werden wie die des Fichtelgebirges verschiedenen Abfolgen zugeordnet, ohne daß man in der Lage wäre, aus dem Stoffbestand heraus das Nacheinander und Ineinander zu deuten. Das Falkenberger Granitmassiv (mit dem Steinwald) ist dem Porphyrgranit von Weißenstadt–Marktleuthen gleich, also die erste-älteste Intrusion. Die anderen Granite können jünger sein.

Eine interessante Beobachtung ist das Kleinerwerden der Feldspat-Kristalle von Norden nach Süden: Falkenberg, 9 Zentimeter – Flossenbürg, 4 Zentimeter – Leuchtenberg, 1 Zentimeter. Die Komplexe von Waidhaus und Oberviechtach zeigen die entsprechenden Mittelwerte.

Unter den Graniten des Oberpfälzer Waldes ist der grobkörnige, hellgraue bis hellgelbliche, sehr quarzreiche Stein von Flossenbürg am bekanntesten. Die schalig-schichtigen Absonderungsformen gelten als beispielhaft. Eine Bestimmung des absoluten Alters erbrachte 293 Millionen Jahre vor heute. Der Leuchtenberger Granit (für den 313 Millionen Jahre ermittelt wurden) sei unterhalb 4–8 Kilometer Dachgestein erstarrt.

Gute Einblicke in Kontaktgesteine bietet Steinach zwischen Leuchtenberg und Vohenstrauß (am Südrand des Leuchtenberger Granitplutons) im Grenzbereich zu Gneisen. Es finden sich dort diverse Spielarten von Hornfelsen, Metabasite, Graphitquarzite und zahlreiche (bis 1 Zentimeter große) violettrote Almandin-Granate.

Die bekannten Gangfüllungen mit Flußspat, die Pegmatite und die Uranvorkommen sind Ausstrahlungen des Falkenberg-Leuchtenberger-Granitmassivs. Sie sind das Dorado der Mineraliensammler.

Allein im Oberpfälzer Wald gibt es 36 Vorkommen von Pegmatiten, den hier besonders kristallreichen Ganggesteinen aus Restschmelzen des Granits. Sie unterscheiden sich von denen der Fichtelgebirgszone, denn dort stecken sie meist im Granit, hier im Gneis. Ferner ist die Mineralführung anders und reichhaltiger. Es entstehen großartige Minerallagerstätten.

Hagendorf bietet Feldspat, Rosen- und Rauchquarz, reinen Quarz und Beryll. Die Gruben Wilma und Gertrude sind wegen der Riesenkristalle von Quarz und Feldspat bekannt. Irchenrieth führt bis kopfgroße Granate.

Der Kreuzberg in der Ortsmitte von Pleystein (F 5) besteht ganz aus lichtrosa gefärbtem Rosenquarz. Er enthält insgesamt 34 Minerale, darunter die gesuchten Triplite, Strengite und Phosphorsiderite. Überhaupt sind die Pegmatite des Nördlichen Oberpfälzer Waldes im Umlande von Pleystein, Waidhaus und Flossenbürg reich an Phosphaten. Gelegentlich ist Turmalin angereichert. In Püllersreuth ist typischer Schriftgranit anzutreffen.

Die Domäne der Flußspatgänge ist das Naabgebirge. Hauptorte sind Naabburg, Wölsendorf und Tulln. Aber auch bei Flossenbürg haben sich Klüfte hydrothermal mit Fluorit gefüllt. Oft finden sich nicht minder wertvolle Begleitminerale wie z. B. Schwerspat, Kalzit, Dolomit, Chalkopyrit, Pechblende, Uranocircit und Uranophan. Wölsendorf ist zudem reich an Oxydationsmineralen der Erze.

Uran kommt sowohl als Pechblende wie auch in Gestalt von (bis 30) sekundären Uranmineralen vor. Es ist, wie in Floß senbürg, an den Granit oder an den Pegmatit oder an die Flußspat- und Quarzgänge gebunden. Auf dritter Lagerstätte werden Uranfällungen im Braunkohlentertiär festgestellt. Schließlich ist im weiteren Gebiet um die Uranvorkommen dieses und jenes Wasser radioaktiv.

Eine Eigenart des Oberpfälzer Waldes sind die mit Gangquarz gefüllten Zerrspalten, die Oberpfälzer Pfähle. Zwar werden in keinem Fall die Ausmaße des Bayerischen Pfahles erreicht, doch ist die Aussage für die Rekonstruktion von Bau und Werdegang des Alten Gebirges nicht minder bedeutsam, denn die Pfähle streichen nicht wie der Bayerische Pfahl Nordwest-Südost, sondern steiler, nämlich Nordnordwest-Südsüdost. Sie erfassen überdies einen breiteren Raum und künden damit von ausgedehnter Zerrung der Kruste im Gefolge horizontaler Verschiebungen. Der größte ist mit 65 Kilometern Länge und 100 Metern Breite der Böhmische Pfahl. In Klentsch in Böhmen, einige Kilometer hinter Waidhaus, kommt er vorbildlich als Härtling heraus. Er fällt nach Osten ein. Die anderen Pfähle sind kleiner. Einige verbreiten sich zwischen Vohenstrauß und Pleystein. Bei Eslarn sind mehrere alte Steinbrüche im (trübweißen) Quarz besuchenswert. Morphologisch treten auch die Pfähle bei Waidhaus, Oberviechtach, Winklarn und Rötz hervor.

Landschaftliches

Die weite Verbreitung von Gneisen – in Verbindung mit der im Kerngebiet seit dem Perm anhaltenden Festlandszeit und entsprechend tiefgründiger Verwitterung – hat für eine weitgespannte und überwiegend sanft modellierte Landschaft gesorgt. Nur die Granitmassive überragen die Region. Örtlich können Pegmatit- und Quarzgänge für Härtlingsbildungen verantwortlich sein. Das beste Beispiel ist der Fahrenberg.

Die abwechslungsreichere Geologie des Naabgebirges gestaltet das Relief lebendiger als es die monotonen Biotitgneise im benachbarten Oberen Oberpfälzer Wald vermögen. Nur um Furth i. W. ergeben sich im Gefolge des Vorkommens harter Gabbroamphibolite einige landschaftliche Kontraste. Im Nördlichen Oberpfälzer Wald ist die morphologische Ausgestaltung wiederum unauffälliger, zumal dort das Braunkohlentertiär für Nivellierung sorgt. Dennoch sind einige Akzente in Gestalt der Basaltkegel gesetzt.

Die Granite und die Hochgebiete sind das Areal der stundenweiten Wälder, dem wohl bedeutendsten Anziehungspunkt für den Fremdenverkehr. Auf den Gneisen und in der Kraterlandschaft von Rötz (im Areal der Astrobleme) überwiegt dagegen, vom Fremden in der Regel nicht erwartet, die offene Flur. Wegen des Nährstoffreichtums der Böden ist die Feldflur relativ umfangreich. Tatsächlich liegt der Anteil des Waldes im (gesamten) Oberpfälzer Wald bei 37 Prozent.

Seit kurzem wird versucht, die merkwürdige Flachlandschaft südlich der Linie Neunburg v. W.–Tiefenbach im Zusammenhang mit dem Rieseereignis zu erklären. Das Gebiet liegt im Areal der Astrobleme. Der Übergang von der eingeebneten Region in das nicht von den Meteoriteneinschlägen betroffene (höhere) Land liegt an der Ostmarkstraße halbwegs zwischen Rötz und Oberviechtach. Das Leitgestein Alemonit findet sich in der quarzitischen Abart.

Wirtschaftliches

Die Steinindustrie stellt in allen Bezirken des Oberpfälzer Waldes einen bedeutenden Wirtschaftsfaktor dar. Zahlreich sind die Abbaue auf Granit. Er ist allerorten gut bankig geklüftet und kann daher meistens in großen Blöcken gewonnen werden. Die Farbe variiert von Ort zu Ort. Am lebhaftesten ist der Roggensteiner Granit in seiner schwarzweißen Strukturierung. Der Falkenberger ist gelbgrau, der Flossenbürger hellgrau bis hellgelblich, der Leuchtenberger gelblich. Die Naabgebirgsgranite sind fast immer rötlich.

Die Quarze in den Gängen und Pegmatiten werden nur selten in reinweißer Tracht angetroffen. Meistens ist das Mineral getrübt. Oft haben Eisenlösungen einen Stich ins Gelbliche hervorgerufen.

Hagendorf gehört zu den bedeutendsten Pegmatitvorkommen Europas. Die dortigen Feldspäte sind wegen des besonderen Alkaligehaltes besonders geschätzt. Oberpfälzer Flußspat ist Grundstoff für zahlreiche chemische und keramische Produkte.

Die Grube Bayerland bei Pfaffenreuth (nahe Waldsassen) erschloß zwei in ordovizische Phyllite linsenförmig eingelagerte Erzkörper. Die Erze werden als ein submarin-exhalativer Niederschlag gedeutet; es finden sich in oft schönen Stufen Pyrit, Markasit, Magnetkies, Arsenkies, Kupferkies, Zinkblende, Magnetit, Bleiglanz, Falkmannit, Vivianit, Vitriol.

Vermutlich besteht eine genetische Verbindung von Pfaffenreuth zu den Gold-Vorkommen von Neualbenreuth. Die im Burgholz bei Schachten an kleine linsige Quarzgänge im oft stark zersetzten Phyllit gebundenen Schnüre waren allerdings bereits 1615 ausgebaut; dasselbe gilt vom dortigen Seifengold.

Uran-Anreicherungen, die allerdings zur Zeit nicht als wirtschaftlich verwertbare Lagerstätten angesehen werden können, finden sich bei Lengenfeld (bei Tirschenreuth) in Gangstrukturen und an kaolinigen Granitzersatz gebunden, bei Poppenreuth–Höhensteinweg in steilstehenden Aplitlagen innerhalb Biotit-Sillimanit-Schiefern und bei Mähring, wo gegenwärtig intensive Untersuchungen laufen, zumal im unmittelbar benachbarten Böhmen bereits Uranerze gefördert werden. Die an (höchstens 10 % der) Flußspatgänge des Wölsendorfer Reviers gebundenen Uranvererzungen mit ihrer Fülle primärer und sekundärer Uranminerale sind in nur zwei Fällen (Mariengang, Grube Johannes) nennenswert konzentriert. Die im Zusammenhang mit Uran zur Zeit wichtigsten Orte im Schwandorfer Revier sind Altendorf–Girmitz.

Bayerischer Wald

Im ostbayerisch-böhmischen Alten Gebirge ist der höchste Grad der Metamorphose erreicht. Alle Gesteine sind kristallin. Gneise und Granite nehmen ungefähr gleichen Flächenanteil ein. Der Bayerische Pfahl, der Graphit und Kieslagerstätten setzen besondere geologische Akzente. Lange tektonische Bruchstrukturen begrenzen nach Westen und nach Süden. An den Säumen des Grundgebirges sind da und dort Schollen jüngerer Schichten hängengeblieben (7).

Die geologische Spezialkartierung steckt in den Anfängen; der Bayerische Wald gilt diesbezüglich als unterrepräsentiert. In 1:25 000 sind erschienen die Blätter Regensburg, Regenstauf, Nittenau, Wörth a. D. sowie Zwiesel, Lalling und die den Nationalpark Bayerischer Wald umfassenden Blätter Spiegelau und Finsterau. In Bearbeitung stehen: St. Englmar, Viechtach und Ruhmannsfelden.
Demgegenüber ist die führende Literatur reichhaltiger:

K. Habenicht, 1950: Geologische Wanderziele im Kristallin nördlich bis östlich von Regensburg
G. Priehäusser, 1965: Bayerischer und Oberpfälzer Wald
Deutsche Mineralogische Gesellschaft, 1966: Nachexkursion Bayerischer Wald
G. Troll & W. Bauberger, 1967 und 1968: Führer zu geologisch-petrographischen Exkursionen im Bayerischen Wald
Geologica Bavarica, 1969: Arbeiten aus dem ostbayerischen Grundgebirge
Geologica Bavarica, 1973: Petrographische Arbeiten über das Grundgebirge des Bayerischen Waldes
Sonderband 26 »Der Aufschluß«, 1975: Zur Mineralogie und Geologie der Oberpfalz
F. Pfaffl, 1977: Die Mineralien des Bayerischen Waldes

Belegmaterial ist im Regensburger Naturkundemuseum wie auch in der dortigen Forschungsstelle für Angewandte Mineralogie ausgestellt.
Bayerischer Wald und Böhmerwald sind innerhalb des Alten Gebirges das größte Glied der Böhmischen Masse. Heute ist diese eine riesige Schüssel aus kristallinen und metamorphen Gesteinen. In der Mitte liegt Prag. Geht man von dort nach Regensburg, kommen nach Südwesten zunehmend ältere Gesteine zutage.

Metamorphite
Die meisten Gneise waren ursprünglich ein sandiges, toniges und an Grauwacken reiches Sediment. Auch Arkosen und

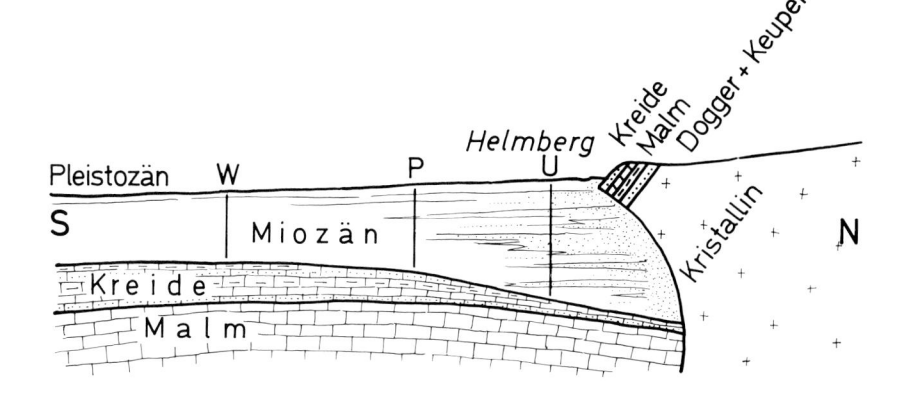

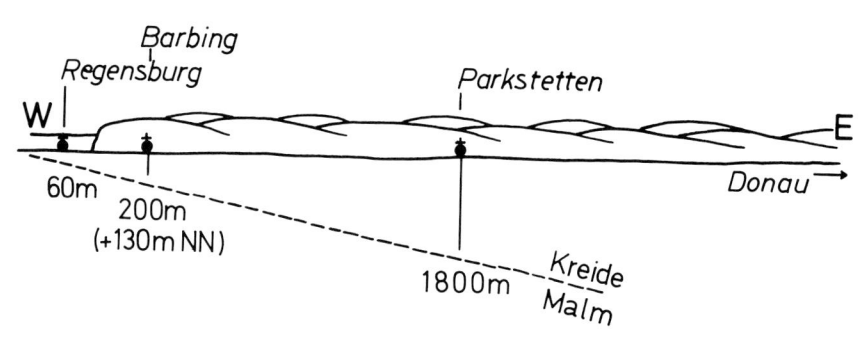

7 Die Lagerungsverhältnisse in der **Straubinger Senke am Donaurandbruch** sind durch mehrere Tiefbohrungen aufgeklärt worden. Das Profil senkrecht zur Verwerfung zeigt für das Miozän enorme Mächtigkeiten: Straubing-Wundermühle (W) 415 Meter, Parkstetten (P) 515 Meter, Unterharthof (U) 697 Meter. Da die Aufschiebung des Kristallinen Grundgebirges auf das jüngste Obermiozän erfolgt, muß das Alter der tektonischen Bewegungen jünger (vermutlich Ende Altpliozän) sein. Dabei werden am Helmberg bei Schloß Steinach Schichten des Mesozoikums schräg gestellt. Nach H. Tillmann, 1964.

Kalke waren vorhanden. Merkwürdigerweise fehlen Konglomerate und anderes Grobmaterial.

Das Alter der meisten Gesteinsserien wird, da die Assyntische Gebirgsbildung ihre Spuren hinterlassen hat, als präkambrisch angenommen. Darüber hinaus werden auch altpaläozoische Gesteine eingesetzt, da absolute Altersbestimmungen die Auswirkungen der Kaledonischen Gebirgsbildung wahrscheinlich gemacht haben. Im Grundgebirge des Bayerischen Waldes gibt es keine Fossilien.

Das Eindringen der Magmatite im Zuge der Variskischen Gebirgsbildung erfolgt mit sehr unterschiedlicher Intensität der Deformation, Zerreißung wie auch Mobilisation und Platznahme. Es gibt noch kein einheitliches Bild von den Vorgängen. Die Forschung hat sich erst in jüngerer Zeit diesen Fragen zugewandt.

Die unterschiedliche tektonische Beanspruchung bezeugen die Achsen der Falten. Im Regensburger Wald streichen sie Südwest-Nordost. Im Vorderen Bayerischen Wald dagegen – wie der Bayerische Pfahl – Nordwest-Südost. Die Herausformung der Masse erfolgt postvariskisch im mehrfachen Auf und Ab entlang der großen tektonischen Linien.

Während Jura und Kreide kann das Meer weit auf das Grundgebirge dringen. Ob die Kammlinie überall Festland bildete oder doch teilweise, zumindest kurzfristig, unter Wasser lag, ist eine seit hundert Jahren immer wieder aufgeworfene Frage.

Die Gneise bilden wie im Oberpfälzer Wald mannigfache Varietäten. Phyllite und Glimmerschiefer mit kalksilikatischen Einschaltungen können Graphit und Pyrit führen. Sie sind im Raum Osser–Eisenstein verbreitet. Paragneise sind häufig in der Pfahlzone und, als Bändergneise, im Regensburger Wald anzutreffen. Sie bilden den Gipfelfelsen des Arber. Ansonsten handelt es sich um die gleichen, höchstens etwas grobkörnigeren Ausbildungen wie im Oberpfälzer Wald. Bei Regenhütte und Zwieselberg sind größere zusammenhängende Vorkommen des seltenen Mischgesteins Diatektischer Cordieritgneis aufgeschlossen. Im Passauer Wald liefern die Graphitgneise ein neues Element.

Die eigenartigsten Gneise aber sind jene, die entweder mit der Metamorphose oder den Bewegungen im Zusammenhange mit der Entstehung des Bayerischen Pfahles zu tun haben. Dazu gehört der Perlgneis. Er findet sich besonders vielfältig in der Umgebung von Deggendorf. Er ist hellgrau, kleinkörnig und hat ein straffes oder auch flaseriges Gefüge. Der Name kommt von der perlschnurartigen Anordnung von Feldspäten im Gestein.

Es folgen die Winzergesteine. In der Verbreitung sind sie an den Donaurandbruch gebunden. Wir beobachten sie am Winzerer Schloßberg, Bogenberg, Sonnenwald, Dreitannenriegel und im Raum St. Englmar–Hirschenstein.

Die Körnelgneise werden auf stärkstens aufgeschmolzenen Granit zurückgeführt. Das Gebiet dieser migmatitischen Gesteine ist hauptsächlich der Regensburger Wald.

Andere Varietäten sind die Bunte Serie von Vilshofen und schließlich die Metabasit-Gesteine Gabbro, Norit, Serpentinit, Eklogit, Amphibolit und Prasinit. Es handelt sich um ehemalige vulkanische Gesteine. Wie im Frankenwald können in Tuffiten kleinere Kalkeinlagerungen vorkommen. Die größten Metabasit-Komplexe liegen im Gebiet Furth i. W.–Hoher Bogen und, als kleinere Stöcke, im Passauer Wald bei Waldkirchen und Hauzenberg.

Im Graphitgneis des Passauer Waldes kommen bis zehn Meter mächtige Marmorlagen vor. Man sieht darin Parallelen zu den Marmorzügen des Fichtelgebirges und schließt auf ein einigermaßen gleiches (kambrisches) Alter der Entstehung.

Am Silberberg bei Bodenmais befindet sich ein bekanntes Magnetkieslager. Es ist aus einem euxinischen Sediment im Zuge der Metamorphose hervorgegangen. Das Hauptlager (mit Magnetkies, Pyrit, Zinkblende, Bleiglanz, Kupferkies, Magnetit und Silber) ist in Linsen den dortigen Cordieritgneisen eingeschaltet. Es wurde früher auf Eisen und Silber abgebaut. Bis 1962 spielte die Vitriol- und Alaungewinnung und die Herstellung von Poliermitteln für die Spiegelglaswerke eine Rolle. Da bei der Verhüttung die Erze geröstet wurden, hatten die schwefligsauren Abgase die Vegetation vernichtet. Noch heute ist zu erkennen, daß der Silberberg früher nackt und kahl war.

Der Graphit des Bayerischen Waldes (wie der noch bedeutendere im benachbarten Böhmen) kommt ebenfalls als Einschaltung in Gneisen vor. Die größte Verbreitung erreicht er im Gebiet Kropfmühl–Pfaffenreuth nordöstlich

Passau. Der Bergbau hat ein vollständiges Bild von den Lagerungsverhältnissen geliefert.

Graphit ist ein bei der Metamorphose von Süßwasseralgen-Ablagerungen entstandenes Aggregat von 1–2 Millimeter großen Schüppchen (»Flockengraphit«). Er bildet Flöze in Mächtigkeiten von wenigen Zentimetern bis 6 Metern. Stellenweise sind sogar 20 Meter gemessen. Der Graphit verteilt sich sowohl in Gneisen wie auch in Marmor. Offenbar ist sein Vorkommen an den Marmor gebunden. Dies bestätigen andere Graphitlinsen bei Zwiesel (Langdorf, Innenried) und an der Ilz bei Tiefenbach. Der Kohlenstoffgehalt schwankt zwischen 20 und 50 Prozent. Überall hat Tektonik eingegriffen, sie hat verfaltet, gestaucht, aber auch konzentriert. Insgesamt ist dadurch eine komplizierte Lagerstätte entstanden.

Granite

Die Granite des Bayerischen Waldes stellen sich in zwei altersverschiedenen Generationen. Der Kristallgranit I, auch Älterer Granit genannt, dringt in der Ära der Kaledonischen Gebirgsbildung, wahrscheinlich im Devon, auf. Der Jüngere Granit – Kristallgranit II – wird der oberkarbonischen Hauptphase der Variskischen Gebirgsbildung zugeordnet. Dazwischen liegt ein Hiatus.

Der Kristallgranit I ist am schönsten im Westbereich des Regensburger Waldes entwickelt. Das Zentrum ist Brennberg. Ein guter Aufschluß, der auch die benachbarten Gesteinsarten zeigt, befindet sich im Perlbachtal bei Trasching. Weitere größere Vorkommen liegen um Moosbach bei Runding, neben Jura in Flintsbach bei Osterhofen, in der Wolfsteiner Ohe. Das Gestein ist wegen der großen Kristalle von Kalifeldspat leicht zu erkennen – und man versteht den früheren Namen Porphyrgranit.

Zwischen die beiden Granite sind – Unterscheidungsmerkmal der Abfolge – gangförmig verbreitete Quarzglimmerdiorite eingeschaltet. Sie enthalten gelegentlich Einschlüsse von Kristallgranit I, müssen folglich jünger als dieser sein. Man sieht darin Vorläufer des Kristallgranits II, dem granitischen Hauptgestein des Bayerischen Waldes.

Der Jüngere Granit ist in jeder Hinsicht variabler als der Ältere. Er bietet mehrere Typen, etwa grobporphyrische neben feinkörnigen. Er ist auch meistens orientiert gelagert: die Richtung des Bayerischen Pfahls ist weder im Streichen der Komplexe noch in der Form der Intrusivkörper zu übersehen. Stöcke liegen beiderseits des Bayerischen Pfahls und in der Umgebung von Bischofsmais, gangartige Körper eines fein- und mittelkörnigen Granits sind bei Vilshofen, Neustift, Deggendorf, Metten und Kaußing erschlossen. Die Kammlinie wird vom Massiv Lusen–Finsterau–Dreisesselberg aufgebaut (F 2).

Am auffälligsten aber, und schon vor Jahrzehnten als Modellfall beschrieben, zeigen die Granite des Passauer Waldes die Abhängigkeit von den großen Strukturen. Der Stein ist meist fein- bis mittelkörnig, gleichmäßig und graublau-dunkelgrau bis gelblich. Er liefert wertvolle Bruchsteine. Ein repräsentativer Aufschluß ist der Steinbruch bei Richardsreuth. Der Massivgranit Eging–Fürstenstein–Tittling zeigt neben einigen Intrusivkontakterscheinungen und Pegmatiten jene Quarzglimmerdiorite, die die Unterscheidung vom Kristallgranit I gewährleisten. Das Massiv Hauzenberg–Waldkirchen ist in der Zusammensetzung variabler. G. Troll hat über 50 Steinbrüche im Passauer-Wald-Granit speziell beschrieben.

Auch im Bayerischen Wald sind Zeugnisse der letzten Regungen der Variskischen Gebirgsbildung in Gestalt permischer Quarzporphyre vorhanden. Meistens sind es gangförmige Körper. Bestes Beispiel ist der Regenporphyr im Regensburger Wald östlich Regenstauf.
Die granitogenen Phänomene sind die gleichen wie im Oberpfälzer Wald. Flußspatgänge, wenn auch kleiner, kommen bei Lam und bei Sulzbach östlich Donaustauf vor. Unter den 50 Vorkommen von Pegmatiten im Dreieck Arnbruck–Lam–Frauenau ist das Vorkommen vom Rabenstein bei Zwiesel wegen des Reichtums seltener Phosphatminerale, besonders Triphylin, am bekanntesten. Der Quarz-Feldspat-Pegmatit vom Hühnerkobel enthält 40 Minerale, darunter die Uranminerale Columbit und Uraninit. Gleich groß ist der Frather Pegmatit. In Pegmatitgängen im Hauzenberger Granit konnten sehr strahlungsintensive grüne Uranglimmer gefunden werden.

Der Bayerische Pfahl ist ein geologisches Dokument, das als einmalig in der Welt gilt. Es handelt sich nicht um eine einfache, mit Quarz ausgegossene Spalte, vielmehr um ein gefülltes Fiederkluftsystem, wie es beim Aufreißen von Gesteinsverbänden unter Druck und Überdeckung zu entstehen pflegt. Der Pfahl hat auch in seiner nächsten Umgebung viele parallele kleine Begleiter.
Die Öffnungen sind in der Endphase der Variskischen Gebirgsbildung mit Quarz aus hydrothermalen Zufuhren gefüllt worden. Die Lösung ist in drei Schüben eingedrungen. Der Quarz ist trübweiß, grau und oft durch Eisenlösungen bräunlichgelb bis rötlich gefärbt. Er glänzt nicht speckig wie im Pegmatit.
Der Pfahl erreicht maximal 120 Meter Breite. Meist ist er schmäler. Das regelmäßige Absetzen im Fiedersystem verursacht mehrere Abschnitte, in denen der Pfahlquarz an der Erdoberfläche nicht ansteht. Er kann auch durch den in früheren Zeiten starken Abbau unterbrochen sein. Mit 150 Kilometer Länge ist er zwischen Schwarzenfeld/Naab und Oberösterreich nachgewiesen. Die Fortsetzung nach Nordwesten unter dem Deckgebirge wird als Pfahl-Linie tektonisch wichtig.
Auswirkungen der ihn verursachenden Zerreißung sind gegen Nordwesten noch mehrere hundert Kilometer entfernt festzustellen (78). In der Kreuzung mit anderen großen Erdstrukturen, auffällig in Rhön und Vogelsberg, kommt es zur Öffnung der Förderwege jungtertiärer Vulkane.
Der Bayerische Pfahl fällt steil nach Nordosten ein. Er scheidet das Alte Gebirge des Bayerischen Waldes nach Stoff und Tektonik: im Süden überwiegt Granit, im Norden der Standardgneis. Das Nachbargestein ist mehr oder weniger stark beansprucht. Es ist zermürbt und deshalb morphologisch weich. Die »Pfahlzone« genannte Senke kann drei Kilometer breit werden. Verschiedentlich ist am Kontakt ein neuer Gesteinstyp, der Pfahlschiefer (Palit), entstanden.
Die Härte des Quarzes läßt den Bayerischen Pfahl vielfach als Härtlingsbildung, als Längserhebung »Teufelsmauer« hervortreten. Die schönsten Eindrücke bekommt man an der Burgruine Weißenstein (F 7), am Kalvarienberg bei Viechtach und an der dortigen Ostmarkstraße (Parkstelle). Bei Cham zeigen die Straßensteigungen deutlich die reliefbil-

denden Auswirkungen an. Um die Begleitgesteine und das Auffiedern zu studieren, sollte man in das Tal der Wolfsteiner Ohe an der Buchberger Leite gehen. Dort ist ein Nebenpfahl erschlossen. Der Hauptpfahl liegt anderthalb Kilometer südwärts. Das wildromantische, canyonartig 100 Meter tief eingeschnittene Engtal bietet neben Kristallgranit I und Diatexiten besonders eindrucksvoll Palite. Großartig sind auch die Aufschlüsse an der Bärsteinleite bei Grafenau. Südöstlich von Regen im Bahneinschnitt an der Bahnbrücke von Sumpering ist der Pfahlschiefer aus Granit hervorgegangen.

Über dem einmaligen Bayerischen Pfahl wird gerne übersehen, daß in dessen weiterer Nachbarschaft weitere, aber kleinere Pfähle vorhanden sind. Sie verlaufen parallel. Die bekanntesten liegen bei Viechtach. Der Aicha-Halser-Nebenpfahl zwischen Hengersberg und Passau ist die Fortsetzung des Donaurandbruches; allerdings ist er nicht mit Quarz gefüllt, sondern eine extrem zerriebene Gesteinszone.

Landschaftliches
Die Kammlinie verzeichnet die höchsten Erhebungen Bayerns außerhalb der Alpen: Arber 1456 m, Rachel 1452 m, Lusen 1370 m, Dreisesselberg 1330 m, Falkenstein 1312 m, Osser 1293 m, Hoher Bogen 1079 m. Die typische Mittelgebirgslandschaft findet man nur im Bezirk der höchsten Höhen des Böhmerwalds und in einigen Granitmassiven des Passauer Waldes.
Davor liegt ein weites, verhältnismäßig gering reliefiertes, morphologisch alt wirkendes Land. Auffällig sind hier die verhältnismäßig umfangreichen Grünlandflächen und die oft weite Feldflur.

Der Anteil des Waldes ist mit 44 Prozent erstaunlich niedrig. Meist ist tiefgründige Verwitterung von Gneisen Ursache der Nivellierung. Im Regensburger Wald und in der Vorwaldfläche kommen die Einebnungseffekte im Areal der Astrobleme hinzu.
Die Nebenflüsse der Donau und die Bäche zeigen merkwürdig selten einen Zusammenhang mit den Gesteinen. Hie und da werden tektonische Linien nachgezeichnet. Es mag zutreffen, daß der Bayerische Pfahl eine größere Entfaltung der Flußsysteme verhinderte. Die (tektonischen) Stufen des Donaurandbruches (7) und der Keilbergverwerfung (43) sind von den Tälern noch nicht ausgeglichen. Dies ist der große Unterschied zum Frankenwald an der Fränkischen Linie.
In den wilden Tälern von Gaißa, Ilz, Freyunger Ohe, Erlau, Saußbach, Staffelbach und Ranna sind in der Regel beachtenswerte geologische Aufschlüsse vorhanden.
Der kluftlose, sehr harte und verwitterungsbeständige Diatektische Cordieritgneis bildet am Schwarzen Regen bei Paulisäge nahe Zwiesel ein beachtliches Blockmeer. Das größte Felsenmeer findet sich auf dem Dreisesselberg.

Wirtschaftliches
Granitgewinnung und -verarbeitung sind die größten geologischen Wirtschaftszweige im Bayerischen Wald. Hauptorte sind Hauzenberg, Tittling, Tiefenbach, Metten und Ruhmannsfelden; südlich der Donau Neustift. Jedes Granitmassiv ist überreich an Steinbrüchen. Zur Zeit sind an die 150 in Betrieb. Der Schwerpunkt liegt im Passauer Wald. Die beiden Massive Fürstenstein und Hauzenberg gehören zum Mauthausener Typ und bieten mehrere Varie-

täten an. Aus dem großen Steinbruch Roßbach–Wald bei Nittenau im Vorderen Wald bezieht München seit vielen Jahrzehnten seine Pflastersteine.

Pfahlquarz wird bei March, Arnetsried und Viechtach gewonnen. Auch feste Gneise werden gelegentlich abgebaut. Bekannt sind die Gneise am linken Donauufer zwischen Passau und Obernzell wegen der Felsstürze. Diese wurden durch unvernünftige Talerweiterungsmaßnahmen vor 100 Jahren ausgelöst. Infolge tektonischer Beanspruchung im Raume der Verlängerung des Donaurandbruches ist das Gestein gelockert und nicht so fest, wie es zunächst aussieht. Das zeigte sich auch bei der Anlage des Kraftwerks Jochenstein.

Die Pegmatite vom Hühnerkobel werden seit langem im Tage- und Untertagebau gewonnen. Der sehr reine Quarz diente den Glashütten als vorzüglicher Rohstoff. Der Feldspat ist für die keramische Industrie begehrt. Die Pegmatite bei Arnbruck, Böbrach, Bodenmais und Frauenau werden wegen der großen schwarzen Turmaline und der Granat- und Andalusitkristalle von vielen Mineraliensammlern aufgesucht.

Ein bedeutender moderner Bergbau erschließt unterhalb 3 Quadratkilometern Landoberfläche die riesigen Vorräte des Graphits von Kropfmühl. Die ersten bergmännischen Maßnahmen werden aus dem 14. Jahrhundert gemeldet. Heute existieren entlang zwölf aufgefahrenen Sohlen mehr als 40 Kilometer Streckenlänge. Der Graphit eignet sich besonders zur Herstellung feuerfester Tiegel für die Metallindustrie. Obernzell hatte darauf früher das Weltmonopol.

Kristalliner Vorspessart

Während des Jura steigt quer durch Mitteleuropa eine Südwest-Nordost gerichtete lange Schwelle auf. Im Mittelabschnitt dieser bis auf den heutigen Tag bestimmenden Struktur liegen Spessart und Rhön. Im Spessart tritt, wenn auch verhältnismäßig kleinräumig, das Alte Gebirge zutage.

Gegen Westen zum Rhein-Main-Gebiet wird es in tektonischen Linien vom Rheintalgrabensystem abgegrenzt (78). Gegen Osten lagert der Buntsandstein als vorderstes Glied der Fränkischen Schichtstufenlandschaft auf. Das wegen seiner Lage und der geologischen Bedeutung seit langem außerordentlich gewissenhaft durchforschte Grundgebirge ist in der Manifestation der petrologischen Eigentümlichkeiten unaufdringlich, wenn nicht gar spröde.

Das Kristallin ist ein Verband aus Para- und Orthogesteinen, stark metamorph etwa im Grade des Oberpfälzer Waldes. Es ist aus präkambrischen und eventuell altpaläozoischen Sedimenten – in die sich einige vulkanische und magmatische Komplexe einschalten – hervorgegangen und war den gleichen Krustenbewegungen und Beeinflussungen wie das ostbayerische Alte Gebirge unterworfen.

Als Geologischer Führer ist zu erwähnen:

S. Matthes & M. Okrusch, 1965: Spessart

In den Ausstellungen des Naturwissenschaftlichen Vereins Aschaffenburg bietet sich ein vollständiger Einblick in die Gesteinswelt von Spessart und Untermain.

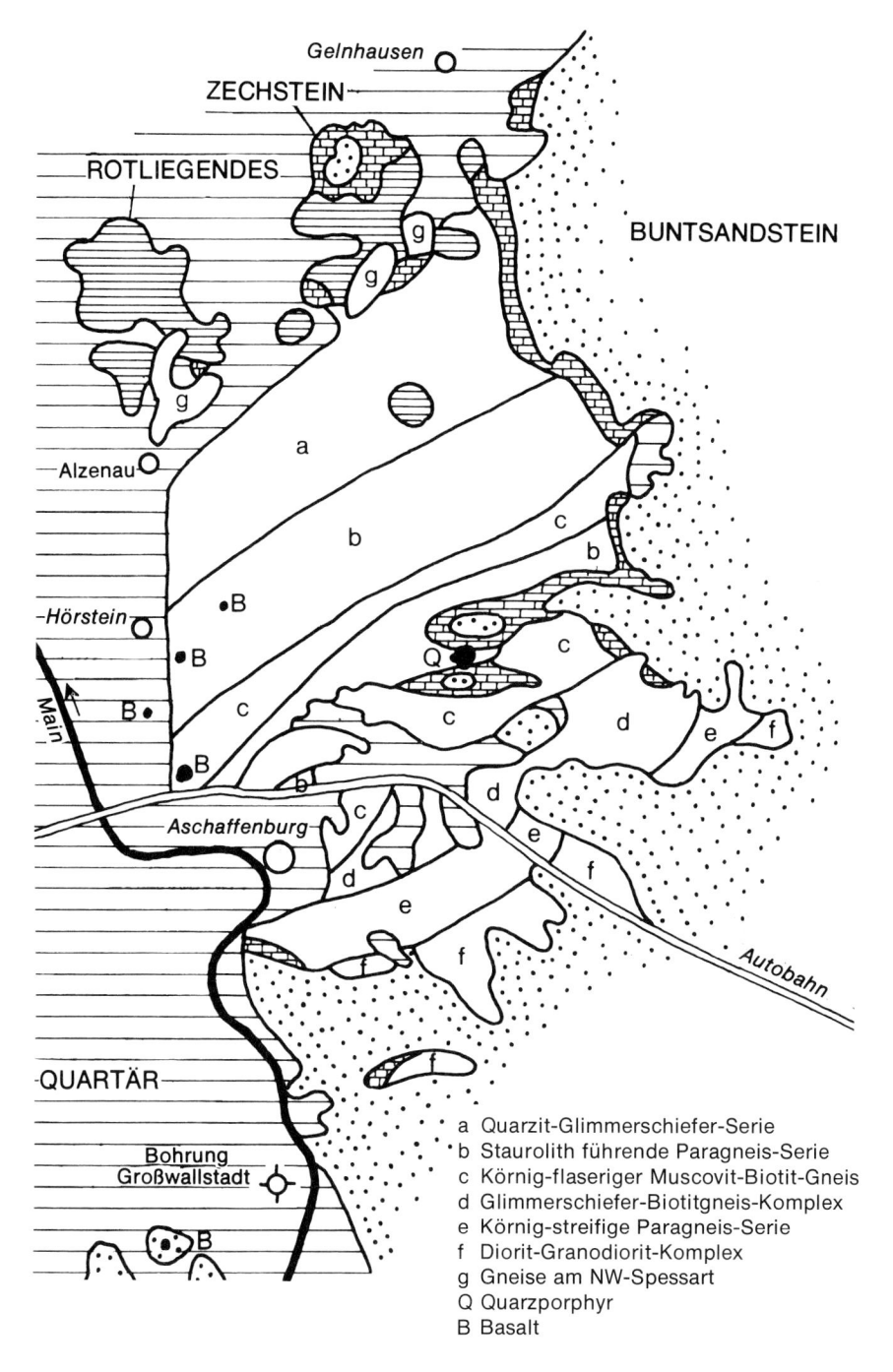

8 Geologische Übersichtskarte des **Kristallinen Vorspessarts**. Vereinfacht nach S. Matthes & M. Okrusch, 1965.

a Quarzit-Glimmerschiefer-Serie
b Staurolith führende Paragneis-Serie
c Körnig-flaseriger Muscovit-Biotit-Gneis
d Glimmerschiefer-Biotitgneis-Komplex
e Körnig-streifige Paragneis-Serie
f Diorit-Granodiorit-Komplex
g Gneise am NW-Spessart
Q Quarzporphyr
B Basalt

(8) Die Variskische Gebirgsbildung hat die nach Alter und Stoff verschiedenen sedimentären Ablagerungen streifenhaft in Serien geordnet. Im nördlichen Vorspessart – im Raum Hörstein–Geiselbach – verbreitet sich die Quarzit-Glimmerschiefer-Serie. Wahrscheinlich handelt es sich um Äquivalente der präkambrischen Truse-Folge im Ruhlaer Kristallin. Ein guter Aufschluß in gefaltetem Quarzit befindet sich am Nordosthang des Schanzen-Kopfes bei Wasserlos.

Südlich anschließend folgen der (wahrscheinlich ebenfalls aus präkambrischen Ablagerungen hervorgegangene) Staurolith-führende Paragneis und der körnigflaserige Muskovit-Biotit-Gneis. Die Gesteine haben vielfältige Metamorphose erfahren. Die Verbreitung beider Zonen läßt auf einen Gewölbebau schließen.

Der Glimmerschiefer-Biotitgneis-Komplex bietet die meisten Aufschlüsse. Es ist eine Wechselfolge mannigfacher metamorpher Varianten. Die Körnig-streifige-Paragneis-Serie zwischen Elterhöfe–Keilberg–Hain ist die geologisch interessanteste, weil sehr abwechslungsreich zusammengesetzte Kristallin-Einheit. Eventuell läßt sie sich mit den als kambrisch vermuteten Bildungen in der Fichtelgebirgszone vergleichen. Wichtigster Hinweis sind die Einschaltungen metamorpher Karbonate: In die Perl-, Granat- und Lagengneise, Schiefer, Quarzite, Ortho- und Paraamphibolite eingelagert finden sich Bänder von Marmor und Kalksilikatfels. An der Dimpelsmühle bei Gailbach wird der Marmor 20 Meter mächtig.

Der Diorit-Granodiorit-Komplex, das südlichste Spessart-Kristallin, ist nach eingehenden Untersuchungen nicht aus einer eigenen Schmelze entstanden. Er stellt vielmehr ein Umkristallisationsprodukt aus einem bereits metamorphen Altbestand dar. Das streckenweise einheitlich-homogene, plutonitartige Gestein enthält gelegentlich Schollen und Schlieren als Zeugen prädioritischer Prozesse. Die Typlokalität liegt am Stengerts.

In eng begrenztem Gebiet finden sich im Diorit Nord-Süd gerichtete Lamprophyr-Gänge der Kersantit-Spessartit-Reihe. Sie werden, zusammen mit dem Quarzporphyr von Obersailauf und Eichenberg, als Förderprodukte der letzten variskischen Bewegungen im Rotliegenden angesehen.

Die Hornblendegneise im Nordwestspessart entsprechen in Stoffbestand, Metamorphose und Altersstellung der präkambrischen, körnig-streifigen Paragneis-Serie des südlichen Vorspessarts. Obwohl sie auf der Quarzit-Glimmerschiefer-Serie zu liegen scheinen, sind sie nicht deren Hangendes. Sie sind tektonisch aufgeschoben worden. Störungen setzen sie gegenüber den Nachbargesteinen ab.

Mit dem Kristallin im weiteren Sinne zu verbinden sind die in geologisch jüngerer Zeit zumeist auf Nordwest-Südost-Spalten anzutreffenden hydrothermalen Mineralgangfüllungen. Sie bringen Schwerspat, Kupfererze (Fahlerz, Buntkupferkies, Kupferkies) und Kobalterze. Einige davon stehen im Kristallin und auch im Zechstein, die meisten jedoch im Buntsandstein.

In der Hauptzeit der Variskischen Gebirgsbildung, im Oberkarbon, erfahren die Serien zwei verschieden gerichtete Faltungsdeformationen. Die Faltenachsen pendeln zwischen Südsüdwest-Nordnordost und Ost-West. Der Diorit ist diesem Faltenbau angepaßt. Zuletzt werden die Gneise am Nordwestspessart

auf die Quarzit-Glimmerschiefer-Serie geschoben.
Das heutige strukturelle Bild wird hauptsächlich von pliozäner Bruchtektonik geprägt. Im Zusammenwirken mit der Rheintalgraben-Gestaltung wie auch der tektonischen Beanspruchung Nordbayerns entstehen vorwiegend Nordwest-Südost, aber auch Nord-Süd gerichtete Zerbrechungen. Horste und Gräben ordnen sich zu Leistenschollen und Randstaffeln. In der Bohrung Großwallstadt liegt das Kristallin um 600 Meter tiefer.

Landschaftliches
Der Kristalline Vorspessart zeigt im Zentralteil, verglichen mit dem benachbarten Buntsandstein-Areal, ein lebhaftes, wenngleich einheitliches Kleinrelief. Repräsentativ dafür ist der Raum Rückersbach–Gunzenbach. Ein Blick auf die geologische Karte erklärt die eigenwillige Gestaltung des Großraums: die morphologisch harten Quarzite verursachen fünf langgestreckte, Südwest-Nordost orientierte Härtlingsbildungen in Gestalt von Rippen und Höhenzügen. Neben dem Hahnenkamm-Massiv sind am auffälligsten Stempelhöhe, Ellernhöhe und Schanzenkopf. Die gute Aussicht vom Ludwigsturm (von W. Weinelt 1967 beschrieben) bietet eine Reihe geologischer Aspekte.
Mit 200 Metern Höhenunterschied schließt das Gebirge gegen Westen mit einer überwiegend bewaldeten Steilstufe ab. Das flache Vorland läßt die Erhebung imposanter wirken als es der absoluten Höhe entspricht. Tiefe Täler, wie die Rückersbacher Schlucht, sind die Folge dieser Reliefunterschiede. Das Kristallin ist in der Regel tiefgründig verwittert. In Verbindung mit einer ausgedehnten Lößüberwehung ergibt sich die weiche Detailformung.

Wirtschaftliches
Die meisten Steinbrüche auf Gneise (um Aschaffenburg am Pfaffenberg, bei Damm, am Strietwald) sind – wie die auf den Marmor – inzwischen stillgelegt. Nur der Diorit-Granodiorit-Komplex am Heinrichsberg unterliegt dem Abbau.
Auch die Buntmetallvorkommen, ein historisch gesehen bedeutsames Lagerstättenrevier, und die Schwerspat-Gangfüllungen werden wegen Unwirtschaftlichkeit nicht mehr abgebaut.
Der einzige Grundgebirgs-Frankenwein – Hauptorte sind Michelbach, Wasserlos und Hörstein – wächst auf lößüberwehtem Glimmerschiefer.

Das Alte Gebirge unter dem Deckgebirge

Über Gestein, Tiefe, Lagerung und Relief informieren Ergebnisse geophysikalischer Vermessungen in Verbindung mit vulkanisch bzw. beim Riesereignis ausgeworfenem Material sowie die Tiefbohrungen (schwarze Punkte im Titel »Das Alte Gebirge«, Seite 13).
Demnach dehnt sich zwischen Kristallinem Vorspessart und Oberpfälzer Wald die große Fränkische Schüssel aus. Die größte Tiefe wird mit –1100 m NN im Steigerwaldvorland um Gerolzhofen angenommen. Der Umriß der Schüssel gleicht einem bei Ansbach auf der Spitze stehenden Quadrat. Die Böschung ist auf der Nordseite vergleichsweise steil, sonst ist sie flacher: im Mittel fällt sie rund 700 Meter auf 50 Kilometer Distanz.

Südlich der Donau sinkt das Grundgebirge jäh, aber gleichmäßig unter den Alpenkörper. Unter Bad Tölz wird es in −7000 m NN vermutet.

Interessant ist der Verlauf der Null-Meter-Linie: Zunächst führt sie in Verlängerung des Bayerischen Pfahls vom Ausgang der Bodenwöhrer Bucht nach Amberg, dann knapp südlich von Nürnberg vorbei nach Südwesten bis Gunzenhausen, um darauf das Nördlinger Ries in großem Bogen zu umkreisen. Von Treuchtlingen richtet sie sich nach Osten in Richtung auf die südlichen Vororte von Regensburg. Die neuesten Tiefbohrungen in der Südlichen Frankenalb haben auf der Höhe von Riedenburg einen merkwürdigen, in Nord-Süd-Richtung auf München weisenden spornartigen Vorsprung des Kristallinen Untergrundes nachgewiesen. Er begrenzt streckenweise die Regensburger Pforte gegen Westen.

Kuppelförmige Erhebungen des Grundgebirges unter dem Deckgebirge liegen im Ries (з100 m NN) und im Riedenburger Hoch (+58 m NN). Kleine Tiefs beobachtet man unmittelbar westlich Weiden (−900 m NN) und südöstlich Ansbach (−200 m NN).

Selbstverständlich kann das Bild vom Relief nur grob gezeichnet werden. Ein wenig über die Beschaffenheit erfahren wir im Kristallinen Vorspessart. Dort haben die während permischer Zeiten gebildeten Laterit-Verwitterungsdecken die Oberflächensituation konserviert. Sie waren öfters in den Gewinnungsstellen von Zechsteindolomit wie auch beim Autobahnbau um Aschaffenburg aufgeschlossen.

Bohrungen, die das Grundgebirge unter der Molasse erfaßt haben, künden gelegentlich ebenfalls von starkem Zersatz, aber auch intensiven Zerklüftungen in festem Gestein sowie von geringen Lockermaterialien auf Erhebungen, mächtigeren in Senken. Insgesamt gestatten die Befunde keine Verallgemeinerungen.

Bei den Tiefbohrungen jüngeren Datums wurde auf die Geothermische Tiefenstufe – der Betrag in Metern, auf dem mit zunehmender Tiefe die Temperatur um 1°C zunimmt – geachtet. Der Normalwert für Bayern ist 30–33 Meter. Die niedrigsten Werte sind in mehreren Bohrungen im Nördlinger Ries mit rund 12 Meter festgestellt worden.

In den Vulkaniten der Rhön sind Auswürflinge von Grundgebirge nicht selten (F 27). Der Basalt vom Feist bei Fladungen ist an solchen Einschlüssen besonders reich. Es überwiegen grobkörnige Granite neben Gneisen und diversen Schiefern. In den anderen nordbayerischen Basalt- und Tuffvorkommen sind kristalline Auswürflinge sehr selten bis fehlend. Es könnte daran liegen, daß zum Beispiel in der Heldburger Gangschar (80) das Deckgebirge vom mächtigen Rotliegenden bis einschließlich Malm, das sind knapp 2000 Meter, durchdrungen werden mußte. In der Rhön hatte zum Zeitpunkt der Eruptionen die Abtragung bereits den Buntsandstein erreicht. Außerdem fehlt dort das Rotliegende, so daß manchmal nur 200 Meter Deckgebirge zwischen Grundgebirgs- und Erdoberfläche gelegen haben dürften.

Auch das Riesereignis hat größere Mengen von Kristallin an die Erdoberfläche befördert. An einigen Stellen des Riesrandes stehen »Kristalline Trümmermassen« an. In erster Linie sind es Gneise. Der beste Aufschluß ist der kleine Steinbruch bei Wengenhausen. In den Kristallingesteinen (unter dem obermiozänen Süßwasserkalk) sind die impacttypischen Shatter cones entwickelt.

Tiefbohrungen – angesetzt zur Erschließung von Salzlagern, Mineralwasser, Steinkohle, Erdöl – haben in einem über ganz Bayern verteilten Netz weitere wichtige Daten geliefert.
In Bad Kissingen steht ab 892 Meter Tiefe ein Granit, in Bad Brückenau ab 415 Meter Glimmerschiefer bzw. Feldspatgneis an. Mittelberg bei Coburg erschließt ab 520 Meter (unter Rotliegendem) Unterkarbon und Devon.
Unter Eltmann finden sich ab 1050 Meter im Liegenden des Zechsteins Quarzitschiefer, die mit devonischen in der Fichtelgebirgszone verglichen werden können. Die Bohrung Volkach erreichte in 1314 Metern Tiefe einen Natronsyenit; mehr als 15 Meter wurden gekernt. Die von einem Wünschelrutengänger auf Erdöl vorgeschlagene Bohrung Großwallstadt (8) blieb ab 450 Meter nicht weniger als 385 Bohrmeter in Kristallinen Schiefern.
Bad Windsheim förderte ab 710 Meter mehr als 184 Meter Oberdevon, hauptsächlich Tuffite. Die Bohrungen im Großraum Nürnberg–Fürth stellen die ausführlichsten Daten im mittelfränkischen Untergrund: Boxdorf ab 508 Meter silurische Alaunschiefer – Bremenstall ab 492 Meter ordovizische Phyllite – Poppenreuth ab 446 Meter mehr als 1008 Meter oberdevonische Diabase, Tuffite und Tonschiefer – Espan ebenfalls einen oberdevonischen Diabas – Weikershof einen Granit.
1979 wurde die Forschungsbohrung Dinkelsbühl voll gekernt. Vom Keuper wurden 185 m durchbohrt, dann 114 m Muschelkalk, 63 m Buntsandstein und 13 m Rotliegendes angetroffen. In 562 m Tiefe wurde in Gneisen die Bohrung eingestellt.
Eine große Überraschung war seinerzeit der Nachweis von Granit in nur +58 m NN unter Riedenburg im Altmühltal. In Auswertung der jüngsten Erkundungen des Untergrundes der Südlichen Frankenalb läßt sich nunmehr das Riedenburger Hoch (88) als ein nach Süden gerichteter spornartiger Vorsprung des Grundgebirges interpretieren. Die für diese Vorstellungen maßgeblichen Tiefbohrungen sind Berching (+68 m NN), Eichstätt (Granit und Gneis in –98 m NN), Treuchtlingen (tiefer als –206 m NN), Daiting (tiefer als –316 m NN) und auf der Ostflanke Bad Gögging (–144 m NN).
Bohrungen bei Gablingen nördlich Augsburg erfaßten in 1200 Metern Granit, bei Scherstetten in 2000 Metern Gneis, unter Heimertingen in 2300 Metern Tiefe ebenfalls Gneis. Im Raume Neumarkt-St. Veit kommen Granite und Gneise zwischen 750–1400 Metern Tiefe vor, in Bad Füssing in 1100 Metern Granit, in Anzing in 3200 Metern Gneis. Die Bohrungen Kastl, Alzgern, Gendorf erwiesen oberkarbonische Gesteine.

DECKGEBIRGE

Am Aufbau beteiligen sich die geologischen Formationen Perm, Trias, Jura, Kreide, Tertiär und Quartär. Nördlich der Alpen steuern im Mesozoikum epirogenetische Regungen – langsam-stetige Hebungen und Senkungen größerer Erdkrustenteile – die Sedimentation. Sie veranlassen Meerestransgressionen und -regressionen, Festländer, Geodepressionen, Golfe und Meeresstraßen. Alpen und Alpenvorland sind, von orogenetischen Bewegungen erfaßt, Auffangraum für ungleich mächtigere und unter lebhaften Bedingungen entstehende Gesteinsserien. Ab Kreide steht das Süddeutsche Dreieck unter dem Druck der nach Norden drängenden Alpen. Das Deckgebirge verzeichnet in allen erdgeschichtlichen Phasen eigenartige, sich nie wiederholende Entwicklungen.

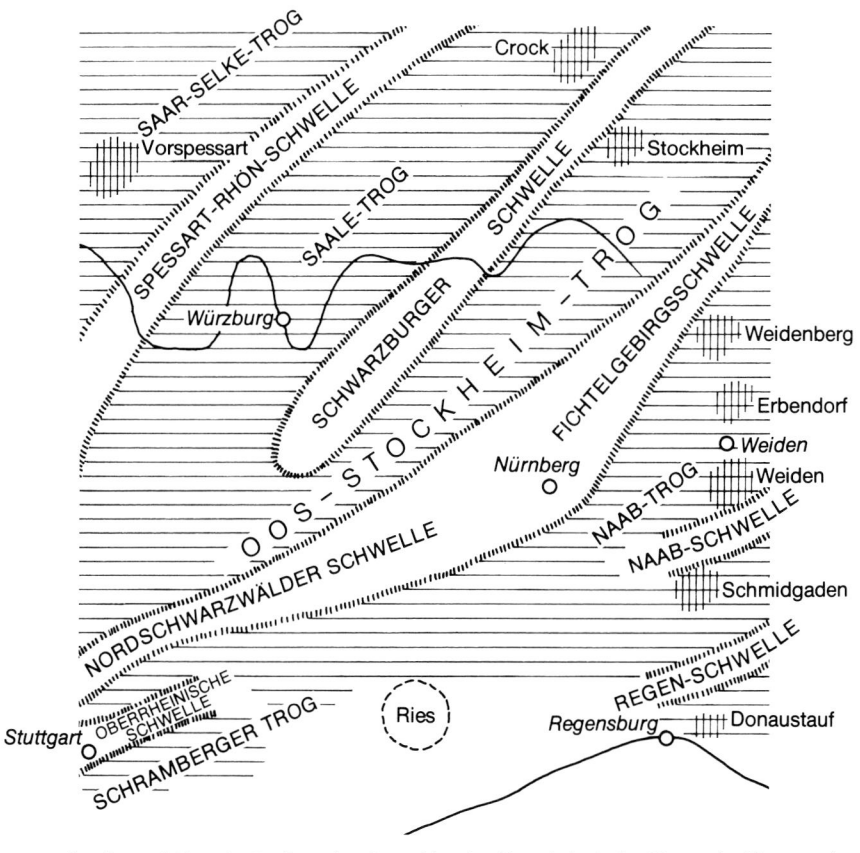

9 Schwellen und Tröge im Rotliegenden. Ausstriche über Tage sind mit den Namen der Hauptorte bezeichnet.

Perm

Die Variskische Gebirgsbildung hatte Mitteleuropa insofern verändert, als die meisten der präkambrischen und altpaläozoischen Gesteinsserien der Metamorphose, Lage- und Volumenänderungen sowie der Fixation durch die eingedrungenen magmatischen Massen unterworfen worden waren. Zugleich war eine Südwest-Nordost orientierte Strukturierung in Streifenzonen erfolgt.

Rotliegendes

Die Ablagerungen dieser in Bayern – wie in Thüringen, Rheinland-Pfalz und Saarland – umfangreich dokumentierten Abteilung belegen, daß Anfang Perm die Streifenzonen epirogenetisch einzusinken beginnen. Von den benachbarten Hochgebieten gelangen nun, synchron mit der unendlich langsamen Eintiefung daneben, Abtragungsprodukte in die Tröge. Es ist das Rotliegende. Im Endstadium dieser geologischen Prozesse liegen breite, mit Rotliegendem gefüllte ehemalige Senken neben rotliegendfreiem Abtragungs-Hochgebiet aus Altem Gebirge.

Demgemäß ist das Rotliegende kein einheitlicher Schichtkomplex. Es gibt nur wenige Hilfen, die einen Vergleich zwischen verschiedenen Trögen gestatten. Sie scheinen im Nordwesten größer, im Südosten zierlicher zu sein (9). Doch darf nicht übersehen werden, daß unsere Kenntnis von wenigen Tiefbohrungen stammt. Die Aufschlüsse über Tage im Vorspessart und in einigen Gebieten am Westrand des ostbayerischen Alten Gebirges sind für weitergehende paläogeographische Aussagen nicht ergiebig genug. Es mag in den Schwellen Quersenken und in den Trögen Löcher gegeben haben. Denn neuere Untersuchungen haben unter anderem erbracht, daß auf den Schwellen hie und da Sedimente liegen können. Auch trifft die früher übliche Annahme einer klimatisch gesteuerten Sediment-Sukzession von regenreich zu trocken nicht zu. Die verbreitete Anschauung, rot gefärbte Gesteine würden ein Wüstenklima anzeigen, hat näheren Untersuchungen nicht standgehalten. Rotfärbung – das gilt auch für Buntsandstein und Keuper – findet erst nach der Sedimentation, wahrscheinlich während der Diagenese, statt. Ursache ist die Umwandlung von Biotit und anderen Mineralen in verschiedene Eisenverbindungen. Deshalb sind heute auch kaum rote, allenfalls braune Sedimente zu finden.

Außerdem ist erwiesen, daß die Tröge erst während des Rotliegenden einsinken, daß also zunächst kein regelndes Relief vorgelegen hat. Man spricht von interkontinentalen Senkungsräumen. Sie haben keine Verbindung zu einem Meere oder Brackwasser. Die Gesteine des Rotliegenden sind zumeist aquatisch überprägt. Zeugnisse für gelegentliches Trockenfallen, etwa Dünen, sind sehr selten. Sonderbar ist das Fehlen von Steinsalznachkristallen und die geringe Gips- oder Anhydrit-Verbreitung. Neben dem charakteristischen rotbraunen gibt es auch Rotliegendes von grüner, schwarzer und grauer Farbe. Örtlich bildet das Weißliegende den oberen Abschluß.

Die Masse der Gesteine besteht aus rasch geschütteten und nur kurz transportierten Konglomeraten. Sie sind vorwiegend am Rand der Tröge verbreitet. Auch bilden sie zumeist die Basisschichten. Fanglomerate – grob sortierte, scherbige Häufungen von Verwitterungsschutt – und Arkosen – an Feldspäten überreiche großkörnige Lieferungen – sind weitere Hauptgesteine. Mischbildungen dieser Schüttungen und Sandsteine sind in allen Niveaus vertreten.

Anzeiger von ruhigeren Sedimentationsbedingungen sind die sandigen Schiefertone, die Tonschiefer, Kohlen und Brandschiefer. Karbonatbänke sind selten, dagegen sind Karneolbänke weit verbreitet.

In einigen Horizonten sind Pflanzenreste häufig. An einigen Stellen entstehen aus Sumpfwäldern Steinkohlen-Lagerstätten. Wirbellose sind selten. Die Wirbeltiere stellen mehrfach Fische und Reptilien.

Der Rotliegend-Porphyr ist vulkanischer Zeuge der letzten Regungen der Variskischen Gebirgsbildung. Der Schwerpunkt der Förderungen fällt in das frühe Rotliegende. Wir finden bereits in basalen Konglomeraten Porphyrgerölle. Im Alten Gebirge sind Porphyr-Gänge die übliche Form des Vorkommens (6, 8). Sie verursachen gelegentlich Gesteinsneubildungen, so auch den Speckstein von Göpfersgrün. Auf der Platte des Kornberges bei Schadenreuth westlich Erbendorf steht ein Pechsteinporphyr an, dessen Grundmasse aus schwarzgrauem Glas besteht. Im Gneis des Fischerberges östlich von Weiden kennt man zehn Gänge von 200–1300 Metern Länge. Einige werden bis 300 Meter mächtig.

Eine merkwürdige Gesteinsbildung ist das (besonders für Tiefbohrungen wichtige) Weißliegende. Im Liegenden des Zechsteins stößt der Bohrer in auffällig hellgraue, karbonatische Sandsteine. Sie enthalten örtlich Kupferglanz, Kupferkies und Pyrit. Die größte beobachtete Mächtigkeit wurde mit 45 Metern in Willmars angetroffen. In Bad Kissingen und Mellrichstadt sind es je 40 Meter, in Zeitlofs 14 Meter, in Volkach 6 Meter. Früher hielt man das Weißliegende für sekundär gebleichtes, entfärbtes Rotliegendes. Heute neigt man der Ansicht zu, es handle sich um eine selbständige Serie windtransportierter Sande.

(8) Im Vorspessart bei Niederrodenbach–Somborn, Geislitz–Großenhausen–Geiselbach, Omersbach, Hofstädten steht das Rotliegende des Saar-Selke-Troges über Tage an. Auffällig ist die mit 60 Metern enorme Mächtigkeit der Porphyr-Konglomerate in Niederrodenbach. Die mit 153 Metern zu große Mächtigkeit des Rotliegenden in der Bohrung Großwallstadt wirft die Frage auf, ob es in den Schwellen Quersenken oder andere Unregelmäßigkeiten gibt. Da Rotliegend-Einschlüsse in den jungtertiären Vulkaniten der Rhön fehlen, wird angenommen, die Spessart-Rhön-Schwelle sei dort frei von Rotliegendem.

(9) Das Rotliegende des Oos-Saale-Troges ist in Bayern nur aus Bohrungen bekannt. Die größte Mächtigkeit wurde mit 707 Metern in Rannungen angetroffen. In Richtung auf die begrenzenden Schwellen nehmen im Norden die Beträge gleichmäßig ab: Bad Kissingen 355 Meter und Willmars 9 Meter. Ein weite-

rer Hinweis auf die komplizierte Paläogeographie sind die unerklärlichen (weil unmittelbar am Schwellensaum erbohrten) über 80 Meter in Zeitlofs und 159 Meter in Burgsinn. Die Bohrungen Eltmann und Volkach erbrachten 50 bzw. 443 Meter.

Die Bohrung Mittelberg bei Coburg zeigt mit nur 41 Metern die Nähe einer Schwelle an. Sie ist am Schwarzburger Sattel in Thüringen über Tage einzusehen.

Der Oos-Stockheim-Trog hat seine Mitte unter Bamberg. Die großartigsten Repräsentanten finden sich im Gebiet von Stockheim. Dort sind 850 Meter Rotliegendes als Füllung nachgewiesen. Die Gesteine, aus Aufschlüssen über Tage und im Bergwerk gut bekannt, lagern in drei Schollen auf dem Unterkarbon der Teuschnitzer Mulde. Sie sind jeweils gegen Westen von Nord-Süd-Verwerfungen abgesetzt. Basal befindet sich das Kohlen-Hauptflöz. Es folgen darüber die Porphyrischen Schichten, Grauwacken, Tonschiefer, Fanglomerate, Schiefertone und zuoberst bis 500 Meter gestreifte Sandsteine.

Die Fichtelgebirgsschwelle äußert sich im Fehlen von Rotliegendem in den Bohrungen von Nürnberg-Fürth und Bad Windsheim. Vermutlich ist sie sehr schmal, weil bei Wirsberg, Goldkronach, Weidenberg und Kulmain Oberrotliegendes nachgewiesen werden kann.

Die geologische Situation im Naabtrog ist kaum zu interpretieren. Im Gebiet Weidenberg-Ahornberg wird, trotz Nähe der Fichtelgebirgsschwelle, eine merkwürdig hohe Mächtigkeit von über 300 Metern festgestellt. Erbendorf bietet mit 1600 Metern die größte Mächtigkeit in Bayern. Die Kohlenflöze werden hier – in der basalen Steinkohlenzone – bis zwei Meter mächtig. Die hangenden Sandsteine, Brandschiefer, Konglomerate und Arkosen lassen sich in Folgen gliedern. Neben *Acanthodes gracilis* wurden auch Reste anderer Fische gefunden. Der Vulkanismus äußert sich in Quarzporphyr-Förderungen und Tuffiten.

Das ebenfalls sehr mächtige Rotliegende von Weiden läßt sich in einigen Niveaus mit dem Erbendorfer vergleichen. Dies gilt auch für das jenseits der Naabschwelle gelegene Vorkommen von Schmidgaden.

Das südlichste Rotliegende über Tage ist Inhalt eines tektonischen Grabens (43). Der Graben von Donaustauf ist 10 Kilometer lang und 100–500 Meter breit. Er liegt in Ost-West-Erstreckung mitten im Kristallin des Regensburger Waldes. Im Westen stößt er an die Keilbergverwerfung und wird von dieser abgeschnitten. Er gehört zum Störungssystem des Donaurandbruchs. Die Flußspatgänge von Sulzbach a. D. werden gewöhnlich zum Rotliegenden gestellt; sie können aber auch jünger sein.

Der in der Bohrung Daiting angetroffene Quarzporphyr kann nur vermutungsweise mit dem Donaustaufer Rotliegenden in Verbindung gebracht werden.

Landschaftliches

Das Rotliegende äußert sich gemäß der geringen Oberflächenverbreitung nicht allzu aufdringlich. Aber im Gebiet Burggrub-Stockheim-Reitsch-Neukenroth-Gösau und um Weiden sind größere Areale durch die dunkelviolettrote Farbe der Böden markiert. Noch auffälliger wird es im Donaustaufer Graben

(43). Es verursacht dort die Senke, in der ein Abschnitt der zur Walhalla führenden Straße verläuft.

Wirtschaftliches
Früher hatte der Abbau von Steinkohlen (Stockheim, Reitsch, Erbendorf) größere Bedeutung. Heute ist der Bergbau überall eingestellt. Das Stockheimer Bergwerk wird als Reserve, vielleicht auch wegen eines gewissen Urangehaltes der Kohlen, offengehalten. Der Quarzporphyr wird im Spessart und im Erbendorfer Raum abgebaut.

Zechstein

Diese nur in Nord- und Ostbayern verbreitete Abteilung der Formation Perm ist sowohl in paläogeographischer als auch in wirtschaftlicher Hinsicht sehr bedeutend. Da er seit Jahrzehnten immer wieder Ziel von Tiefbohrungen war und im Mittelpunkt wissenschaftlicher Interessen steht, ist trotz der geringen Oberflächenverbreitung über den Zechstein mehr gearbeitet worden als beispielsweise über den Buntsandstein.

Die paläogeographische Situation verzeichnet in Nordbayern einen Meereseinbruch. Die Küstenlinie verläuft quer durch Bayern (10). Sie wird gegen Südosten vom Vindelizischen Festland gelenkt. Dieses (nach Augusta Vindelicorum = Augsburg benannte) Hochgebiet tritt zum ersten Mal in Erscheinung. Es wird bis Ende Trias eine große Rolle spielen.
Der Küstenverlauf zeigt Vorsprünge und Einbuchtungen. Auch diese gelten als Vorankündigungen wichtiger Strukturierungen.
Über den Zechstein hinweg bleibt die Lage der Küste konstant. Das Meer ist seicht und ruhig. Es können weder Anzeichen von Spiegelschwankungen noch Trockenfallen noch Diskordanzen festgestellt werden. Die Sedimente in Süddeutschland sind demgemäß Randerscheinungen.

Im Areal der heutigen Rhön bewirkt eine Untiefe die Gabelung (10) in das westliche Fulda-Becken und das östliche Fränkische Becken. Sie haben unterschiedliche Senkungstendenzen und erhalten entsprechend verschiedene Gesteine. Im Fränkischen Zechsteingolf können weiterhin das Coburger und das Würzburger Becken auseinandergehalten werden.

Die Gesteine gehören mit zum Interessantesten, was die Geologie zu bieten hat (11). Der Kupferletten, das Äquivalent des berühmten Kupferschiefers, ist ein euxinisches Sediment. Er ist überall gleich entwickelt. Die Mächtigkeit ist gering: Burggrub 1–2 Zentimeter, Rannungen 50 Zentimeter, Willmars 80 Zentimeter, Bad Kissingen und Volkach je 1 Meter, Eltmann 1,9 Meter, Zeitlofs 2,5 Meter. Er ist reich an Bitumen und manchmal brennt er sogar unter Verbreitung eines asphaltartigen Geruchs. Verschiedentlich sind Metallsulfide angereichert. Neben Kupferkies, Bleiglanz und Zinkblende überwiegt Pyrit. Im Vorspessart wurde der Kupferletten früher bergmännisch gewonnen.
Der Zechsteinkalk ist im Fränkischen Zechsteingolf sehr unterschiedlich entwickelt. Es fehlen die für Thüringen typischen Kalkriffe. Es dominieren dolomitische Kalke und Stinkdolomite. Sie

55

werden durch tonig-sandige Lagen getrennt. Abhängig vom Untergrundrelief schwankt im Vorspessart die Mächtigkeit zwischen 20 und 40 Metern. Dort sind außerdem Inseln nachweisbar. Das Bild einer Schärenlandschaft paßt am ehesten zur Situation.

Der Anhydritknotenschiefer ist ein feinstgeschichtetes, stinkendes, schwarzbraunes Karbonatgestein. Charakteristisch sind die schichtparallel eingelagerten Anhydritknötchen. Über diesem Warvit beginnt mit dem Werraanhydrit die Sulfatfazies. Sie ist dort geringmächtig, wo das Steinsalz mächtig wird, und mächtig in den Bereichen außerhalb der Steinsalzverbreitung. So stehen 5,3 Meter in Willmars gegen 80 Meter in Eltmann (10).

Die Chloridfazies mit dem Steinsalz ist das Hauptelement des Zechsteins. Darauf setzte man die meisten Bohrungen an. Es galt zu erfahren, ob Kalisalz (wie im nahen Hessen) vorkommt. Bis auf einige Andeutungen in Ostheim v. d. Rh. gibt es in Bayern kein Kalisalz. Zum anderen sollten etwaige (als Erdölfallen interessante) Deformationen, wie sie im Gefolge der sogenannten Salztektonik am Rande der Salzstöcke besonders in Norddeutschland üblich sind, festgestellt werden. Doch Bayern ist frei von den Effekten der Halokinese.

Die größte Salzmächtigkeit liegt in der Bohrung Mellrichstadt (11) mit 158 Metern vor. In Ostheim v. d. Rh. wurden 167 Meter durchteuft und die Bohrung im Salz eingestellt. In Rannungen sind es

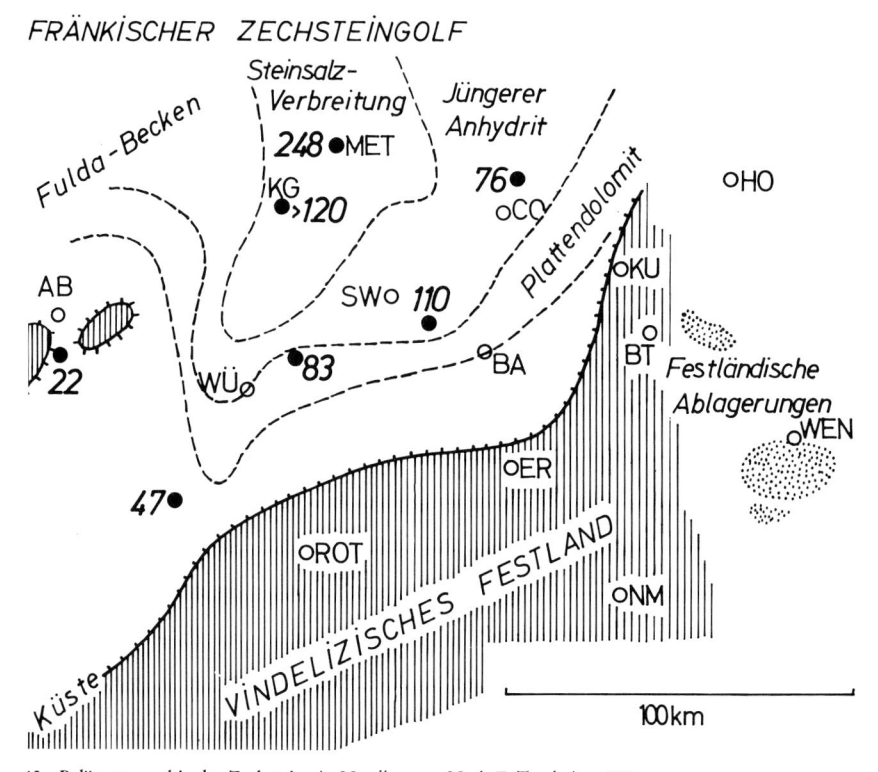

10 Paläogeographie des Zechsteins in Nordbayern. Nach F. Trusheim, 1974.

nur noch 47 Meter Salz. Das äußerste Vorkommen ist Bibra mit 4,5 Metern. Merkwürdig ist die Beobachtung, daß die Mächtigkeit des Salzes höher als die der salzfreien Schichtäquivalente ist. Entweder gab es Löcher im Untergrund, oder es erfolgten unter den Bezirken der Salzbildung Absenkungen.

Den vor Ablaugung schützenden Deckel bildet der Braunrote Salzton. Er ist mit ziemlich konstanter Mächtigkeit von 10–15 Metern überall entwickelt. Der Jüngere Anhydrit – in der Fachsprache Anhydrit 2 genannt – ist ein wichtiger Leithorizont. Desgleichen sind die Sandflaserschichten und der Plattendolomit, ein Komplex dunkler Mergel und Tonsteine mit zwischengeschalteten Stinkkalkbänken, charakteristisch. Darin ist eine bescheidene Fauna mit Muscheln, Brachiopoden, Schnecken und Crinoiden nachgewiesen.

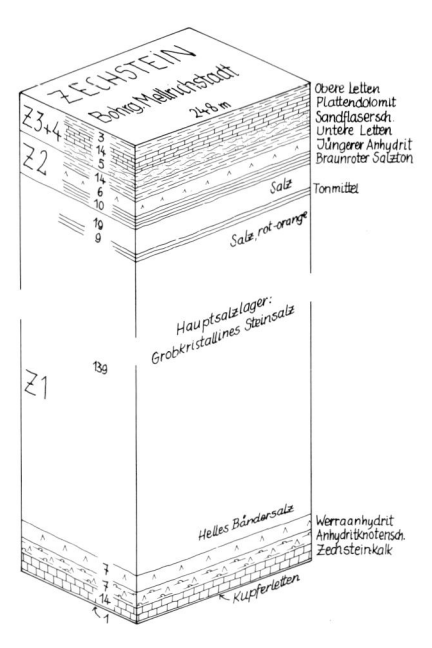

11 Gliederung, Schichtenfolge und Mächtigkeiten des **Zechsteins in der Bohrung Mellrichstadt.**

Der Zechstein im Vorspessart (8) ist auf der Untiefe der Spessartschwelle im Randbereich des Fulda-Beckens abgelagert. Aufschlüsse finden sich bei Soden, Schöllkrippen, Laufach, Rottenberg, Eichenberg, Altenmittlau, Feldkahler Höhe und im zum Naturdenkmal erklärten Steinbruch Gräfenberg. Dort stehen auf zersetztem Kristallin 2,5 Meter Konglomerat und Kristallinbrekzie, 2 Meter Kupferletten, 20 Meter dolomitischer Kalkstein und 3 Meter Tonsteine an.

Der einzige Aufschluß von Zechstein in der Rhön liegt (versteckt im Walde) bei Urspringen. Verwerfungen von mehr als 600 Metern Sprunghöhe haben einen blaugrauen Dolomit in das Niveau des Wellenkalks befördert. Die nächsten Vorkommen liegen bei Stockheim-Burggrub in Oberfranken (6). In Burggrub stellt Zechstein zwischen den Häusern felsige Partien. Wegen der beckenrandnahen Lage überrascht die Mächtigkeit von 100 Metern.

Die Verbreitung des terrestrischen Zechsteins ist auf Ostbayern – mit den Hauptorten Weidenberg, Kemnath, Weiden und Hirschau – beschränkt. Es handelt sich um mächtige (örtlich bis 200 Meter) Konglomerate, Fanglomerate und Sandsteine. Mehrere Karneol-Horizonte können eingeschoben sein.

Die Gesteine sind fossilleer. Sie können nicht mit dem marinen Zechstein in Beziehung gesetzt werden. Da ein mehr oder weniger großer Teil der Ablagerungen zum Buntsandstein gehören dürfte, wird der Verband unter der Bezeichnung Permotrias geführt. Der Nachteil dieser Lösung äußert sich in den geologischen Karten, indem die Einheit mal unter Zechstein, mal unter Buntsandstein rangiert.

Landschaftliches

Der schmale, bandartige Ausstrich des Zechsteins im Vorspessart (8) läßt keine besonderen morphologischen Äußerungen zu. Dagegen ist die Permotrias der Oberpfalz Grundlage weitgespannter, flachhügeliger, in der Regel bewaldeter Gebiete.

Enorm und einmalig sind die Auswirkungen der Auflösung von Zechsteinsalz im Dreieck Bad Kissingen-Mellrichstadt-Oberelsbach (19). Das entlang von Verwerfungen in die Tiefe gelangende Oberflächenwasser laugt das Salz weg. Die dadurch entstehenden Hohlräume stürzen ein und erzeugen auf der Erdoberfläche weite Senken, die Auslaugungsgebiete. Das größte – im Umland von Bad Neustadt – erreicht zehn Quadratkilometer.

Eine weitere Folge der Ablaugung scheinen die mehr als hundert Ortsfremden Muschelkalkschollen in der Vorrhön zu sein (19). Auf der heutigen Landoberfläche und auf Buntsandstein, aber in verschiedenen stratigraphischen Niveaus, liegen dort kleine bis winzige Schollen von regelmäßig sehr stark zerbrochenem Muschelkalk. Die Erscheinung ist unerklärlich.

Das Salz ist von großem Einfluß auf den Mechanismus der Verwerfungen und Verbiegungen. Nicht umsonst haben wir in Unterfranken die größten Sprunghöhen im Areal der Salzverbreitung. Eine eindrucksvolle Demonstration des Zusammenspiels von Salz, Tektonik und Morphologie ist der Frickenhauser See. Der zu- und abflußlose, kreisrunde See füllt über dem Schnittpunkt mehrerer salztektonischer Verwerfungen eine große Doline.

Die Folgen der Auslaugung sind für die Entwicklung der Laufrichtung der Flüsse relevant. Am deutlichsten reagieren Lauer, Streu und Brend auf die (heute noch in Senkung befindlichen) Gebiete.

Das Zechsteinsalz spielt letztlich für die Entstehung der Rhön eine Rolle. Ohne die Ablaugung hätte sich nicht jene schüsselförmige Senke bilden können, die zum Sammelbecken für das Braunkohlentertiär geworden ist.

Wirtschaftliches

Die unterfränkischen Bäder Bad Kissingen, Bad Bocklet, Bad Neustadt und Bad Brückenau beziehen den Solegehalt der Heilquellen aus in Ablaugung stehenden Relikten des Zechsteinsalzes. Die Wässer werden auf Verwerfungslinien aus der Rhön herangeführt, nehmen sowohl postvulkanische Kohlensäure wie gelöstes Salz auf und steigen entlang Öffnungen im Gestein einige hundert Meter empor. Glücklicherweise hindert in den Badeorten die absperrende Schicht des Auelehms das Mineralwasser am freien Austritt. Die meisten Zuflüsse werden allerdings in Tiefbohrungen gefaßt.

Trias

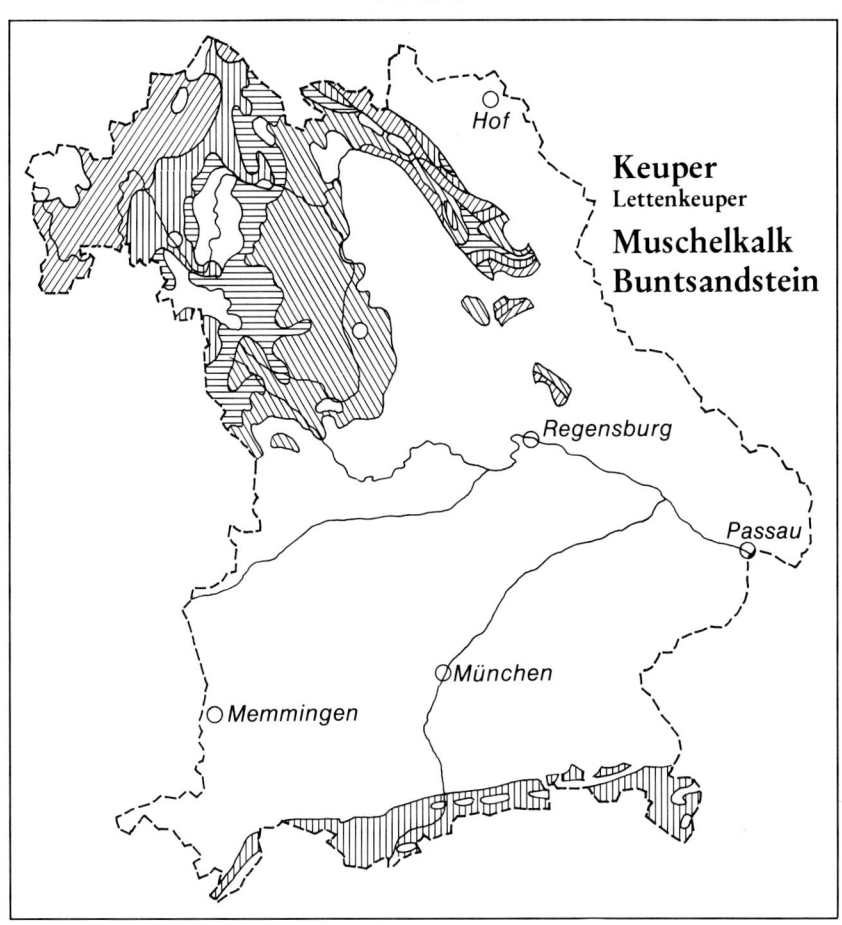

Keuper
Lettenkeuper
Muschelkalk
Buntsandstein

Mehr als die Hälfte der Fläche Nordbayerns wird von Gesteinen der drei Abteilungen Buntsandstein, Muschelkalk und Keuper eingenommen. Hauptgebiete sind Odenwald, Spessart, Mainfranken, Mittelfranken und der Grabfeldgau. Aber auch im Vorland des Alten Gebirges spielen Gesteine der Trias eine wichtige Rolle. Der vielleicht bekannteste Vertreter der Trias ist der Frankenwein, denn oft steht auf dem Etikett der Name des bodenliefernden Gesteins. 3 Prozent der Frankenwein-Anbaufläche liegen auf Buntsandstein, 70 Prozent auf Muschelkalk, 25 Prozent auf Keuper (2 Prozent auf Kristallin).

Die Titel der Spezialliteratur zählen nach vielen Hunderten. Geologische Führer und Einführungen sind:

P. Cramer & U. Emmert, 1964 in: Erläuterungen zur Geologischen Karte von Bayern 1 : 500 000

E. Rutte, 1965: Mainfranken und Rhön

G. Aumann, 1967: Erdgeschichte des Coburger Landes; Museumsführer
B. Schröder, 1975. Fränkische Schweiz und Vorland
H. Sperber, 1976: Nordostbayern
H. Sperber, E. Hohenberger & H. Merkel, 1979. Geologisch botanische Streifzüge durch Nordostbayern

Buntsandstein

In Fortsetzung der im Zechstein eingeleiteten Tendenzen breitet sich jetzt eine breit angelegte Senkungsfurche weiter in Richtung Süden aus. Das Buntsandsteinbecken (14) greift über die Küstenlinie des Zechsteinmeeres hinaus. Es erreicht fast die Donau. Jedoch ist aus dem Meere eine riesige Niederung geworden, in der sich, im Zuge stetiger epirogener Absenkung, Ablagerungen teils fluviatiler, teils limnischer Provenienz zu mächtigen Serien ansammeln. An der Altmühl sind es 0 Meter, unter Nürnberg 150 Meter, Bad Windsheim und Bamberg haben bereits 500 Meter, und die größte Mächtigkeit wird an der Grenze nördlich Mellrichstadt mit 700 Metern erreicht.
Die Linien gleicher Mächtigkeit auf der paläogeographischen Karte lassen einige Strukturen erkennen. Der Rücken auf der Linie Ries-Mainviereck ist die Gammesfelder Barre. Auf die Windsheimer Bucht folgt die Nürnberger Schwelle. Sie geht vor dem Alten Gebirge in eine bis vor die Tore Regensburgs reichende Bucht über. Zum ersten Mal kündigt sich der später wichtige Regensburger Trog an.

Die Sandsteine bestehen zu über 90 Prozent aus Quarzkörnern. Sie werden von Kieselsäure, Feldspäten, Tonen, Hämatit und manchmal auch Dolomit begleitet. Die Korngröße nimmt, abhängig von den Transportentfernungen, geringfügig von Süden gegen Norden ab. Eisen, Mangan und Karbonat können konzentriert sein. Manche Sandsteine sind deshalb schwarz gestreift, gepunktet, oder sie führen rostfarbene, ringförmige Bänderungen.
Speziell in den Bereichen eines früheren Grundwasserstaues oder unter Mooren resultieren helle bis weißliche Abarten. Der Heigenbrücker Sandstein ist wegen dieser Entfärbungen ein gesuchter Baustein.
Ist das Bindemittel kristallisierter Quarz, dann handelt es sich um die als Werkzeugfresser gefürchteten, technisch kaum genutzten Kieselsandsteine. Die Konglomerate sind immer Leithorizonte. Sie werden in Oberfranken im Kulmbacher Konglomerat (13) besonders mächtig. Das Geröllspektrum verzeichnet bei Kronach Quarzite, Granit, Porphyr, Gangquarz, Quarz aus Glimmerschiefer und Lydit; es ist insgesamt Material aus dem nahen Alten Gebirge.

Im frischen Gesteinsverband liegen die Tone als harte Tonsteine vor. Bei Verwitterung pflegen sie in weiche Tone überzugehen. An der Basis und im Dach des Buntsandsteins sind der Bröckelschiefer und der Röt am geschlossensten. Sie spielen morphologisch wie wirtschaftlich eine bedeutende Rolle.
In einzelnen Schichten sind Karbonatbildungen eingeschoben. Wie die Karneole werden sie als Krustenbildungen und damit als Indikatoren für terrestrische Verhältnisse aufgefaßt. Karneol-Bänke sind am Ostrand des Buntsand-

steinbeckens, vor allem im Oberen Buntsandstein, häufiger. Bei Grafenwöhr kann die Mächtigkeit einer Lage 1 Meter erreichen.

Die Milieuanzeiger lassen auf ein großes kontinentales Becken schließen. Es ist eine von Seen durchsetzte Landschaft, vergleichbar den gegenwärtigen innerasiatischen, von Endseen markierten Wüstenregionen. Für das fluviatile Element sprechen die keinem Sandstein fehlenden Kreuz- und Schrägschichtungen, für das limnische die Wellenfurchen, für das gelegentliche Austrocknen die Netzleisten, für die Landperioden die Regentropfeneindrücke, für den Wind die Windkanter und für das Klima die Steinsalznachkristalle (12).

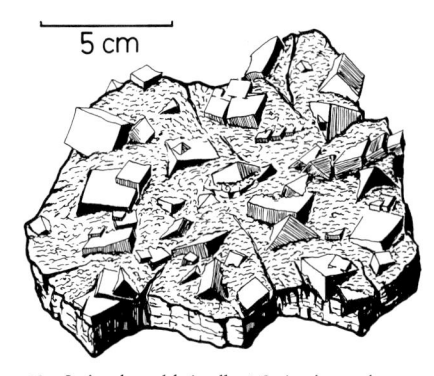

12 Steinsalznachkristalle (»Steinsalzpseudomorphosen«) sind Ausgüsse (durch ein Sediment) sich auflösender Steinsalzwürfel. Sie hatten sich – unter bestimmten klimatischen und lithologischen Voraussetzungen – im Substrat eingenistet. Infolgedessen sind die Bildungen auf der Unterseite der hangenden Schicht anzutreffen.

Die besten Zeugnisse aber sind die Fossilien (24). Pflanzen, meist sind es Koniferen, Schachtelhalme und Farne, liegen entweder als Holzreste oder in Wurzelhorizonten vor. Von den Wirbellosen sind die Conchostraken und die Wurmbauten die häufigsten Vertreter. In den obersten Metern des Buntsandsteins stellen sich Ostracoden, Muscheln und Brachiopoden als die Vorreiter der Muschelkalkfauna ein. Im übrigen dominieren die Wirbeltiere. Auf manchen Schichtflächen geht die Zahl der Abdrücke des Handtiers *Chirotherium* (das noch immer nicht im Skelett gefunden wurde) in die Tausende (15, 16). Im Plattensandstein von Gambach wurde ein Unterkiefer von *Mastodonsaurus* (18) gefunden. Es ist das größte Amphibium der Erdgeschichte. Andere Dachschädellurche können in Leichenfeldern angereichert sein.

Als anorganische Klimaindikatoren werden in erster Linie die Formvarianten verwitterungsempfindlicher Schwerminerale wie Granat und Apatit herangezogen. Die klimatische Situation der Buntsandsteinzeit in Franken läßt sich mit der des Ebrobeckens, jedoch mit heftigeren episodischen Niederschlägen und mehr stehenden Wasseransammlungen vergleichen. Es gibt auf der Erde keine Region, die hundertprozentig als aktualistisches Modell dienen könnte.

Für die Stratigraphie des Buntsandsteins (13) spielen Fossilien keine Rolle. Für die Großgliederung werden lithologische Kriterien, und zwar die sogenannten Folgen – das sind Zyklen der Schüttung von grob über feinsandig zu tonig –, herangezogen. Sie werden gewöhnlich nach hessischen oder niedersächsischen Typlokalitäten bezeichnet. Vor allem im Oberen Buntsandstein sind die in der Regel leicht erkennbaren Gesteinswechsel für die Detailgliederung maßgeblich. Erst in den letzten Jahren ist es gelungen, die oberfränkischen mit den unterfränkischen Folgen zu verknüpfen.

	Unterfranken	Oberfranken
8 RÖT-FOLGE	Obere Röttone Rötquarzit Untere Röttone Grenzquarzit Plattensandstein	Obere Röttone Karneolhorizont Untere Röttone Pseudomorphosen-schichten
7 SOLLING-FOLGE so	Chirotherienschiefer Chirotheriensandstein Karneol-Dolomit-Schichten Felssandstein	Kronacher Bausandstein Karneol-Bausandstein Felssandstein
sm 6 HARDEGSEN-FOLGE	H-Spessart-Wechselfolge H-Spessartsandstein	H-Wechselfolge Kugelsandstein
5 DETFURTH-FOLGE	D-Rhön-Geiersberg-Wechselfolge D-Rh-G-Geröllsandstein	D-Wechselfolge Kulmbacher Konglomerat
4 VOLPRIEHAUSEN-FOLGE sm	V-Rohrbrunn-Wechselfolge Mittlerer Geröllhorizont V-Basis-Rohrbrunner Geröllsandstein	
su 3 SALMÜNSTER-FOLGE	S-Miltenberg-Wechselfolge Basissandstein	
2 GELNHAUSEN-FOLGE	Dickbank-Miltenberger Sandstein Eckscher Geröllsandstein Heigenbrücker Sandstein	
1 BRÖCKELSCHIEFER-FOLGE	Bröckelschiefer	BUNTSANDSTEIN
		ZECHSTEIN

13 Gliederung des Buntsandsteins. Vergleich Unterfranken mit Oberfranken.

Wichtige Buntsandstein-Lokalitäten sind in Unterfranken Gambach am Main, in Oberfranken Kronach, Kulmbach, Trebgast und Kemnath. Vor dem Alten Gebirge ab Grafenwöhr versagt die Gliederungsmaxime, und der Randbereich des Triasbeckens muß eigens definiert werden.

Der Bröckelschiefer – in den untersten Abschnitten seit neuestem dem Zechstein zugeschlagen – ist selten aufgeschlossen. Im Vorspessart kann er in seinerzeitigen Reliefvertiefungen 70 Meter Mächtigkeit erreichen. Bei Weidenberg und Kemnath werden die Tonsteine in Nähe des mutmaßlichen Beckenrandes durch feldspatführende Sandsteine vertreten.

Die Bedeutung des Bröckelschiefers liegt in der Rolle des Wasserstauers. Bei geeigneten Lagerungsverhältnissen lassen sich große Mengen eines weichen Wassers erwarten.

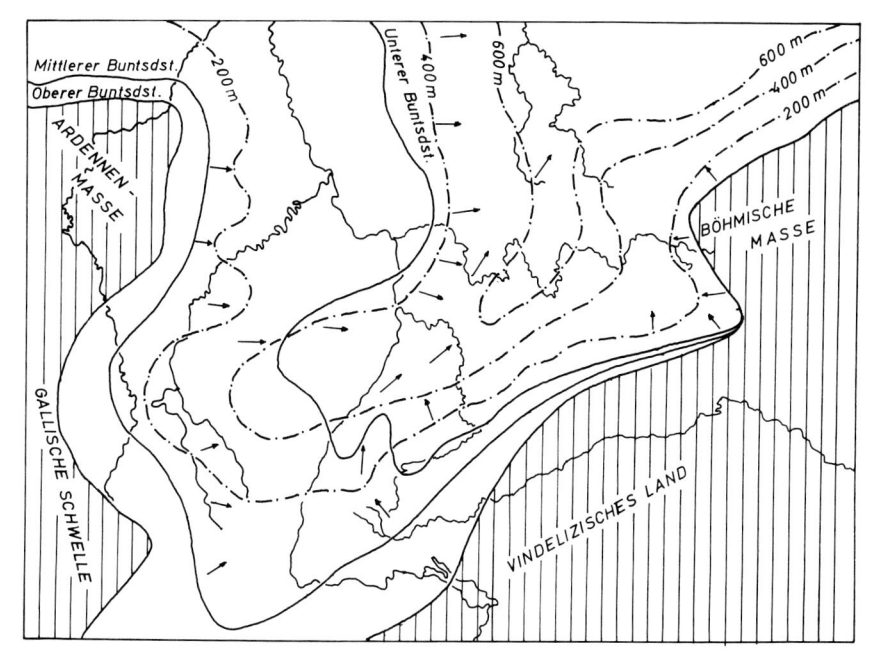

14 Paläogeographie des Buntsandsteins in Süd- und Mitteldeutschland.

Der Miltenberger Sandstein wird wegen der gleichmäßigen Körnung und der (abbaugünstigen) Zwischenlagerung von Tonsteinhorizonten gelegentlich als Baustein genutzt. Die Mächtigkeit beträgt bei Miltenberg 150 Meter, bei Schweinfurt 220 Meter. Er ist bis Kemnath zu erkennen. Dann wird er wegen der Übermacht uncharakteristischer Arkosen Glied der Randausbildung.

Der wichtigste Leithorizont im Spessart ist der Rohrbrunner Geröllsandstein. Er wird bis 30 Meter mächtig. Er ist das westliche Äquivalent des Kulmbacher Konglomerats (13). Die Gerölldurchmesser erreichen bei Kulmbach durchschnittlich 5 Zentimeter, bei Hirschau bis 60 Zentimeter. Auf dem Kulmbacher Konglomerat liegen 15–30 Meter geröllfreie tonige Wechselschichten. Sie sind bei Friedrichsburg-Weißenbrunn schön aufgeschlossen.

Die Detfurth-Folge ist allerorten eintönig. Nur gegen Südosten gibt es Besonderheiten in Gestalt einer zunehmenden Kaolinisierung. Bei Freihung und Weiherhammer können keramische Massen und bei Hirschau Kaolin abgebaut werden.

Die Hardegsen-Folge ist nur im Spessart interessant. In Gesteinen der Spessart-Wechselfolge wurden bei Lohr Dachschädellurche und bei Burgsinn ein *Capitosaurus*-Rest gefunden. Der obere Abschluß ist der Felssandstein. Es dürfte einer der bekanntesten Buntsandsteinhorizonte sein. Wegen seiner enormen Härte ist er die Ursache der für den Spessart charakteristischen Sargberge (F 6). Die Einkieselung wird als eine Folge der Verwitterung während einer längeren Landperiode gedeutet. Die auflagernden Karneol-Dolomit-Schichten werden als Relikte von Bodenbildungen angesehen.

15 Trittsiegel des *Chirotherium.* Der Name »Handtier« geht auf die Ähnlichkeit und Größe der Abdrücke mit denen einer menschlichen Hand zurück. Zwar hat man im Buntsandstein Zehntausende solcher Fährten, aber noch nie einen Skelettrest des Erzeugers gefunden. Neuerdings wurden sie mit *Ticinosuchus* (16) in Verbindung gebracht. Hauptfundstelle in Bayern war der Chirotheriensandstein von Aura bei Bad Kissingen.

Seit Jahrzehnten geht die Diskussion um die Frage, an welcher Schichtfläche die Grenze zwischen Mittlerem und Oberem Buntsandstein unterzubringen wäre.

Der Obere Buntsandstein bietet zahlreiche Aufschlüsse, öfters Fossilien und vielfältige morphologische Äußerungen. Die Chirotheriensandsteine haben im Steinbruch von Aura sehr viele *Chiro-*

16 Rekonstruktion von *Ticinosuchus ferox,* einem raubtierähnlichen Reptil aus der (durch die Qualität der Fossilüberlieferung berühmten) Trias vom Monte San Giorgio im Tessin/Schweiz. Ähnlich darf man sich den Erzeuger der Fährten des *Chirotherium* (15) vorstellen.

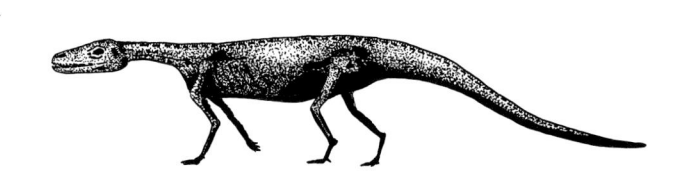

*therium-*Fährten (15) freigegeben. Das Hangende, die Chirotherienschiefer, sind in Unterfranken besonders reich an Steinsalznachkristallen (12).
In Oberfranken werden die entsprechenden Gesteine als Kronacher Bausandstein bezeichnet. Sie lassen sich wegen der meist milden, selten quarzitischen Art und der vorherrschend lichten Farben (»Weißer Mainsandstein«) gut gebrauchen. Die Hauptverbreitung liegt im Coburger Gebiet. Kronach steht darauf. Bei Weidenberg aber ist er durch einen außerordentlich mächtigen Karneolhorizont vertreten.
Der Plattensandstein ist seit Jahrhunderten der begehrteste Baustein Unterfrankens dann, wenn ein sattroter, milder, leicht gewinnbarer Sandstein gebraucht wird. Er ist wegen der vielen Steinbrüche gut aufgeschlossen, und entsprechend ausgiebig sind seine geologischen und paläontologischen Merkmale untersucht. Hier findet man die schönsten Regentropfeneindrücke, die größten Steinsalznachkristalle und die meisten Chirotherienfährten. *Mastodonsaurus* (18) von Gambach und *Limulus* von Brückenau (17) kommen aus dem Plattensandstein. Die Mächtigkeit nimmt nach Norden in Richtung Beckenmitte kontinuierlich ab: Amorbach 50 Meter, Gambach 30 Meter, Mellrichstadt 5 Meter.

Die Röttone wiederum sind das an der Erdoberfläche verbreiteste Buntsandstein-Schichtglied. Die Mächtigkeit nimmt nach Norden zu. Dies zeigt am deutlichsten der Untere Rötton: Amorbach 5 Meter, Schweinfurt 25 Meter, Mellrichstadt 70 Meter. Zwischen Unte-

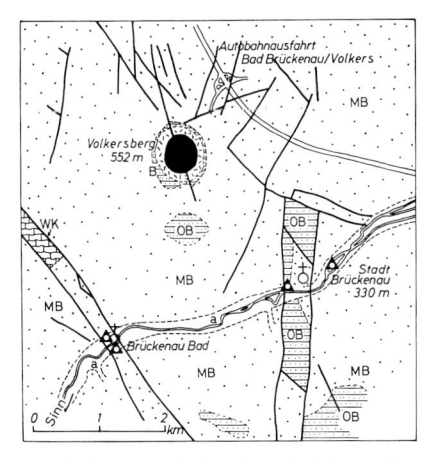

17 Geologie von Stadt und Bad Brückenau. Der Buntsandstein beiderseits des Sinntales (MB, OB) wird von Verwerfungen und tektonischen Grabenbrüchen zerschlagen. Die Störungen steuern die Austritte der Mineralquellen (Dreiecke). Der Basalt (schwarz) des Volkersberges überragt als Härtling die Region. Aus E. Rutte, 1974.

rem und Oberem Rötton gibt es nur wenige Unterscheidungsmerkmale. Beide Komplexe sind einheitlich aus dunkelroten, fetten und schlecht geschichteten Tonsteinen aufgebaut. Sie sorgen allerorten für morphologisch weiche Formen. Die Röttone sind überdurchschnittlich fruchtbar.

Wenige Meter unter der Obergrenze taucht mit der dünnen Lage der Myophorienschichten und den darin enthaltenen Brackwassertieren das erste Zeichen mariner Sedimentation auf.

Die Röttone lassen sich unverändert nach Oberfranken bis in den Raum Kronach-Kulmbach verfolgen. Erst dort stellen sich beckenrandnahe Übergangsbildungen ein. Das auffälligste Element sind die vielen Karneolhorizonte. Bei Weidenberg stellen sie zusammengerechnet über 10 Meter der Mächtigkeit des Oberen Buntsandsteins. Zugleich steigert sich die Kaolinisierung. Bei Creußen und bei Grafenwöhr wird bereits starker Feldspatanteil registriert. Ab Kaltenbrunn-Weiden schließlich muß der Buntsandstein im Sammelbegriff Permotrias aufgenommen werden.

Ein vorzüglicher Leithorizont ist der zwischen die beiden Röttone eingeklemmte Rötquarzit. Wie bei den anderen Sandsteinen nimmt auch seine Mächtigkeit nach Norden ab: Amorbach 14 Meter, Wertheim und Kronach 8 Meter, Bad Kissingen 50 Zentimeter; in Mellrichstadt fehlt er. Die harte Schicht zwischen den weichen Tonsteinen verursacht in Unterfranken überall eine Geländetreppe.

Landschaftliches

Die Härteunterschiede zwischen Sandstein und Tonstein führen regelhaft zu Stufungen mit Steilhängen und Verebnungen. Geringmächtigere harte Lagen äußern sich in Kantenbildung. Besonders schön zeigen dies Felssandstein und Rötquarzit. Am Hang unterhalb des Felssandsteins kann es zu Anreicherungen des unverwitterbaren Schuttes und zur Bildung von Blockmeeren kommen. Mancherorts veranlassen die Röttone

18 Rekonstruktion von *Mastodonsaurus ingens*. Aus dem im Plattensandstein (des Buntsandsteins) von Gambach am Main gefundenen, 70 Zentimeter langen Abdruck eines vollständigen Unterkieferastes läßt sich die Gesamtlänge auf rund 4 Meter schätzen. Der Froschsaurier gilt als das größte Amphibium der Erdgeschichte.

Rutschungen. Die Solifluktion ist auf hängigem Gelände regelmäßig stark.
Das Areal des Mittleren Buntsandsteins (19) ist fast immer der Standort großer Wälder. Der Buntsandsteinspessart (F 6) ist das größte zusammenhängende Waldgebiet Deutschlands.
Die kieselsäurereichen Sandsteinböden bedingen eine typische Buntsandsteinflora. Dazu gehören Besenginster, Heidelbeere, Roter Fingerhut und Pfeifengras.
Zum Landschaftsbild gehören auch Siedlungs- und Verkehrsarmut der Sandsteingebiete. Demgegenüber kontrastieren die großzügig besiedelten Rötton-Areale mit den ausgedehnten Ackerlandflächen.

Wirtschaftliches
Die unzähligen alten Steinbrüche (und die charakteristischen roten Bauwerke) künden überall von der Nutzung des Buntsandsteins als Baustein. Auffällig werden sie beiderseits des Mains zwischen Freudenberg und Miltenberg, bei Dorfprozelten und Altenbuch (mit bis 70 Meter hohen Wänden), bei Großheubach und Kleinwallstadt. Versteckter sind die Steinbrüche auf den Plattensandstein und den Kronacher Bausandstein. Die typischen Buntsandsteinquader sind meistens Mittlerer Buntsandstein. Manche Lagen, vor allem im Oberen Buntsandstein, erreichen die Qualität eines Bildhauersteins; man denke an die zierlichen Säulen der Plassenburg oder

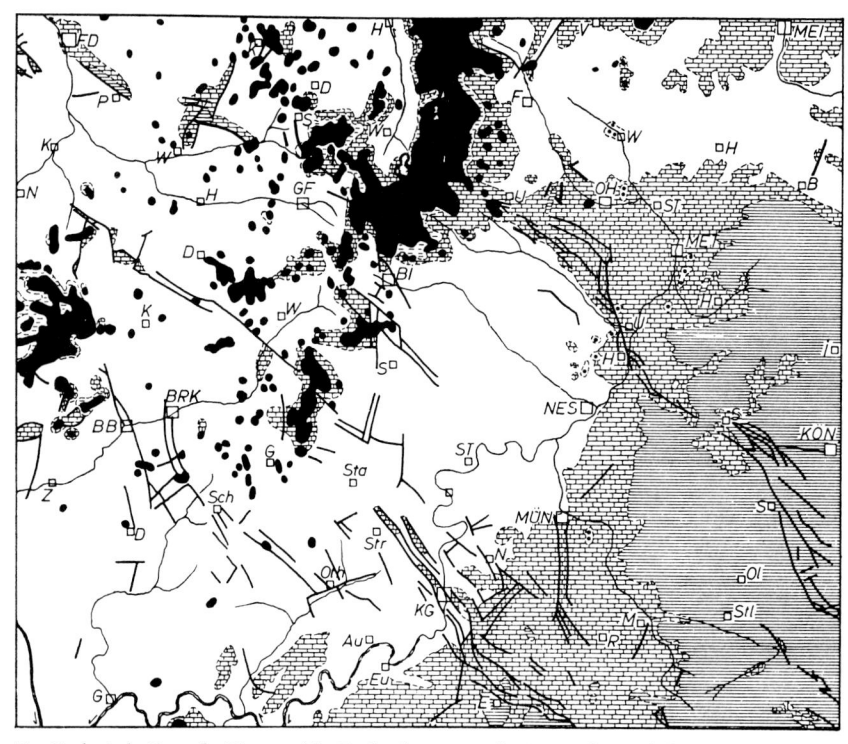

19 **Geologische Karte der Rhön und des Vorlandes.** Buntsandstein = weiß, Muschelkalk = Mauersignatur, Keuper = schraffiert, Basalt = schwarz. Heustreuer und Kissingen-Haßfurter Störungszone. Aus E. Rutte, 1974.

die Fassade der Neumünsterkirche Würzburgs. Oftmals ist Buntsandstein allein wegen der roten Farbe begehrt. Bekannte Buntsandstein-Bauwerke sind das Aschaffenburger Schloß, das Schloß in Klingenberg, das Löwensteinsche Schloß von Kleinheubach, die Deutschordensburg in Stadtprozelten, die Grafenburg in Wertheim, die Burganlage Rothenfels, die Klosterkirchen von Amorbach und Engelsberg. Der Kronacher Bausandstein wurde viel in München verwendet. Das Schloß Herrenchiemsee und das Niederwalddenkmal sind die bekanntesten Repräsentanten.

Die Tone werden verschiedentlich als Ziegel-Rohgut genutzt. Früher verwendete man sie zum Mergeln der kargen Böden des Wellenkalks: »Führt man alle drei Jahre etwa 0,1 m³ auf den Zwischenraum zweier Weinstöcke, so erzielt man eine auffallende Steigerung im Ertrag.« Die Röttone sind wegen des höheren Kaligehaltes zumeist fruchtbares Ackerland. Bei gegebener Exposition sind sie begehrte Rebgründe (Homburg a. M., Gambach). Der Mittlere Buntsandstein des Spessart-Maintales gilt als Rotweinboden (Klingenberg, Großheubach, Miltenberg, Bürgstadt, Dorfprozelten, Hasloch, Kreuzwertheim).
Das auf dem Bröckelschiefer gestaute Grundwasser ist weich und manchmal

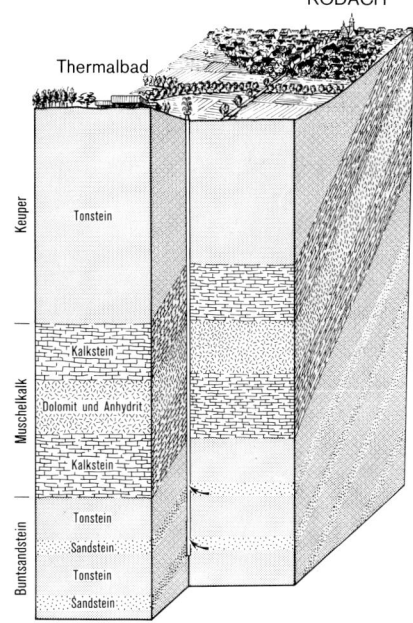

20 Die in der **Bohrung Rodach** durchteuften Schichten der Trias und der Zustrom des Thermalwassers. Aus Bayerisches Geologisches Landesamt, 1976.

sehr ergiebig. Das Dach der Röttone unter dem klüftigen Wellenkalk ist zwar der beste Grundwasserstauer im Trias-Areal, doch ist das Wasser oft unangenehm hart. Das Mineralwasser von Rodach wird im Mittleren Buntsandstein gefaßt (20). Durch die natürliche geothermische Tiefenstufe auf +34 Grad erwärmt, tritt es mit Überdruck im Keuper aus.

Muschelkalk

Das Mittelmaintal zwischen Steigerwald und Spessart wird vom Muschelkalk geprägt (21), allerdings nicht in Form imposanter Felsbildungen; vielmehr als Grundlage des Weinlandes, eines ausgedehnten Rebbaues auf den südexponierten Talhängen. Die Szenerie wird von zahlreichen Steinbrüchen gekrönt. Nur im Maintal zwischen Würzburg und Gambach, bei Lengfurt und hie und da im Saaletal zeigt er sich in größeren, natürlich entstandenen Felswandflächen. Selbst an den Prallhängen der Volkacher Mainschleife fehlt Muschelkalk.

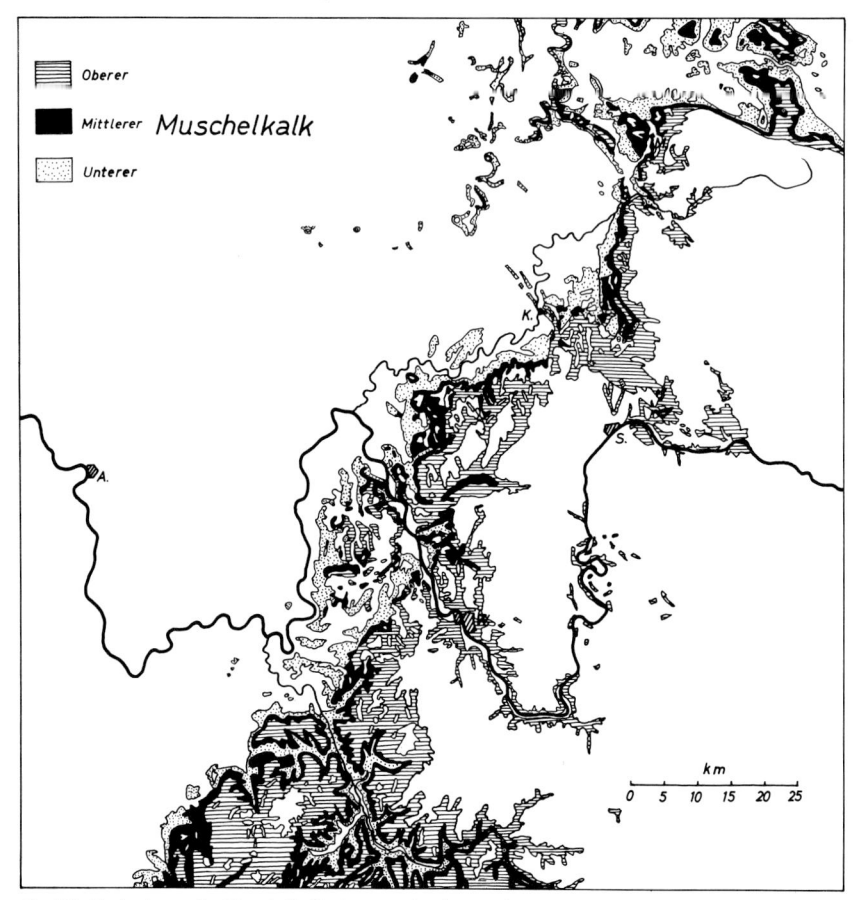

21 Die **Verbreitung des Muschelkalks in Unterfranken und im Taubertalbereich** zeigt deutlich die Abhängigkeit von den Lagerungsverhältnissen. In den Hebungsgebieten Rhön, Heustreuer bzw. Kissingen-Haßfurter Störungszone und Thüngersheimer Sattel ist der Ausstrich vergrößert. Aus E. Rutte, 1957.

Die Gesteine des Muschelkalks sind fast ausnahmslos Ablagerungen des Meeres. Der Absatz erfolgt in Meeresräumen, deren Tiefe (trotz ausgiebiger Forschungsarbeit) immer noch nicht exakt angegeben werden kann. Erst in den letzten Jahren hat der Muschelkalk, nach langen Zeiten, in denen er als langweilig und erforscht angesehen war, wieder das volle Interesse der Sedimentologen gefunden. Tatsächlich birgt die Einheit noch viele offene Fragen.

Die Küste des Muschelkalkmeeres ist auf dem Vindelizischen Land bis zur Iller vorgerückt (22). Der Boden ist ebenmäßiger geworden. Die Gammesfelder Barre, jene vom Nördlinger Ries über Rothenburg o. T. und Würzburg bis Karlstadt nachgewiesene untermeerisch wirksame Struktur, sorgt für Sonderentwicklungen.
Der nächstgelegene Landbezirk im Osten ist die Böhmische Masse. Die Fränkische Linie besteht noch nicht. Ge-

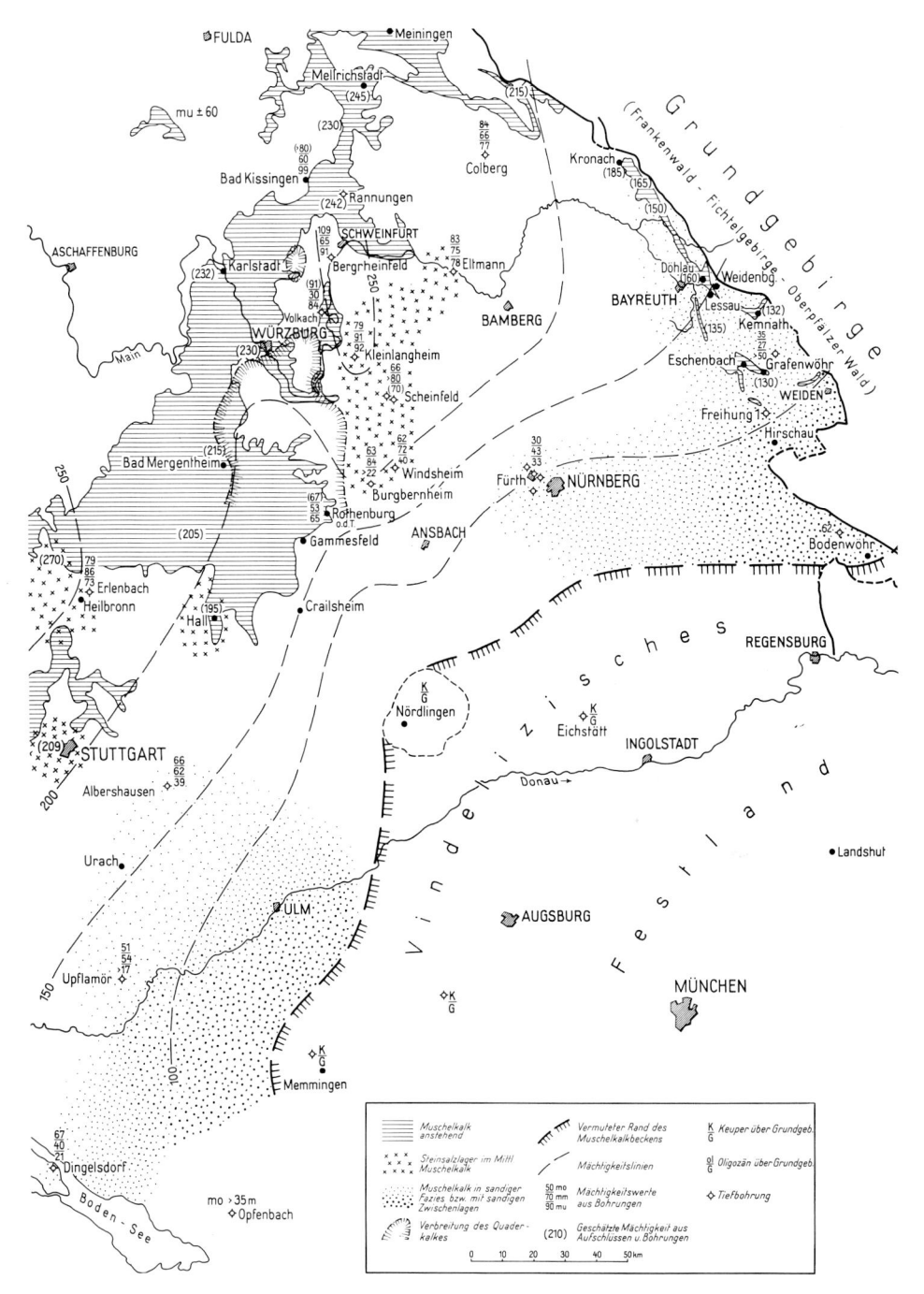

22 **Der Muschelkalk in Bayern.** Paläogeographie, Faziesverteilung, Bohrungen, Mächtigkeiten, Anstehendes, Salzlagerstätten. (Für den Quaderkalk abgeändert) aus U. Emmert, 1964.

steine aus dem küstennahen Randbereich lassen sich in Mittelfranken und in der Oberpfalz (25) an Sand-Einschüttungen erkennen.

Die Mächtigkeit (22) beträgt in Nürnberg 100 Meter, in Bayreuth (25) 160 Meter und in Würzburg 230 Meter. Die höchsten Werte liegen mit rund 250 Metern zwischen Schweinfurt und Mellrichstadt.

Seit mehr als hundert Jahren wird der fränkische Muschelkalk in die Einheiten Wellenkalk, Mittlerer Muschelkalk und Hauptmuschelkalk eingeteilt. Die Gliederung berücksichtigt gleichermaßen paläontologische wie lithologische Kriterien.

Die überwiegende Gesteinsart ist tonhaltiger Kalk. Der Kalkanteil schwankt zwischen 46 und 93 Prozent. Echte Dolomite sind selten. In den als Dolomit bezeichneten Gesteinen liegen meist dolomitische Kalke vor.

Nach dem Gefüge werden zwei Kalksorten unterschieden. Sind die Gesteine homogen, im frischen Bruch rauchgrau und fossilfrei, dann handelt es sich um den Mikrit. In der geologischen Geländepraxis wird dafür die alte Steinbrecherbezeichnung »buchener Kalk« verwendet. Ein »eichener Kalk« ist ein Sparit. Er ist ebenfalls leicht zu erkennen. Größere zerbrochene Muschel- und Brachiopodenschalen sowie Auskristallisation des Kalzits sorgen immer für eine zuckerkörnig-rauhe, glitzernde Bruchfläche. Die eichenen Kalke sind die guten, weil harten Bausteine. Der buchene Kalk ist weich, und er verwittert leichter.

Im mainfränkischen Hauptmuschelkalk können Lagen von Tonsteinen mehrere Meter mächtig werden (27). Sie sind oft die Ursache von Quellaustritten, aber auch von kleineren Rutschungen. Meist verursachen sie im Hangprofil einen Knick. Auch Mergel und Mergelschiefer setzen die Festigkeit des Gesteinsverbandes herab. Gips, Anhydrit und Steinsalz kommen nur im Mittleren Muschelkalk, hier aber örtlich in mehr als 20 Metern Mächtigkeit, vor.

In einigen Horizonten verkneten sich Kalk und Ton zu sonderbaren Laibsteinen, Gekrösekalken und Wulstkalken. Anderenorts sind Konglomerate wichtige Leitschichten. Sie sind die Folge von Aufwühlung des Kalkschlammes durch Meeresströmung.

Der merkwürdige Hornstein-Horizont im Mittleren Muschelkalk Mainfrankens, der Rhön und Oberfrankens (bis Bayreuth; 25) ist in der Genese noch nicht einwandfrei erklärt; man denkt an ein submarines Verwitterungsphänomen, verschiedentlich auch an meteoritische Abkunft.

Sande und Sandsteine spielen im Beckeninneren eine untergeordnete Rolle. Sie werden aber im äußersten Randbereich bedeutender.

Schöne Fossilien findet man, vergleichsweise spärlich, in einigen wenigen Schichten, hauptsächlich denen des Hauptmuschelkalks (24). Die berühmten Ceratiten sind nur an wenigen Stellen, und dann nicht ohne ausgeprägten Spürsinn, zu finden. Es ist noch immer nicht gelungen, eine vollständige Suite aus fränkischen Landen zusammenzustellen. Der Hauptmuschelkalk von Obernbreit hat das bisher einzige vollständige Exemplar eines Kieferapparates des *Germanonautilus bidorsatus* geliefert. Die größten Austernriffe des Muschelkalks – aus aufeinander gewachsenen Basisschalen von *Placunopsis ostracina* zusammengesetzt – werden im Um-

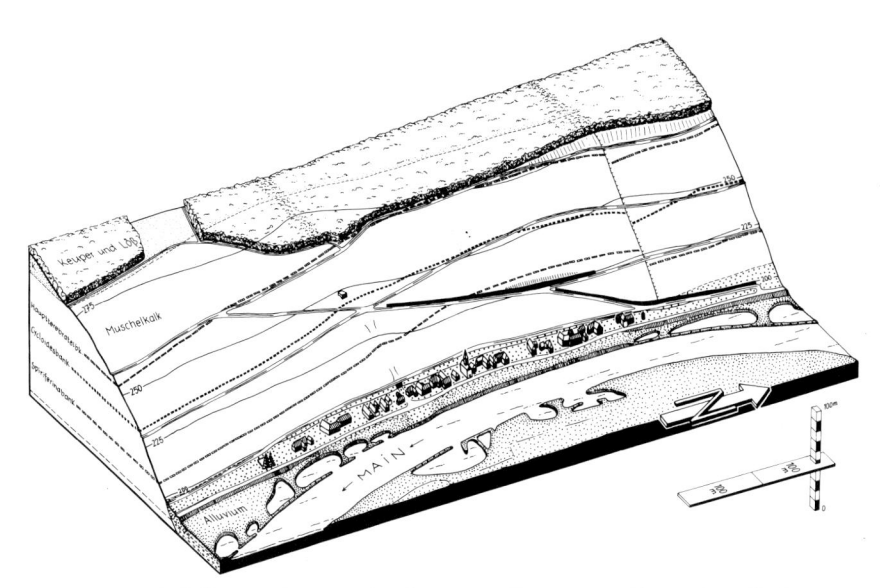

23 Hauptmuschelkalk, Lettenkeuper und Löß am Maintalhange von Köhler (an der Volkacher Mainschleife). Die Mächtigkeit des Alluviums (größtenteils umgelagerte Mainsande und Flugsand) ist relativ gering, weil die Erosionsleistung des Mains am Prallhang sehr hoch war. Die Verwerfung wurde bei den Hangbewegungen im Zuge der Weinbergsbereinigung an der verschiedenen Höhenlage der Leithorizonte festgestellt. Aus E. Rutte, 1962.

lande von Marktbreit, Tiefenstockheim, Ochsenfurt und Langensteinach (F 8) viel besucht. Stromatolithen – blumenkohlartige und kopfgroße Kalkalgen-Knollen – sind als »Seesinterkalke« im obersten Wellenkalk Unterfrankens erstmals von O. M. Reis 1909 beschrieben worden. Seelilien sind im bayerischen Muschelkalk bei weitem nicht so zahlreich wie im Neckargebiet.

Dafür hat sich die Zahl der Wirbeltierfunde, nicht zuletzt wegen der Auswertung der Bonebeds, aber auch wegen der Entdeckung des »Stettener Konglomerats« im Werntal (26), gesteigert. Mit *Pachypleurosaurus* wurde ein Saurier, wie er bis dahin nur vom Monte San Giorgio im Tessin bekannt war, im Germanischen Muschelkalk nachgewiesen. Schwimmsaurier *(Nothosaurus, Placodus)* sind die häufigsten Funde. Allerdings sind vollständige Funde sehr selten. Nur am Bindlacher Berg bei Bayreuth kommen ganze Stücke vor.

Wellenkalk

Die namengebende wellenartige Strukturierung der Schichtflächen ist entweder die Folge subaquatischer Rutschungen (F 12) oder das Abbild echter Wellenrippeln wie auch von Zerreißungen bereits stark verfestigter Schlamme in vertikal-S-förmiger Erstreckung (Sigmoidalklüftung). Eichene Kalke und Konglomeratbänke gliedern die monotonen und meistens fossilarmen Serien. Die Mächtigkeit (22) beträgt in Bayreuth 60 Meter, Lengfurt und Kronach haben je 85 Meter, Schweinfurt 90 Meter, und in der Rhön sind rund 100 Meter erreicht. In der Randausbildung werden bei Grafenwöhr 55 Meter und bei Kem-

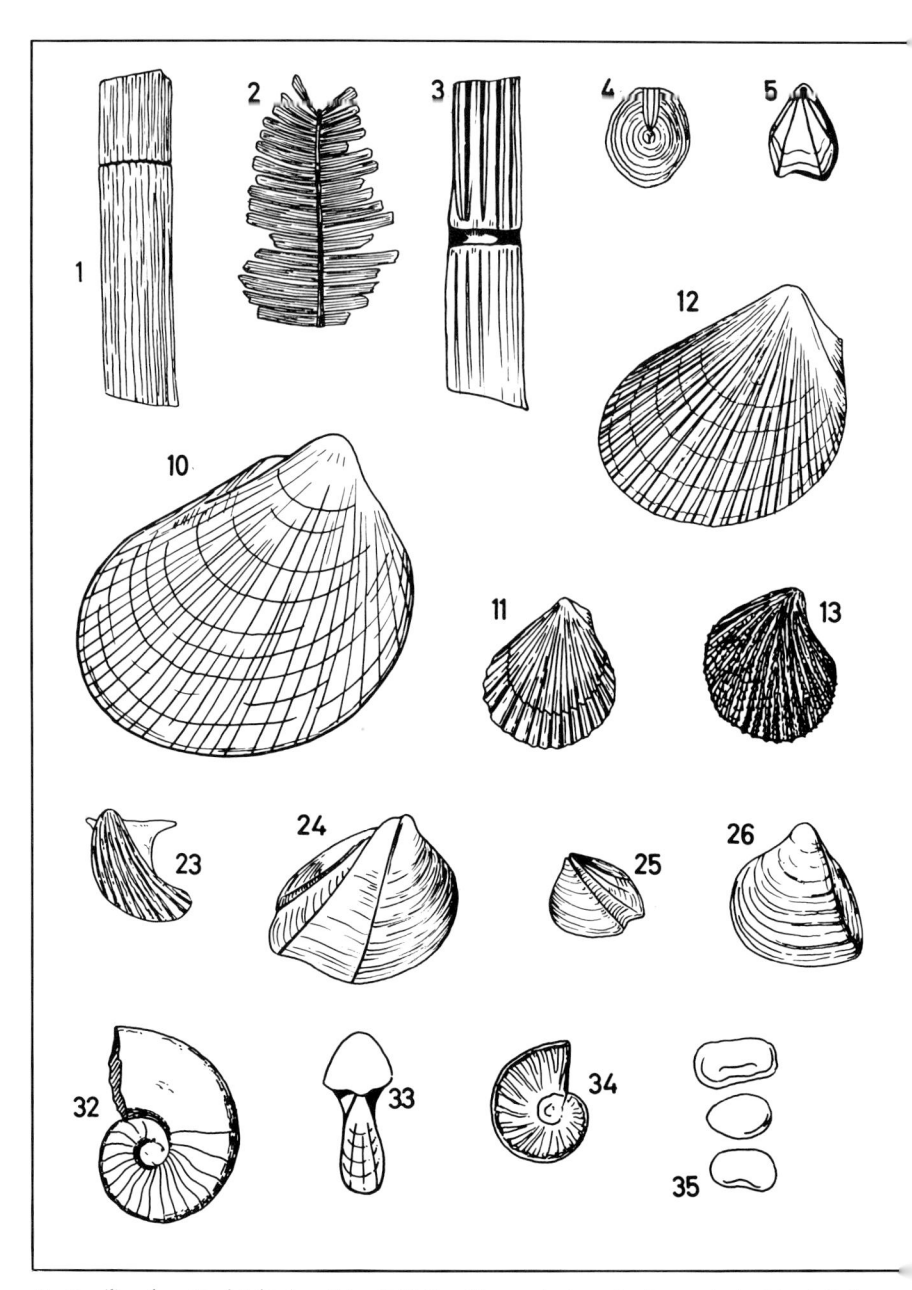

24 Fossilien der unterfränkischen Trias. B-M-K = Hauptverbreitung im Buntsandstein, Muschelkalk bzw. Keuper. 1. *Equisetites arenaceus* (K) – 2. *Pterophyllum jaegeri* (K) – 3. *Neocalamites meriani* (K) – 4. *Orbiculoidea discoides* (M) – 5. *Retzia (Tetractinella) trigonella* (M) – 6. *Lingula tenuissima* (B, M, K) – 7. *Terebratula (Coenothyris) vulgaris;* a = von der Seite, b = von vorn (M) – 8. a = *Spiriferina fragilis,* b = *Spiriferina hirsuta* (M) – 9. Stielglieder (Trochiten) von *Encrinus liliiformis* (M) – 10. *Lima lineata* (M) – 11. *Lima costata* (M) – 12. *Lima striata* (M) – 13. *Enantiostreon (Ostrea)* (M) – 14. *Pecten laevigatus* (M) – 15. *Pecten discites* (M) – 16. *Anoplophora lettica* (K) – 17. *Mytilus eduliformis* (M) – 18. *Macrodon beyrichi* (M) – 19. *Homo-*

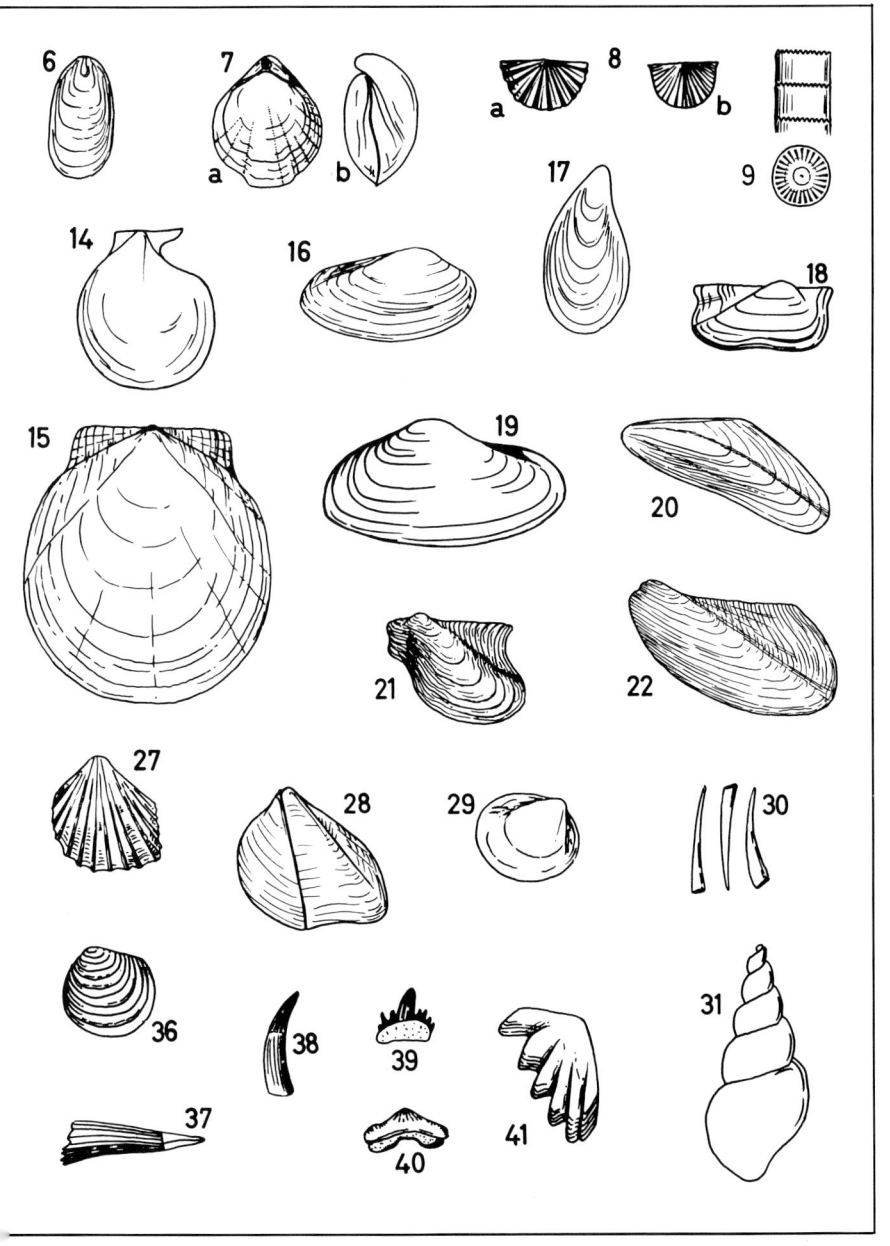

mya alberti (M) – 20. *Modiola minuta* (K) – 21. *Gervilleia costata* (M) – 22. *Hoernesia socialis* (M) – 23. *Avicula (Pteria) contorta* (Rhät) – 24. *Myophoria vulgaris* (M) – 25. *Myophoria intermedia* (M) – 26. *Myophoria laevigata* (M) – 27. *Myophoria goldfussi* (K) – 28. *Myophoria transversa* (K) – 29. *Myophoria orbicularis* (M) – 30. *Dentalium* (M) – 31. *Loxonema* (M) – 32. *Germanonautilus bidorsatus* (M) – 33. *Rhyncholithes hirundo* (M) – 34. *Ceratites antecedens* (M) – 35. Ostracod (M, K) – 36. Conchostrak (»Estherie«) *Isaura minuta* (K) – 37. Zahn von *Hybodus* (M, K) – 38. Zahn von *Nothosaurus* (M) – 39. Zahn von Hybodus (M, K) – 40. Zahn von *Acrodus* (K) – 41. Zahn von *Ceratodus* (M, K). Aus E. Rutte, 1957.

nath 70 Meter gemessen. Gute Aufschlüsse sind die Zementsteinbrüche im Mittelmaintal (F 32) und die Flanken des Maintals zwischen Würzburg und Gambach sowie zwischen Lengfurt und Homburg a. M. (F 10).
Wellenkalk ist das Hauptgestein in der tektonisch bewegten Vorderrhön im Bezirk der Heilbäder. Auch in der Rhön hat er weite Verbreitung (19). In Oberfranken sind es die Vorkommen an der Grenze nördlich Coburg und die Steinbrüche im Umland von Unterrodach, Kronach und Dörfles. Die Zeyerner Wand ist ein Paradeaufschluß.

Der Grenzgelbkalk, ein dolomitischer Kalk, ist fossilleer. Die Mächtigkeit liegt überall zwischen 50-100 Zentimetern. Er ist stets sattgelb gefärbt, denn der jahrmillionenlange Stau des Grundwassers auf den liegenden Röttonen hat das Gestein chemisch beeinflußt.
Die Wellenkalke darüber sind bis auf einige Dentalien- und Konglomeratbänke schwierig anzusprechen. In Oberfranken werden die Konglomeratbänke durch eichene Kalke vertreten, in der Rhön durch Oolithe. Die Terebratelbänke sind relativ hart und deshalb an Steilhängen Gesimsbildner. In Unterfranken sind sie in der Regel fossilreich. In Oberfranken sind sie schwächer entwickelt, zudem selten aufgeschlossen.
Die Schicht mit den schönsten Wellenkalk-Fossilien ist die Spiriferinabank (Pentacrinusbank). Sie ist schwer zu finden. Dagegen sind die Schaumkalkbänke (26) nirgends zu übersehen, auch nicht in Oberfranken, obwohl sie dort geringmächtiger und ohne Oolithe entwickelt sind. Der Kalk ist hart und zäh. Stellenweise ist er fossilreich. Allerdings sind die Schalen der Muscheln und Brachiopoden meistens weggelöst. Im Maingebiet sind zwei Schaumkalkbänke die Regel. Im Bezirk der Gammesfelder Barre ist manchmal eine dritte entwickelt. Dagegen wird im Coburger Land nur eine angetroffen.
Auch *Myophoria orbicularis*, das namengebende Fossil für die obersten Wellenkalk-Schichten, wurde noch nie mit Schale gefunden. Weil die Schichtflächen im Orbicularismergel (wie im Mittleren Muschelkalk auch) eben sind, hat man früher die stratigraphische Grenze an die Basis gelegt. Seit langem werden sie aus paläontologischen Gründen dem Wellenkalk zugeordnet (26). Bei Thüngersheim wurden auf einem Quadratmeter 764 Stück *Myophoria orbicularis* gezählt.

Landschaftliches

Der Wellenkalk stellt den Sockel der Feste Marienberg in Würzburg, die Felswand beim Löwen am Stein, die Wände des Klettergartens bei Karlstadt/Gambach. Die Schaumkalkbänke sind der übliche Burgen-Standort auf der Schichtstufe zwischen Wern und Hammelburg, an der Fränkischen Saale, bei Bad Kissingen, Münnerstadt und Bad Neustadt. Am Fuße des Kreuzberges in der Rhön verursacht Wellenkalk die Verebnung an den Drei Kreuzen (F 11). Den Ski-Hängen oberhalb Haselbachs und am Arnsberg verleiht er die gleichmäßigen Formen.
Der Wellenkalk reagiert empfindlich auf tektonische Beanspruchungen. Er dokumentiert zahlreiche Verwerfungen, Schleppungen und Verbiegungen. Im Felssturz der »Gambacher Dolomiten« im Klettergarten unter dem Edelweiß bei Karlstadt/Gambach kommt es in unregelmäßigen Abständen zu Nachbewegungen. Sie bedrängen dann die zwischen Main und Steilwand eingezwängten Verkehrswege.

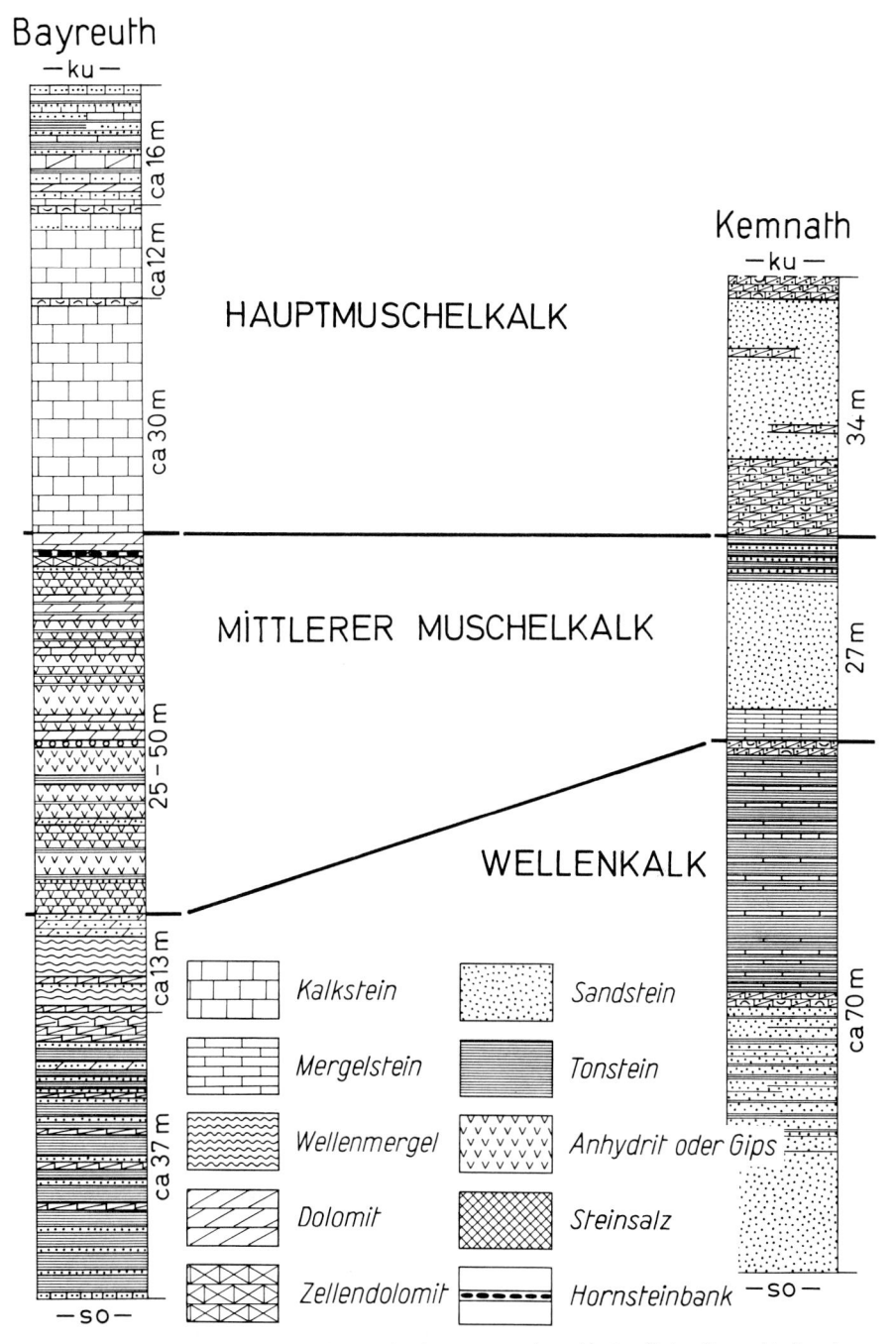

25 **Standardprofile des Muschelkalks** in Beckenfazies (Bayreuth) und in Randfazies (Kemnath). Gesteinsausbildung und Mächtigkeiten. WK = Wellenkalk, MM = Mittlerer Muschelkalk, HMK = Hauptmuschelkalk, so = Oberer Buntsandstein, ku = Lettenkeuper. Aus U. Emmert, 1964.

Unberührte Wellenkalk-Standorte haben eine typische kalkholde Flora: Sonnenroschen-Arten, Blau- und Federgras, Graslilie, Wolligen Schneeball, Wacholder, Hartriegel und Schlehe. Auf den sonnendurchglühten, im Sommer oft überheißen Böden der Hänge und Berge stehen gewöhnlich schüttere Kiefern.

Wirtschaftliches
Der Wellenkalk ist wegen der Zusammensetzung aus 70 Prozent Karbonat und 30 Prozent Ton ein begehrter Zement-Rohstoff. Er wird in Lengfurt und Karlstadt (F 10, F 32) abgebaut.
Früher waren Terebratel- und Schaumkalkbänke ein gesuchter Baustein. Der Bedarf, besonders für die vielen gewaltigen Burganlagen, war so groß, daß quadratkilometergroße Areale ausgeräumt wurden. Die Abbauflächen sind heute eine gebüschreiche, wilde Sekundärlandschaft. Türme und Mauern von Karlstadt, Hammelburg und Bad Neustadt geben von den verbauten Mengen Kunde.

Besonders in Nähe des (kalkfreien) Spessarts und der Buntsandsteinrhön wurden früher alle eichenen Bänke zum Kalkbrennen herangezogen. Heute wird der Wellenkalk in manchmal riesigen Steinbrüchen als »Kies« abgebaut.
Der Wellenkalk ist – über den stauenden Röttonen gelegen – ein fast immer verläßlicher Wasserspender. Doch gewöhnlich ist das Wasser sehr hart. Im Rhönvorlande und südlich Hammelburg gibt es Karstquellen mit sehr starker Schüttung, die aber wegen der Härte nicht als Trinkwasser in Betracht kommen.
Wellenkalk in Südexposition ist ein guter Rebgrund. Die bekanntesten Beispiele sind die Erthaler Kalkberge (der nördlichste Frankenwein-Anbau), das Saaletal um Hammelburg, Erlenbach bei Marktheidenfeld, Homburg a. M. und das Maintal mit seinen Nebentälern zwischen Würzburg und Karlstadt. 93 Prozent der Thüngersheimer Rebfläche sind Wellenkalk.

Mittlerer Muschelkalk

Der Umschlag in der Gesteinsausbildung ist mit den Orbicularismergeln des Wellenkalks eingeleitet worden. Es folgen Absätze, die den Mittleren Muschelkalk zu einer Sondereinheit machen. Aufschlüsse sind selten. Die reichliche Verbreitung von Gips, Anhydrit und Steinsalz sorgt für Lösungserscheinungen und Unregelmäßigkeiten in den Lagerungsverhältnissen. Ein Merkzeichen ist die fahle (meist gelbliche und grauliche) Färbung verwitterter Gesteine.

(26) Hauptgestein ist dolomitischer Kalk. Zusammen mit Schill- und Stinkkalken stellt er die härtesten Partien. Die Steinmergel, Kalkschiefer und Zellenkalke reagieren weicher. Im oberen Drittel sind fast überall Stylolithenkalke – Stylolithen sind fingerförmig verzahnte Zapfen, entstanden durch Auflösungsprozesse unter Druck – verbreitet. Tonmergel, Mergelschiefer, Mergel und die Residualtone stellen die weichsten Partien. Hier setzen in der Regel Sackungen, Verstürze und Rutsche ein. Konglomerate sind selten, sie wurden bisher nur im Bereich der Gammesfelder Barre gefunden. Oolithe kommen als linsige Einschaltungen zwischen Obervolkach und Münnerstadt, bei Stetten im Werntal (26) und bei Würzburg vor. Der Horn-

steinhorizont ist die einzige in Unterwie in Oberfranken (25) verläßliche Leitschicht. Gips ist – zumindest in Spuren – vielerorts zu beobachten. Abbauwürdig ist er nur in Stetten im Werntal und bei Döhlau in Oberfranken. Anhydrit ist in Bohrungen oder im Berginneren in Rothenburg o. T., Bergrheinfeld und Döhlau nachgewiesen.

Das Steinsalz des Mittleren Muschelkalks erreicht an Ausdehnung und Mächtigkeit nicht die Werte des Zechsteins, gilt aber dennoch als ein bedeutender Bodenschatz Frankens. Die Bohrung Kleinlangheim im Steigerwaldvorland hat in 174 Metern Tiefe zwei Salzlager von (unten) 22,6 Metern und (oben) 8,6 Metern durchteuft. Die Bohrung Burgbernheim erbrachte 15 Meter Salz in 141 Metern Tiefe, Bad Windsheim 6 Meter, Scheinfeld 7 Meter, Eltmann 13 Meter. Tiefbohrungen in Würzburg-Gerbrunn, Rothenburg o. T. und Bergrheinfeld waren salzfrei.

Das den normalen Gesteinen in großen länglichen Linsen zwischengelagerte Salz sorgt für Mächtigkeitsunterschiede. In Kleinlangheim ist der Mittlere Muschelkalk, mit Salz, 91 Meter mächtig. Im übrigen Unterfranken erreicht er im Mittel 40 Meter. Bei Bayreuth sind es 50 Meter, bei Kronach 30 Meter und bei Kemnath 27 Meter.

Früher galt der Mittlere Muschelkalk paläontologisch als steril. Erst in den letzten Jahren wurden Gesteine mit Wirbellosen und Wirbeltieren entdeckt: im Stettener Konglomerat (26) und in äquivalenten Fundhorizonten bei Döhlau-Weidenberg sogar wichtige Kleinsaurier.

Landschaftliches

Im Schweinfurter Raume ist der Mittlere Muschelkalk stärker verkarstet und reich an Dolinen. Die insgesamt weich verwit-

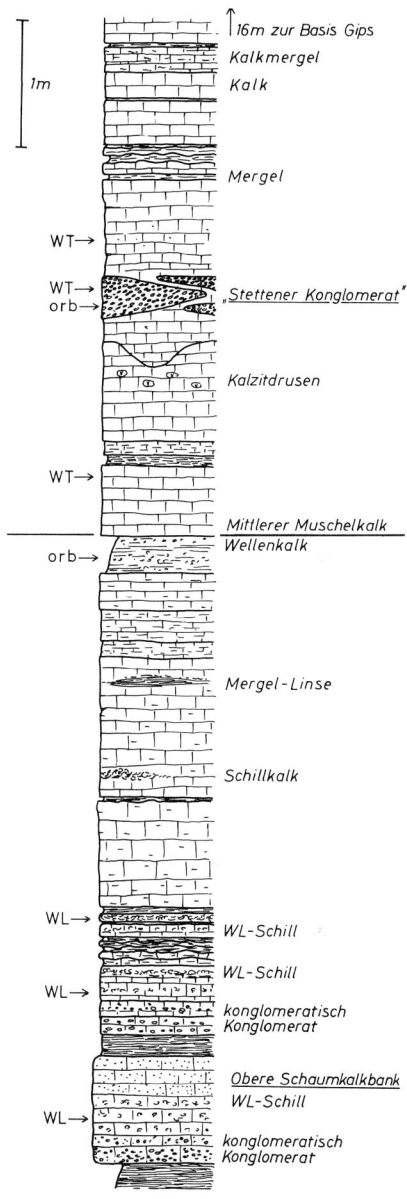

26 Bei Stetten im Werntal ist nahe der Basis des Mittleren Muschelkalks das **Stettener Konglomerat** entdeckt worden. Es enthält neben *Myophoria orbicularis* (orb) auf zweiter Lagerstätte auch wichtige Wirbeltierrelikte, unter anderem *Pachypleurosaurus* (WT). Die Bildung steht mit Strömungen an der Gammesfelder Barre in Zusammenhang. Die Stettener Gipslinse liegt im Profil 18 Meter höher. Aus E. Rutte, 1971.

ternden Gesteine verursachen weitflächige und stets fruchtbare Verebnungen. Im Mittelmaintal verursacht der Mittlere Muschelkalk das flache Band zwischen den Anstiegen des Wellenkalks bzw. Hauptmuschelkalks.

Wirtschaftliches

Die Solequellen von Kitzingen, Wipfeld, Haßfurt, Rothenburg o. T. und Bad Windsheim beziehen den Mineralgehalt aus dem Muschelkalksalz.

Das Trinkwasser von Würzburg hat mit 33–30 Deutschen Härtegraden die größte Wasserhärte einer deutschen Großstadt. Die Hauptbrunnen (Bahnhofstraße, Zell) haben, da deren Einzugsgebiet im Mittleren Muschelkalk liegt, sogar 37 Härtegrade. Doch konnte durch Zumischung weicheren Buntsandsteinwassers in letzter Zeit eine Milderung herbeigeführt werden. (Zum Vergleich: In München liegt die Wasserhärte, je nach Wasserwerk, zwischen 13–17, in Augsburg bei 15, in Nürnberg zwischen 6,0 (Krämersweiher-Ursprung) und 13,6 (Ranna), in Regensburg zwischen 14–16, in Bamberg bei 18. Das aus der Fichtelgebirgsleitung der Stadt Bayreuth zuströmende Wasser liegt dagegen unter 2 Deutschen Härtegraden).

Die Reblagen auf Mittlerem Muschelkalk stellen den hochwertigsten Muschelkalkwein. Am bekanntesten ist der Würzburger Leisten aus den Lagen unterhalb der Marienfeste.

Hauptmuschelkalk

Unter- wie Obergrenze können auf den Millimeter festgelegt werden. Hier gibt es die meisten Leitfossilien und Leitschichten. Das soll nicht heißen, daß es leicht wäre, in einem kleinen Aufschluß das genaue stratigraphische Niveau zu bestimmen. Nur in den obersten Metern – die im Main-Tauber-Bereich Fränkische Grenzschichten (27) genannt worden sind – folgen leichter kenntliche Schichten kurz übereinander. Ansonsten ist eine gewisse Gleichförmigkeit in der Ausbildung festzustellen.

Die Mächtigkeiten (22) sind: Schweinfurt 95 Meter, Würzburg 90 Meter, Fränkische Saale 80 Meter, Kronach 70 Meter, Bayreuth 58 Meter, Kemnath und Grafenwöhr je 35 Meter. Aufschlüsse sind allerorten zahlreich, die Fossilfundpunkte desgleichen. Die Zunahme der Sammlertätigkeit in den letzten Jahren hat eine Reihe wichtiger Entdeckungen gebracht.

Die Paläogeographie (22) wird von der Gammesfelder Barre bestimmt. In Mainfranken ist ihretwegen die Normalfazies von der Quaderkalkfazies zu unterscheiden.

Im Aufschluß wechseln spannenhohe buchene Kalkschichten ziemlich gleichmäßig mit Zwischenlagen von Tonsteinen. Einen Eindruck von der schönen Schichtung vermitteln die Steinbrüche an den Autobahnbrücken über das Werntal bzw. den Main unterhalb Dettelbach.

In Unterfranken sind einige mächtige Lagen von Tonsteinen entwickelt. Sie sorgen für Wasseraustritte, Verstürze, Schlipfe und Rutschungen. Sie geben aber auch eine willkommene Gliederungsmöglichkeit.

Die Wulstkalke an der Basis führen kleine Ceratiten und Seelilien-Stielglieder. Leider gibt es nur wenige Aufschlüsse. Das gilt auch für die Spiriferinabank. Berühmt ist das im Hexenbruchgelände von Höchberg an *Spiriferina* extrem reiche Gestein.

Die in Unterfranken 50 Zentimeter, in Oberfranken 10 Zentimeter mächtige Cycloidesbank ist letztmalig bei Emtmannsberg südlich Bayreuth nachgewiesen. Sie besteht aus zusammengespülten Exemplaren der Brachiopoden-Unterart *Terebratula vulgaris cycloides*. Da keine Hinweise auf den Antransport der Abermillionen Gehäuse vom Lebensraum zum Begräbnisort vorliegen, gilt die Gesteinsgenese noch immer als ungeklärt. Die kleinen, haselnußgroßen Schalen schimmern perlmuttartig-rötlich-seidig. Diese beste Leitschicht des Hauptmuschelkalks (23) lagert zwischen mächtigen Tonhorizonten.

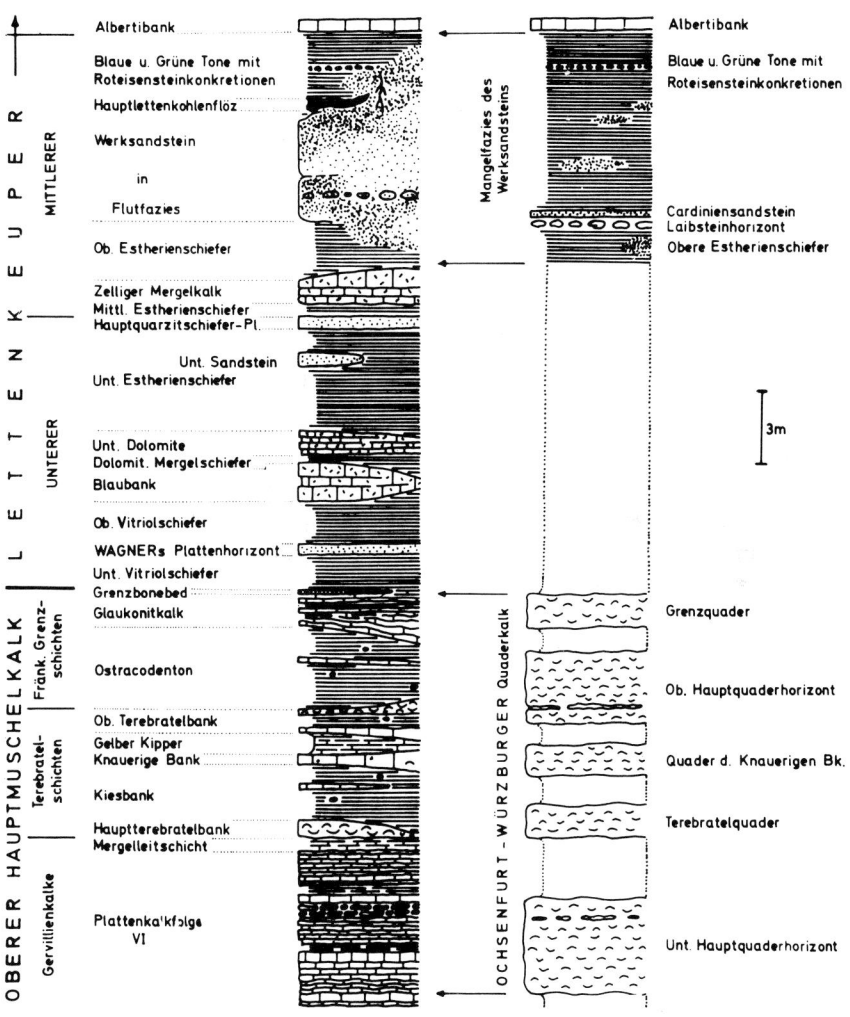

27 Schichtenfolge im **Grenzbereich Muschelkalk/Keuper** im Areal der »Fränkischen Grenzschichten« im Maindreieck und in Mittelfranken. Nach H. Aust, 1968.

Die Bank der Kleinen Terebrateln ist noch bei Bayreuth und Kronach nachgewiesen. Die Hauptterebratelbank fehlt in Oberfranken. Die Obere Terebratelbank führt bei Stadtsteinach häufiger den *Ceratites semipartitus*.

Der Gelbe Kipper (27) ist ein stets gelb verwitternder, leicht in der Aufschlußwand erkennbarer Kalkmergel. In seiner stratigraphischen Umgebung sind die Placunopsidenriffe, die besondere Attraktion des Hauptmuschelkalks an der Ostflanke der Gammesfelder Barre zwischen Rothenburg o. T. und Tiefenstockheim, verbreitet.

Die Ostracoden des Ostracodentons wurden erst vor kurzem von H. Aust bearbeitet. Der Glaukonitkalk ist nach dem reichlich verbreiteten, schwarzgrünen – marines Bildungsmilieu ausweisenden – Mineral benannt. Den Abschluß des Hauptmuschelkalks in Normalfazies bildet der dünne Belag des sogenannten Grenzbonebeds. Der Absatz der basalen Schichten des hangenden Lettenkeupers erfolgt ohne Hiatus und ohne wesentliche lithologische Veränderungen. Um so stärker ist der paläontologische Einschnitt.

Der Quaderkalk (F 9) ist ein Schillkalk, eine Zusammenspülung der Schalen (und deren Zerreibsel) von Brachiopoden, Muscheln, Schnecken und anderen Wirbellosen. Das Gestein ist das Ergebnis von Meeresströmungen, die durch eine bei Gammesfeld (bei Rothenburg o. T.) ins Muschelkalkmeer vorspringende spornartige Untiefe aus der küstenparallelen Laufrichtung in Richtung Würzburg ins offene Meer hinaus umgelenkt werden (22).

Mit dem Tieferwerden des Meeres erlischt die Transportkraft. Die Fracht wird auf dem Meeresboden zwischen Rothenburg o. T. und Würzburg/Werntal abgeladen.

Die Schüttung erfolgt episodisch. Die Schichten der Normalausbildung des Hauptmuschelkalks werden weggeräumt. Wir finden sie als Einschlüsse mitten im Schalenschill wieder. Da die Sedimente neben den randscharf eingreifenden Schillschüttungen unversehrt bleiben, wird es manchmal möglich, einen Leithorizont von dort an das Niveau des Quaderkalks heranzuführen und damit die Verbindung herzustellen.

Die ersten Schüttungen erfolgen (bei Sommerhausen) etwa 16 Meter unter Dach Hauptmuschelkalk. Es ist der Bereich der Mitte der Quaderkalkzunge. Wiederholt von Absätzen der Normalausbildung unterbrochen, werden die Schillschübe immer häufiger. Gegen oben greifen sie immer mehr nach den Seiten aus. Zur Zeit der Bildung der Ostracodentone sind im Westen Kleinrinderfeld und im Osten Kitzingen und Uffenheim erreicht.

(27) Der Quaderkalk ist also keine Rinnenfüllung. Es gibt auch keine Stelle, wo er ununterbrochen geschüttet worden wäre. Die größte Mächtigkeit einer einzigen Schüttung liegt bei 5 Metern. Meistens sind die Bänke 1 bis 2 Meter stark. Diese unruhigen Verhältnisse während des Bildungsvorganges erzeugen ab-

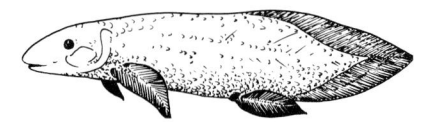

28 Rekonstruktion des Lungenfischs *Ceratodus (Coelacanthus) giganteus.* Im Lettenkeuper von Würzburg-Faulenberg wurde der Teil einer großen Schwanzflosse gefunden. Das Tier dürfte über 2 Meter lang gewesen sein. Der einzige rezente Verwandte ist der australische Lungenfisch *Neoceratodus.* Er lebt (mit einer einzigen, aber äußerst gefäßreichen Lunge) in Queensland in Flüssen, die auch für längere Zeit austrocknen können.

wechslungsreiche Gesteine. Die Packung des Schalenschills kann flüchtig oder eingeregelt sein. Zahl und Größe der Lücken und Hohlräume wechseln rasch. Der Anteil mitgerissener Schlammfetzen wechselt von Ort zu Ort. Gut erhaltene Fossilien gehören deshalb zu den Seltenheiten.

Noch nicht verweste Weichteile der Organismen sorgen später (auf kompliziertem chemischem Wege) für die Kristallisation von Kupfer- und Blei-Mineralen sowie Schwerspat. Auch die Schalen kristallisieren schließlich um. Der dabei frei werdende Kalzit verbindet den zunächst losen Schill und erzeugt den idealen eichenen Kalk. Neben grobkristallinisch-groblückigen gibt es feinlückig-poröse, schaumkalkartige Varietäten.

Landschaftliches
Der Hauptmuschelkalk liefert einen zwar steinigen, aber fruchtbaren Boden. In Mainfranken erkennt man seine Verbreitung an den für die alten Weinberge typischen Steinriegeln. Die Weinbauern hatten zwischen den Rebflächen Lesesteine zur Verbesserung der mikroklimatischen Situation wallförmig angehäuft. Zwischen den Wällen breitet sich nachts die tagsüber in den Kalken gespeicherte Sonnenwärme aus. Heute, wo diese Steinhaldenlandschaften den Weinbergsbereinigungen zum Opfer fallen, kann man immer wieder die Beobachtung machen, daß das Erdreich unter den Steinwällen bis zu einem halben Meter höher als daneben im Weinberg liegt. Die Erosion hat demnach ganz enorme Bodenmengen entfernt.

Der Beitrag des Hauptmuschelkalks zur Formung der Fränkischen Schichtstufenlandschaft ist vergleichsweise gering. Ein idealer Zeugenberg ist der Saupurzel bei Karlstadt. Im Areal des Quaderkalks wird die Landoberfläche von der obersten harten Schillkalklage gebildet.

Der hohe Anteil an Tonen und die Tonhorizonte lassen Steinbrüche rasch verfallen. Jede Wunde, die der Main an einem der vielen Prallhänge gerissen hat, wird alsbald verschlossen (23). Aus diesen Gründen vermissen wir im mainfränkischen Hauptmuschelkalk-Tal die für die hohenlohschen Täler bezeichnenden Felsenbilder.

Wirtschaftliches
Mit noch heute über 300 Steinbrüchen stellt der Quaderkalk eine wichtige bayerische Steingewinnungsregion. Die Natursteinindustrie mit den Schwerpunkten Würzburg-Heidingsfeld, Kirchheim, Kleinrinderfeld und Ochsenfurt ist dementsprechend bedeutend. Über die geologisch-wirtschaftlichen Zusammenhänge liegen ausgedehnte Untersuchungen vor.

Die Qualität des Quaderkalks wird auch von der leichten Gewinnbarkeit bestimmt. Gewöhnlich liegt er unter geringem Abraum auf der Hochfläche. Er ist in der Regel von der (letztlich vom Main oder der Tauber veranlaßten) Gravitationstektonik im idealen Quaderformat großzügig geklüftet (F 9). Da die Bänke auf tonig-weicher Unterlage liegen, braucht der Steinbrecher nur selten zu sprengen, sägen oder spalten.

Quaderkalk ist in aller Welt verbreitet. Sein größter Vorzug ist die Verwitterungsunempfindlichkeit. Heute wird er besonders in den Großstädten eingesetzt, wo er auch den schlimmsten Abgasen trotzt. Auch in früheren Zeiten war er begehrt. Viele repräsentative Bauwerke in München, fast alle steinernen Brücken dort, bestehen aus Quaderkalk. In den fränkischen Städten wird das Trutzige der Wehrmauern durch das charakteristische Grau gesteigert. Rothenburg ist ohne Quaderkalk undenkbar.

Die spannenhohen Kalke des Hauptmuschelkalks in Normalfazies waren früher in zahllosen Steinbrüchen abgebaut worden. Sie geben den fränkischen Pflasterstein. Das schönste und größte Kopfsteinpflaster ist das vor der Würzburger Residenz.

Am bekanntesten ist der Hauptmuschelkalk als die Grundlage des Steinweins. Der Name leitet sich vom Steinberg (hinter dem Hauptbahnhof) in Würzburg ab. Die Bodenqualität ist die Folge der gleichmäßigen Vermischung von Kalk- und Tonkomponente im stets mächtigen Hangschutt und dessen günstigem Wasserhaushalt. Wo Hangschutt nicht entwickelt ist, wird – früher wie heute – oft bis in mehrere Meter Tiefe rigolt.

Es ist der Frankenwein, den Goethe fuderweise bezog und der ihm nachgewiesenermaßen diesen und jenen kühnen Einfall gab.

Alle Weinorte von Mainberg über Schweinfurt, Wipfeld, Ober- und Untereisenheim, Fahr, Volkach, Nordheim, Escherndorf, Köhler, Sommerach, Dettelbach, Kitzingen, Repperndorf, Sulzfeld, Marktbreit, Frickenhausen, Ochsenfurt, Sommerhausen, Eibelstadt, Randersacker und Würzburg haben die Weinberge auf Hauptmuschelkalk.

Muschelkalk in randnaher und terrestrischer Ausbildung

Die Randausbildung ist am (gegen die Küste zunehmenden) Anteil sandiger Komponente abzulesen. Die ersten Feinsandlagen beobachtet man über dem Grenzgelbkalk von Kronach. Bei Kulmbach kommen sie erst in der Mitte des Wellenkalks. Über Bayreuth bis nach Grafenwöhr (25) nimmt der Sandgehalt regelmäßig zu. Merkwürdigerweise sind keine Änderungen in der Korngröße zu registrieren. Der letzte als Wellenkalk definierbare Komplex liegt bei Eschenbach.

Im Mittleren Muschelkalk ist der Umschlag innerhalb kürzerer Entfernung vollzogen. Bei Kemnath und südöstlich Creußen ist er bereits total sandig.

Die normale Kalkausbildung im Hauptmuschelkalk liegt bis zur Linie Bayreuth-Weidenberg vor. Bei Kronach führt er (im obersten Bereich) eine einzige Sandlage. Wirbenz bei Kemnath zeigt schon in dolomitischen Mergeln 3,5 Meter »Bergsandstein«. Bei Weiden, Hirschau und Bodenwöhr werden bis 100 Meter mächtige feldspathaltige Sandsteine – ohne Leithorizonte und Fossilien – als »Muschelkalk in terrestrischer Ausbildung« angesprochen. Darin sind merkwürdig die Bleierz-Konzentrationen von Freihung und Umgebung. Sie sind nahe der Erdoberfläche in Grün- und Weißbleierz umgewandelt. Die Genese der Erzvorkommen ist noch nicht geklärt.

Das Speichergestein im oberpfälzischen Erdgasspeicherbetrieb Eschenfelden ist Muschelkalk.

Keuper

Die »Hauptformation Frankens« prägt wie keine andere geologische Einheit charakteristische Landschaften, seien es ebenflächige, wie die verschiedenen Gaue bzw. die riesigen Burgsandstein-Areale, seien es waldgebirgige Höhenlagen, wie Frankenhöhe, Steigerwald und Haßberge. Die geschlossene Verbreitung einheitlicher Gesteine mit der entsprechenden Vegetation und der Anpassungszwang des Ackerbauers an oftmals schwierige, dann aber auch wieder ungemein fruchtbare Böden soll einen besonderen Menschenschlag geformt haben. Im Keuperareal stehen die großen Zentren Frankens.

Die Ausweitung des Triasbeckens hat sich fortgesetzt. Der Raumgewinn des Keupers liegt im Osten, Nordosten und Südosten. Das Vindelizische Festland wird überwunden. Sonderstrukturen wie der Freisinger Golf künden vom Beginn neuer Entwicklungen. Die Gesteine sind in Bayern von der Randsituation überzeichnet und deshalb abwechslungsreich. Fast alle genetischen Modelle sind verwirklicht. Wir kennen Meer, Delta, Watt, Lagunen, Sümpfe, Faulschlammgewässer, Strömungen, Windsedimente und Inseln. Tier- und Pflanzenwelt sind reichlich dokumentiert.

Der Name Keuper wird auf dreierlei Art gedeutet. Wegen der Buntheit der Gesteine soll er nach dem bedruckten Stoff »Köper«, wegen der Töpfertone nach dem alten Wort für Ton »Küpper« und wegen des Ausdrucks für (wegzukippenden) Abraum über Steinbrüchen nach »Kipper« benannt sein.
Hauptgesteine sind Tonsteine, Tone und Tonmergel sowie die mit Sanden oder Karbonaten durchsetzten Tonschiefer und Mergelschiefer. Sie stellen insgesamt weiche Komplexe. In ihrer unübertroffenen Farbenfülle (F 14, 32) erregen die Keupertone seit jeher das Interesse auch des Laien. Andererseits sind manche Tone wegen ihrer Neigung zu Rutschungen gefürchtet. Der Tektoniker wiederum schätzt sie wegen des »Verschluckens« von Verwerfungen weniger. Gelegentlich sind sie ein guter Grundwasserstauer und Quellhorizont.

Nicht minder merkwürdig sind die Karbonate. Für milde Kalke ist ein eigener Terminus Steinmergel üblich. Die interessanteste Steinmergelschicht ist die Bleiglanzbank (F 13). Sie ist von Thüringen über Franken bis in die Schweiz ununterbrochen nachweisbar. Überall führt sie Spuren, manchmal auch größere Mengen von Bleiglanz. Das Erz wurde auf kompliziertem physikalisch-chemischem Wege im Zusammenhang mit dem Verwesungsprozeß von Abermillionen zusammengeschwemmter Muscheln namens *Myophoriopis* (24) aus dem Meerwasser gefällt. Zusammen mit anderen, sonst ebenfalls seltenen Metallen und Mineralen wurde es in den Schlamm gezogen. Später, während der Erhärtung, kristallisierte es aus. Es können maximal 0,5 Prozent Blei und 0,15 Prozent Kupfer sein; durchschnittlich sind es 0,35 Prozent Blei und 0,09 Prozent Kupfer. Da die Bleiglanzbank höchstens einige Zentimeter mächtig wird, ist sie nicht abbauwürdig.

Manchmal konzentriert sich das Karbonat innerhalb der Tonsteine in Form von knolligen bzw. bankigen Körpern (Kalkkrusten-Relikten) oder in Geoden. Dolomit ist vergleichsweise spärlich. Früher hat man viele gelbe und braune

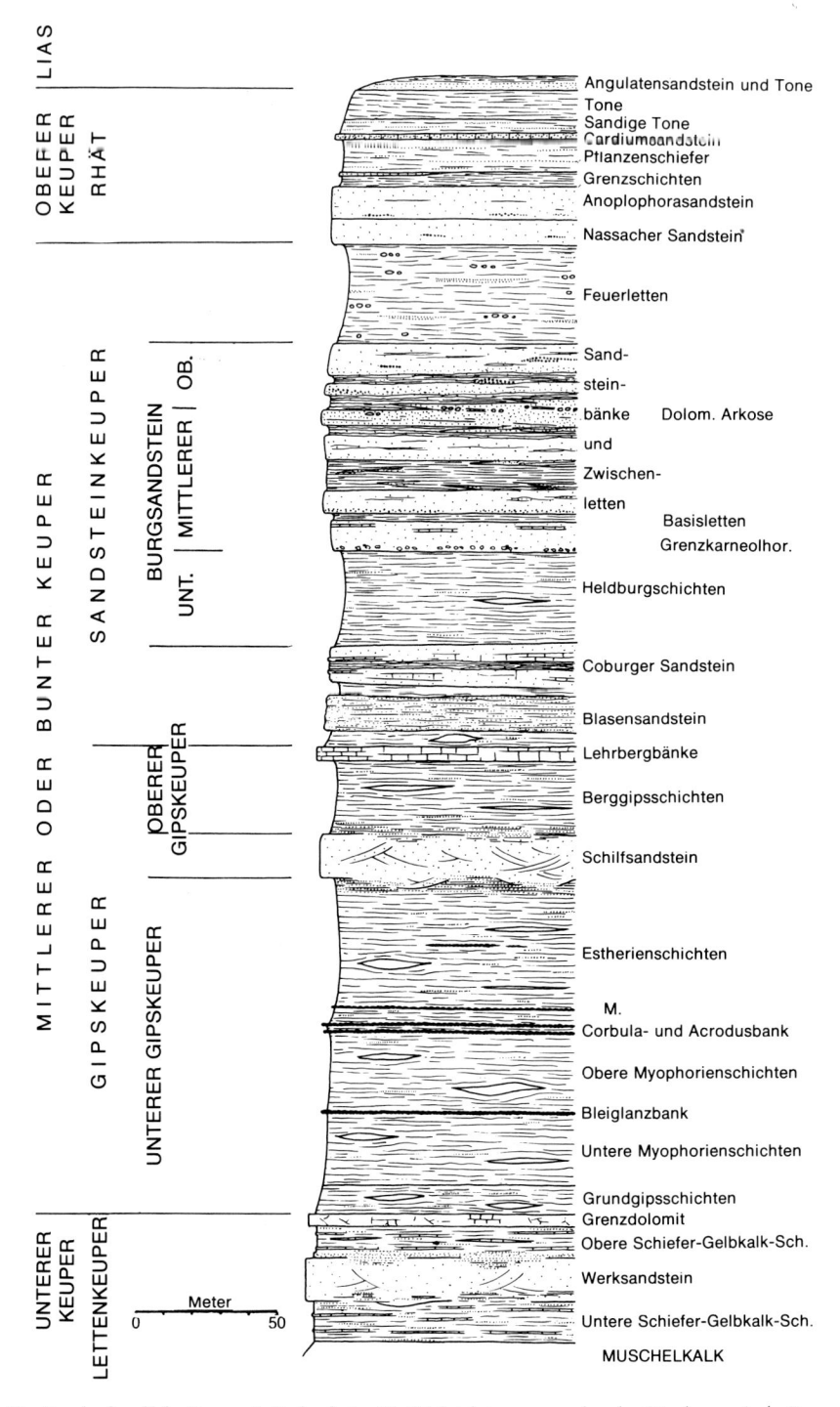

29 **Standardprofil des Keupers** in Beckenfazies. Die Mächtigkeiten entsprechen den Mittelwerten in der Region Haßberge.

Kalke als Dolomit angesehen und entsprechend benannt. Nur der Grenzdolomit hat einen höheren Magnesia-Gehalt.
Sandsteine und, gegen den Randbereich zunehmend, Arkosen künden von Flüssen und Strömungen, die die Abtragungsprodukte der Böhmischen Masse ins Keuperbecken führen (33). Die Längsachsen der Rinnen des Schilfsandsteins bevorzugen eindeutig eine Nordnordost-Südsüdwest-Anordnung. Die Breiten variieren bei wechselndem Querschnitt zwischen 1 und 4 Kilometern. Bei Bad Windsheim werden allerdings 7 Kilometer erreicht.
Erwartungsgemäß ist die Begegnung weicher Tonsteine mit frachtbeladenen Strömen von großer Auswirkung auf Schichtung, Gefüge und Mächtigkeit. Der Ersterforscher Thürach hat dies für den Schilfsandstein mit den Begriffen Normal- und Flutfazies umschrieben. Unter Flutfazies werden die in das weiche Liegende (durch Erosion und/oder das Eigengewicht) eingreifenden Sandstein-Rinnenfüllungen, als Normalausbildung (auch Mangelfazies oder Stillwasserfazies) die überwiegend tonigen Standardfolgen verstanden (27).
Eine bedeutende Rolle spielen Gips und Anhydrit. Franken hat viele Lagerstätten. Das Grundgipslager kann 6 bis 10 Meter Mächtigkeiten erreichen. Der Gips ist in der Regel in Lagen geschichtet. Faltenbilder sind nur im Raum Bad Windsheim häufiger zu beobachten. Das Rondell am Abtswinder Weinlehrpfad ist aus Casteller Alabaster gemauert.
Da die Sulfate im Gefolge lokaler Meereseinbrüche abgelagert wurden, sind Zwischenlagen von Kalksteinbänken, den sogenannten Grottschichten, sowie Tonen üblich. Die lithostratigraphische Abfolge im Grundgips in Franken – es sind die 100 Kilometer von Bad Königshofen über Donnersdorf, Possenheim, Hellmitzheim, Nenzenheim, Ergersheim nach Gebsattel (31) – ist durchweg vergleichbar.
Für die Verwertung des Sulfatlagers, das nunmehr aus Anhydrit besteht, ist das Maß der Überdeckung wie auch die Lage zur Erdoberfläche von entscheidender Bedeutung, denn der begehrtere Gips bildet sich nur dort aus dem Anhydrit, wo Oberflächenwasser zutreten kann. In der Regel geht nach 10 bis 12 Metern Distanz der Gips in Anhydrit über. Deshalb auch wird Gips meist im Tagebau, der Anhydrit des öfteren im Tiefbau gewonnen.

Der Keuper ist verhältnismäßig fossilreich (30). Mehrere Lokalitäten haben berühmte Zeugnisse geliefert (28). Vor allem in den Sandsteinen sind Pflanzen häufig, es handelt sich um Schachtelhalmgewächse, Farne und Koniferen. Schwarze Voltzien-Zweige, im weißen Gips eingebettet, sind als »Windsheimer Ähren« weithin bekannt. Verkieseltes Holz wird aus verschiedenen Sandsteinhorizonten gemeldet.
Die Wirbellosen (24) haben als häufigsten Vertreter – letztmalig – die Muschelgattung *Myophoria*. Wichtig sind die Conchostraken (früher Estherien genannt). Der Süßwasserkrebs *Triops cancriformis minor* (35) von Koppenwind im Steigerwald (36) ist die langlebigste Tierart in der Erdgeschichte. Entsprechend oft wird er in aller Welt in den Lehrbüchern angeführt.
Viele Wirbeltiere sind in den Bonebeds enthalten. Es sind Schichten mit Anreicherungen zusammengespülter Wirbeltierreste. Sie sind vor allem im Lettenkeuper und im Rhät verbreitet. Hauptvertreter sind die Fische *Saurichthys*,

Semionotus, Colobodus, die Haie *Hybodus* und *Acrodus* (30) sowie Amphibien und Reptilien. In Ebrach kommen, in Leichenfeldern angehäuft, Dachschädellurche (34) vor. Knochenbruchstücke vom größten europäischen Riesensaurier *Plateosaurus* sind im Feuerletten nachgewiesen. Daneben kennt man viele Fährten von Landreptilien.

Es sind also Tiere aus allen möglichen Milieus überliefert. In Verbindung mit den lithologischen Daten resultiert ein reichhaltiges, aber doch nicht in allen Einzelheiten deutbares Bild vom Lebensraum. Denn wie beim Buntsandstein läßt sich auf der heutigen Erde keine vergleichbare Region finden. Am ehesten paßt noch die Vorstellung von der nördlichen Adria. Dort gibt es neben dem offenen Meer große Lagunen, die abschnürenden Barrieren und zuströmende frachtbeladene, Sande und Schlamme liefernde Flüsse. Man hat den Entstehungsraum des fränkischen Keupers auch mit dem Niger-Delta verglichen.

Obwohl sich die Sedimentationsbedingungen im Übergang Muschelkalk/Keuper (27) nicht geändert zu haben scheinen, sind die Ceratiten ebenso verschwunden wie *Germanonautilus,* wie alle Terebrateln und die Conodonten.

Keupermächtigkeiten: Eichstätt 200 Meter, Pressath 323 Meter, Fürth 369 Meter, Bad Windsheim, Neustadt/Aisch, Kemnath je 400 Meter, Bamberg 438 Meter, Coburg 445 Meter, Würzburg 450 Meter, Schweinfurt 500 Meter, Bad Königshofen 533 Meter, Mellrichstadt 540 Meter und die »Sedimentationsfalle Bayreuth« 550 Meter.

30 Fossilien des Keupers. 1. Schachtelhalmgewächs *Equisetites,* a = Stück eines Stammes, b = Abdruck der Innenseite einer Stammröhre (die übliche Erhaltungsweise), c = ein Knotenstück (Diaphragma) – 2. Farngewächs *Pecopteris* – 3. Farngewächs *Lepidopteris* – 4. Nadelholz *Widdringtonites* – 5. Zahn des Haies *Acrodus* – 6. Schale eines Conchostraken (natürliche Größe 2 bis 3 Millimeter) – 7. Muschel *Myophoriopis* – 8. Muschel *Anoplophora* – 9. Muschel *Myophoria.* Aus E. Rutte, 1959.

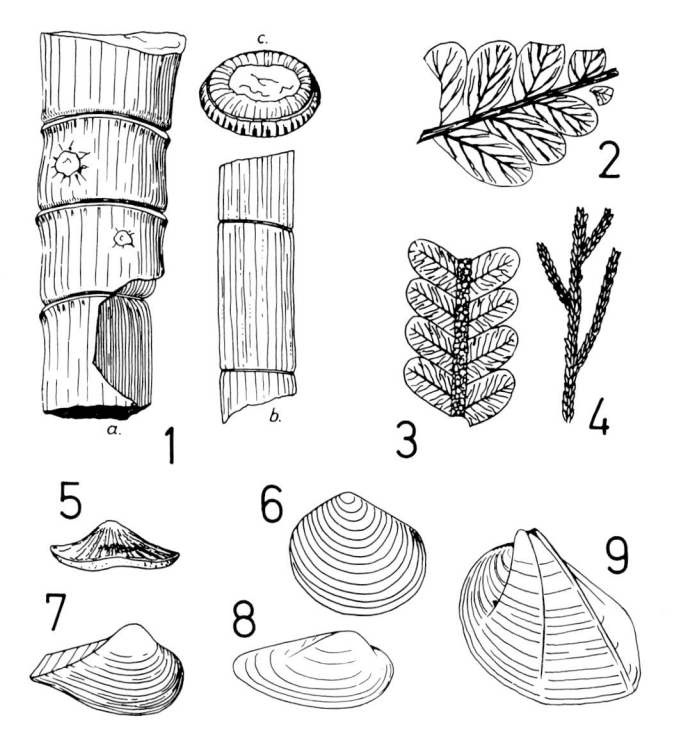

Lettenkeuper

Diese innerhalb des Keupers eigenständige Einheit wird auch als Unterer Keuper oder (früher) als Lettenkohle bezeichnet (29, 27). Obwohl die Mächtigkeiten – Rothenburg o. T. und Kemnath/Grafenwöhr je 25 Meter, Bad Windsheim 33 Meter, Würzburg 36 Meter, Coburg und Bayreuth je 40 Meter – vergleichsweise gering sind, ist die Bedeutung wegen der Fülle geologischer, paläontologischer und morphologischer Äußerungen groß.

Der Bildungsraum ist eine oszillierende Beckenrandzone. Das Milieu ist mit Brackisch für die Stillwasserabsätze, mit Fluviatil für die Sandstränge und mit Marin für den Grenzdolomit umschrieben. Der Reichtum an Pflanzenresten in den Sandsteinen beweist, daß es stets und überall Landsituationen gegeben haben muß.

Aufschlüsse im Lettenkeuper sind sehr zahlreich. Deshalb ist der Verband – in dem der Fachmann mehr als 30 Schichten ausscheidet – sehr gut untersucht.

Die Vitriolschiefer sind ein euxinisches Sediment. Ähnliche sauerstoffarme Verhältnisse zeigen die blauen und grünen Tone sowie der Horizont der Roten Kugeln (eine Lage mit knollig-kugeligen Roteisenstein-Konkretionen). Dagegen sind Estherienschiefer, Pflanzenschiefer, die farbenfrohen Lettenmergel und Mergelschiefer in gesünderem Milieu entstanden, weil auf manchen Schichtflächen massenhaft Conchostraken vertreten sind. Kohle ist gelegentlich (Grabfeld, um Schweinfurt, bei Kitzingen) in kleinen, nur ausnahmsweise mächtigeren Flözen anzutreffen. Hoffnungen auf Abbauwürdigkeit sind in keinem Falle gerechtfertigt.

Die Karbonatbänke sind beim kartierenden Geologen beliebt, weil sie beständig und lithologisch signifikant sind (27). Dazu gehören Wagners Plattenhorizont, Blaubank, Albertibank und Anthrakonitbank. Im oberen Drusengelbkalk sind die Handkäsle (flache, rundliche Gesteinsscheiben) üblich. Trotz der auch in Oberfranken 5 Meter kaum überschreitenden Mächtigkeit spielt der Grenzdolomit als hartes Gestein eine Rolle.

Die Lettenkeupersandsteine (27) sind in mehreren Niveaus eingeschoben. Wegen der ungleichmäßigen Mächtigkeiten sind sie manchmal schwierig zu erfassen. Die im Rinnentiefsten durchschnittlich viermal mächtigere Flutfazies ist fast immer durch Kreuz- und Schrägschichtungen überprägt. Die im Stillwasser entstandene Mangelfazies besteht aus ruhiger abgelagerten Gesteinen. Der Werksandstein und der Obere Sandstein sind in den Steinbrüchen gewöhnlich in der allerbesten Qualität zu sehen. Schwerpunkte des Werksandsteinabbaues sind die Regionen um Würzburg, Kitzingen, Gerolzhofen, Schweinfurt, Hofheim/Ufr., Coburg, Bayreuth und das Vorland der Fränkischen Linie.

In Annäherung an den Rand des Keuperbeckens wird der Lettenkeuper zunehmend sandiger. Die ersten Anzeichen bietet die Typlokalität Schwingen südlich Kulmbach. Südöstlich Bayreuth erfolgt bereits stärkere Zunahme des Sandgehaltes. Bei Lessau können schon Sandsteine abgebaut werden. Bei Kemnath ist die gesamte Einheit voll sandig, einschließlich des Grenzdolomits. Das Gestein muß schließlich als Arkose bezeichnet werden. Bei Weiden und Bodenwöhr ist der Lettenkeuper nicht mehr abzugrenzen.

Landschaftliches

Weite, Offenheit, Menschenleere, Gleichförmigkeit und Fruchtbarkeit sind Wesenszüge der stillen Landschaft. Die weitgespannte, mild reliefierte Szene auf dem gesamten Lettenkeuper-Ausstrich ist die Gäufläche. Sie ist bei Bad Windsheim 50 Kilometer, nördlich Schweinfurt immer noch 25 Kilometer breit. Niemand kann sich dem Eindruck entziehen, wenn sich vor der Steigerwald-Autobahn die riesige baumlose Weite Mainfrankens ausbreitet.

Die Gäufläche ist die Kornkammer Unterfrankens. Sie wird weitgehend von Ackerland eingenommen. Aber auch die großen Waldgebiete um Würzburg (Gramschatzer und Guttenberger Forst) basieren auf der Bodenqualität des Gesteins.

Wirtschaftliches

Die Böden sind tiefgründig, locker, sandig und nicht zu trocken. Sie sind von typisch schmutziger Farbe und der ideale Grund für Getreide und Zuckerrübe. Berühmt ist die unterfränkische Gerste. Nach der Statistik liegen die höchsten landwirtschaftlichen Erträge Bayerns auf Lettenkeuperfluren.

Auch für den Weinbau ist der Lettenkeuper von Belang. Er liefert nämlich von der Maintal-Oberkante her (23) beachtliche Lockergesteinsmengen in die Hangschuttmassen des Hauptmuschelkalks.

Gelegentlich werden Tonmergel als Ziegelei-Rohgut gewonnen. Die Sandsteine, insbesondere der Werksandstein, stellen den für die Bildhauerei begehrtesten Stein. Davon künden Tausende von Bildstöcken, die Gnomengalerie in Weikersheim ebenso wie Figuren in Veitshöchheim, Riemenschneiders Adam und Eva, die Figuren Peter Wagners. Das bekannteste Werksandstein-Bauwerk ist die Würzburger Residenz.

Alle Kunstwerke zeigen aber auch den Nachteil des Lettenkeupersandsteins. Es ist die Eigenschaft, unter der Einwirkung von Abgasen abzugrusen und schließlich zu zerfallen. So verwundert nicht, daß heute die meisten der im (städtischen) Freien aufgestellten Putten und Denkmäler durch Kopien aus Kunststoff ersetzt werden mußten. Überdies wird der Stein rasch vom Wind geschliffen; die Altvorderen haben deshalb die Kanten exponierter Gebäude meist aus Muschelkalk errichtet.

Mittlerer Keuper

Bis 400 Meter mächtige Folgen aus Tonsteinen und Sandschüttungen, untergliedert von Karbonatbänken und Gipslinsen, bauen einen Verband auf, der von vielen Liebhabern der Geologie als die sympathischste Formation in Bayern bezeichnet wird (29). Trotz einiger noch nicht ganz geklärter Bildungsumstände und mysteriöser Ausnahmen sind die Gesteine und deren morphologische Aussage insgesamt leicht zu verstehen.

Überdies sind sie in guten Aufschlüssen und Aspekten zu betrachten.

Das Milieu der Ablagerungsräume ist überwiegend lagunär. Aus Norden, Nordosten und Osten einströmende Sandschüttungen sorgen episodisch für Unterbrechungen. Die Strömungsrichtungen können sich ändern.

Gipskeuper, Schilfsandstein und Lehrbergschichten werden als Nordischer Keuper dem Vindelizischen Keuper (mit

31 A. Verbreitung des Lettenkeupers (gepunktet) und des Gipskeupers im **Areal der Keupergips-Lagerstätten.**
B. Geologisches Profil durch die Grundgipsschichten entlang der Linie Bad Königshofen–Rothenburg o. T. Aus A. Herrmann, 1976.

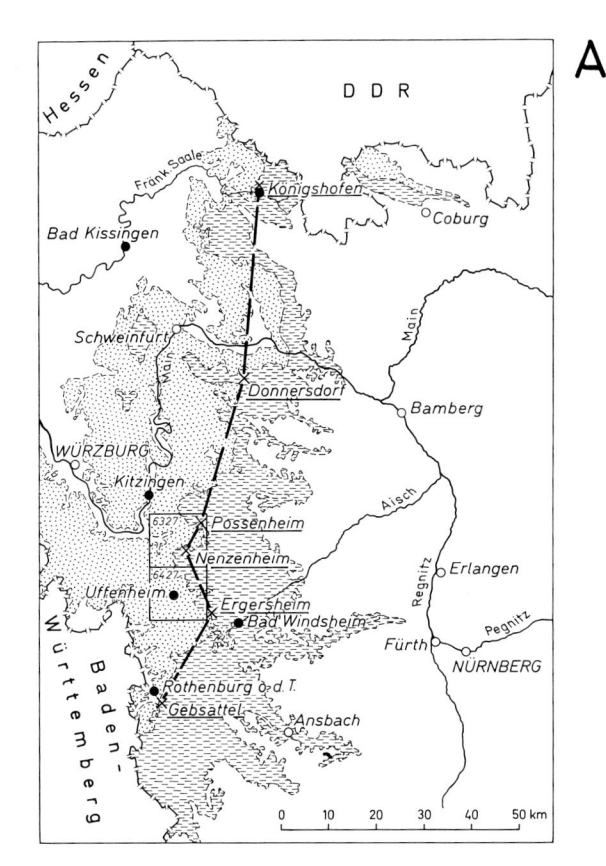

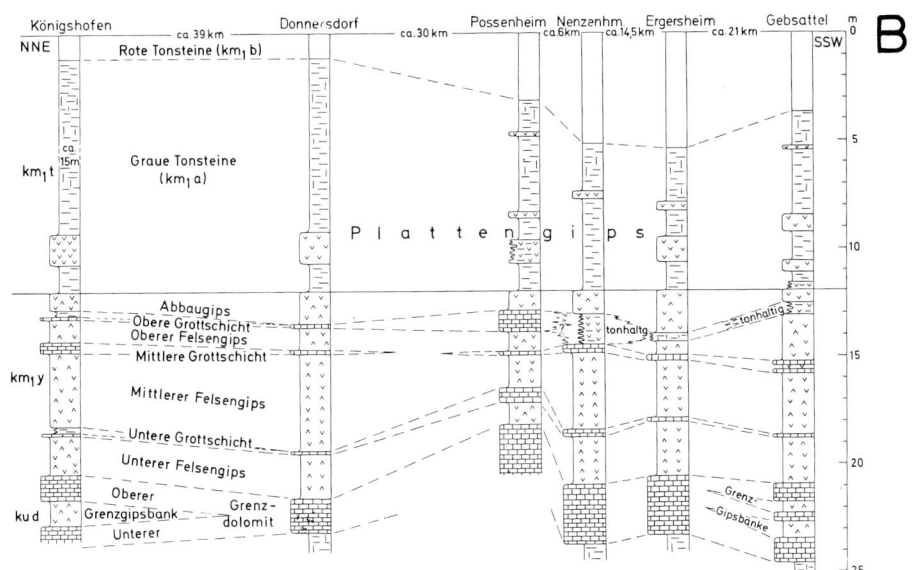

Benker Sandstein, Blasensandstein und Burgsandstein) gegenübergestellt. Der Schilfsandstein gilt als eine der besten Dokumentationen eines fossilen Deltasystems. Die Differenzierungen der Sandsteinfazies in Flutfazies (mit mächtigem, sauberem Sandstein) neben Mangelfazies aus dem Stillwasserbereich (mit mehr Tonanteil) setzen sich fort. Im Randbereich nehmen die Tonschichten zugunsten von Arkosen ab. Auch schalten sich dort Karneolbänke ein.

Im Übergang zum Beckeninneren kommt es zur Sedimentation von Gips und Anhydrit. Der bedeutendste Bodenschatz des Keupers entstand als Abscheidung aus dem Meerwasser in Form von Gips. Im darauffolgenden Prozeß der Diagenese wurde das Kristallwasser ausgetrieben und der Gips in Anhydrit verwandelt. Kann nun später der Anhydrit, etwa in Nähe der Erdoberfläche oder in einem tektonisch gestörten Bereich, Wasser aufnehmen, wird er wieder zu Gips.

Die Entstehungsräume des Grundgipses liegen mit der Längsachse am Fuße der Keuperstufe, also vor und unter der Frankenhöhe, dem Steigerwald, den Haßbergen und im Grabfeldgau (31). Es ist anzunehmen, daß zur Entstehungszeit auch das westlich anschließende, heute von der Abtragung entfernte Schichtengebäude Gips führte; es könnte aber auch sein, daß der Bezirk der Gammesfelder Barre gipsfrei war.

Der Mittlere Keuper ist Gerüst und Unterlage bestimmter Landschaftstypen. Es sind Frankenhöhe, Frankenberg, Steigerwald, Haßberge und Großer Haßberg wie auch Grabfeldgau, Coburger Land und die Umgebung von Nürnberg, Fürth und Ansbach. Vielfach wird Mittelfranken mit Keuperland übersetzt.

Selbst geringere Vorkommen werden, meist wegen der farbenfrohen Gesteinsart, als Keuper erkannt.

Die Mächtigkeiten sind: Rhön 500 Meter, Bamberg 380 Meter und Nürnberg 300 Meter. Gegen den Beckenrand, der nun schon weit gegen Südosten vorgerückt ist, werden sie allmählich geringer. Die Ausbildung der einzelnen Schichten ist regional verschieden, ganz in Abhängigkeit von der Lage des Ablagerungsraumes in bezug auf die Form des Beckens. Es gibt nur eine einzige Schicht, die überall vorhanden ist: der Feuerletten.

(29) Über den Grundgipsschichten mit dem Grundgips folgen die Myophorienschichten. Im Beckeninneren werden sie von der Bleiglanzbank (F 13) in Untere und Obere geteilt. Die Mächtigkeiten (im Bereich der Tonausbildung) sind für Rothenburg o. T. 50 Meter, Kronach 80 Meter, Coburg 90 Meter und Bad Königshofen 105 Meter. In Annäherung an den Beckenrand schiebt sich als Faziesvertretung der Benker Sandstein an Stelle der Tonsteine. An der Typlokalität Benk, 10 Kilometer nördlich Bayreuth, erreicht die Folge 90 Meter Mächtigkeit. Vor der Fränkischen Linie sind die Aufschlüsse zahlreich (Benk, Creußen, Kirchenthumbach, Pressath, Parkstein).

Benk lieferte *Capitosaurus*. Fährten sind aus Kirchenlaibach und Weihenzell bei Ansbach gemeldet. Auffällig ist der Reichtum an Steinsalznachkristallen (12) bei Freihung. Dort und bei Pressath ist der Benker Sandstein örtlich mit Bleierz imprägniert. Diese Erscheinung wird in derselben Gegend auch in höheren Keuperschichten registriert.

Trotz der bescheidenen Mächtigkeit sind Corbulabank (unten) und Acrodusbank (oben) außerordentlich auffällig. Die

beiden Karbonatbänke verursachen die A-C-Terrasse.
Ideal ist die Entwicklung allerdings nur in Mittel- und Unterfranken (32). Zwischen Kulmbach und Bayreuth sowie Nürnberg und Weiden ist nur noch eine Bank ausgebildet. Die Namen der Bänke sollten nicht zur Annahme verleiten, man könne Muscheln oder Haifischzähne finden. In der Regel sind die Gesteine fossilfrei.
Dagegen können in den hangenden Estherienschichten auf etlichen Schichtflächen die Anreicherungen von Schälchen der Conchostraken (30) beobachtet werden. Diese Fauna zeigt schmutzigtrübes Wasser eines im weitesten Sinne amphibischen Lebensraumes an. Sie ist vor kurzem in überregionaler Schau von P. Reible bearbeitet worden.

Zwischen Bad Königshofen und Schwanberg/Bullenheimer Berg bei Iphofen beträgt die Mächtigkeit 50 Meter, auf der Linie Ansbach–Erlangen–Bayreuth 40 Meter. »Der schönste Aufschluß im Mittleren Keuper Deutschlands« ist die 30 Meter hohe Bodenmühlwand westlich Emtmannsreuth bei Creußen. In Kulmbach bestehen 25 Prozent der Schichtfolge aus Gips. Die Sandeinschaltungen der Randausbildung setzen bei Untersteinach ein. Das zeigt, daß die Schüttungsenergie nachgelassen hat. Wiederum beobachtet man bei Pressath, diesmal an Kohlenreste gebundene, Bleierzimprägnationen.

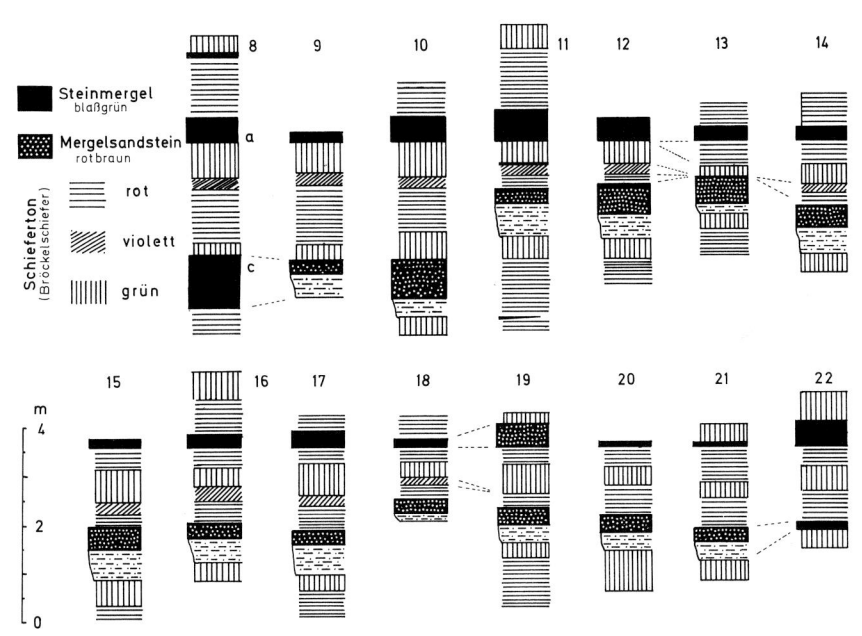

32 Profile der **Acrodusbank (a) und Corbulabank (c) im Mittleren Keuper des Steigerwaldes.** Blatt Gerolzhofen: 8 Gangolfsberg/Oberschwappach, 9 Falkenberg, 10 Neuhof/Altmannsdorf, 11 Prüßberg, 12 Eulenberg/Michelau; Blatt Ebrach: 13 Neuberg/Wiebelsberg, 14 Geiersberg/Oberschwarzach, 15 Schönaich; Blatt Wiesentheid: 16 Grundbach/Gräfenneuses, 17 Pfaffengraben/Abtswind, 18 Greuth; Blatt Iphofen: 19 Bernbuch/Wiesenbronn, 20 Kugelberg, 21 Schwanberg; Blatt Markteinersheim: 22 Pfaffenholz. Die Acrodusbank (5–50 cm) ist überwiegend als blaßgrüner Steinmergel, die Corbulabank (60–90 cm) meistens als rotbraun gefärbter Mergelsandstein entwickelt. Die Mächtigkeit der Bunten Bröckelschiefer (0,8–2 m) dazwischen ändert sich regelhaft. Folgende Nuancierungen werden mehr oder weniger regelmäßig beobachtet: (oben) Rotbraun – Hellgrün – Tiefviolett – Hellbraun bzw. Rotbraun – Grün (unten). Aus K. Busch, 1967.

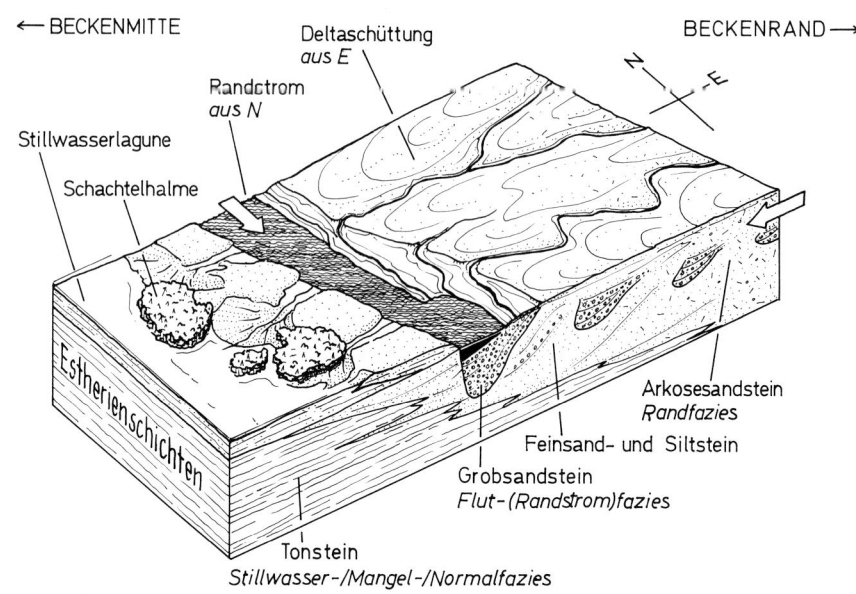

33 Paläogeographische und sedimentologische Vorstellungen zur **Genese des Schilfsandsteins** im Gebiet von Ansbach. Nach J. Stets & P. Wurster, 1977.

Der Schilfsandstein (F 15) ist als Terrassenbildner und Verursacher der Feld-Wald-Grenze nirgends zu übersehen. Die Modi der Entstehung als ein Randstromsediment sind im Raum Ansbach-Lichtenau am besten zu interpretieren (33).
Dort liegt mit 60 Metern die größte Mächtigkeit vor. Steigerwald und Haßberge bieten in Flutfazies zunächst maximal 40 Meter, dann 20 Meter. In den Steinbrüchen Oberfrankens bei Losau, Ludwigschorgast, Motschenbach, Schwingen bei Kulmbach und an der Bodenmühle sind es nur noch 10–15 Meter. In der Höhe von Pressath ist der Schilfsandstein erloschen.
Der Schilfsandstein vom Ossing (zwischen Humprechtsau und Rüdisbronn) hat zahlreiche Pflanzenfossilien geliefert, darunter ein verkieseltes Stammstück von *Araucarioxylon keuperianum* von 7 Metern Länge und 40 Zentimetern Durchmesser.

Im Hangenden des Schilfsandsteins westlich Ansbach-Fürth-Bayreuth verbreiten sich die Lehrbergschichten (29). Sie werden in Berggipsschichten und Lehrbergbänke unterteilt. Östlich liegt der Lehrbergsandstein. In den Grenzbereichen kommt es zu Verzahnungen.
Die Berggipsschichten sind die ungemein bunten, an oft riesigen Steinsalznachkristallen (12) reichen Gesteine. An einem der schönsten Aufschlüsse des Landes, dem Horn am Schwanberg, erfreuen sie schon mehrere Geologengenerationen. Von Markt Erlbach sind Saurierfährten gemeldet. Bei Trappstadt im Grabfeldgau wie auch bei Kulmbach sind abbauwürdige Gipslinsen (»Berggips«) eingeschaltet.
Die Lehrbergbänke sind ein Komplex bankig in die Tone eingeschobener Steinmergel. Bei Lehrberg und Ansbach zählt man drei Lagen, bei Schillingsfürst zwei, am Schwanberg eine. Der auch Heigelstein genannte Dolomitstein

wurde früher (hauptsächlich als Pflasterstein für Ansbach und Lehrberg) abgebaut. Manchmal ist die Schnecke *Turbonilla* so häufig, daß ein tuffig-poröses Gestein entsteht. Bei Herzogenaurach und östlich Bayreuths sind die Lehrbergbänke knollig entwickelt. Bei Unfinden in den Haßbergen und Coburg sind Kupferlasur, Malachit und Schwerspat gemeldet.
Der Übergang in den Lehrbergsandstein erfolgt relativ rasch, stellenweise unter Ausbildung eines bis 4 Meter mächtigen Ansbacher Sandsteins (bei Schillingsfürst, Lehrberg, Markt Erlbach und Neustadt/Aisch).

Die Diskussion um die Abgrenzung der Komplexe Blasensandstein/Coburger Sandstein/Burgsandstein ist immer noch nicht erloschen. Dabei sind die Aufschlußverhältnisse vergleichsweise sehr gut. Dem mit der Keupermaterie weniger Vertrauten fällt es schwer, stratigraphisch mit dem Verband vertraut zu werden.
(29) Der Blasensandstein wird im Steigerwald 20–30 Meter mächtig. Er ist der äußerste Sandfächer der Randfazies. Bei Ansbach, Leutershausen, Creußen sind Saurierfährten beobachtet. Seine morphologische Rolle als Dachflächenbildner wird gegen Norden vom Coburger Sandstein übernommen. Doch gegen Westen, in Richtung auf das Beckeninnere, wird er von den »Tonen des Blasensandsteins« vertreten. Diese höchst unglückliche, dennoch aus stratigraphisch-nomenklatorischen Gründen nicht ohne weiteres zu ändernde Schichtbezeichnung gilt für eine am besten im Grabfeld und Coburger Land entwickelte Folge. Sie erreicht bis 40 Meter Mächtigkeit.
Über dem Grundletten liegen bis 25 Meter Sandsteine und Letten, ein Werksandstein-Horizont und zuoberst der Grenzletten.
Im Blasensandstein von Ansbach, Kirchenlaibach, Creußen, Kemnath, Grafenwöhr, Hirschau sind Hornsteinknauer eingelagert.
Im Coburger Sandstein erreicht die Keuper-Sandschüttung Maximalwerte. Die Haßberge und das Coburger Land werden davon geprägt. In den zahlreichen Steinbrüchen des wirtschaftlich bedeutenden Steines bestehen sehr gute Aufschlußverhältnisse. Der Verband wurde früher in Bezeichnungen wie Unterer Seminotensandstein und Eltmanner Sandstein angeführt.
Im Coburger Land liegt mit 20 Metern die größte Mächtigkeit. Bei Bad Königshofen ist sie auf fünf Meter zurückgegangen, die Sandschüttung verlöscht. Die beste technische Qualität bieten Koppenwind, Trossenfurt, Eltmann, Ebelsbach, Unter- und Oberschleichach, Tretzendorf, Roßstadt und Schmachtenberg/Zeil (F 16). Im Coburger Land und bei Kulmbach ist sie nicht ganz so gut, dagegen wieder besser um Bayreuth, bei Kemnath, Pressath und Amberg.
Einer der größten Steinbrüche, der Zuchthaussteinbruch von Ebrach, hat zahlreiche große Dachschädellurche (34)

34 Rekonstruktion von *Cyclotosaurus ebrachensis* aus dem Blasensandstein von Ebrach. Mit *Mastodonsaurus* aus dem Buntsandstein (18) gehört er zu den primitiven Amphibien. Die Heimat der Froschsaurier sind die tümpelreichen Schwemmsandebenen (der späteren Sandsteinschichten) der Trias. Im Zuchthaussteinbruch Ebrach wurde in den dreißiger Jahren ein Leichenfeld ausgegraben. Die meisten Exemplare waren 1,5 Meter lang.

geliefert. Im Steinbruch Ziegelanger, ob Zeil, sind Hunderte von Fährten verschiedener Saurier neben dem Fisch *Semionotus* sowie Holz- und sonstige Pflanzenreste gefunden worden. Kieselholz soll am Großen Haßberg und bei Babenberg anstehen. Hornstein-Zwischenlagen sind in der Oberpfalz bei Kemnath, Weiden und Amberg verbreitet. Bei Hirschau werden sie 1,7 Meter mächtig.

Auch der Komplex Burgsandstein – der Name kommt von der Nürnberger Burg – ist stratigraphisch nicht leicht zu fassen. Es kann zwischen Unterem, Mittlerem und Oberem Burgsandstein unterschieden werden. Jedes dieser Glieder ist durch mannigfache Fazieswechsel gekennzeichnet.

Der Untere Burgsandstein (dessen tonige Ausbildung Heldburger Fazies, Heldburger Stufe oder Heldburgschichten genannt wird) lieferte in einer Rinnenfüllung im liegenden Coburger Sandstein die Einmaligkeit *Triops cancriformis minor* 35, 36). Bei den Fundschichten handelt es sich um Tonsteine mit Sandzwischenlagen. Die Gesteine sind als Verursacher von Verebnungen morphologisch bedeutsam. Gelegentlich kommen Einschaltungen von Gips, Stein-

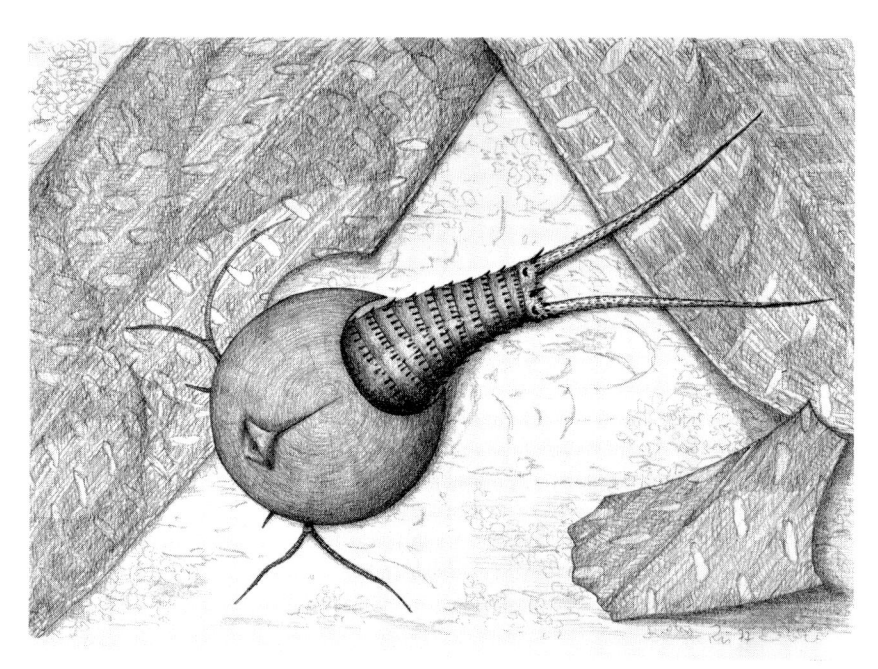

35 Rekonstruktion des Blattfüßlers *Triops cancriformis minor*. Der Schalendurchmesser erreicht bei ausgewachsenen Formen einen Zentimeter. Die einzigartige Fundstelle Koppenwind im Steigerwald (36) lieferte aus einer Lage mehrere hundert sehr gut erhaltener Exemplare. Es wurden Männchen, Weibchen, Larvenstadien und Eier untersucht und beschrieben (F. Trusheim, 1937). Im Bestimmungsbuch »Die Lebewelt unserer Trias« (M. Schmidt, 1938) heißt es dazu: »Die in feinen Tonlagen wundervoll erhaltene Keuperform unterscheidet sich, abgesehen von geringerer Größe, nicht durch das geringste sichere Kennzeichen. Sie bildet weitaus das auffallendste Beispiel des bisher in den verschiedensten Gruppen der lebenden Wesen gelegentlich einmal auftretenden beharrlichen Festhaltens an uralten Formen durch gewaltige Zeiträume. Im Falle des *Triops cancriformis* erreicht diese bis auf die geringsten Nebensachen ausgedehnte Beharrlichkeit durch nahezu 200 Millionen Jahre einen schwer verständlichen Grad.«

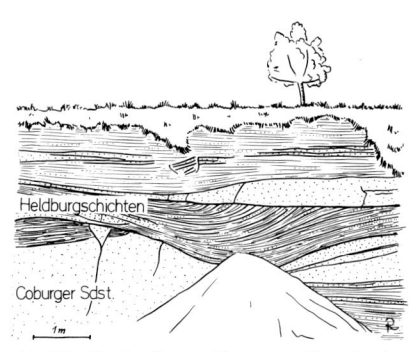

36 Die **Fundstelle von** *Triops cancriformis minor* (35) liegt (unter der auskeilenden Sandsteinbank) in der Rinnenfüllung aus Heldburgschichten im Coburger Sandstein. Nach den reichen Funden 1935 konnten in den frühen fünfziger Jahren noch einige Exemplare gesammelt werden. Inzwischen ist die Lokalität zusammengestürzt. Nach E. Rutte, 1965.

mergel und Dolomitknollen vor. Im Gebiet von Coburg, auch an der *Triops*-Fundstelle, sind Steinsalznachkristalle relativ häufig.

Mittlerer und Oberer Burgsandstein werden gewöhnlich zu einer Einheit zusammengefaßt. Die (im benachbarten Württemberg Stubensandstein genannte) Folge ist in Bayern sehr vielgestaltig entwickelt. Sie umfaßt Sandsteine, Arkosen, Knollen aus Steinmergel, Kiesel oder Ton, Kieselkrusten, Kaolinisierungshorizonte, Mangananreicherungen, Brekzien und sogar Urangehalte. Sie bildet mit dem Coburger Festungssandstein an der Basis die Berge und Höhenrücken mit Burgen um Nürnberg, des Wendelsteiner Höhenzugs bei Schwabach, der Gegenden um Feucht, Zirndorf, Cadolzburg sowie die Talgründe von Aisch, der Aurach, der Reichen, Mittleren und Rauhen Ebrach.

Die Gliederung wird bei Coburg mit Hilfe der den Sandsteinbänken A–F zwischengeschalteten Lettenschichten vorgenommen. Merkwürdig ist der Wendelsteiner Quarzit. Es handelt sich um eine 1 × 4 Kilometer große, bis 15 Meter mächtige Flächenverkieselung des Burgsandsteins. Die Klüfte sind manchmal mit Schwerspat, Flußspat, Quarz und Phosphoritmineralen gefüllt. Es gibt keine Möglichkeit, die (nur dort erfolgte) Verkieselung plausibel zu erklären. Das sehr harte Gestein wurde früher als Pflasterstein für Nürnberg gebrochen.

Der Feuerletten (in Württemberg als Knollenmergel bekannt) ist ein besonderes Tongestein. Es unterscheidet sich von den anderen Keuper-Tonsteinen durch den gleichmäßig verteilten Karbonatgehalt. Dies führt zu anderem Mikrogefüge. Die bedeutsame Folge ist die ausgeprägte Neigung zu Rutschungen. Die Schadenssummen, die durch unsachgemäß angelegte Wegebauten und Bepflanzungen aufgelaufen sind, gehen in die Millionen. Der Feuerletten spielt gelegentlich als Wasserstauer unter sandig-klüftigem Rhät eine Rolle.

Die paläontologische Bedeutung liegt im Nachweis des Riesensauriers *Plateosaurus*. Die bekanntesten Fundorte sind Lauf a. d. Pegnitz und Allersberg. Konglomeratisch-brekziöse, porphyrartig-bunte Kalksteinbänke können als Relikte eines Kalkkrustenhorizontes interpretiert werden. Zusammen mit dem Burgsandstein ist der Feuerletten Hauptvertreter des Keupers in den Ries-Trümmermassen.

Auffällig ist die einheitliche Mächtigkeit von 50 Metern. Erst bei Amberg-Regensburg kündet sich mit Werten von 10–20 Metern der Beckenrand an.

Rhät

Im Idealprofil am Großen Haßberg sind in über 40 Metern Mächtigkeit Sandsteine, Tonsteine und Pflanzenschiefer aufgeschlossen. Bonebeds, in bis 20 Zentimeter mächtigen Lagen, sind voll von Wirbeltierresten. Die Wirbellosenfauna gibt brackisch-marines Milieu an. Neben Schlangensternen ist auch das Massenvorkommen der Pflaumenkernmuschel *Anoplophora* (30) ein guter Milieuindikator.

Bei Bayreuth ist der Molukkenkrebs *Limulus,* in Strullendorf der Lungenfisch *Ceratodus* (28) nachgewiesen. Die Pflanzen, die örtlich (allerdings schlechte) Kohlen stellen können, haben die schönsten Repräsentanten in den berühmten oberfränkischen Rhätolias-Floren. Weil man meistens nicht in der Lage ist, das oberste Rhät vom untersten Lias zu unterscheiden – dies gelingt nur am Großen Haßberg mit mikropaläontologischen Methoden –, wird für den paläobotanischen Bereich seit Anfang des 19. Jahrhunderts die Mischbezeichnung angewandt.

Die Rhätolias-Flora gehört zu den bekanntesten fossilen Floren überhaupt. Über hundert Arten von Algen, Lebermoosen, Schachtelhalmgewächsen, Farnen, Samenfarnen, Koniferen, Nilsoniaceen und Benettiteen – alle typisch für feuchtwarm-tropische, limnoterrestrische Verhältnisse – sind beschrieben worden. Die Pflanzenreste liegen oft in schöner, lichtvioletter Pastelltönung vor. Das Leitfossil für Rhät ist *Lepidopteris ottonis* (Coburg), für Lias *Thaumatopteris* (Sassendorf, Strullendorf). Das älteste Laubblatt hat den Namen *Sassendorfites benkerti*. Die Umgebung von Bayreuth mit den Lokalitäten Unternschreez, Gesees, Forkendorf und Rödensdorf bietet die meisten Pflanzenfossilien. Auch der Rhätolias nordwestlich Kulmbach (Höferänger) ist durch den Gehalt pflanzenführender Tonlinsen bekannt geworden.

Das Rhät ist häufig in Steinbrüchen auf den Rhätsandstein erschlossen. Früher war er ein sehr geschätzter Bau- und Werkstein. Die Härte wird im Relief durch Stufenbildung angezeigt. Hauptorte mit Rhät sind Weißenburg, Freystadt, Pyrbaum, Altdorf, Burgthann, Reichenschwand, Schnaittach, nördlich Nürnberg bis östlich Erlangen, östlich Forchheim, Strullendorf, Ebensfeld, zwischen Itz und Rodach, Seßlach, die Gegenden von Coburg, Lichtenfels, Burghaig und Kulmbach sowie die Berge und Talschluchten westlich von Bayreuth (Örtelstein, Phillipstein, Buchstein, Teufelsbrücke, Teufelsloch, Salamandertal) bis zur Hohen Warte.

Landschaftliches

Die Fränkische Schichtstufenlandschaft wird mit der Keuperstufe besonders übersichtlich. Den besten Eindruck bietet die Fahrt auf der Autobahn von Würzburg nach Osten zum Steigerwald: vom Zabelstein im Norden bis zum Bullenheimer Berg im Süden wiederholt sich in jeder Kulisse das Bild einer in sich getreppten hohen Stufe. Wider Erwarten ergeben die harten Schichten, das sind die Sandsteine und die Karbonatbänke, die Verebnungen. Die weichen Tonsteine dazwischen verursachen die steilen Anstiege. Die Umkehr morphologischer Regeln wird von den Mächtigkeiten gesteuert. Weil im Keuper die harten Gesteine (im Vergleich mit den weichen) relativ schwach entwickelt sind, können sie lediglich als Abtragungspodest fun-

gieren. Sie werden gewissermaßen von der Abtragung herausgeschält.
Das beste Beispiel ist der Blasensandstein. Er bildet im Steigerwald (F 16) von der Stufenfront am Main bis auf die Höhe von Neustadt/Aisch die sanft ostfallende Hochfläche. Die Bleiglanzbank verursacht eine der schönsten Keuperterrassen. Sie geht zurück auf wenige Zentimeter Steinmergel (F 13) inmitten etlicher Zehnermeter Tongesteine.
Entsprechend umgürten die Rhätsandsteine (zwischen Feuerletten und Lias) als Höhenzug den Bayreuther Kessel. Der Rhätsandstein erklärt auch die manchmal wildromantischen Schluchten im Tal der Schwarzach südlich Altdorf, bei Prackenfels und Grünsfeld im Teufelsgraben sowie die Rumpelbachklamm.
Ein idealer Zeugenberg ist die Hohe Wann bei Krum zwischen Haßfurt und Zeil.
Die Keupersandsteine sind das Areal weiter Wälder. Die Tonsteine wiederum sind der Grund für ausgedehnte Feldfluren (F 14) und, an der Keuperstufe, hängigen Reblandes. Sie begründen den landläufig gebrauchten Ausdruck Keuperlandschaft.
Der Gips ist in der Regel verwittert und ausgelaugt. Die (wegen der bezeichnenden Flora gerne aufgesuchten) Gipshügel sind die Ausnahme zu der Regel.
Hie und da, im Feuerletten regelmäßig, kommt es in Tonsteinschichten zu Rutschungen. Dort gibt es auch die gefürchteten grundlosen Wege.

Wirtschaftliches
Ein unbehandelter, roher Tonboden ist eine starke Plage. Ist jedoch über einige Jahrzehnte Mist zugeführt worden und der Tonstein vielmals durchfroren, resultieren fruchtbare Böden. Sie werden wegen des höheren Kaligehaltes gerne für den Anbau von Kohl genutzt. Im klimatisch begünstigten Anteil der Keuperstufe sind sie Grundlage des Keuperweins. Bekannte Weinorte sind Ippesheim, Bullenheim, Seinsheim, Hüttenheim, Einersheim, Iphofen, Rödelsee, Wiesenbronn, Castell, Abtswind, Oberschwarzach, Handthal, Michelau, Altmannsdorf und Falkenstein. Zeil und Ziegelanger fußen überwiegend auf Sandsteinkeuper.
Die Sandsteine sind zumeist Waldgebiet, am geschlossensten im Steigerwald und in den Haßbergen. Der Reichswald von Nürnberg ist Holz-, Holzkohle- und Streulieferant in früheren Jahrhunderten, der Standort der Bienenzucht und der Honigproduktion. Daneben, im Knoblauchland, ist derselbe sandige Boden überwiegend gärtnerisch genutzte Feldfläche.
Das auffälligste Keuper-Zeugnis sind die als Bausteine verwendeten Sandsteine. Der Schilfsandstein, heute nur noch am Herrmannsberg bei Sand a. M. abgebaut (F 15), ist in vielen Fassaden fränkischer Bauwerke anzutreffen, unter anderem in Vierzehnheiligen und Schloß Banz. Der Treppenbau von Pommersfelden zeigt das charakteristische Grauweiß des früher unter der Bezeichnung »Grüner Mainsandstein« gehandelten Steines.
In der Farbe ähnlich, in der technischen Qualität oftmals besser und zur Zeit in zahlreichen Steinbrüchen in Abbau (Zeil, Eltmann, Ebelsbach, nordöstliche Haßberge), ist der Coburger Sandstein noch immer der verbreitetste Keupersandstein. Reichlich verwendet finden wir ihn in Coburg, im Mauerwerk der Kulmbacher Plassenburg, des Bamberger Doms, von Burg Lauenstein im Frankenwald. Der Zuchthaussteinbruch von Ebrach hat das Material für zahlrei-

che Staatsbauten, auch in München, geliefert.

Burgsandstein ist der in Schwabach, Nürnberg, Fürth und Erlangen am meisten eingesetzte Naturstein. Die nicht sonderlich leuchtende Farbe und die Neigung des grobkörnigen Sandsteins, Schmutz anzunehmen, geben den Häusern die »sandkörnige Nüchternheit«.

Rhätsandstein gilt als der am liebsten verwendete Keuperbaustein. Er hat entscheidenden Anteil am oberfränkischen Dorf- und Städtebild. Die angenehm gelbbraune Farbe zeigen die Alte Hofhaltung und die Neue Residenz in Bamberg sowie ungezählte Kirchenbauten. Die Fassadensteine des Reichstagsgebäudes in Berlin kommen aus Burgpreppach.

Bestimmte Lagen innerhalb des Schilfsandsteins und des Coburger Sandsteins eignen sich zur Herstellung von Schleifsteinen. Aus Eltmanner Stein sind Scheiben von 2,2 Metern Durchmesser gehauen worden. Der Export erreicht sogar Südamerika. Neuerdings wird Coburger Sandstein von Glasschleifereien für Schleifwalzen angefordert. Aus Schilfsandstein von Zeil werden die für bestimmte Laborarbeiten nötigen Siedesteinchen gewonnen.

Die Tonsteine des Mittleren Keupers geben das Rohmaterial der manchmal riesigen fränkischen Ziegeleien. Im Gebiet der unteren Zenn und im Aischgrund werden die Lehrbergschichten abgebaut. Repräsentativ ist der Aufschluß am Bahnhof von Neustadt/Aisch. Im Jahre 1900 waren, um den Bedarf der Städte Nürnberg, Fürth, Bamberg und Erlangen an Ziegelsteinen zu decken, 222 Ziegeleien in Betrieb.

Berühmt ist die Qualität der Töpfertone. Der Creußener Töpferletten, der Thurnauer Töpferton und die Rohware des blühenden Töpfereigewerbes von Nürnberg, Erlangen, Bamberg, Ebern, Seßlach, Coburg und Kipfendorf stammen aus ganz bestimmten Lagen in Tonlinsen des Rhätolias.

Zum Unterschied von anderen Keupertonen brennen sie hell und werden hoch feuerfest.

Der Grundgips ist Grundlage einer bedeutenden Industrie. Leider werden die Vorräte bald erschöpft sein. Der Kuriosität halber muß erwähnt werden, daß aus Gips gehauene Quader im Steigerwaldvorland oft als Hausfundament oder gar als Brückenbaustein angetroffen werden. Die Stadtmauer von Iphofen und die Burgruine Speckfeld haben Jahrhunderte überdauert.

Die brom- und lithiumhaltige Natrium-Kalzium-Chlorid-Sulfat-Quelle von Bad Windsheim bezieht den Großteil der Elemente aus dem dortigen Gipskeuper.

Alpine Trias

Die bayerischen Alpen – in dem insgesamt 1200 Kilometer langen Gebirgszug ein 260 Kilometer langer, 10 bis 30 Kilometer breiter Ausschnitt – werden landschaftlich in Allgäuer, Oberbayerische und Berchtesgadener Alpen (jeweils mit geologischen, morphologischen und floristischen Sondermerkmalen) und geologisch in Nördliche Kalkalpen, Flysch-Zone und Helvetikum-Zone unterschieden. Der bayerische Anteil ist nur ein verhältnismäßig kleiner Ausschnitt des nördlichen Randbereichs der Ostalpen (38, 101).

		Vorarlberger Fazies	Berchtesgadener Fazies	Hallstätter Fazies
Keuper	RHÄT O	Oberrhätkalk Kössener Sch.		Zlambachmergel
	NOR M	Plattenkalk Hauptdolomit	Dachsteinkalk	Bunter Hallstätter Kalk Lercheck-Kalk
	KARN U		Raibler Schichten	Oberer Ramsaudolomit Cardita-Oolith
Muschelkalk	LADIN O	Arlbergschichten / Wettersteinkalk Partnachschichten	Unterer Ramsaudolomit	Hallstätter Riffkalk (Ziller Kalk)
	ANIS M	Alpiner Muschelkalk	Gutensteiner Kalk Reichenhaller Schichten	Hallstätter Dolomit
Bunt-sand-stein	SKYTH U	Buntsandstein Verrucano	Werfener Schichten	Haselgebirge

37 Schichten der alpinen Trias.

Er ist weitgehend in geologischen Karten 1 : 25 000 erfaßt. In 1 : 100 000 liegen vor die Blätter Oberstdorf, Füssen, Murnau, Tegernsee, Schliersee, Reit i. W., Bad Reichenhall. Das Blatt Rosenheim 1 : 200 000 ist in Vorbereitung. Für den großen Überblick eignet sich hervorragend die Geologische Karte von Bayern 1 : 500 000.

Unerläßlich für den Versuch, in die Materie einzudringen, sind die Geologischen Führer und die Erläuterungen zu den Geologischen Karten:

P. Schmidt-Thomé, 1964: Erläuterung zur Geologischen Karte von Bayern 1 : 500 000
E. Kraus & E. Ebers, 1965: Die Landschaft um Rosenheim
M. Richter, 1966: Allgäuer Alpen
M. Richter, 1969: Vorarlberger Alpen
O. Ganss & S. Grünfelder, 1973: Geologie der Berchtesgadener und Reichenhaller Alpen
W. Voigtländer, 1976: Erdgeschichtliche Wanderungen im Isarwinkel

Auch die ältere führende und einführende Literatur hat die Bedeutung für das Auffinden bestimmter Lokalitäten nicht verloren:

K. Boden, 1930: Geologisches Wanderbuch für die Bayerischen Alpen
G. Haber, 1934: Bau und Entstehung der Bayerischen Alpen
K. Leuchs, 1934: Geologischer Führer für die Kalk-Alpen vom Bodensee bis Salzburg und ihr Vorland
H. Scherzer, 1936: Geologisch-botanische Wanderungen durch die Alpen

Die ältesten anstehenden alpinen Gesteine gehören der basalen Trias an. In der Stratigraphie (37) sind andere Bezeichnungen als in der Germanischen Trias – die im Germanischen Becken abgelagerte Folge Buntsandstein, Muschelkalk und Keuper – üblich. Beim Fehlen aller direkten Verbindungen zwischen den Ablagerungsräumen ist die Parallelisierung der Untereinheiten nur im groben möglich. Trennendes Element ist das Vindelizische Festland. Es ist heute von den Ablagerungen des Molassebeckens verhüllt.

Die Sedimente in der Tethys-Geosynklinale, dem großen, langgestreckten Auffangbecken, nehmen dementsprechend im allgemeinen von Norden nach Süden an Mächtigkeit zu. Sande und Toneinspülungen sind desgleichen auf dieses Festland zurückzuführen. In einigen Niveaus kommen Gerölle vor, die uns letzte Kunde vom Gesteinsbestand dieses paläogeographisch so bedeutenden Elementes geben.

Beziehungen zur Germanischen Trias sind in der westlichen Bayerisch-Nordtiroler (Vorarlberger) Fazies angedeutet. Gegen Osten, in der Berchtesgadener und der Hallstätter Fazies, prägt die örtlich bedeutende salinare Entwicklung das Bild. Die Faziesräume werden zugleich baugeschichtliche Elemente. Sie werden deshalb als Einheiten definiert.

Skyth (Buntsandstein)

(37) Glimmerreiche, rote, quarzitische Konglomerate, splittrige Quarzite und Quarzitsandsteine mit vielen Ton-Zwischenlagen können am Südrand unserer Kalkalpen einige hundert Meter erreichen. Die Mächtigkeit verringert sich nordwärtig rasch.

In den Bayerischen Alpen treten kleine Buntsandsteinschollen, tektonisch stark zerquetscht, im Liegenden von Schubflächen an folgenden Orten auf: Roßkopf bei Hinterstein im Allgäu, Iseler Nordhang bei Hindelang, Geigerstein bei Lenggries, Kreuzbergköpfl bei Tegernsee und am Nordfuß des Hoch-Staufen bei Reichenhall (hier bereits als Haselgebirge).

Der alpine Buntsandstein entspricht zeitlich und genetisch dem Buntsandstein der Germanischen Trias.

Werfener Schichten und Haselgebirge
Sie sind zwar gleichaltrig, aber in ihrer gegenseitigen räumlichen Stellung und der Gesteinsentwicklung doch so verschieden, daß sie ein Musterbeispiel für das Phänomen der Faziesvertretung geworden sind. Der Verband ist am besten auf der Ostseite des Untersberges zu studieren.

Die Werfener Schichten, ein Verband aus Schiefern, Mergeln, gelegentlich Gips, oft quarzitischen Sandsteinen und örtlich Lagen dunkler Kalke und Rauhwakken (löchrig-poröse, zellige Gesteine, entstanden durch Auflösung von Salzen), sind stets glimmerreich. Die Flachwasserbildung kann bis 500 Meter mächtig werden. Unter den Fossilien ist am häufigsten die Schnecke *Natica*. Die Muschel *Myophoria* findet sich gelegentlich angereichert. Ammoniten sind selten; am ehesten stellt sich *Tirolites* ein.

Das Haselgebirge, ein brekziöses Gemenge aus Salz + Ton + Gips, ist bereits während der Entstehung – synsedimentär – von Salz- und Gipslösungen überprägt worden. Sekundär sind dagegen die vom atmosphärischen Wasser veranlaßten Auslaugungserscheinungen: zuoberst das »Ausgelaugte«, in größerer Tiefe Hohlraumbildung und Versturz. Dolinen sind demgemäß über dem Haselgebirge nicht selten. Besonders auffällig sind sie zwischen Kirchholz und Bayerisch Gmain. Gelegentlich kommt es zu kleineren Einsturzbeben (112).

Bis auf (seinerzeit eingewehte) Sporen ist das Haselgebirge fossilleer. Das Steinsalz, seit der Keltenzeit von großer wirtschaftlicher Bedeutung, ist Grundlage der Solequellen von Bad Reichenhall und der Salzgewinnung von Berchtesgaden. Der frühere Begriff Hall für Salz ist mehrfach in Ortsnamen erhalten geblieben.

Die Salzlagerstätte Reichenhall besteht aus einem steil nach Süden einfallenden, in sich isoklinal verfalteten linsenförmigen Körper. Er ist über 1200 Meter unter der Talsohle zu verfolgen. Der gesamte Tiefgang ist noch unbekannt.

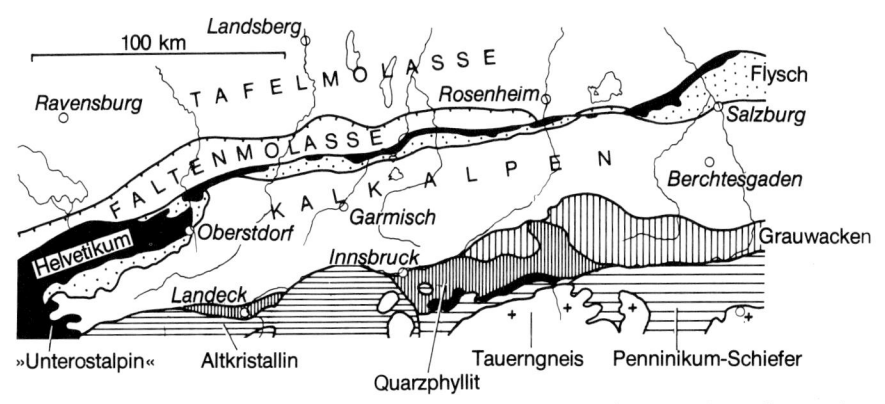

38 **Tektonische Strukturen der Nördlichen Ostalpen und der Alpenrandzone** zwischen Bodensee und Salzburg. Vereinfacht nach P. Schmidt-Thomé, 1964.

Die Laugungsräume der Reichenhaller Solewässer liegen in 400 Metern Tiefe. Von dort steigen sie auf Klüften im Reichenhaller Kalk, die als Steigrohre fungieren, unter artesischem Druck nach oben. Im Quellenbau von Bad Reichenhall entspringen 11 fließende und 11 Stauquellen. Der Salzgehalt schwankt zwischen 0,75 und 24 Prozent. Die bedeutendsten sind Karl-Theodor-Quelle (23 Prozent), Edelquelle (24 Prozent) und Plattenfluß.

Auch im Berchtesgadener Salzbergwerk wird die Hauptarbeit vom Wasser getragen. »Ausgehend von 5 übereinanderliegenden Hauptstollen wird das salzführende Gebirge unterhalb des Salzberges in einem Bereich von rund 100 Metern über und 17 Metern unter der Talsohle erschlossen, wobei die Nord-Süd-Erstreckkung 1500 Meter und die West-Ost-Erstreckung ca. 1800 Meter beträgt und unter Tage auch eine Verbindung zum Halleiner Bergbau besteht. Das Steinsalz tritt teils im Bindemittel (20–70 % NaCl) des brekziösen Haselgebirges auf, teils bildet es mit Anhydrit und Gips linsenartige, liegende Falten. Größere Steinsalzlagen werden als ›Kernstriche‹ bezeichnet. Die Laugung des Salzes erfolgt in Sinkwerken in der Weise, daß bergmännisch ein 2 Meter hoher Hohlraum mit einer Grundfläche von etwa 35 × 60 Metern geschaffen wird. Diese Kaverne wird nun mit Wasser gefüllt, und dabei fallen die unlöslichen tonig-sandigen Bestandteile sowie Gips und Anhydrit des Haselgebirges zu Boden und dichten die Sohle des Sinkwerkes ab, so daß die Laugung nur nach oben und seitwärts erfolgen kann. Die hochprozentige Sole wird mittels der Soleleitung über den Paß von Hallthurm nach Reichenhall gepumpt und in der dortigen Saline zum Versieden gebracht« (O. Ganss).

Die Folge Buntsandstein – Werfener Schichten – Haselgebirge zeigt markant die Faziesveränderungen vom festländischen über den marinen zum salinaren Bereich.

Anis und Ladin

(37) Die alpine Mittlere Trias deckt sich stratigraphisch nicht voll mit dem Muschelkalk der Germanischen Trias, da noch die Bereiche des Unteren Keupers hinzugezählt werden. Die Obergrenze Anis ist in den basalen Teil des Mittleren Muschelkalks einzuordnen. Auch sonst, vor allem hinsichtlich der bis über 2000 Meter hohen Mächtigkeit, hat man viel Mühe, Gemeinsamkeiten zu finden. Das Sediment ist überwiegend Kalkstein.

Reichenhaller Schichten
Hauptgesteine sind Dolomit, poröse Dolomite und echte Rauhwacken, ferner schwarze Kalke (mit vielen weißen Kalzitäderchen durchsetzt), stets stark zerklüftete Brekzien und Gips. Sie sind bei Bad Reichenhall etwa 70 Meter, im Karwendel örtlich bis 500 Meter mächtig. Fossilien sind sehr selten.

Alpiner Muschelkalk
Überwiegend dunkle Platten- und Knollenkalke sind mit charakteristisch unruhigen Schichtflächen (»Wurstelbänke«) zumindest in der Struktur eine gewisse Erinnerung an den fränkischen Wellenkalk. Hornsteinnester und Tonschieferlagen sind regelmäßig zwischengeschaltet. Fossilien, örtlich reichlich, sind (mit Ausnahme der alpinen Ammoniten *Pty-*

chites und *Monophyllites*) mit *Terebratula vulgaris*, *Spiriferina*, *Ostrea* und *Lima* eine weitere Gemeinsamkeit. Er fehlt im Allgäu, ist aber (in Mächtigkeiten zwischen 40 und 500 Metern) in den Ammergauer Alpen, in den Oberbayerischen Voralpen und in Wetterstein und Karwendel weit verbreitet und gut aufgeschlossen (39). Gewisse Gemeinsamkeiten weist auch der Gutensteiner Kalk auf.

Ramsaudolomit

Die typische Entwicklung erreicht der Komplex im Berchtesgadener Gebiet. Der zuckerkörnig-hellgraue, schlecht gebankte Dolomit ist eine Riffbildung. Er stellt den Sockel klotziger Kalkgebirgsstöcke wie Reiteralpe, Predigtstuhl, Untersberg und Watzmann.

Wegen der Neigung, spröde auf tektonische Beanspruchungen zu reagieren und zu brekziieren, veranlaßt er nicht nur riesige Mengen von kleinstückigem, in Schuttströmen angereichertem Gesteinsgrus, sondern auch brüchig-schrofige Felswände. Nach dem Hauptdolomit ist er der größte Schuttbildner der Alpen. Im Bischofswiesener Tal ist der Schuttanfall so stark, daß er in Kiesgruben abgebaut werden kann.

Es gibt aber auch harte Partien. Dazu gehören die bizarren Felsbildungen im Lattengebirge wie Steinerne Agnes, Schlafende Hexe oder Nase des Montgelas.

Partnachschichten

Der auch Partnachmergel genannte Komplex ist eine zwischen den Riffen der Wettersteinkalk-Ära erfolgte Bildung und demgemäß von nur geringer Mächtigkeit. Tonschlamm-Sedimentation hinterließ feine, tonig-mergeligkalkige Schiefer mit zwischengelagerten, manchmal fossilreichen Kalkbänken.

Die Hauptverbreitung liegt südlich Partenkirchen beiderseits der Partnach. Da das Gestein weich verwittert, verursacht es Verebnungen (39) wie den Sattel an der Seilbahn-Bergstation an der Kampenwand und Almengelände. Im Hangenden pflegen allerorten im Grundwasserstau Quellhorizonte auszutreten.

Wettersteinkalk

Er bildet die bedeutendsten Riffe in der alpinen Trias. Seine Basis ist häufig dolomitisch. Ostwärtig geht er in den Ramsaudolomit über. Das meist weißlichblaßbräunliche Gestein kann im Wetterstein-Karwendel-Gebirge – wo 1500 Meter möglich sind – in drei Ausbildungen gegliedert werden: unten undeutlich gebankte dunkle Kalke, in der Mitte massige helle Kalke und oben an Kalkalgen (Diploporen), Korallen und dickschaligen Schnecken gelegentlich reiche, gut gebankte helle Kalke.

Der Wettersteinkalk bildet markante und hohe Gipfel (39). Dazu gehören Benediktenwand (1801 m), Wendelstein (1838 m), Kampenwand (1669 m), Hochstaufen (1711 m), Zugspitze (2964 m). Zugleich veranlaßt er Wände. Sie sind, wenn tektonisch zerbrochen, klüftig-rissig und reich an Rinnen. Ein gutes Beispiel bietet die Staufen-Nordwand.

Im Allgäu (im Arlberg und Lechtaler Alpen-Gebiet wird das Äquivalent Arlbergschichten genannt [37]) verursacht er die steilen, schönen Gipfel der Tannheimer und Hohenschwangauer Berge (Rote Flüh, Gimpel, Kellespitze, Gehrenspitze, Säuling, Hoher Straußberg, Hochplatte).

Ausnahmsweise sind dem Standardgestein dunkle Bankkalke und -dolomite mit Tonschieferlagen eingeschaltet. In diesen kam es gelegentlich zur Ablagerung vulkanischer Aschen, die aus den Südalpen herangeweht waren. Das Gestein wird seit langem Pietra verde genannt.

Merkwürdig sind auch die Erzlagerstätten. Die Metallzufuhr ist syngenetisch, sie wird submarinen Exhalationen zugeschrieben. Eisenerz wurde am Falkenstein bei Pfronten, an mehreren Stellen im Raum Hohenschwangau, am Straußberg und in den Lokalitäten Köllebachtal, Hochplatte-Süd, Weitalpe, Schlössel, Beinlandl, Fischbachau, Obere Dickalpe sowie Arzmoosalpe am Wendelstein, Kampenwand bergmännisch gewonnen. Blei-Zink-Vorkommen sind bekannt von Hölltal bei der Alpspitze (mit Molybdänglanz), um Mittenwald, am Rauschberg bei Inzell, Frillensee, Hoch-Staufen, Roßkopf.

Im Berchtesgadener Land (37) ist der Untere Ramsaudolomit, in der Hallstätter Fazies der weiße Ziller Kalk äquivalent.

Karn

(37) Jetzt erfolgt der bedeutendste Sedimentationsumschwung in den Nördlichen Kalkalpen. Zufuhren von Schlamm vom nördlichen Vindelizischen Festland her ersticken die auf gesundes, frisches Wasser angewiesenen riffbauenden Organismen. Das Riffwachstum wird beendet.

Das Meer verflacht nunmehr, und verschiedentlich entstehen dadurch weite Verlandungsgebiete. Diese beherbergen eine üppige Vegetation, am bedeutendsten werden die Cycadeen- und Schachtelhalmwälder. Der Pflanzenreichtum erklärt die heute in allen Gesteinen des Karn reichlichen Einstreuungen von Pflanzenhäcksel.

Ein in Raibler Schichten eingebettetes kleines Glanzkohlenflöz wurde früher im Michaelsstollen unterhalb der Hochplatte abgebaut.

Die Ähnlichkeit des Milieus mit dem Germanischen Mittleren Keuper wird durch die Vorkommen von Gips und Sandsteinen unterstrichen. Doch im Berchtesgadener und Hallstätter Bereich ist dieser Einfluß erlahmt. Dort können weiterhin Riffe und Kalkbildungen überwiegen.

Raibler Schichten

Tonschiefer und Kalkmergel mit Einlagerungen von Sandsteinen, Kalken und Rauhwacken, oft von Glaukonit grünlich gefärbt, geben einen morphologisch auffälligen Horizont (54). Das aufgestaute Grundwasser tritt in zahllosen Quellen an der Oberkante der Schicht aus, veranlaßt größere und kleinere Rutschungen und, in Verbindung mit Auflösung der Gipse, Dolinen in einem insgesamt unruhigen, aber – im großen gesehen – doch verebneten Gelände. Die Nutzung als Weideland ergibt den nirgends übersehbaren grünen Streifen der Almen.

Bei Berchtesgaden stellt sich das bis 20 Meter mächtige Felsband der Carditaschichten ein. Der Oolith enthält viele von der Alge *Sphaerocodium* ummantelte Schalenstücke der Muschel *Cardita*.

Bunte Hallstätter Kalke

Das bunteste Gestein der Berchtesgadener Alpen kann bis 300 Meter mächtig werden. Hallstätter Kalke und Dolomite sind im vollmarinen Milieu, jedoch im Salinarbereich des (mobilen) Haselge-

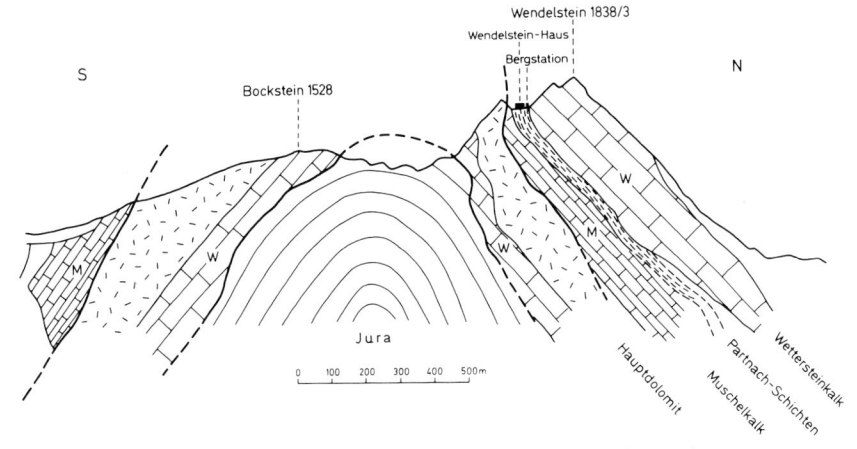

39 Geologisches Profil Wendelstein-Bockstein. Aus Bayerisches Geologisches Landesamt 1976.

birges abgelagert worden. Festländische Einflüsse sind nicht zu bemerken. Groß ist der, allerdings auf örtliche Linsen beschränkte, Reichtum an Fossilien. Es finden sich die Brachiopoden *Halorella* und *Spiriferina*, die Muschel *Daonella (Monotis)* und die Ammoniten *Protrachyceras*, *Lobites* und *Tropites* als Leitformen für Karn sowie *Arcestes, Pinacoceras* und *Cladiscites* für Nor. Der Übergang Karn in Nor liegt mitten in den Bunten Hallstätter Kalken.
Das Gestein ist gewöhnlich stark zerklüftet, vermag aber doch Wände zu bilden. Sie sind dann allerdings wegen der Steinschläge gefürchtet. Die bekanntesten Repräsentanten sind Kirch- und Ruinenberg von Karlstein. Die schleifbaren Gesteine in roter Tönung sind ein als »Marmor« geschätzter Werkstein.

Nor und Rhät

Sowohl zum liegenden Karn als auch zwischen Nor und Rhät ist die Grenze nur auf paläontologischem Wege zu fassen. Da sie jeweils in gleichgearteten Gesteinen liegt und Leitfossilien fehlen, ist eine Trennung schwierig.

Hauptdolomit

Die Mächtigkeit – 100 Meter im Norden, bis 2000 Meter im Süden – und die riesige Verbreitung machen ihn zum Hauptgestein der Nördlichen Kalkalpen (39, 54). Der hellgraue bis graubraune Dolomit ist meistens gebankt und auch gut geschichtet. Er kann aber auch klotzig absondern. Er ist insgesamt sehr eintönig und, da fossilfrei, nicht zu untergliedern.
Gelegentlich enthält er Einschaltungen von Kalk, stellenweise bituminöse Partien, die »Asphaltschiefer« (am Kramer unterhalb vom Königsstand, bei Krün, bei Schröfeln). Am bekanntesten ist die Lokalität Seefeld in Tirol. Auf den Schichtflächen der bitumenreichen Lagen sind Fische wie *Semionotus* und *Lepidotus* zu finden (weshalb das ölige Schwelprodukt den Namen Ichthyol erhalten hat).
Hauptdolomit baut den Hauptkamm der Allgäuer Alpen mit Biberkopf, Mädele-

gabel, Hornbachkette und Hochvogel auf. Schloß Neuschwanstein ist auf Hauptdolomitfelsen errichtet. Bei Garmisch sind Kramer und bei Ruhpolding Hochfelln die Repräsentanten.
Ähnlich dem Ramsaudolomit ist der Hauptdolomit tektonisch brekziiert, zerfällt leicht in kleinstückigen Grus (der beim Begehen das mürbe Knirschen gibt), verursacht viele Muren und oft riesige Schutthalden. Er ist der Hauptschuttbildner der Alpen.
Bei Berchtesgaden nimmt die Mächtigkeit zugunsten des Dachsteinkalkes ab.

Plattenkalk
Die mittelgrauen, gelegentlich fossilhaltigen plattigen Kalke (nesterweise die kleine Schnecke *Rissoa alpina*) sind eine launenhafte Bildung, denn sie gehen entweder gleitend, ohne scharfe Grenze, aus dem Hauptdolomit hervor, oder sie fehlen. Die Mächtigkeit schwankt demgemäß zwischen 0 und 400 Metern. Trotzdem hat er eine weite Verbreitung, so in den Bergkämmen um Ettal–Jachenau–Kreuth–Bayrischzell (54) und in den Berggipfeln Krottenkopf bei Partenkirchen, Scharfreiter im Vorkarwendel, Risserkogel und Sonntagshorn (südlich Ruhpolding), dem östlichsten bedeutenderen Vorkommen. Südlich Lofer ist der Plattenkalk der Dachsteinkalkfazies angeglichen.

Kössener Schichten
Tonig-mergelige Schiefer und Kalke in 20–300 Metern Mächtigkeit verzahnen sich mit den gleichzeitigen Riffbildungen des Oberrhätkalkes. In der Hallstätter Entwicklung ist die Ausbildung recht ähnlich. Das Gestein führt dort den Namen Zlambachmergel (37).
Allerorten sind Fossilien zu finden, am häufigsten Schnecken, Muscheln und Korallen. Ein reichhaltiger Fossilpunkt ist die Kotalm im Wendelsteingebiet. Beachtenswert ist der Fund des 3,5 Meter langen Schwimmsauriers *Plesiosaurus* von Kössen bei Reit im Winkl.
Wie die anderen tonhaltigen Gesteine verfließen auch die Kössener Schichten unter dem Einfluß der vielen Wasseraustritte zu weichen Geländeformen. Sie verursachen flache Hänge, Talsenken, Jöcher und üppig-feuchtes Weideland. Ähnlich wie die Raibler Schichten fallen sie als weithin sichtbares grünes Band zwischen den Felsgebirgen auf.

Dachsteinkalk
Er geht in den östlichen bayerischen Alpen aus dem Rhätkalk + Plattenkalk sowie höheren Teilen des Hauptdolomits hervor. Örtlich tritt eine massige Riffbildung auf. Dazwischen herrscht als Lagunenfazies der gebankte Dachsteinkalk. Neben gelegentlicher Schichtung und gewissen Detailstrukturen haben die Fazies als Grundsubstanz einen hellen und reinen Kalk. Örtlich kommt eine zarte Rosatönung vor. Gelegentliche Rotfärbung erinnert an die Nähe der Hallstätter Fazies. Verbreitet sind Riffdetritus- und Oolithbildungen. Die an das Trittsiegel einer Kuh oder eines großen Hirsches erinnernden Querschnitte der dickschaligen Muschel *Megalodon* auf den Felsoberflächen haben die Bezeichnung Dachstein-Bivalven erhalten. *Megalodon* bildet in der Bankfazies Riffe. Sehr häufig sind auch die Stöcke der Koralle *Thecosmilia* zu finden. Sie sind dann besonders schön, wenn die Skelette weiß in dunklen Kalk gebettet sind.
Die stark verkarsteten Hochplateaus der Berchtesgadener und Salzburger Alpen (Reiteralpe, Lattengebirge, Untersberg, Steinernes Meer, Hagengebirge) bestehen aus rhythmisch gebanktem Dach-

steinkalk. Besonders eindrucksvoll ist die Bankung in der Ostwand des Watzmann (2713 m) aufgeschlossen. Aus der Bankfazies erhebt sich das Dachsteinkalkriff des Hohen Göll (2523 m); es wurde von H. Zankl 1969 bearbeitet.

Oberrhätkalk
Die Hauptverbreitung des wegen der vielen Kletterberge allgemein beliebten Gesteins erstreckt sich aus dem Raum Linderhof-Eschenlohe im Westen bis Ruhpolding im Osten. Er bildet in den bayerischen Alpen meist schmale, aber markante Bergzüge.

Es handelt sich um extrem reine (stets tonfreie) Riffkalke mit örtlich reichen Fossilnestern. Wie im Dachsteinkalk dominiert die Korallengattung *Thecosmilia*. Im Osten deutet *Megalodon*, in bis faustgroßen Exemplaren, den Übergang zum Dachsteinkalk an.

Die Mächtigkeit schwankt zwischen 0 und 200 Metern. Repräsentanten sind Geiselstein in den Ammergauer Alpen, Roß- und Buchstein sowie Leonhard- und Plankenstein in den Tegernseer Alpen und Ruchenköpfe, Brünnstein südlich vom Wendelstein und Spitzstein in den Pachranger Bergen.

Jura

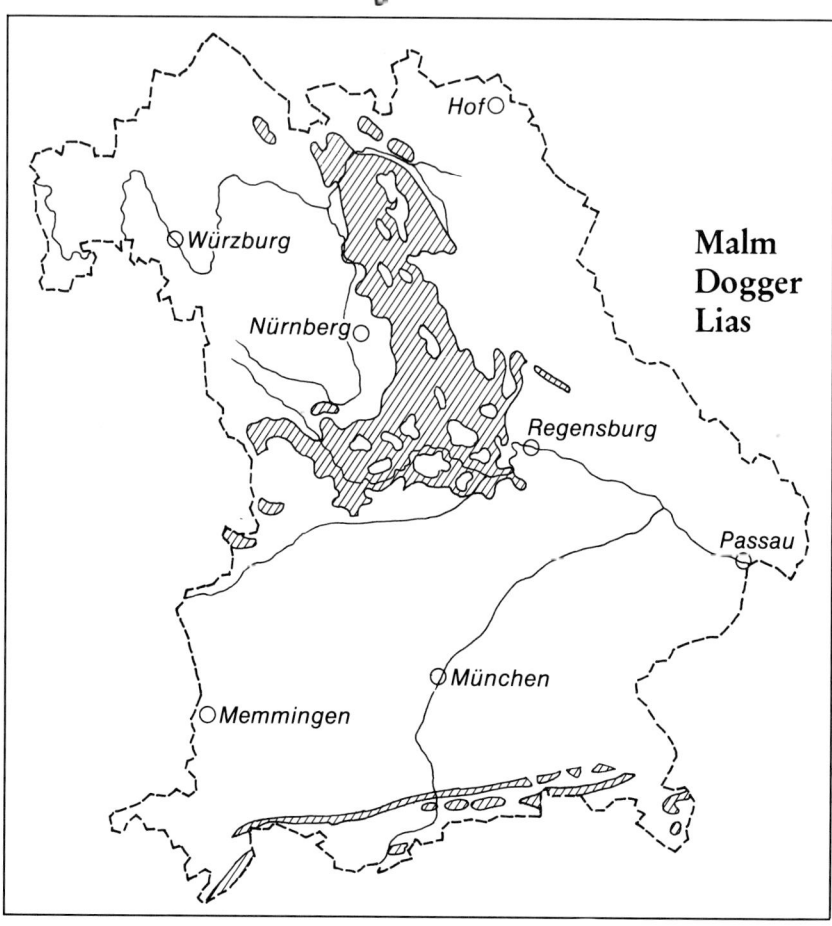

**Malm
Dogger
Lias**

Es herrscht allgemein die Meinung, zum Verständnis der Formation Jura seien besondere Kenntnisse und spezielle Befassungen nötig. Es mag an der bestehenden Überfülle von Jura-Literatur liegen. Die Jura-Bibliographie B. von Freybergs enthält einige tausend Titel. H. Hölder spricht vom »Platzregen neuer Jura-Literatur«.
Das ist die Antwort auf ein einmaliges geologisches Angebot. Es gibt unzählige gute Aufschlüsse, der Verband ist verbreitet. Ganze Landstriche werden von seinen Gesteinen geprägt. Im Naturpark Altmühltal sind Dimension und landschaftlicher Reiz hauptsächlich vom Jura gegeben; nicht umsonst ist sein Symbol ein Ammonit. Der Solnhofener Schiefer mit seinen Fossilschätzen gilt als eine der bekanntesten geologischen Bildungen auf der Erde.

Über hundert Jahre alt ist die vom schwäbischen Geologen Quenstedt eingeführte Großgliederung in Schwarzen Jura = Lias, Braunen Jura = Dogger, Weißen Jura = Malm. Jede dieser Abteilungen wird in sich nach Leitfossilien in die Stufen Alpha, Beta, Gamma, Delta, Epsilon und Zeta untergliedert. Dazu treten, aber nur für den Gebrauch der Spezialisten, weitere Gliederungselemente und entsprechende Bezeichnungen. In neuerer Zeit setzen sich die aus dem Britischen stammenden Bezeichnungen durch. Das soll nicht heißen, daß für die Gesteine des Malm der Schwaben- und Frankenalb (Alb kommt vom lateinischen albus = weiß) die Definition Weißer Jura schlechter wäre. Der Name von Lichtenfels ist auf die helle Farbe der Felsen in der Umgebung zurückzuführen.

Der Versuch, den Jura näher kennenzulernen, setzt geologisches Einfühlungsvermögen voraus. Lias und Dogger sind noch einigermaßen mit den aus der Trias gewonnenen Erkenntnissen zu begreifen. Im Malm allerdings sind die Beherrschung des Faziesbegriffs und einige paläontologische Erfahrungen nötig. Andererseits ist für manchen allein das Sammeln von Fossilien Vergnügen genug. Doch schon das Bestimmen der Funde ist – bis auf vielleicht zwanzig allgemein bekannte Gattungen – nach wie vor (selbst für den Fachmann) mühsam.

Auch der Nachdruck des Quenstedtschen Standardwerks »Die Ammoniten des Schwäbischen Jura« mit Revision der Gattungs- und Untergattungsnamen (drei Bände, 1974) hat nicht alle Probleme beseitigt.

K. Beurlen, H. Gall & G. Schairer, 1978: Die Alb und ihre Fossilien

Über den aktuellen Stand der »Stratigraphie des Jura in Franken« berichtet 1977 der Jura-Experte A. Zeiss, Erlangen.

Der Jura in Bayern zeigt sich in der Südlichen Frankenalb am und um den Hesselberg, in der Altmühlalb und im Kelheimer Jura.

Die Mittlere Frankenalb – zwischen den Verbindungslinien Parsberg–Regensburg bzw. Egloffstein–Creußen – kennt die Juraregionen Oberpfälzer Jura, Naabjura, Amberger Jura, Hersbrucker Jura und die Fränkische Schweiz. An der Autobahn Nürnberg–Regensburg ist eine Rastanlage Jura genannt worden. Bezeichnenderweise ist der Begriff Alb hier und nördlich nicht volkstümlich, weil die Römer die Gebiete gemieden hatten.

Für die Nördliche Frankenalb in Oberfranken sind charakteristisch die Lange Meile östlich Bamberg, das Obermaintal um Staffelstein, Banz, Vierzehnheiligen und Lichtenfels, der Cordigast bei Weismain und der Görauer Anger. Bekannt ist der schöne Blick auf alle drei Jura-Abteilungen vom Wachstein bei Obernsees über den Hummelgau bei Bayreuth.

Gerne wird übersehen, daß Einzelvorkommen von Jura als Restschollen am Südrand des Bayerischen Waldes nahe Münster bei Straubing (7) und Flintsbach bei Deggendorf kleben und südlich Vilshofen zwischen Donau und Wolfach im Gebiet Ortenburg der Jura größere Verbreitung einnimmt. Schließlich ist es erst vor kurzem gelungen, im Bayerischen Wald alemonitisierten Jura zum Beweis, daß dieser beim Rieseereignis im Obermiozän dort noch anstand, ausfindig zu machen.

Fast alle Jura-Schichten sind marin. Die Untergrundsituation hat sich gegenüber dem Keuper weiterhin verändert. Die Ostbayerische Randsenke, die spätere Regensburger Straße, verbindet den fränkischen Jura-Bereich mit dem

Jura-Meer der Alpen. Etwa ab Mitte Dogger wölbt sich die Mitteldeutsche Hauptschwelle heraus und teilt das Meer in Höhe Rhön–Thüringer Wald in ein Nord- und ein Südmeer.

In Bayern regiert jetzt die Flachsee. Schwellen auf dem Meeresboden sorgen für unterschiedliche Faziesentwicklungen in Niederbayern, Franken und Schwaben.

Lias

Es dominieren schwarze, schwarzgraue und graue tonige Gesteine. Sie weisen fast immer einen mehr oder weniger hohen Bitumengehalt auf. Dazwischen kommen Sandsteine, Kalkmergel, Mergelschiefer und selten, dann aber leitend, Kalkbänke vor. Häufig sind neben kleineren Stinkkalklinsen die Toneisenstein- und Phosphoritknollen sowie Geoden. Sie sind im Bestreben des Karbonates nach Konzentration als Konkretionen entstanden. Nicht selten beobachtet man in Mergelkalken Kupfererze, Pyrit und Schwerspat. Wie im Quaderkalk des Muschelkalks oder in der Bleiglanzbank des Keupers sind die Stoffe chemische Effekte der Weichteilverwesung.

Fossilien sind außerordentlich zahlreich, sie geben vielen Schichten den Namen. Die meisten sind Ammoniten: *Psiloceras psilonotum, Schlotheimia angulata, Arietites bucklandi, Caenisites turneri, Echioceras raricostatum, Prodactylioceras davoei, Amaltheus margaritatus, Lytoceras jurense*. Der Numismalismergel ist nach dem Brachiopoden *Waldheimia (Cincte) numismalis*, der Posidonienschiefer nach der Muschel *Posidonia bronni* benannt. Berühmt ist die von *Dactylioceras commune* strotzende Communis-Bank. Schlaifhausen sowie Dietzhof bei Forchheim sind die bekanntesten Fundpunkte. Allgemein begrüßt wurde das Bestimmungsbuch »Die Ammoniten des süddeutschen Lias« von R. Schlegelmilch 1976.

Die marine Sedimentation im Lias hat, verglichen mit dem Keuperbecken, noch weiter gegen Süden ausgegriffen. Freisinger Golf und Regensburger Straße sind, wie Tiefbohrungen gezeigt haben, bereits ausgeprägt. Am Rande kommt es hie und da zu Schichtausfällen. Im Beckeninneren hat sich eine merkwürdige Faziesgrenze auf der Linie Nürnberg–Bayreuth entwickelt. Sie tritt allerdings im Delta und Epsilon nicht in Erscheinung.

Wie in Schwaben bildet auch in Bayern das schmale Ausstrichband vor dem Albanstieg besondere Landschaften. Das erste Kennzeichen ist gutes, flaches, schwarzbödiges Ackerland. Man sieht es besonders gut im Umkreis des Hesselberges. Auch die Umgebungen von Neumarkt/Opf., Altdorf und Burgthann werden, wie bei Schnaittach-Reichenschwand, Neunkirchen östlich Erlangen und Mistelgau im Bayreuther Land, vom Lias geprägt.

Bekannte Aufschlüsse sind das Mainufer bei Trimeusel, die Umgebung von Schloß Banz und Staffelstein, Scheßlitz, Schmerldorf-Kremmelsdorf östlich Bamberg, die Tongrube Marloffstein, Hohlwege bei Hetzles, Heng bei Neumarkt. Die Mächtigkeit ist mit 30–80 Metern bescheiden.

Lias Alpha

(40) Die tiefsten Schichten liegen im Süden auf Feuerletten und nördlich von Nürnberg auf dem Rhät. Die Transgression des Liasmeeres ist uneinheitlich. Für die Stratigraphie der basalen Schichten ist im Rhätolias-Areal die Flora von großer Bedeutung. Der limnisch-fluviatil eingeschobene Gümbelsche Sandstein enthält die Thaumatopteris-Flora.
Mit den Psilonotenschichten (Lias Alpha 1) lagern sich bei Coburg die ersten marinen Sedimente ab. Der Angulatensandstein (Lias Alpha 2) auf der höchsten Stelle des Großen Haßberges dokumentiert den letzten Jura Unterfrankens. In Oberfranken führt er Massenvorkommen der Muschel *Cardinia*. Gerölle aus Cardiniensandstein (mit Ursprung in Lichtenfels) sind im Mittelmain die häufigsten jurassischen Gesteinsvertreter.
Der Arietensandstein (Lias Alpha 3 oder Unterer Sinemur-Sandstein) verursacht in der Hesselberggegend und bei Regensburg eine kleine Geländestufe. Im Beckeninneren können Graupenquarze enthalten sein. In Stopfenheim nördlich vom Nördlinger Ries sind diese beim Rieseereignis geschockt worden.

Lias Beta

(40) Die Turneri- bzw. Raricostatenschichten liegen nördlich der Linie Hesselberg–Lauf–Creußen in Beckenfazies vor. Der Obere Sinemur-Sandstein wird im Süden nur einen Meter, bei Bamberg (in toniger, fossilarmer Entwicklung) 30 Meter mächtig. Die südliche Randfazies, im Weißenburger Raum wiederum graupig, ist noch schmächtiger: im Westen 80 Zentimeter, im Osten gar nur 4 Zentimeter. Von den mächtigen Tonsteinen der württembergischen Oxynoticeratenschichten ist also im südlichen Franken nur wenig zu bemerken.

Lias Gamma

(40) Das fossilreichste Lias-Schichtglied ist in Bayern recht einheitlich als Kalkmergel mit Kalksteinen (»Wackenpflaster«) entwickelt. Die Mächtigkeit erreicht in der Beckenfazies 3 bis 8 Meter, am Rand im Süden 0,8–1,5 Meter. In der Umgebung des Rieses ist eine kalkig-phosphoritische, fossilreiche Weißenburger Fazies von der Wassertrüdinger (aus Kalkbänken mit Mergelzwischenlagen) zu unterscheiden.

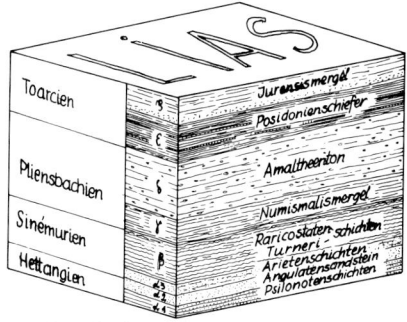

40 Der Lias in Bayern.

Lias Delta

(40) Der Amaltheenton stellt die in Bayern mächtigste Lias-Stufe. Bei Bamberg werden 60 Meter erreicht. Bei Amberg und Regensburg sind allerdings nur 5 Zentimeter bzw. 2,7 Meter gemessen. Es handelt sich um einheitlich blaugraue, blättrige Mergel. Sie sind an der Erdoberfläche zumeist entkalkt. In den Geoden sind fast immer gute Fossilien, speziell *Amaltheus costatus,* zu finden. In der äußersten Randzone bei Sulzbach-Rosenberg, Amberg und Bodenwöhr sowie in der Gegend zwischen Irlbach und Regensburg (43) kommen Braun- und Roteisenflözchen vor. Diese Lias-Erze wurden früher gelegentlich abgebaut.

Bei Erlangen wurde der Delta zum Mergeln sandiger und toniger Böden und saurer Wiesen eingesetzt.

Lias Epsilon

(40) Der wegen des außerordentlich hohen Fossilgehaltes auch in Bayern zu Recht berühmte Posidonienschiefer ist ein Ölschiefer bzw. Blätterschiefer. Regelmäßig sind Stinkkalke zwischengeschaltet. Bei Banz enthält er 8 Prozent Bitumen. Örtlich, am bekanntesten in Großgschaid südöstlich Erlangen, führt er guten Gagat (eine harte, politurfähige Kohlen-Varietät: den schwarzen Bernstein). In küstenfernen Bereichen wird Pyrit häufiger. Im Randgebiet zwischen Bodenwöhr und Regensburg nimmt der Sandgehalt zu. Die Mächtigkeit ist vergleichsweise gering: Hesselberg und Bamberg maximal 10 Meter, Bayreuth 5 Meter, Neumarkt 1 bis 5 Meter.

Auf manchen Schichtflächen wimmelt es von flachgepreßten Muscheln. Meist ist es *Posidonia bronni*. Auch die Ammoniten sind zu flachen Spiralen gedrückt. Die Monotisbank ist erfüllt von *Pseudomonotis substriata*. Belemniten in allen Größen (und Bruchformen) sind nirgends zu übersehen. Die weißmaschigen Muster der Chondriten decken viele Quadratmeter. Oft sind durch sekundäre weiße Mineralausblühungen die Fossilien besonders herausgehoben.

41 Die meisten und schönsten **Ichthyosaurier** finden sich im Lias Epsilon. Wegen der außerordentlich guten Überlieferung sind neben den schwäbischen Fundstellen Holzmaden und Bad Boll in Bayern Banz und Altdorf weltbekannt. Die langgeschwänzten marinen Reptilien mit fischartigem Körper waren schnelle Schwimmer. Sie wurden durchschnittlich 2 bis 3 Meter, die größten *(Stenopterygius, Leptopterygius)* über 10 Meter lang. Sie waren lebendgebärend. Einige Funde dokumentieren trächtige Muttertiere, andere sogar den Geburtsakt. Vereinzelte Rückenwirbel gehören zu den häufigsten Wirbeltierfossilien des Lias.

Erst vor kurzem wurde in Mistelgau der Flugsaurier *Dorygnathus mistelgauensis* gefunden. Der fränkische Stolz unter den Wirbeltieren (41) ist das im Durchmesser 1,2 Meter große *Ichthyosaurus*-Auge aus dem Raritätenkabinett von Schloß Banz. Die Banzer Epsilon-Fauna ist bereits 1820 vorbildlich beschrieben worden.

Der Bitumengehalt macht die Schiefer verwitterungsresistent. Die Folge ist die im Gelände leicht ansprechbare Posidonienstufe. Dort sind überdies häufig die Effekte des Wasserstaues zu beobachten. Altdorf und Thalmässing stehen darauf. Aufschlüsse sind selten, aber nach starkem Regen doch hie und da aufzuspüren.

Um so dankbarer empfindet der Freund der Geologie die vorbildliche Anlage einer Studier- und Sammellokalität durch die Flurbereinigungsdirektion in Wittelshofen am Fuße des Hesselbergs.

Lias Zeta

(40) Wie im Epsilon ist im Jurensismergel der Randausbildung (im Südosten) der Sandgehalt hoch. Die Mächtigkeit steigt dabei bis maximal 7 Meter an. Die höchsten Werte in Oberfranken liegen bei 8 Metern. Im küstenfernen Bereich ist sie mit 1 bis 6 Metern geringer. Dafür ist dort der Gehalt an Fossilien in den Geoden der Mergel oft außerordentlich hoch, insbesondere im Gebiet zwischen Altdorf und Neumarkt. Die Ammoniten gehören zum Schönsten, was der Lias zu bieten hat. Die Schalen pflegen nicht verdrückt zu sein. Im hangenden Opalinuston des Doggers sind sie fast immer gebrochen. Andererseits sind die Aufschlußverhältnisse alles andere als gut.

Landschaftliches
Der Lias verursacht die fruchtbaren Verebnungen vor dem Albrand und die Liashochflächen vom Typ Altdorf oder Kalchreuth. Der Hummelgau bei Bayreuth wird hauptsächlich vom Amaltheenton zur Flachlandschaft geformt. Überall beobachtet man stattliche Siedlungen, die Antwort auf die guten Böden. Victor von Scheffel meinte das Lias-Land am Obermain, als er schrieb: »Der Wald steht grün, die Jagd geht gut, schwer ist das Korn geraten.«

Wirtschaftliches
Die mögliche Rohölausbeute beträgt bei Posidonienschiefer mit mindestens 20 % Bitumen 5–10 %. Allerdings sind Vorkommen mit solch hohen Prozentwerten selten, und die in Zeiten der Energieknappheit üblichen Versuche, den Ölschiefer als festen Brennstoff oder Vergasungsmaterial zu nutzen, haben gezeigt, daß sich der Abbau nicht lohnt. Dennoch wird heute der Gedanke erwogen, die Ölschiefer der Frankenalb als potentielle Rohstoffreserve durch gezielte Planung für spätere Zeiten zu erhalten, z. B. vor Überbauung zu schützen.
Im Alpha der Tongruben am Tegelberg von Kalchreuth-Heroldsberg wurden im Mittelalter wertvolle feuerfeste Tone gegraben. Die allerbesten Sorten dienten zur Herstellung von Schmelztiegeln für die Messing-Gießerei.
Delta wird bei Erlangen zur Herstellung von Kalksandsteinen abgebaut. Der Posidonienschiefer ist verschiedentlich Rohstoff für Ziegeleien.
Wie im Gipskeuper begünstigen die oft hohen Tongehalte der Gesteine, vor allem das Element Kalium, den Anbau von Kraut. Die Bodenqualitäten erreichen manchmal die des Lettenkeupers; leider ist der Lias-Ausstrich in Bayern bei weitem schmäler als im Umland von Stuttgart (Filderebene).
Das Eisenerzflöz im Amaltheenton des Raumes Regensburg–Bodenwöhr wechselt in der Mächtigkeit. Die Braun- und Roteisenerze, die auch tonige Spateisenerze enthalten können, waren früher im Bereich des Flözausbisses bergmännisch gewonnen worden.

Dogger

Die Bezeichnung Brauner Jura trifft nur für den Eisensandstein Dogger Beta und gelegentlich für die eisenhaltigen höheren Schichten zu. Die Masse der Gesteine ist grau bis gelbgrau gefärbt.
Die im Lias eingeleitete morphologische Differenzierung des Meeresgrundes südlich der Donau verstärkt sich. Der Freisinger Golf dehnt sich aus. Mit der Öffnung der Regensburger Straße erfolgt die endgültige Abtrennung des Vindelizischen Landes von der Böhmischen Masse. Deren Südteil wird zeitweise randlich überflutet. Wiederum tritt die Linie Nürnberg–Bayreuth als Faziesscheide zwischen Becken- und Randausbildung in Erscheinung. Doch sind jene kleinräumigen Faziesbesonderheiten, wie sie später im Malm auffallig werden, noch nicht zu erkennen. Die einzige paläogeographische Sondersituation ist die Eigenschaft der Eisenerze, sich an bestimmten, oft nicht begründbaren Lokalitäten schwerpunktmäßig anzureichern.

Im Spektrum der Gesteine überwiegen die Tonsteine. 40 Prozent des bayerischen Doggers sind Opalinuston. Neben Mergeln sind Kalke verbreitet, darunter zum ersten Male mächtigere Oolith-Horizonte. In einigen Niveaus sind Geoden zahlreich und, wie im Lias, gewöhnlich mit schönen Fossilien ausgestattet. Auch Glaukonit ist häufiger anzutreffen. In den Serien Gamma bis Zeta sind Unregelmäßigkeiten und Konzentrationen von Fossilien und harten Gesteinspartien in den sogenannten kondensierten Schichten verbreitet.
Im vollständigen Doggerprofil (42) läßt sich nach der Gesteinsart eine allerorts durchführbare Dreigliederung vornehmen: unten Tone, dann Sandstein, oben Mergelkalke. Im Naabgebirge entfallen 40 Prozent der Schichtenfolge auf den Opalinuston und 50 Prozent auf den Eisensandstein; der Rest sind die Schichten Gamma bis Zeta.
Fossilien sind zahlreich. Am wichtigsten sind erneut die Ammoniten. Bis auf die nach dem Brachiopoden *Rhynchonella varians* bezeichneten Variansschichten sind die Schichtnamen auf Ammoniten bezogen: *Leioceras opalinum, Ludwigia murchisonae, Sonninia sowerbyi, Otoites sauzei, Stephanoceras humphriesianum, Strenoceras subfurcatum, Parkinsonia parkinsoni, Macrocephalites macrocephalus, Kosmoceras ornatum*. Fossilarme Schichtglieder sind Opalinuston und Eisensandstein. Am bekanntesten unter den Doggerfossilien sind die »Goldschnecken«: pyritisierte kleinformatige Ammoniten in den obersten Schichten Mittel- und Oberfrankens.
Die neue stratigraphische Gliederung berücksichtigt neben den (maßgeblichen) paläontologischen Kriterien auch die sogenannten lithostratigraphischen Einheiten. Sie werden – wie im Malm – nach den Hauptorten der Verbreitung der entsprechenden Gesteine der Formation benannt (Neumarkt-, Reifenberg-, Weiße Laber-, Berching-, Sengenthal-, Zeitlarn-Formation).
Aufschlußreiche Gebiete sind der Hesselberg, die Gegend von Graben und Treuchtlingen (Naturlehrpfad Nagelberg), Neumarkt/Opf., Sengenthal, der Naabgebirgsnordabfall, Reifenberg bei Unterweilersbach im Forchheimer Raume, Hetzles-Großenbuch bei Neunkirchen östlich Erlangen, Hersbruck und Bayreuth.
Die Mächtigkeit liegt südlich Amberg bei 70 m, im Beckeninneren bei 160 m.

Dogger Alpha

(42) Der Opalinuston besteht aus dunkelgrauen Schiefertonen und Mergeln. Geoden und Pyritnester sind reichlich anzutreffen. Kann die Verwitterung eingreifen, dann werden die Tone plastisch. Sie veranlassen nach Wasseraufnahme regelmäßig Rutschungen. Es genügen 3 Grad Gefälle, um hektargroße Flächen in Bewegung zu setzen. Bekanntestes Beispiel ist die Fossa Carolina in Graben bei Treuchtlingen.

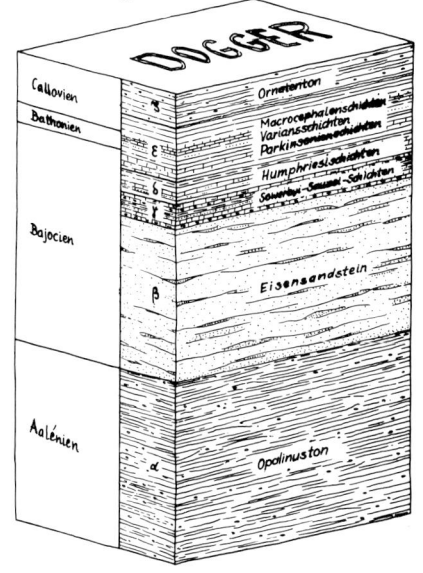

Der Versuch der Ingenieure Karls des Großen, in den Jahren um 880 die Donau über die niedrigste Stelle der Wasserscheide mit dem Main durch einen Kanal zu verbinden, scheiterte am dortigen Opalinuston. Die ausgehobenen Erdmassen rutschten unhaltbar in den Graben zurück.

Immer wieder kommt es in einem Eisenbahneinschnitt der Strecke Treuchtlingen–Donauwörth (in einer beim Riesereignis ausgeschleuderten Opalinuston-Scholle) zu gefährdenden Bewegungen.

42 Der Dogger in Bayern.

Andererseits ist der Horizont wichtig für die Wasserversorgung der Frankenalb. Das im hangenden Eisensandstein einsickernde Wasser wird auf dem Ton zum Austritt gezwungen. Davon künden vielerorts Quellreihen wie auch das allgemein unruhig-flachwellige Gelände.

Die Mächtigkeit nimmt gegen Südosten ab: Hesselberg und Lichtenfels je 100 Meter, Bayreuth 80 Meter, Weißenburg 70 Meter, Neumarkt/Opf. 50 Meter, Regensburg 15 Meter. Der Opalinuston ist in natürlichen Aufschlüssen am besten in der Umgebung von Neumarkt zu finden. Dort befinden sich auch größere Tongruben.

Dogger Beta

(42) Der frische Eisensandstein (auch Doggersandstein genannt) ist weißgrau. Die typische braunrote bis gelblich-rötliche, schöne Farbe bekommt er erst im angewitterten Zustand in Nähe der Erdoberfläche. Die Basisfläche ist großzügig reliefiert. Vermutlich ist dies die Folge von Ausräumung beim Antransport des Sandes durch Meeresströmungen. Zwischen geschlossenen Sandpartien sind regelmäßig tonreichere Lagen eingeschaltet. Im Beckeninneren können es 25 Prozent der Einheit werden.

Die sogenannten Doggererze sind ooidische Trümmererze. Sie sind am Hesselberg in bis vier, am Kalkberg südlich Weismain in drei Flözen konzentriert. Fossilien sind sehr selten.

Die Mächtigkeiten sind – wie bei den Keupersandsteinen – im Randbereich höher: nahe dem Alten Gebirge über 75 Meter, Neumarkt/Opf. 80 Meter, Lichtenfels 50 Meter, Hesselberg 30 Meter.

Rund um die Alb gibt es gegenwärtig 500 Aufschlüsse. Sie befinden sich meist in Wegeinschnitten und alten Steinbrüchen, in Kellergalerien oder am Saum der im Gelände nirgends fehlenden Eisensandsteinterrasse.

Dogger Gamma

(42) Wegen der geringen Mächtigkeit wird in den geologischen Karten die Folge von Gamma bis einschließlich Zeta – oftmals sind es kaum fünf Meter – zusammengefaßt. Die übliche Sammelbezeichnung lautet »Ornatenton«. Es ist nur dem Spezialisten möglich, die einzelnen Stufen auseinanderzuhalten. Gemeinsame Merkmale sind die (allseits von Muscheln überwachsenen) Riesenbelemniten, eisenhaltige Ooide und (kalkbankige) Tonmergel.

Der Gamma beginnt mit dem Sowerbyi-Konglomerat, einer Kalksandsteinbank mit Konkretionen. Darüber folgen Blaukalke, Mergel, Kalksandsteinbänke und Sandsteinlagen. Die Folge gilt als fossilarm. Man vermißt hier den gewohnten Reichtum an Ammoniten. Einzigartig ist das Korallenvorkommen von Thalmässing.

Die besten Aufschlüsse liegen im Gebiet der Weißen Laber zwischen Deining und Dietfurt.

Dogger Delta

(42) Die tonig-mergeligen, gelegentlich stark oolithischen Kalke sind sehr fossilreich, insbesondere an Muscheln. Ammoniten sind allerdings nur örtlich häufig. Im Norden kündet sich die Heraushebung der Mitteldeutschen Hauptschwelle an. Im Obermaingebiet werden maximal 5 Meter Mächtigkeit erreicht. Die besten Aufschlüsse und Fossilfundpunkte liegen um Berching.

Dogger Epsilon

(42) Die Parkinsonienschichten sind Mergel mit oolithischen Kalken. Sie erreichen 4,5 Meter Mächtigkeit bei Staffelstein und bis 7 Meter in der Oberpfalz. Bekannt sind die schönen Stücke von *Parkinsonia* und anderen Wirbellosen aus Sengenthal bei Neumarkt/Opf. Im höheren Epsilon dominieren Tonmergel und Mergelsteine mit auffällig großen Eisenooiden.

In den Macrocephalenschichten beobachtet man die letzten – zugleich auch die höchsten – Ooide. Im Süden liegt die Mächtigkeit meistens unter 1 Meter, im Norden aber können bis 6 Meter, bei Staffelstein sogar 14,8 Meter erreicht werden. Es stellen sich die ersten Goldschnecken – pyritisierte und daher (zunächst) goldglänzende kleine Ammoniten – ein.

Dogger Zeta

(42) Der Ornatenton ist am bekanntesten als Lieferant der meisten Goldschnecken und anderer pyritisierter, stets kleinformatiger Wirbelloser. Sie werden heutzutage bereits in eigens angelegten Gruben kommerziell gewonnen. Der Hauptfundort ist Tiefenellern, es gibt aber zahllose andere ergiebige, leicht den geologischen Karten entnehmbare Punkte.

In den dunkelgrauen Tonen sind Kalk- und Phosphoritknollen und glaukonitische Sandmergel üblich. Die größte Mächtigkeit beobachtet man in der nordwestlichen Frankenalb. Zwischen Regensburg und Passau (7, 43) ist der oberste Dogger – als Zeitlarner Schichten bezeichnet – als Crinoiden und Oolithe führender Kalk entwickelt.

Der bekannteste Aufschluß ist Sengenthal bei Neumarkt/Opf. Gewöhnlich ist das Gestein gestört. Die Rolle als wasserstauender Horizont unter den hangenden Malmkalken führt zu Ausquetschungen und im geeigneten Gelände zu Rutschungen. In der Frankenalb ist es der – von den meisten Tiefbohrungen genutzte – bedeutendste tiefliegende Grundwasserspender.

Landschaftliches

In der Fränkischen Schichtstufenlandschaft ist der Eisensandstein zwischen Keuperstufe einerseits und Malmanstieg andererseits die mittlere markante Höhenfront.

Der stets bewaldete Steilrand – ein gutes Beispiel ist der Dillberg – wird gerne mit der Malmstufe verwechselt, weil er fast deren absolute Höhe erreicht. Die Doggerstufe erkennt man am ehesten an den dichten Fichtenbeständen. 50 Prozent des Ausstrichs des fränkischen Doggers fallen auf den Anstieg.

Die Bereitschaft von Opalinus- und Ornatenton zu rutschen verursacht überall ein zunächst unruhiges Kleinrelief. Nach wenigen Jahrzehnten allerdings sind die Niveauunterschiede fast ausgeglichen.

Bekannt sind die Rutschungen auf Ornatenton unterhalb Burg Feuerstein bei Ebermannstadt. Der Quellhorizont auf dem Dogger läßt den hangenden Malmkalk in erheblichen Schollengrößen abgleiten. Die Halde eines Steinbruches wird versetzt und die Zufahrtsstraße tiefergelegt und verschüttet.

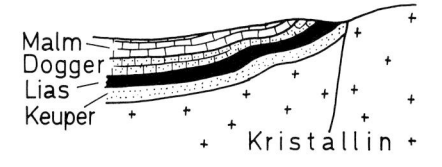

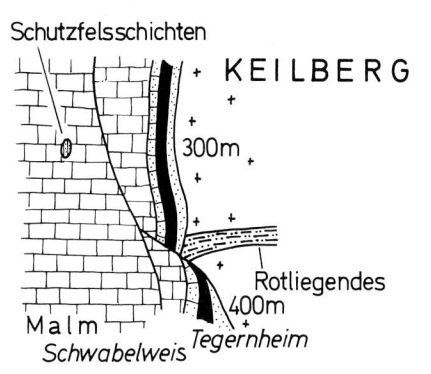

43 An der **Keilbergverwerfung bei Regensburg** kommen auf engem Raume Schichten vom Keuper bis einschließlich Malm zum Ausstrich. Die Störung tritt morphologisch kaum in Erscheinung. Die Nivellierung des Geländes zwischen Regensburger Pforte und Kristallin des Regensburger Waldes (Falkensteiner Wald) kann mit den Auswirkungen des Rieseereignisses im Areal der Astrobleme (83) erklärt werden. Das Rotliegende, im tektonischen **Graben von Donaustauf** in das Kristallin versenkt, wird von den Verwerfungen abgeschnitten.

Wirtschaftliches
Die Tone von Sengenthal sind ein Rohstoff für die Zementindustrie. Mit Doggertonen wurden früher die kargen Äkker auf dem Eisensandstein gemergelt.
Der Hauptflözhorizont hatte an einigen Orten (Vorra, Hohenstadt, Vierzehnheiligen, Pegnitz) beachtliche wirtschaftliche Bedeutung. Nach heutigen wirtschaftlichen Gesichtspunkten sind die Erze mit ihren Eisengehalten um 30 % und hohen Kieselsäuregehalten unbauwürdig; Ausnahmen sind die Flöze von Vierzehnheiligen, Pegnitz, Hersbruck, Heidenheim a. H. und Pfraunfeld.
Große Bedeutung haben Opalinuston und Ornatenton als Wasserstauer. Das aus dem Eisensandstein stammende Wasser ist beliebter, weil weicher, als das aus dem Malmkalk im oberen Stockwerk gelieferte. Jedoch ist das – gelegentlich artesisch gespannte – Sandsteinwasser öfters mineralisiert und von einer (für den Trinkwassergebrauch nicht sehr erwünschten) höheren Temperatur.
Der Eisensandstein ist ein wegen der warmen Tönung hochgeschätzter Baustein. Die bekanntesten Bauwerke sind Teile der Fassade von Vierzehnheiligen, Maria Hilf in Amberg und die Kirchenruine Gnadenberg bei Altdorf (von der Autobahn aus gut zu sehen). In Winn bei Altdorf wurde der Eisensandstein unter Tage im Pfeilerabbau gebrochen.

Malm

Nachdem ganz Bayern vom Meer überflutet, sogar die randliche Böhmische Masse überbordet und das Vindelizische Festland versenkt worden sind, erfolgt Ende Malm die Regression. Das Meer räumt Bayern weitgehend und zieht sich in das alte Senkungszentrum in der Südwestschweiz zurück. Für die Sedimentationsprozesse sind die Erweiterung des Freisinger Golfes und ein neues Senkungsgebiet, der Wasserburger Trog, sowie das Landshut-Neuöttinger Hoch von Einfluß. Diese Strukturlemente werden von nun an in der Paläogeographie eine große Rolle spielen.
Im Norden des Landes ist ab Ende Dogger die Mitteldeutsche Hauptschwelle aufgestiegen. Seitdem sind Spessart und Rhön landfest. Der älteste terrestrische Part Bayerns war entstanden.
Der allmähliche Meeresrückzug in Richtung Süden erfolgt bei relativ geringer Wasserbedeckung. Im Saumbereich werden die Reliefunterschiede des Meeresbodens, besonders die von den großtektonischen Strukturen verursachten, von den Sedimenten genauestens registriert. Hinzu treten lokal eine Reihe individueller, milieubedingter Gesteine.
Es ist ein in jeder Hinsicht lebhafter Meeresteil. Die Kalke setzen sich vorwiegend aus den Überresten tierischer Meeresbewohner zusammen. Nur ein geringer Teil ist anorganischer Schlamm. Zur Bildungszeit weitet sich hier die ideale Südsee, einigermaßen vergleichbar mit den heutigen Bahamas oder pazifischen Atollen: unter tropischem Himmel gischtende Saumriffe vor Untiefen neben ruhigeren Becken, die untereinander durch Kanäle verbunden sind, strotzend voll von Leben – wir wissen es von den Fossilien.
Zuerst wird der Meeresboden im Osten herausgehoben. Regensburg wird im Epsilon, Kelheim in Mitte Zeta und Neuburg/Donau im jüngsten Zeta landfest.

Die vielfältigste Entwicklung des Malm verzeichnet die Südliche Frankenalb. Hier werden mehrere Sonderbezirke unterschieden. Der Terminus Altmühlalb gilt für eine reizvolle Landschaft aus der Verbindung felsengesäumter Talhänge mit Steinbruchsregionen, Höhlen, prähistorischen Siedlungen, Burgen und Prachtbauten. Der Oberpfälzer Jura in der Mittleren Frankenalb äußert sich demgegenüber anders. Das gilt auch für die Nördliche Frankenalb.

Aufschlüsse sind in allen Bezirken sehr zahlreich. Sie sind in der Regel in der umfänglichen Spezialliteratur beschrieben (F 23). Das gesamte Malmareal ist inzwischen geologisch kartiert. Das Bayerische Geologische Landesamt hat eine geologische Übersichtskarte des Naturparks Altmühltal herausgegeben. Die meisten Unterlagen sind vom Geologischen und vom Paläontologischen Institut der Universität Erlangen erstellt worden. Als Geologische Führer kommen in Betracht:

J. Groiss & A. Zeiss: Exkursionsführer Südliche Frankenalb (in Geologische Blätter Nordost-Bayern, 1968)

E. Rutte, 1974: Geologischer Führer Weltenburger Enge

B. Schröder, 1975: Fränkische Schweiz und Vorland

Museen: Jura-Museum Eichstätt – Blumenberg (Bergèr) – Langenaltheim – Solnhofen (Gemeinde, Maxberg u. a.) – Regensburg – Nürnberg – Erlangen – Bayreuth – Bamberg – Coburg

Geologischer Lehrpfad: Maxberg oberhalb Mörnsheim

Im Malm Bayerns lassen sich vier Gesteinsarten unterscheiden. Es sind die Massenkalke, die Riffdetrituskalke, die Schichtkalke und der Dolomit.
Die Massenkalke, auch unter Namen wie Felsenkalk, Plumper Felsenkalk,

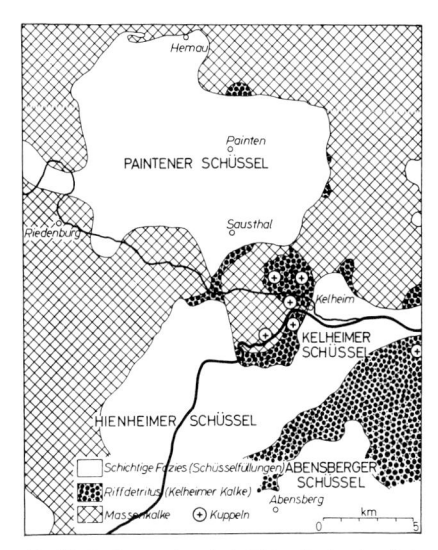

44 Verbreitung der drei Malm-Fazies im Kelheimer Jura. Bei Kelheim haben sich in der Sausthal-Zone (88) besonders günstige Entwicklungsbedingungen riffbildender Organismen ergeben. Das Riffschuttsediment Kelheimer Kalk erreicht deshalb hier die größten Mächtigkeiten. Aus E. Rutte, 1970.

Schwammkalk bekannt, sind Gesteine, die unter wesentlicher Mitwirkung von Organismen als Erhebungen auf dem Meeresboden aufgebaut worden sind (45). Meistens sind es Schwammbauten. Es können auch Blaugrünalgen und andere winzige Kalkabscheider maßgeblich beteiligt sein (»Algen-Schwamm-Riffe«). Die Unterscheidung der Gesteinsvarietäten ist nur mit Hilfe der Dünnschliffuntersuchung möglich.

Makroskopisch ist der Massenkalk ein massives, in groben Bänken absonderndes Gestein. Er ist in der Regel fossilarm. Absonderungsfugen liegen in der Felsenwand fast nie horizontal, sie sind vielmehr bogig gekrümmt. Sie fallen, als Abbild des Kuppelbaues der Schwämme, mehr oder weniger steil nach unten. Man stellt sich vor, daß kleine Schwamm-Polster (»Stotzen«) den Anfang machten. Da sie sogleich den benachbarten Meeresboden überragen und damit in bessere Lebensbedingungen geraten sind, können sie schneller wachsen. Schließlich überragen sie als plump geformte Riff-Türme die Umgebung.

Der Einsatz der Massenkalkbildung erfolgt zu verschiedenen geologischen Zeiten: manchmal schon im Malm Alpha, manchmal erst im Epsilon. Mancherorts unterbleibt die Massenkalkbildung ganz. Die Verteilung ist in Abhängigkeit vom Meeresboden-Detailrelief sehr launenhaft. Demgemäß kann in und zwischen der Massenfazies auch ein anderes Malmgestein vorkommen.

Massenkalke sind wegen der Sprödigkeit des Gesteins nur selten von Steinbrüchen erschlossen, um so öfter werden sie von grandiosen und oft malerischen Felspartien signalisiert. Massenkalke stehen an im Altmühltal zwischen Breitenbrunn, Riedenburg und Essing, in der Weltenburger Enge, in Tüchersfeld, im Müllersberg bei Streitberg. Auch die Malmerhebungen von Würgau-Görau, im Wiesenttal, um Pegnitz-Auerbach und bei Vorra sind Abbild von Schwammriffen.

Die Schichtkalke entstehen in den Räumen zwischen den Massenkalkkuppeln (45). Es sind die oft bizarr konfigurierten sogenannten Schüsseln (oder Wannen). Sie sind von verschiedenster Größe. Die meisten und größten Schüsseln verzeichnet die Südliche Frankenalb. Dort ist mehr als die Hälfte des an der heutigen Erdoberfläche ausstreichenden Malm schichtige Fazies (44). In der Nördlichen Frankenalb sind die Schüsselfüllungen spärlicher. Jede Schüssel hat aus räumlichen Gründen eine individuelle Bildungsgeschichte. Keine Schüsselfüllung gleicht vollkommen der benachbarten (48).

Auch in den Schüsseln setzt die Kalksedimentation in verschiedenem stratigraphischem Niveau ein. Man hat festgestellt, daß die im Unteren und Mittleren Malm entstandenen Absätze mehr bankige und die des Oberen mehr plattige sowie fein- und feinstgeschichtete Gesteinsfolgen ergeben. Die stratigraphischen Verhältnisse sind in der Südlichen Frankenalb in einem solchen Umfang untersucht, daß vom am besten erforschten geologischen Komplex Süddeutschlands gesprochen werden kann.

Bei größerer Neigung des Schüsselbodens erfolgen subaquatische Rutschungen (45). Sie erfassen manchmal riesige Schlammflächen. Nach einem alten Steinbrecherbegriff werden die gestauchten und gefalteten Schichten als Krumme Lagen bezeichnet. In der Annahme, sie wären überall gleichzeitig entstanden, hat man sie früher zu Korrelationen herangezogen. Heute weiß man, daß die Schüsselfüllung nur die eigenen, individuellen Bewegungen registriert hat.

Die Bankkalke wie auch die stärkeren Plattenkalke des Unteren und Mittleren Malm werden als normale Absatzkalke interpretiert. Die Kalklagen der Plattenkalke und Schiefer der Zeta-Schüsseln dürften unter besonderen Umständen gebildet worden sein. Problem Nummer eins ist dabei die von Schüssel zu Schüssel andersgeartete Gesteinsentwicklung. Es gibt keine überall vertretene Leitschicht.

Trotz vieler Spezialuntersuchungen ist es noch immer nicht gelungen, die Herkunft der gesteinsbildenden Kalksubstanz voll befriedigend zu deuten. Es fällt auf, daß es den Gesteinstyp der Solnhofener Schiefer (F 18) nur einmal in der Erdgeschichte, eben im Malm Zeta, gibt – aber zugleich an mehreren, räumlich

weit entfernten Orten. Solnhofen liefert damit das bekannteste Modell zur Regel von der Zeitgleichheit der Gesteine.
Viele Deutungsmöglichkeiten sind erwogen worden, vom eingewehten Wüstenstaub über den Absatz von Trübeströmen, Seeblüte, Überhitzung des Meerwassers bis zum Einsatz anderer chemischer, biochemischer und auch biologischer Faktoren. Die gegenwärtig vorherrschende Ansicht ist, die Kalklagen seien der episodisch erfolgte Absatz riesiger Mengen winziger Kalkschälchen von marinen Mikroorganismen (Blaugrüne Algen, Coccolithophoriden, Calcisphaeruliden u. a.). Schwierigkeiten bereitet dennoch die Erklärung des Rhythmischen und der Mächtigkeitswechsel.
Vor große Probleme stellt die Frage nach der Absatzgeschwindigkeit.
Zu den Dokumenten, die für eine äußerst kurze – vermutlich in wenigen Stunden erfolgte – Entstehung einer Lage sprechen, gehören die Quallen, die Federn des Urvogels, die Insekten, aber auch der von vier Schichten einsedimentierte, 1 Zentimeter lange Stachel des Gehäuses vom Ammoniten *Aspidoceras,* der in Schiefern der Gegend von Riedenburg gefunden wurde.
Wir wissen noch nichts über die Gründe der regelmäßig erfolgenden Zwischenschaltung von tonreichen Lagen, den Fäulen. Ungeklärt sind desgleichen die Ursachen der zum Schichtwechsel führenden Unterbrechungen. Man denkt an Temperaturwechsel, Veränderungen im Salzgehalt, periodischen Wasseraustausch, Umschläge im pH-Wert, aber auch an spontane Änderungen der Lebensbedingungen der Mikroorganismen. Unbekannt sind die Gründe, die zum Tod der marinen Lebewesen geführt haben.

Was erklärt eigentlich die Fähigkeit der Oberfläche der Kalklagen (der Flinze), die Spur des Tieres, aber auch der Welle in einmaliger, weltberühmter Präzision aufzuzeichnen? Noch immer wogt, unausgefochten, der Streit um die Frage, ob der Meeresboden gelegentlich trockengefallen sei. Jede Partei hat ihre Argumente.

Die Riffdetritusfazies ist am schönsten und am umfangreichsten im Kelheimer Jura entwickelt (44, 45). Im Westen der Südlichen Frankenalb sind die Vor-

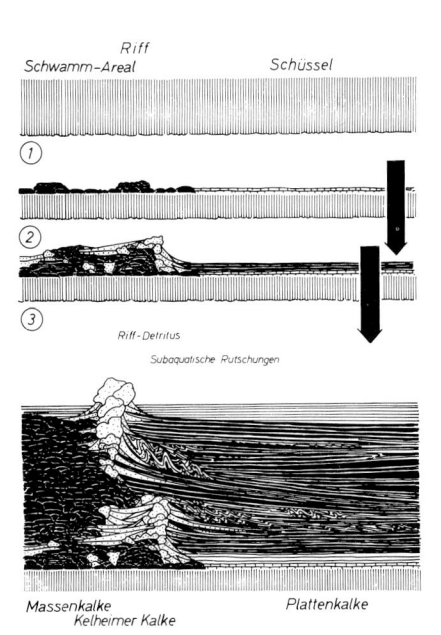

45 **Entstehung der drei Malmkalk-Fazies im Kelheimer Jura.** 1. Die Schwammstotzen beginnen auf dem Meeresboden emporzuwachsen. Aus ihnen wird später der Massenkalk. – 2. Die Schwammbauten sind höher geworden. An den Flanken siedeln sich Korallen und andere riffbauende Organismen an. In der benachbarten Schüssel sedimentieren indessen die Schlamme der späteren Bank- und Plattenkalke. – 3. An den Böschungen der nun steilwandigen Riffe kommt es am Fuß zu Riffschutt-Anhäufungen (dem späteren Kelheimer Kalk) und im Bereich der Verzahnung mit den (geschichteten) Schüsselsedimenten zu ausgedehnten subaquatischen Rutschungen. Aus E. Rutte, 1974.

kommen sporadisch und ohne Einfluß auf die Nachbargesteine. Das Gestein, früher als Diceraskalk, heute als Kelheimer Kalk bekannt, ist mit 93 bis 99 Prozent $CaCO_3$ der reinste Malmkalk (F 19).

Die Bildung erfolgt an der Massenkalkkuppel. Die Wände sind wegen guter Licht- und Sauerstoffversorgung der Siedlungsort für viele gesteinsbildende Organismen. In erster Linie sind es Korallen, dann auch Bryozoen, Hydrozoen, Seelilien und Meeresalgen. In den Lücken und Löchern des Bewuchses nisten Muscheln, Brachiopoden (47), Seeigel und Krebse. Sie alle fressen und werden gefressen. Fische und Reptilien weiden die nahrungsreichen Gründe ab. Unverdauliche Reste und Koprolithen stellen einen hohen Anteil der Sedimentpartikel. Manchmal strandet ein Ammonit. Wiederholt stürzt ein Brocken des Riffes ab und zerschellt am Fuße. Auf den Trümmern wie in der Wunde lassen sich augenblicklich neue Organismen nieder. Immer mehr wird der ursprüngliche Kern aus Schwammkalken verhüllt. Die Ausdehnung richtet sich mehr nach der Seite, weniger in die Höhe. Allmählich wachsen bizarr umrissene Riffdetritus-Kränze von launenhafter Erstreckung und sehr verschiedener Länge wie Breite heran. Es entsteht ein unbeschreiblich vielfältiges Gestein. Kein Stein gleicht dem anderen.

Den besten Eindruck von Dimension und Lagerung von Riffdetrituskalken bekommt man beim Blick von Kelheims Befreiungshalle nach Norden auf den Hang des Altmühltales. Sie umgürten in ganz grober Schichtung als breite Schleppen eine Massenkalkkuppel. Die Neigung geht vom Kern weg hinab in Richtung auf die benachbarten Schüsselfüllungen (F 17).

Da die Abrasion des Kreidemeeres später die obersten Jura-Meter entfernt hat, fragen wir uns vergeblich, ob seinerzeit die Riffe als Inseln über das Wasser kamen, ob sie Atolle, Lagunen, Kalksandstrände verursachten und so als Heimat der Landpflanzen, des Urvogels sowie der landbewohnenden Reptilien in Betracht genommen werden können.

Der Dolomit im Malm Bayerns ist das Ergebnis sekundärer, während der Diagenese (Vorgang der Umbildung lockerer Sedimente in Festgesteine durch die Auswirkungen von Druck, Temperatur und Zeit infolge Entwässerung, mechanischer Verdichtung, Umkristallisationen, Verkittung) der Kalke erfolgter chemischer Umwandlungsprozesse. Der als Dolomitisierung bezeichnete Vorgang ist keinesfalls abgeklärt.

Jede Fazies kann davon ergriffen werden. Am meisten werden die Massenkalke, dann die Riffdetrituskalke, seltener die Bank- und Plattenkalke betroffen. Mit der Dolomitisierung gehen beachtliche Gesteinsveränderungen einher. Die sonst weißen Kalke werden graugelb, und die Oberfläche ist (wegen der Form der Dolomitkriställchen) sandig-rauh. Das Gestein grust ab, wenn es der Verwitterung unterlag. Da im frischen Zustand zähhart, wird es, wo möglich, als Schotter abgebaut.

Große Massendolomitvorkommen gibt es bei Ingolstadt, im Wellheimer Trockental, am Bahnhof Eichstätt, bei Bad Abbach, Ebenwies bei Regensburg, um Sulzbach-Rosenberg, in Neuensorg bei Velden a. d. P. Dickbankiger Dolomit steht in Kleinziegenfeld bei Weismain an. Der Plattendolomit von Bronn (südwestlich Pegnitz) wird als dolomitisierte Übergangszone von schichtigem Epsilon/Zeta interpretiert.

		Formation	Lithostratigraphie	Typlokalitäten Südliche Frankenalb Donaurandbruch	Mittlere Frankenalb	Nördliche Frankenalb
Tithonien	ζ	Neuburg	Neuburger Schichten	Oberhausen Unterhausen		
		Rennertshofen	Rennertshofener Schichten	Finkenstein Ammerfeld Bertholdsheim		
		Usseltal	Usseltalschichten	Störzelmühle Gansheim Spindeltal Tagmersheim Lindlberg		

		Mörnsheim	Mörnsheimer Schichten	Großanger Ried
				    Biesenhard Katzengraben
				Daiting
				Neufeld
				Mörnsheim Reisberg Teufelskopf
				                    Weltenburg
				Mühlheim Buchsheim Haselberg		

		Solnhofen	Solnhofener Schiefer	Groppenhof Zandt
				   Pfalzpaint Lehnberg
				Solnhofen Hepberg Hopfental
				      Denkendorf
				Eichstätt Kelsbach
				Altmühltal Öchselberg
				               Painten		

		Geisental	Geisentalschichten	Geisental Rögling Hennhüll		

Kimmeridgien	ε	Torleite	Setatusschichten Subermelaschichten	Arnstorf
				        Kager
				Torleite
				        Ebenwies
					Bronn
					Fürnried
						Wattendorf
						Hollfeld

	δ	Treuchtlingen	Treuchtlinger Marmor	Treuchtlingen	Theuern Betzenstein Amberg	Dornig
	γ	Arzberg	Uhlandikalk Crussoliensismergel Ataxioceratenschichten Platynotaschichten	Rohrach Degersheim Arzberg Söldenau Schlittenhart		
Oxfordien	β	Dietfurt	Werkkalk	Oberweiler Ortenburg	Hartmannshof	Feuerstein
	α		Untere Mergelkalke	Gelbebürg Voglarn Heidenheim Dinglreuth		Sachsendorf

46 Der Malm in Bayern. Stratigraphie und Typlokalitäten. Nach A. Zeiss, 1977.

Im Kelheimer Gebiet (44), wo sich das Phänomen der Dolomitisierung gut untersuchen läßt, steht außer Zweifel, daß der Bereich der Umwandlung im direkten räumlichen Zusammenhange mit dem Rand der Plattenkalkschüsseln steht. Eine Hypothese erklärt den Vorgang als die Folge der Überhitzung des Meerwassers an den dort besonders seichten Meeresteilen, dadurch verursachter lokaler Dolomitkristall-Ausfällung und anschließenden Abtransport des Stoffes über Bakterien zum Ort der Dolomitisation. In der Nördlichen Frankenalb, wo die Dolomite eine ungleich größere Verbreitung haben, ist jedoch die Übernahme dieses Modells nicht möglich, weil dort entsprechend große Schüsseln fehlen.

Die Lebewelt des Malm, seit über hundert Jahren im stets vollen Interesse der Paläontologen aus aller Welt, kann als gut erforscht gelten. An neuen Fossilien kommen in letzter Zeit nur noch jene auf, die mit Hilfe des Elektronenmikroskops entdeckt werden können. Der Schwerpunkt der gegenwärtigen Forschung liegt im Versuch, das Paläobiologische zu ergründen und das Paläontologische mit dem Geologischen – und umgekehrt – zu verknüpfen.

Die Riffdetritusfazies ist seit längstem Objekt paläontologischer Befassung. Es sei hier an Gümbel sowie an die Zittel-Schüler Schlosser, Speyer und Boehm erinnert. Die Zahl der beschriebenen Arten kündet vom Fossilreichtum: Kalkalgen 4, Korallen 86, Muscheln 72, Cephalopoden 14, Schnecken 55, Brachiopoden 22, Echinodermen 38, Arthropoden 3, Fische 3, Reptilien 4.

Im Mittelpunkt der Interessen stehen noch immer die Solnhofener Schiefer (F 18). Es ist auch kaum möglich, sich dem Zauber des schichtigen Malm Zeta zu entziehen. Doch sollte in diesem Zusammenhange darauf hingewiesen werden, daß in der paläontologischen Disziplin der Name Solnhofen und der Begriff Solnhofener Schiefer nicht allein die Vorkommen oberhalb des Ortes, sondern auch die Inhalte anderer Plattenkalkschüsseln umfassen: die Solnhofener Schiefer von Eichstätt sind 15 Kilometer, die nicht minder bedeutenden von Painten gar 75 Kilometer entfernt. Dazwischen liegen die in Tausenden von Sammlungsetiketten verewigten Lokalitäten Pfalzpaint, Zandt, Jachenhausen und Kelheim (57).

Die wohl erste wissenschaftliche Erwähnung der Solnhofener Schiefer und der Fossilien erfolgt 1557 von Agricola in seinem »De natura fossilium« von Saal, dem heutigen Herrnsaal bei Kelheim: »... das helle Gestein, mit dem die Bojer ihre Häuser decken, zeigt gelegentlich beidseitig bald eine vom Arm losgeris-

47 Charakterfossilien des Kelheimer Kalkes. Im Steinbruch Saal a. D. und in der Umgebung der Befreiungshalle sind sie öfters in gesteinsbildender Häufigkeit anzutreffen. Die Brachipoden erreichen manchmal die Größe eines Hühnereies.

sene Menschenhand, bald einen Frosch, dann wieder einen Fisch.«
Bei der einmaligen Überlieferungsqualität wird selbst das Unwahrscheinliche dokumentiert. Man denke zum Beispiel an die Struktur eines Libellenflügels, an die Behaarung des Flugsauriers, an die Urvogel-Federn.

Bisher sind aus dem Solnhofener Schiefer rund 770 Tier- und Pflanzenarten beschrieben worden, darunter 180 Arten Insekten, 24 Stachelhäuter, 63 Krebse, 150 Fische, 62 Reptilien (O. Kuhn, 1977, »Die Tierwelt des Solnhofener Schiefers«). Einen guten Eindruck von der großartigen Schönheit der Objekte geben inzwischen Kalender und Bildbände (K. Barthel, H. Malz, J. Schmitt u. a.) sowie die naturgetreuen Weigertschen Prägungen. Doch sollte niemand annehmen, die guten Stücke wären so zahlreich wie populär: in der Regel wird der Sammler enttäuscht, denn es bedarf eines enormen Zeitaufwandes, um etwas Besseres zu finden.

Unter den Pflanzenfossilien überwiegen die (eingeschwemmten) Koniferen. Die Nähe von Inseln oder Land dokumentieren daneben die Insekten, die Eidechsen, der Landsaurier *Compsognathus* (49), die Flugsaurier (50, 51) und der Urvogel (52).

Die Vertreter des marinen Milieus bieten einige interessante, noch offene Fragen an. Wie erklären sich die (besonders in Painten vorzüglich dokumentierten) Roll- und Aufsetzmarken der Ammoniten? Warum liegen die Fische von Solnhofen, skelettiert, in Gräten-, die von Eichstätt in »Fleischerhaltung« (sie wurden unversehrt eingebettet) vor? Warum gibt es in der Lokalität Pfalzpaint – und nur dort – so viele allerbestens überlieferte Quallen? Welche Katastrophe hat die Anreicherungen des Fisches *Leptolepis* verursacht? Warum sind die meisten Fisch-Kadaver rücklings gebogen und ventral geplatzt? Sind sie beim Eintrocknen geschrumpft und von Verwesungsgasen aufgerissen worden?

Die stratigraphische Gliederung des Malm (46) kann in der Schicht-, weniger in der Riffdetritus- und kaum in der Massenkalkfazies erfolgen. Im Bedarfsfall wird ein leitender Schichtfazieshorizont so nahe wie möglich am Riff verglichen, um für dort eine (meistens nur ungefähre) Aussage zu geben. Es ist nicht möglich, die Felsen der Weltenburger Enge (F 17) genau zu datieren. Im Treuchtlinger Gebiet können 160 Schichten über viele Kilometer weit verfolgt werden.

Namengebend sind leitende Ammoniten wie *Cardioceras cordatum, Epipeltoceras bimammatum, Idoceras planula, Sutneria platynota, Ataxioceras hypselocyclum, Cratoliceras crussoliensis, Aspidoceras uhlandi, Sutneria subeumela, Virgataxioceras setatum, Virgatosphinctes ulmensis* sowie Ortsnamen und Steinbrecherbegriffe.

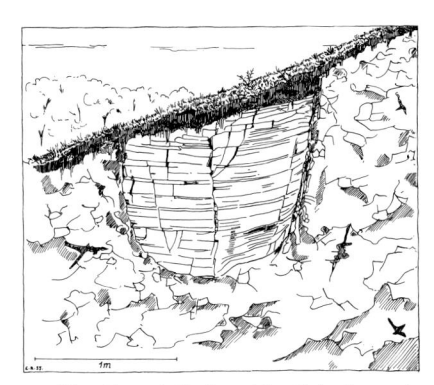

48 Eine **Plattenkalkschüssel** im Kleinstformat in Malm-Massenkalken in Alling/Labertal. Die für Schüsselfüllungen typische Zerbrechung im Gefolge von Setzungserscheinungen ist auch hier entwickelt. Aus E. Rutte, 1958.

Malm Alpha

Die in der Frankenalb überall verbreitete Serie fossilreicher mergeliger Kalke wird auch als Impressamergel (nach dem Brachiopoden *Waldheimia [C.] impressa)* oder Untere graue Mergelkalke bezeichnet. In der Südlichen Frankenalb sind die Gesteine mergelreicher als in der Mittleren; dort überwiegen solide Kalkbänke. Massenkalke stehen an in den Riffgebieten von Hemau-Parsberg-Velburg bis Berching und auch bei Streitberg (das durch die zahlreichen, vorzüglich überlieferten Schwämme einen guten Namen hat). Weitere Massenvorkommen von Einzelschwämmen beobachtet man bei Leutenbach nordöstlich Erlangen, auf der Langen Meile bei Bamberg, am Görauer Anger oder in der Würgauer Steige.

Mächtigkeiten: Heidenheim am Hahnenkamm 39 Meter, Ebermannstadt 31 Meter, Pegnitz 7 Meter. Am Arzberg bei Beilngries und bei Beringersmühle wird der Alpha, zusammen mit dem Beta, in großen Steinbrüchen abgebaut.
Die besten Gliederungsmöglichkeiten bestehen im Raum Dietfurt. Die Grenzziehung Alpha/Beta bereitet in der Regel Schwierigkeiten.

Malm Beta

Die auch Werkkalke oder Wohlgebankte Werkkalke genannte Folge ist (wie im benachbarten Württemberg) ein bedeutendes Schichtglied. Nirgends sind die wirtschaftlichen, aber auch morphologischen Äußerungen zu übersehen.
Gewöhnlich handelt es sich um einen sehr fossilreichen mergeligen Kalk, der in gleichmäßigen Bänken von 15–40 Zentimetern Stärke sichtbar wird. Typlokalitäten sind der Arzberg bei Beilngries, Hartmannshof und Feuerstein. Die Kalkbänke neben der Autobahn am Kindinger Berg sind Alpha, hauptsächlich Beta und Gamma.
Zwischen der Schichtfazies sind Massenkalke verbreitet. Die Riffgebiete von Würgau und Görau sind wie die von Hemau-Parsberg weiterhin vorhanden. Im Südosten allerdings liegt eine andere Malmfazies in Gestalt der Kieselnierenkalke von Ortenburg-Vilshofen vor.
Massenfazies verursacht vielerorts die Vorderkante der Malm-Schichtstufe.

Die bekanntesten Beispiele sind Ehrenbürg (»Walberla«) bei Forchheim und der Staffelberg bei Staffelstein.
Der Beta ist in Oberfranken 20 Meter, in der Oberpfalz 28 Meter, in der Altmühlalb 15–18 Meter mächtig. Viele Steinbrüche erschließen den Werkkalk: es sind die Gebiete zwischen Bamberg und Weismain (mit dem Hauptort Scheßlitz), um Ebermannstadt und Gräfenberg, um Hersbruck (mit Vorra, Rupprechtstegen, Hartmannshof), um Neumarkt/Opf., Beilngries, Berching, Greding, Weißenburg und Treuchtlingen (mit Nenslingen, Thalmässing), am Hahnenkamm (Markt Berolzheim, Heidenheim, Gelber Berg), auf dem Hesselberg und bei Wemding im Ries. Die Entwicklung im randnäheren Bereich zeigen die Vorkommen zwischen Bayreuth und Vilseck mit Waischenfeld, Neuhof bei Pegnitz, Kirchenthumbach sowie um Amberg, Lengenfeld, Theuern und Lauterhofen.

49 Rekonstruktion des kleinsten Dinosauriers der Welt, *Compsognathus longipes*. Zur gleichen Reptilienordnung gehören die Riesen *Tyrannosaurus, Allosaurus, Ceratosaurus* und *Plateosaurus*. Das vollständig überlieferte Skelett des etwa katzengroßen Tieres wurde im vorigen Jahrhundert im Solnhofener Schiefer im Steinbruch Jachenhausen bei Riedenburg geborgen. Von der gleichen Fundstelle stammt übrigens der fünfte Urvogel (das Haarlemer Exemplar).

Malm Gamma

Weil die Gesteine der Oberen Mergelkalke wesentlich weicher sind, heben sie sich vom liegenden Beta in einer Verebnung ab. In der Nördlichen Frankenalb ist der Gamma stark mergelig (Dornig-Formation). In der Südlichen Frankenalb ist nur der Crussoliensismergel ein relativ tonreiches Gestein im Malm. Er hat deshalb verschiedentlich lokale Bedeutung als Wasserstauer.
Die Riffe haben in ganz Süddeutschland an Bedeutung verloren. Nur bei Dietfurt gibt es größere Gamma-Massenkalk-Vorkommen.
Der beständigste Verband in der 20–37 Meter mächtigen Folge sind die 20 Meter der Ataxioceratenschichten. Die bekanntesten Gamma-Aufschlüsse liegen, meist in Steinbrüchen, bei Scheßlitz, Egloffstein, Gräfenberg, Pegnitz, Hartmannshof, Neumarkt und Sengenthal, in der Menchauer Steige bei Thurnau und im Kleinziegenfelder Tal bei Weismain, zwischen Amberg und Regensburg mit dem Hauptort Burglengenfeld, bei Euerwang oberhalb Greding, im Hahnenkammgebiet bei Heidenheim und Degersheim. Der Crussoliensismergel ist schön im Steinbruch nächst der Parkstelle an der Bundesstraße 2 zwischen Dettenheim und Altmühl aufgeschlossen.

Malm Delta

Der Treuchtlinger Marmor (wie die wohlgeschichteten Bankkalke landläufig genannt werden) ist nach dem unterfränkischen Quaderkalk der verbreitetste verarbeitete Naturstein.

Die in den geschliffenen Flächen unzähliger Treppenstufen und Fensterbänke immer wieder auftauchenden Fossilquerschnitte sind Belemniten, (meist) der Ammonit *Aulacostephanus*, wurmförmige (durch Eisenlösungen braun eingefärbte) Schwammquerschnitte, Algen-Tuberoide oder der Brachiopod *Rhynchonella*. Die selten fehlende weiße Sprenkelung entsteht durch die Anreicherung winziger Foraminiferen.

Die Verschwammung, das heißt die Bildung von Riffen, nimmt im Delta wieder zu. In der Südlichen Frankenalb lagern auf rund 50 Metern Schichtkalken 20 Meter Massenkalke. In der Mittleren Frankenalb ist der Delta in Dickbankfazies entwickelt. Die Gesteine sind reich an Kieselbildungen. Gute Aufschlüsse liegen im Vilstal im Süden von Amberg (Theuern) und bei Betzenstein. In der Nördlichen Frankenalb werden Mergelkalke von teilweise dolomitisierten Schwammkalken überlagert.

Wegen der schönen Aussicht gerne aufgesucht wird der Delta-Massenkalk am Wichsenstein bei Wannbach (zwischen Egloffstein und Gößweinstein).

Bei Ebenwies-Kager westlich Regensburg stellen sich die ersten dünnplattigen Kalke sowie Riffdetritusgesteine ein. Die Masse der dortigen Schieferplatten gehört allerdings zum Epsilon.

Malm Epsilon

Die Differenzierung in die verschiedenen Fazies treibt jetzt dem Höhepunkt zu. Der Epsilon ist die Hauptzeit der Massenkalke. Die Felsenkalke im unteren Altmühltal um Essing-Randeck (44) und in der Weltenburger Enge (F 17) werden diesem Zeitabschnitt zugeordnet.

Auch die Kelheimer Kalke sind zum größeren Teil Epsilon. Im Steinbruch Saal a. D. (F 19) hat man die leitenden Ammoniten gefunden. Im Kelheimer Gebiet sind über 20 Gesteinsvarietäten zu unterscheiden; Ausdruck der Vielfalt der Bildungsbedingungen.

In der Schichtfazies beginnt in der gesamten Frankenalb die Sonderentwicklung der Schüsselfüllungen. Die an Hornsteinen armen Subeumela- und oft extrem hornsteinreichen Setatusschichten sind für die Südliche Frankenalb typisch. Für die Gliederung wichtige Lokalitäten sind die Torleite (zwischen Eichstätt und Solnhofen), Kipfenberg, Arnstorf bei Dietfurt und Painten.

Typlokalitäten (46) in der Mittleren und Nördlichen Frankenalb sind Fürnried, Poppberg (an der Autobahn Nürnberg–Amberg) und Hollfeld. Die Bronner Plattendolomite sind größtenteils Epsilon. Wegen der verkieselten Fauna sind die Engelhardtsberger Schichten gut bekannt. Wichtige Aufschlüsse liegen bei Wiesentfels und Wattendorf.

Die Mächtigkeiten sind sehr verschieden, je nachdem, ob Schicht- oder Massenfazies vorliegt. In der Südlichen Frankenalb sind für Massenfazies mehrfach über 100 Meter, für Schichtfazies im Durchschnitt 30 Meter anzusetzen.

Malm Zeta

In der Nördlichen Frankenalb ist die jurassische Sedimentation im Epsilon erloschen. Zwar wird gelegentlich die oberste Partie des Bronner Plattendolomits hier eingestellt, doch wurde noch nie ein Ammonit oder ein anderes maßgebliches Fossil ausfindig gemacht.

Auf dem Meridian von Kelheim wird in der Sausthal-Zone (88) eine Struktur wirksam, welche die Sedimentation entscheidend beeinflußt. Entlang einer Nord-Süd ausgerichteten Achse wird der Rahmen für eine Flachsee mit optimalen Entfaltungsmöglichkeiten der drei Malmfazies des Kelheimer Jura geschaffen. Die Schüsseln erreichen den größten Umfang. Die verbindenden Kanäle sorgen zwischen den aufragenden Riffen für Strömungen und Faunenaustausch (44).

In den verschiedenen Schüsseln zwischen Painten im Osten und Nördlinger Ries im Westen entstehen die Solnhofener Schiefer. Die Schichtfazies hat die größte Verbreitung erreicht. Im Zeta der gründlich untersuchten und mannigfach beschriebenen Südlichen Frankenalb sind Typlokalitäten bzw. -regionen (46) Rögling, Geisental, Hennhüll, Hopfental, Painten, Solnhofen, Eichstätt, Kelsbach, Öchselberg, Schamhaupten, Lehnberg, Groppenhof, Pfalzpaint, Denkendorf, Hepberg, Zandt, Mörnsheim, Mühlheim, Daiting, Neufeld, Großanger, Buxheim, Reisberg, Biesenhard, Lindlberg, Haselberg, Katzengraben, Teufelskopf, Weltenburg, Ried, Usseltal, Tagmersheim, Spindeltal, Gansheim, Störzelmühle, Bertholdsheim, Ammerfeld, Finkenstein, Unterhausen und Oberhausen.

50 Rekonstruktion von *Pterodactylus,* dem kurzschwänzigen Flugsaurier. Die erste Nachricht stammt aus dem Jahre 1784. Die Benennung in *Pterodactylus longirostris* nimmt 1801 Cuvier vor. Die Größe schwankt zwischen Sperling und Habicht. Die meisten (inzwischen über hundert) Exemplare kommen aus den Solnhofener Schiefern des Malm Zeta der Südlichen Frankenalb. Sie sind von P. Wellnhofer monographisch bearbeitet. Die bekanntesten Fundstellen sind Neukelheim, Schamhaupten, Zandt, Eichstätt und Solnhofen. Lebensweise und Flug-, insbesondere das Startvermögen sind noch nicht gedeutet.

51 Rekonstruktion von *Rhamphorhynchus,* dem langschwänzigen Flugsaurier. Die Funde im Solnhofener Schiefer sind in der Überlieferungsqualität die weitaus besten. Dort sind mehrfach die Hautlappen am Ende des Schwanzes und sogar Haare dokumentiert. Seitdem muß überlegt werden, ob die Rhamphorhynchoidea Warmblüter waren. Die meisten sind winzig. Man kennt aber auch hühnergroße Exemplare. Ein geologisch älterer Vertreter *Dorygnathus* ist im Lias Epsilon von Mistelgau bei Bayreuth bekannt geworden.

Die Kelheimer Kalke erreichen den Höhepunkt ihrer Entwicklung. Auch im Westen der Südlichen Frankenalb entstehen fossilreiche Riffdetritussedimente. Die Vorkommen der Reisbergschichten zwischen Ingolstadt und Neuburg/Donau, die Korallenkalke von Laisacker und der Neuburger Kalk sind die letzten Zeta-Ablagerungen. Jedoch unter Tage, tief unterhalb Münchens, finden sich noch jüngere Korallenriffe des Jura.

Landschaftliches
Am auffälligsten sind naturgemäß die Felsbildungen der Massenkalke und des Dolomits, vor allem in der Front der Malmstufe und in den Flußtälern (F 17).
Für die Jura-Vegetation sind typisch die Buchenwälder mit Eiche, Esche, Bergahorn, Linde, Hasel, an den Hängen auch Fichte, mit Buschwindröschen, Leberblümchen und Frühlingsplatterbse. Auf Dolomit stellen sich Wacholder, Schlehe, Mauerpfeffer, Felsenhungerblümchen und Küchenschelle ein. Die Zusammenhänge sind in Poppberg, Neutrasfelsen und Norissteig in der Umgebung von Bayreuth besonders deutlich.
Die Schichtfazies ist überall Ursache einer Verebnung. Besonders der Ausstrich der Solnhofener Schiefer ist gut zu erkennen. Die Kelheimer Schüssel ist von der Erosion der Altmühldonau ausgeräumt (57).
Der Malm der Mittleren und Nördlichen Frankenalb wirkt morphologisch lebhafter, im Vergleich mit der Südlichen Frankenalb wird er als Jura-typisch angesehen. Der Begriff Fränkische Alb wird hier kaum gebraucht, man spricht von der Fränkischen Schweiz und, zwischen Görauer Anger und Würgau, von »Jura«. Die herrlichen Täler sind schon vor zweihundert Jahren von Dichtern besungen worden. Das gilt für Wiesent-, Püttlach-, Ailsbach-, Leinleiter-, Aufseß-, Paradies- und Kainachtal, im Süden Trubachtal. Auf hochragendem Felsen die Burgen (Gößweinstein, Rabenstein), in den Felsflanken die Höhlen, am Grunde der Täler die Tummler genannten starken Karstquellen – selten wird eine Landschaft eindringlicher von der Geologie bestimmt.
Im Süden ist die unübersehbare Eintönigkeit der Hochfläche weitgehend das Ergebnis der im Areal der Astrobleme (83) beim Rieseereignis erfolgten Nivellierung. Die Plombierung der Impact-Flächenbildung mit der Lehmigen Albüberdeckung hat weiterhin zur Verflachung beigetragen. Dies hat auch ein geringeres Ausmaß an Verkarstung zur Folge.
Zum Landschaftsbilde der Südlichen Frankenalb gehört auch der aus weißgrau angewitterten Schieferplatten bestehende Dachbelag des Altmühlhauses (Legschieferdach). Leider verschwinden – wie auch die weißen Pflaster im Kelheimer Jura (F 21) – diese augenfälligen geologischen Zeugen der Altmühlalb zusehends.

Wirtschaftliches
Die meisten Steinbrüche liegen in der Schichtfazies. Das Gestein dient entweder als Rohstoff für die Zementindustrie oder der Gewinnung von Werksteinen. Abbau gibt es in allen Malm-Stufen, den ausgedehntesten im Delta und Zeta.
Die in Dickbänken absondernden Kalke des Treuchtlinger Marmors sind vergleichsweise homogen, das heißt, sie lassen sich in allen Richtungen in dünne Scheiben sägen. Entsprechend groß ist die Zahl der Gewinnungsstätten. Die besten Qualitäten gibt es im Möhrener Tal bei Treuchtlingen, ferner bei Gundelsheim, Rehlingen und Pappenheim. Der Wachenzeller ist dolomitisierter Delta. Die Werksteine gelangen unter Namen wie Jurafeuer, Juratravertin (mit Farb-

bezeichnungen rahmweiß, taubengrau und deutschgelb) in den Handel. Auch die von Treuchtlingen entfernteren Lokalitäten haben vergleichbare Farben und Qualitäten (Weißenburg, Eichstätt/unterhalb der Willibaldsburg, Pfünz, Walting, Burglengenfeld, Lauterhofen, Vilshofen/Opf.).

Die Solnhofener Schiefer (F 18) werden äußerst vielseitig verwendet. Die Masse wird nach entsprechender Zurichtung als Platten- und Fliesenbelag eingesetzt. Im Mittelalter wurden alle Solnhofener Schiefer unter dem Handelsnamen »Kelheimer Platten« veräußert. Bei verarbeiteten Gesteinen ist es heute nur selten möglich, den Herkunftsort auszumachen. So weiß man nicht, woher der Fußbodenbelag von Istanbuls Hagia Sophia kommt. Dagegen ist bekannt, daß der Rohstein für Tilman Riemenschneiders Kaisergrab im Bamberger Dom aus dem Raum Langenaltheim, der Bodenbelag der Münchener Frauenkirche und der Residenz von Herrnsaal kommen. Von lokal größter Bedeutung war früher die Verwendung der Schiefer als Dachbelag (»Legschieferdach«).

Den großen Aufschwung in der Gewinnung von Solnhofener Schiefer brachte Senefelders Erfindung der Lithographie. Der plötzlich riesige Bedarf an diesem besonderen Stein – es kommen nur wenige, ganz bestimmte Lagen lediglich aus dem Raum Solnhofen-Langenaltheim und Painten in Betracht – ließ die Zahl der Steinbrüche sprunghaft anschwellen. Die Folge sind gewaltige Abraumhalden der technisch unbrauchbaren Schichten. Sie werden heute für das mitten im Solnhofener Steinbruchsareal errichtete Zementwerk abgebaut.

In gewisser Weise hat sich in den letzten Jahren der Verkauf von Fossilien zu einem Wirtschaftszweig entwickelt.

52 Rekonstruktion von *Archaeopteryx lithographica*. Bisher sind vom Urvogel ein Abdruck einer Feder (München) und fünf Skelette, zum Teil mit Federabdrücken, nachgewiesen (in den Museen von London, Berlin, Solnhofen-Maxberg, Eichstätt und Haarlem). Alle Fundstellen liegen im Solnhofener Schiefer des Malm Zeta in der Südlichen Frankenalb, und zwar je zweimal in der Solnhofener bzw. Eichstätter Gegend und in Jachenhausen bei Riedenburg. Der Urvogel war von der Größe eines Rebhuhns. Als »Mosaikform« vereinigt er Merkmale des Reptils (Zähne, Knochenbau, Schwanz) mit denen des Vogels (Federn, Flügel, Gabelbein).

Der Kelheimer Kalk war der Lieblingsstein des Bayernkönigs Ludwig I. Der Stein wurde eingesetzt für Befreiungshalle, Walhalla; Passauer Dom, Stephansdom und Opernhaus in Wien, Siegestor, Propyläen, Feldherrnhalle und viele andere Baulichkeiten Münchens, er ist der Baustein von Regensburgs Porta Praetoria und der Steinernen Brücke. Die großen Standfiguren in Schloß Linderhof sind »Abensberger Marmor« – Kelheimer Kalk aus dem Steinbruch von Offenstetten (F 21).

Der Dolomit wird, da er druckfest und frostbeständig ist, als Material für die Flußverbauung und als Schotter, ferner für die chemische Industrie sehr geschätzt. Gebrannt und gelöscht ergibt er das schneeweiße Tüncherweiß, das im Gegensatz zu einem aus gewöhnlichem Kalk gewonnenen nicht abblättert.

In den Tiefbrunnen der Südlichen Frankenalb ist gewöhnlich Dolomitsand anzutreffen – abgeruste Dolomitkriställchen, die nicht die zerstörerische Wirkung eines Quarzsandes haben.

Massenkalke haben die unangenehme Eigenschaft, abstürzende Blöcke zu liefern und oft sehr aufwendige Felssicherungsmaßnahmen zu erzwingen. In Kallmünz mußten deshalb ca. 700 Tonnen Malmkalk abgetragen und zahlreiche Felsanker installiert werden.

Alpiner Jura

Die bei Mittenwald 70 Meter, im Allgäu über 1000 Meter mächtigen Schichtserien lassen im Vergleich mit der alpinen Trias ein verstärktes Ausmaß an Faziesdifferenzierung erkennen. Im Alpenraum macht sich bereits tektonische Unruhe bemerkbar. Es kann zwischen Schwellen- und Beckenfazies unterschieden werden. Riffbildungen sind sehr selten geworden.

Es entstehen vorwiegend tonig-mergelige Gesteine mit einem mehr oder minder starken Kieselsäuregehalt. Zum Fränkischen Jura bestehen sedimentologisch nur zur Posidonienschieferzeit eindeutige Beziehungen.

Im Norden, am Rande des Vindelizischen Festlandes, sedimentieren Gesteinsfolgen, die später in der »Allgäudecke« vereinigt werden (54). Südlich davon dehnt sich eine weite, von Untiefen durchsetzte Flachsee aus. Hier entstehen die stratigraphisch reicher gegliederten Fleckenmergel und -kalke der späteren Lechtaldecke. Weiter südlich steigt ein großteils aus Hauptdolomit zusammengesetztes Gewölbe auf. Es ragt zuweilen als Inselgebiet über den Meeresspiegel, und es kann unter festländischen Bedingungen verwittern. Diese Reliefunterschiede veranlassen die Vielfalt der Schichtenverbände.

Lias

(53) Roter Liaskalk, Hierlatzkalk und Adneter Kalk sind faziell sehr vielfältig. Ihre satte Rotfärbung – von den Inseln kommende Roterden werden verantwortlich gemacht – sowie ein oft, aber nicht immer reicher Anteil an Seelilien-Stielgliedern (Crinoidenkalke) und auch Ammoniten sind ihnen eigentümlich. Die Hauptformen sind die Leitfossilien *Arietites, Schlotheimia* und *Oxynoticeras*. Mit den Schalen diverser Brachiopoden zusammen ergibt eine frische Bruchfläche eines solchen Kalkes ein »spätiges« Bild.

Der Hierlatzkalk liegt manchmal in bis 50 Meter tiefen Karsthohlräumen des Dachsteinkalkes. Manchmal füllt er Unebenheiten des Oberrhätkalk-Riffes aus, manchmal transgrediert er bis herunter zum Hauptdolomit. In den östlichen Schwangauer Bergen und im Ammergau treten helle oolithische Kalke, die Geiselsteinfazies, auf.

Die Allgäuschichten sind tonreiche Schlammbildungen, in denen außerordentlich zahlreich die Bohrgänge von bodenbewohnenden Meereswürmern anzutreffen sind. Die im Gestein verbreiteten, meist gelängten Flecken sind die zerfallenen Reste der offenbar chitinösen Wurmröhren, deren uhrglasförmige Segmente nach dem Tode des Tieres meist im Schlamm verschwemmt und verdrückt worden sind.

Früher war für die bis über 1000 Meter mächtigen Sedimente allgemein der Name Fleckenmergel üblich. Heute wird er nur noch im oberbayerischen Alpenanteil offiziell verwendet. Die spärlichen Ammoniten deuten verschiedentlich eine zumindest faunistische Beziehung zu den fränkischen Vertretern an. Man hat daraus sogar auf eine Meeresverbindung geschlossen.

Hauptareal der Allgäuschichten ist das Allgäu im Vorland von Mädelegabel bis Hochvogel. Die weichen, oft flachen Geländeformen dokumentieren sich in den hoch hinaufreichenden grünen Grasbergen, in Almengeländen mit Quellhorizonten und Rutschfreudigkeit. Es können aber auch steile Hänge zustande kommen.

Fleckenmergel sind in größeren Partien um Linderhof und Lenggries anzutreffen.

Im alpinen Lias sind Hornsteinkalke weit verbreitet. Ein geringmächtiges, daher nur selten aufgeschlossenes Sediment sind die Posidonienschiefer des Lias Epsilon. Zwischen Jenner und Hohem Brett enthält der Lias einen bergbaulich interessanten Mangangehalt von 20–40 Prozent.

	Schwellenfazies	Beckenfazies
MALM	Tegernseer Marmor/Ruhpoldinger Marmor/Tithonkalk Oberalmer Schichten	Aptychenschichten
DOGGER	Vilser Kalk Doggerspatkalk Laubensteinkalk Fleckenmergel	Radiolarit/Aptychen-Hornstein-Kalk Hornsteinkalk/Kieselkalk
LIAS	Allgäuschichten (Fleckenmergel) Geiselsteinfazies Hierlatz-(Crinoiden-)Kalk Roter Liaskalk – Adneter Kalk Rhätkalk	Posidonienschiefer Hornsteinkalk Fleckenmergel Hierlatzkalk im Osten: Dachsteinkalk

53 Schichten des alpinen Jura.

Dogger

(53) Der Kieselkalk, dunkelgraue Bänke in bis 200 Meter Mächtigkeit, hat in einzelnen Schichten dieselben Flecken wie die Allgäuschichten. Der Kieselgehalt macht den Stein hart und verwitterungswiderständig. Kieselkalke und Hornsteinkalke sind oft felsbildend. Die Kieselsäure wird weitgehend auf Kieselschwämme zurückgeführt.
Die als Laubensteinkalk, Vilser Kalk und Doggerspatkalke bezeichneten Sedimente sind im allgemeinen sehr fossilreich. Im Vilser Kalk sind Rhynchonellen und Terebrateln in Nestern derart angereichert, daß von gesteinsbildender Bedeutung gesprochen werden kann. Vielerorts ist die Ausbildung wegen des hohen Gehaltes an Seelilienstielgliedern spätig.
Der Doggerkalk bildet allerorten kleine Wände. In typischer Ausbildung beobachten wir ihn am Laubenstein, Feichteck und Riesenkopf in den Chiemgauer Alpen.

Malm

(53) Charaktergestein sind stark mergelige, zum Teil kieselhaltige marine Sedimente, die sogenannten Aptychenschichten. Bis auf gelegentliche Aptychen – die als Gehäuse-Verschlußdeckel interpretierten herzförmigen Ammoniten-Plättchen – und Belemniten sind Makrofossilien kaum zu finden. Als Lieferanten der Kieselsäure werden diesmal Mikrofossilien aus dem Stamm der Radiolarien angesehen. An der Basis sind die Aptychenschichten besonders stark kieselsäurehaltig. Es können Hornsteinkalke und Radiolarite auftreten. Letztere werden mit dem gegenwärtig in der Tiefsee entstehenden Radiolarienschlick verglichen.
Die Farbe ist gewöhnlich leuchtend und bunt. Es überwiegen rote und grüne Tönungen. Schwarz ist seltener. Der braunrote Radiolarit gilt als gutes Leitgeröll in alpinen Schottern.

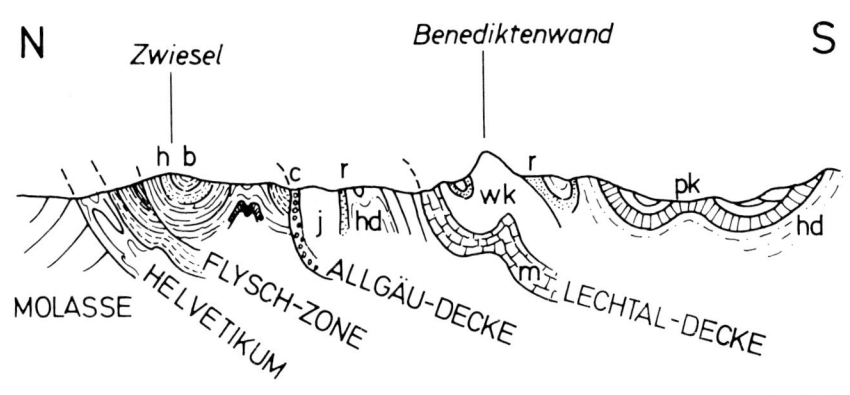

54 Geologisches Querprofil Zwiesel-Benediktenwand. b = Bleicherhornserie, c = Cenoman, h = Hällritzer Serie, hd = Hauptdolomit, j = Jura, pk = Plattenkalk, r = Raibler Schichten, wk = Wettersteinkalk. Nach P. Schmidt-Thomé, 1964.

Tektonischer Druck läßt den spröden Radiolarit intensiv platzen. Bei Verwitterung zerfällt er deshalb zu scharfkantigem Schutt. Morphologisch verursacht er trotzdem ein leicht ansprechbares Band im Gehänge.

Auch die üblichen Aptychenschichten reagieren stark auf tektonische Beanspruchungen. Wie der Radiolarit sind sie in der Regel »gequält«, das heißt, das Gestein ist mit einem dichten Netzwerk von Rissen und Sprüngen durchzogen. Die Öffnungen sind meistens mit weißem Kalzit gefüllt worden. Es resultiert eine charakteristische Äderung. Sie signalisiert in alpenfern abgelagerten Schottern als erstes Merkmal die alpine Herkunft. Die Untergrenze der Aptychenschichten ist scharf, die Obergrenze weniger leicht zu fassen, weil die Sedimentation hie und da unverändert in die Kreide hineinreicht. Im Berchtesgadener Land können die Oberalmer Schichten, eine kalkreichere Varietät mit schwarzen Hornsteinen, ausgeschieden werden.

Der Tithonkalk, auch als Malmkalk bezeichnet, besitzt eine gewisse Ähnlichkeit zum Kelheimer Kalk in der Südlichen Frankenalb. Es handelt sich ebenfalls um Riffdetrituskalke. Auch der Fossilgehalt – Ammoniten, Stachelhäuter, Brachiopoden und Korallen – ist vergleichsweise hoch. Bekannt sind der ehemals äußerst beliebte bunte Tegernseer Marmor – er wurde wegen seines Farbspiels rot – grau – gelb reichlich für den Fußboden der Kelheimer Befreiungshalle eingesetzt – und der rote, gut polierbare Ruhpoldinger Marmor. Die beiden Vorkommen werden heute nicht mehr abgebaut.

Die Fossilien – an polierten Flächen oft sehr auffällig – lassen sich leider nicht isolieren, da die Verbindung mit dem Gestein zu eng ist.

Die relativ geringe Mächtigkeit von maximal 30 Metern erklärt, warum diese schönen Gesteine so selten zu sehen sind und einen lohnenden Abbau nicht gestatten.

Kreide

Map labels: Hof, Würzburg, Nürnberg, Regensburg, Passau, München, Memmingen; Oberkreide, Unterkreide, Danubische Kreide, Helvetikum

Der Rückzug des jurassischen Meeres hat Nordbayern dem großen mitteleuropäischen Festlande angegliedert. Die Region neigt sich nach Süden in Richtung auf das alpine Kreidemeer. Entsprechend werden die Abtragungsprodukte von Norden gegen Süden geschüttet.

Indessen ist Südostbayern Meeresraum (56). Vorstöße aus dem Alpenmeer erreichen den Freisinger Golf und das Landshut-Neuöttinger Hoch. Es sind die Vorankündigungen der anschließenden cenomanen Meerestransgression. Jetzt dringt das Meer durch die Regensburger Pforte weit nach Norden bis nach Coburg vor. Ein zweiter fingerförmiger Neuburger Ast richtet sich nach Westen.

Zentren der Absenkung und damit hoher Gesteinsmächtigkeiten sind wiederum der Freisinger Golf und Niederbayern im Donauraum. Bei Passau sind über 1000 Meter Kreide erbohrt. Straubing hat 300 Meter und Regensburg 170 Meter (7). Im Norden des Hollfelder Astes sind über 400 Meter gemessen worden.

Im Gebiet der Gabelung ist die Transgression mit intensiver Abrasion verbunden. Es resultiert eine riesige Abrasionsfläche.

Die Trockenlegung des Kreidemeeres erfolgt zuerst (im Santon) im Norden zwischen Hollfeld und Auerbach. Sie ist im Innviertel Ende Campan abgeschlossen. Im Tertiär sinkt die Kreide ab. Heute liegt die Oberfläche bei Landshut 1300 Meter und bei München 3000 Meter tief.

Die Danubische Unterkreide enthält zwei interessante Bildungen: die Schutzfelsschichten und die Amberger Erzformation. Beide sind paläontologisch nicht zu fassen. Es gibt keine soliden Kriterien zur Beurteilung der zeitlichen Stellung. An geologischer Zeit stehen etwa 20 bis 30 Millionen Jahre zur Verfügung – dieselbe Spanne, die für die Bildung von Buntsandstein und Muschelkalk angenommen wird.

(55) Das Material der Schutzfelsschichten – Sande mit Schottern sowie tonige Einschaltungen – kommt aus dem Norden von den Abtragungsgebieten Mittelhessen, Rhön, Thüringer Wald/Frankenwald. Die Landschaft in Mittelbayern entspricht dem trockengefallenen jurassischen Meeresboden. Die Reliefenergie ist gering. Die meisten Materialien bleiben unterwegs liegen.

Transportweite und Verwitterung haben in der fluviatilen Aufschüttung nur die widerständigsten Komponenten bestehen lassen. Der Verband ist kalkfrei. Unter den Kiesen überwiegen die zähen Gangquarze und die Kieselschiefer.

Die ehedem auf der Landoberfläche ausgebreiteten Schüttungen sind eine Phase später (noch in der Unterkreide) in riesige, inzwischen entstandene Karsthohlräume in den Jurakalk abgefüllt worden (103).

Wir können uns weder ein Bild von den Anlässen des Umschlages von der Oberflächen- zur Karstentwässerung noch von den Dimensionen einer der größten Verkarstungen der Erdgeschichte, auch nicht von den dafür nötigen Zeiträumen machen – weil die cenomane Abrasion die meisten Spuren vernichtet hat.

Die besten Aufschlüsse von Schutzfelsschichten bietet der Steinbruch Saal a. D. (F 19). Im Umlande von Regensburg werden sie immer wieder, unerwartet wie unerwünscht, in den Malmkalken angetroffen (43). Bei Regenstauf sind sie noch in 150 Metern Tiefe erbohrt worden. Im Donautal bei Sinzing, wo auch

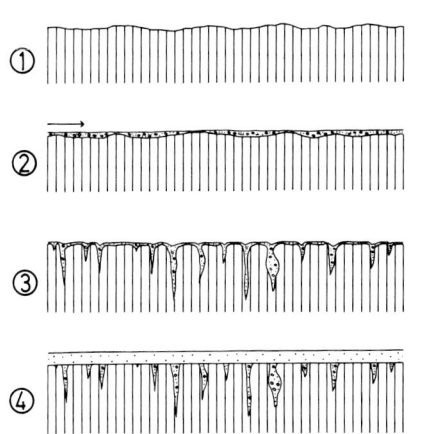

55 Schema der Entstehung von Schutzfelsschichten. 1. Anfang Unterkreide ist die aus Malmkalken bestehende südöstliche Frankenalb schwach relieftiert. – 2. Von Norden kommende Flüsse lagern in Vertiefungen Schotter, Sande und Tone ab. – 3. Tieferlegung des Vorfluters hat starke Verkarstung zur Folge. Die fluviatilen Sedimente werden in Karsthohlformen abgefüllt. – 4. Die Abrasionsfläche der cenomanen Transgression schneidet mit dem Malmkalk die obersten Meter der Schutzfelsschichten-Füllungen ab. Aus E. Rutte, 1958.

der namengebende Schutzfelsen ist, wurden die Jurakalk-Felspfeiler von (inzwischen ausgeräumten) Schutzfelsschichten separiert.

Die Amberger Erzformation ist nicht minder merkwürdig. Dies zeigt sich am ehesten in einer Wertung der Ansichten zur Genese. Es scheint schwierig zu sein, das Phänomen mit den üblichen geologischen Vorstellungen zu erklären.
Im Bezirk der Hahnbacher Aufwölbungszone um Auerbach, bei Reichenbach, Welluck, Nitzlbuch und Bernreuth, ferner im Bezirk der Eibenstocker Aufwölbung um Sulzbach-Rosenberg und Amberg, im schmalen Streifen zwischen Großenfalz bis Altenricht mit Max- und Luitpoldhütte sowie als Einzelpunkte im Gebiet Hollfeld–Pegnitz–Neukirchen–Schwandorf finden sich Braun- und Spateisenlager. Sie sind die Grundlage einer jahrhundertealten bedeutenden Eisenindustrie.
Die Mächtigkeit ist außerordentlich verschieden. Die höchsten Werte sind mit 70 Metern gemeldet. Form und Lagerung der Erzkörper sind regellos. Die Vorräte müssen Meter für Meter erkundet werden.
Die Begleitgesteine sind in Form linsiger Lagen launenhaft dazwischengeschaltet. Es sind Ockertone, Tone, Sande und Kiese. Regelmäßig beobachtet man Alemonite (die als Impactgestein gedeuteten Zeugen des Rieseereignisses). Das Erz ist weder an Spalten oder Verwerfungen noch an ein Relief gebunden. Bei Sulzbach-Rosenberg findet es sich im Niveau des Malm Alpha + Beta, anderwärts auf dem Malm. In Verbindung mit anderen Beobachtungen ist keine Interpretation als Verwitterungs- und somit Resteisenbildung aus dem Malmkalk möglich.
Die Ansicht, das Erz sei umgelagertes Doggererz, ist wegen paläogeographischer und chemischer Unzulänglichkeiten längst aufgegeben. Auch die Theorie, es wäre als Trümmerlagerstätte aus dem Lias Delta der Bodenwöhrer Bucht gekommen, scheidet schon deshalb aus, weil das dortige Eisenerz offensichtlich nicht abgetragen ist.
Neuerdings wurde vorgeschlagen, eine Deutung der Amberger Erzformation als das Ergebnis der Ablagerung gewaltiger Massen eisenmeteoritischer Materie, entstanden im Zusammenhang mit dem Rieseereignis, in den Kranz der Hypothesen aufzunehmen.

Die Wirkungen der cenomanen Abrasion sind am schönsten in den Aufschlüssen im Donautal von Kapfelberg/Poikam–Bad Abbach–Matting bis Sinzing, in den Steinbrüchen bei Kapfelberg (F 23) und in Ihrlerstein zu sehen (103). Man erkennt, daß der Malmkalk in ebener Fläche abgeschnitten wurde und verschiedene Malmfazies keine Reliefunterschiede verursachen. Imposant ist auch die Abrasionsleistung im Granit von Obertrübenbach bei Roding.

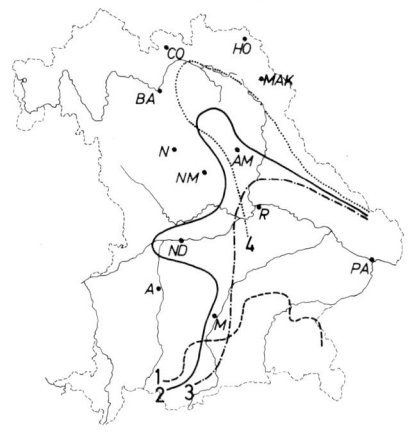

56 Meeresverbreitung in der Kreide. 1 Unterkreide, 2 Cenoman-Mittelturon, 3 Oberturon, 4 Coniac-Campan. Nach H. Tillmann, 1964.

Die Danubische Kreide (58) ist zwischen Kelheim und Regensburg, im Bereich des unteren Naab- und Regentals und (für die höheren Horizonte) im Amberger Raum sowie in Oberfranken am besten erschlossen. Beim Bau des Pfaffensteiner Tunnels und der Autobahn in Regensburg wurden viele neue Erkenntnisse gewonnen.

Eine der großen Überraschungen der Bohrungen Lindkirchen und Mainburg war der Befund, daß dort die Danubische Kreide gegen Südwesten auskeilt. Die nächsten Kreideablagerungen in Südrichtung werden – nach einer geologisch noch nicht geklärten Lücke – erst wieder bei Freising, dort jedoch in alpiner Entwicklung, beobachtet. Man darf die Verhältnisse mit dem Einfluß der Sausthal-Zone (88) auf die Sedimentation in Beziehung setzen. Eine gewisse Bestätigung ergibt sich aus dem Fehlen von Kreide in der Bohrung Bad Gögging.

Die Verwendung als Baustein hat den Regensburger Grünsandstein weithin bekannt gemacht. Der hohe Anteil des Minerals Glaukonit verursacht die charakteristische grünliche Farbe. Im Innviertel und bei Freihöls-Veldenstein werden die Glaukonitkörner besonders üppig. Glaukonit ist auch in Alemoniten nachgewiesen, da die Südliche Frankenalb im Augenblick des Riesereignisses noch mächtigere Kreideserien getragen hat.

Eine neuerdings ebenfalls mit dem Riesereignis in Verbindung gebrachte Kreidebildung ist die Neuburger Kieselkreide, auch Neuburger Weiß oder Kieselweiß genannt. In den Vorkommen von Neuburg/Donau sind es in Karsttrichtern des Malmkalks angereicherte ungeschichtete, reinweiße, locker-poröse, feinmehlige Massen. Der Kieselsäureanteil liegt um die 90 Prozent. Bezeichnend sind Einlagerungen von gröberen Quarzsanden und (regelmäßig) bis kopf-

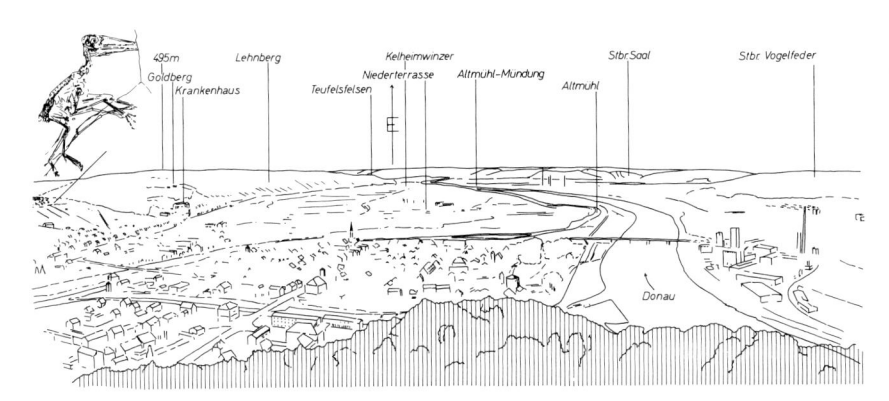

57 Blick von der Befreiungshalle über Kelheim nach Osten in die Kelheimer Bucht. Sie ist das Ergebnis der Ausräumung von Plattenkalken in der Kelheimer Schüssel durch die Altmühldonau. Die Mündung der Altmühl in die Donau ist um fast drei Kilometer »geschleppt«. Der Hang des Lehnberges war im Mittelalter vollständig vom Weinbau eingenommen. Auf den Hochflächen steht überall Regensburger Grünsandstein der Danubischen Kreide an. Die höchsten Erhebungen sind jedoch von harten Alemonit-Decken verursacht. Einer der schönsten Flugsaurier, *Pterodactylus kochi*, stammt aus den Solnhofener Schiefern von Neukelheim (linker Bildrand). Eine Platte befindet sich im Senckenberg-Museum in Frankfurt a. M., die Gegenplatte in der Bayerischen Staatssammlung für Paläontologie in München. Der skizzierte *Pterodactylus meyeri* – im British Museum of Natural History in London – ist ein jugendlicher *Pt. kochi*. Aus E. Rutte, 1974.

großen Alemoniten. Die Bildungen liegen auf zweiter Lagerstätte, sie wurden »postiesisch« verschlammt. Nicht selten sind Kreide-Leitfossilien, darunter auch *Inoceramus crippsi,* zu finden. Alemonite im Raum Wellheim–Mörnsheim–Siglohe wurden unter der Bezeichnung Inoceramenquarzit auskartiert.

(58) Die Eibrunner Mergel, im Trogtiefsten maximal 12 Meter mächtig, verursachen als weiches, toniges Gestein über dem Grünsandstein eine Verebnung. Gelegentlich sind sie als Wasserstauer oder auch als ein Rutschungen auslösender Horizont von Interesse. Die Reinhausener Schichten, eine bis 25 Meter mächtige Folge kieseliger Kalksandsteine, bilden im Kelheim-Regensburger Raume gewöhnlich die heutige Landoberfläche. Charakteristisch sind die beiden Schwämme *Jerea* und *Carterella.* In den Feldern um Ihrlerstein sind sie zu Hunderten herausgewittert.

Aus Reinhausener Schichten entsteht durch Fortlaugung des Kalkes ein hochporöses Kieselgerüst, der Tripel. Die extrem leichten, meist hühnereigroßen Steine bedecken in unvorstellbarer Menge das Kreideareal zwischen Alling und Kapfelberg (73). Sie sind auch bei Amberg und in der Bodenwöhrer Bucht sehr verbreitet.

Knollensandstein und Hornsandstein sind im Verbreitungsgebiet noch einheitlich entwickelt. Bei Eisbuckelschichten, Glaukonitmergel und Pulverturmschichten muß bereits zwischen Ausbildung im Trog und am Trogrand unterschieden werden. Deren Rand-Äquivalente sind Feinsandmergel, Kalksandsteine, Arkosen und im Norden der fossilreiche Betzensteiner Kalkstein.

Auch im Oberturon wird der Trogentwicklung des Großberger Sandsteins, der Weilloher Mergel und der Kalksand-

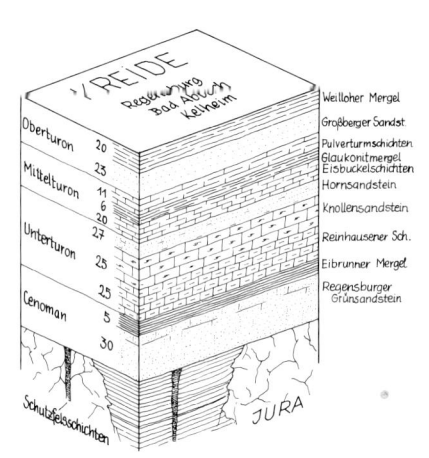

58 Schichtenfolge und mittlere Mächtigkeiten der **Danubischen Kreide** in der Regensburger Pforte.

steine die Randentwicklung (aus gelegentlich wesentlich mächtigeren und außerdem oft brackisch-limnischen Gesteinen) gegenübergestellt. Am bekanntesten darin sind die Bodenwöhrer Bausandsteine.

Andere interessante Oberpfälzer Kreide-Gesteine sind der Windmaiser Geröllsandstein und Formsand, die Pflanzentone und die Feinsandtone (mit Pflanzenresten, Wurzelböden und Pyritnestern). Bei Amberg liegen zwischen Unterem und Oberem Freihölser Bausand zehn Meter dunkle, pflanzenführende Tone mit Arkosen, darüber der Hiltersdorfer Sandstein.

Das Oberturon ist überwiegend limnisch entwickelt. Die Michelfelder bzw. Ehenfelder Schichten werden bis 160 Meter mächtig. Das kaolinige Gestein ist besonders in der Gegend von Auerbach verbreitet. Auch der Seugaster Werksandstein enthält Linsen pflanzenführender Tone.

Der letzte und weiteste Vorstoß des Kreidemeeres (56) erfolgt in den Stufen Coniac und Santon. Er beginnt mit einem Transgressionskonglomerat, der

Grenzbank. In der Oberpfalz ist es eine wichtige Leitschicht. Der Sandstein geht nach Westen in den fossilreichen Neukirchener Ocker über. Auch der Cardienton ist fossilhaltig; während die hangenden Feinsande, der Knölling-Jedinger Sandstein und die Feinsandmergel paläontologisch nicht näher zu fassen sind. Immer wieder ist man über die hohen Mächtigkeiten verwundert: bis 36 Meter Cardienton, 25 Meter Feinsande, 40 Meter Knölling-Jedinger Sandstein und bis 91 Meter Feinsandmergel. Das letzte santonische Sediment im Norden des Regensburger Troges ist der Auerbacher Kellersandstein.

Unter Niederbayern werden 100 Meter fossilführender Mergel, darauf – im Campan – die in den Bohrungen Birnbach und Weihmörting nachgewiesenen 460 Meter »Tonmergel mit Sandsteinlagen« abgelagert. Das jüngste Kreidesediment außerhalb der Alpen-Kreide konnte von den Erdölgeologen als Obercampan definiert werden.

Ein äußerst merkwürdiges Kreide-Relikt ist der Hessenreuther Schotter. Im riesigen Waldgebiet vor der Fränkischen Linie bei Erbendorf (6) steht in über 150 Metern Mächtigkeit ein Komplex aus großen und stets vollendet gerundeten Schottern an. Durchmesser von 70 Zentimetern sind keine Seltenheit. Es sind die größten Flußgerölle in Bayern nördlich der Alpenregion.

Das Material bietet ein Spektrum aller Gesteine der Fichtelgebirgszone und des Oberpfälzer Waldes. In Tonlinsen wurden Pflanzenreste (bei Friedersreuth und Albenreuth) gefunden.

Es ist nicht möglich, das für die Geröllgrößen und -formen erforderliche Gefälle aus der paläogeographischen Situation heraus zu rekonstruieren.

Wirtschaftliches

Die Amberger Erze, auch Oberpfälzer Kreideerze genannt, sind der mit Abstand bedeutendste Bodenschatz. Hauptmineral ist Brauneisenerz (Goethit), daneben Siderit. Typisch für das Eisenerz, mit bis 41 % Eisengehalt relativ hochwertig, ist der hohe Phosphatgehalt (um 1 %), gebunden an Phosphorit, und verschiedentlich auftretende, von Sammlern begehrte Eisen-Phosphat-Minerale. Die Amberger Erze sind für die Verhüttung »selbstgehend«. Die zur Zeit größte Lagerstätte ist die Grube »Leonie« bei Amberg. Es ist die Hauptroherzbasis für die Maxhütte. Die sicheren Vorräte umfassen 30 Millionen Tonnen, das Werk kann damit noch 35 Jahre versorgt werden. Unter dem Erzkörper, nur von 10–20 Meter Tonen getrennt, steht gespanntes Wasser. 150 Meter darüber befindet sich der Karstgrundwasserspiegel.

Die Neuburger Kieselkreide (Kieselerde) erfüllt kessel- und wannenförmige Vertiefungen in Malmkalken. Sie kann überwiegend in tiefen Tagebauen gewonnen werden; der einzige bergmännische Abbau erfolgt über einen 110 Meter tiefen Schacht. Quarz, Kieselsäure und Kaolinit im Verhältnis 4:1 bis 6:1 bilden ein feinkörniges, lockeres, weißes bis gelbliches Gestein. Verunreinigungen sind kaum entwickelt. In den letzten Jahren sind mehrere Vorkommen ähnlich ausgebildeter Kieselerden aus der östlichen Altmühlalb beschrieben worden. – Die Kieselerde wird für Putzmittel, Deckweiß, Füllstoff, Poliermittel, die Ultramarinsynthese verwendet.

Wertvolle Tonlagerstätten sind der Ehenfelder Ton sowie Tone in den Schutzfelsschichten. Die Römer benutzten violettrote Partien zum Färben bestimmter Ziegelsorten.

Der meiste Regensburger Grünsandstein wurde im vergangenen Jahrhundert gewonnen. Vor allem wurde er von König Ludwig I. für Repräsentativbauten eingesetzt. Zwischen Ihrlerstein und Kapfelberg (57) und bei Viehhausen-Alling (73) künden über 50 verlassene Steinbrüche von der einstigen Bedeutung. Jedoch reagiert der Stein gegenüber den Großstadt-Abgasen sehr empfindlich.
Die Bodenwöhrer Bausandsteine sind in großen Steinbrüchen aufgeschlossen. Das Material ist in großen Mengen in München verbaut.

Alpine Kreide

Gesteine der Kreide entstanden in drei selbständigen, untereinander kaum verbundenen Sedimentationsräumen: in der Zone der Nördlichen Kalkalpen, in der Flysch-Zone und in der Helvetikum-Zone. Infolgedessen haben die Schichten und deren Abfolge keinerlei nennenswerte Gemeinsamkeiten. Auch die morphologischen Äußerungen sind unterschiedlich.

Kreide in den Kalkalpen

(59) Die Sedimentation der Neokom-Aptychenschichten ist die Fortsetzung der im Malm begonnenen tonreichen Phase. Der Übergang ist demgemäß gleitend, und nur mit Hilfe der Leitfossilien sind stratigraphische Grenzen zu ziehen.
Aptychen und Ammoniten mit zum Teil sonderbaren Gehäuseformen sind am ehesten in den bunten, meist weinroten oder grünlichen Tonmergelschiefern von Fleckenmergel-Habitus zu finden. Örtlich ist der Kalkgehalt höher, so daß das Gestein als Rohstoff für die Zementherstellung dienen kann (Kiefersfelden). Stellenweise kommt kleinkörniger Pyrit in lagig angeordneten Nestern vor.
Die Mächtigkeit der Neokom-Aptychenschichten kann 400 Meter erreichen. Am Roßfeld entwickeln sich durch Zunahme des Sandgehaltes die Roßfeldschichten. Eine andere Variante sind die hell- bis grüngrauen, manchmal weinroten Schrambachschichten.

Im Allgäu sind mehrere geringmächtige, überdies meist sehr schlecht aufgeschlossene Schichten nach den stratigraphischen Stufenbezeichnungen benannt worden.
Ende Unterkreide setzt starke tektonische Unruhe ein. Der Trog bewegt sich. Während im heutigen Göll-Massiv riesige Blöcke aus Dachsteinkalk herunterstürzen, kommt es im Berchtesgadener Gebiet zu Verlandungen.
Mit dem Cenoman wird der erste großartige Umschwung in der Entwicklungsgeschichte der Alpen bemerkbar. Die Gesteine liegen örtlich (transgressiv) auf Hauptdolomit und belegen eine vorausgegangene starke Abtragung. Nicht selten zeigen Winkeldiskordanzen (zwischen Unterlage und Cenoman) enorme tektonische Verstellungen an. Im Geröllbestand der insgesamt äußerst unruhig entstandenen Schichten kommen Wettersteinkalk-Komponenten vor. Also muß der Wettersteinkalk bereits freigelegt zur Verfügung gestanden haben.

		W	E
Oberkreide	MAASTRICHT		Nierentaler Schichten/Zwieselalmschichten
	CAMPAN·	Muttekopfgosau	Gosau Untersberger Marmor
	SANTON		
	CONIAC		
	TURON	Turon	
	CENOMAN	Cenoman (Mergel, Sandsteine, Geröllmergel)	
Unterkreide	ALB »GAULT«	Lechtaler Kreideschiefer	Alb Dunkle Mergel
	APT		Apt
	BARRÊME		Roßfeldschichten
	HAUTERIVE	Neokom-Aptychenschichten	
	VALENDIS		Schrambachschichten

59 Kreide der Kalkalpen.

Die unruhigen Verhältnisse setzen sich nach dem Cenoman fort und erfahren erst im Coniac eine gewisse Beruhigung.

Das Hauptereignis ist die Vorgosauische Gebirgsbildung. Die sedimentären Folgeerscheinungen sind tektonisch überprägte, sogenannte tektofazielle Schichtkomplexe. Die geologisch-stratigraphische Interpretation wird schwierig, weil sich die allgemein geringen Mächtigkeiten rasch ändern und Schichtlücken häufig sind.

Andererseits ist die paläontologische Dokumentation verhältnismäßig gut. Neben den Makrofossilien müssen die Foraminiferen, hier insbesondere die Orbitolinen, berücksichtigt werden. Diese wichtige Leitfossilien-Familie kann in verschiedenen Vertretern (als meist linsengroße Scheibchen) im Inntal im Einbachgraben, nördlich vom Wildbarren und westlich Niederaudorf gesammelt werden.

Unter den Sedimenten fallen am meisten die exotischen Gerölle auf. Weil sie größtenteils aus Kristallin bestehen, könnte es sich um die letzten Reste des Vindelizischen Festlandes handeln. Bei Regau erreichen einige Riesenblöcke gigantische Kaliber.

Nach dieser unruhigen Zeit bricht im Coniac von Norden her das Gosaumeer in den kalkalpinen Bereich.

Die Gosau-Kreide ist in Einzelvorkommen überliefert. Es handelt sich um lebhaft zusammengesetzte Gesteine. Fossilien spielen eine große Rolle. Das Meer dringt in ein bereits vorhandenes Relief. Es hinterläßt oft nur Brandungskonglomerate (zum Beispiel westlich von Bad Reichenhall). Die Linie Berchtesgaden–Ramsau wird nicht überflutet. Infolgedessen verteilen sich die Nachweise auf das nördliche Berchtesgadener Land, die Gegend von Reit im Winkl, das Unterinntal und die Lechtaler Alpen (wo im Muttekopf-Gebiet bis 670 Meter mächtige Muttekopfgosau nachgewiesen ist).

Die Fossilien sind in der Regel dickschalig; dies ist der beste Hinweis auf das Vorhandensein starker Brandung. Hauptvertreter sind die Schnecke *Actaeonella* und die interessanten Rudisten: Muscheln (nur in der Kreidezeit existent) mit sonderbarer, rübenförmig-großer Gestalt. Die eine (kelchförmige) Schale ist auf dem Meeresboden angewachsen, die andere (flachscheibenförmige) fungiert als Deckel. Sie stehen dicht vereinigt in Kolonien zusammen. Zwischen den Gehäusen sammelt sich Sediment an.

Dies zwingt die Tiere zu ständigem Höhenwachstum. Die Gattungen *Hippurites* und *Radiolites* sind die bekanntesten Vertreter.

Einmalig und höchst eindrucksvoll ist das ganz aus Rudisten und Schnecken aufgebaute Krönner-Riff am Nordhang des Lattenberges bei Bayrisch Gmain. Andere Muscheln sind die Inoceramen. Sie sind am charakteristisch prismatischen Schalenbau leicht zu erkennen.

Ein sehr bekannter, weitgehend organogener Schuttkalk ist der gelblichweiße Untersberger Marmor (Abbau bei Fürstenbrunn). Im Fürstenbruch wurde ein *Pachydiscus* mit 140 Zentimetern Durchmesser geborgen. Das im Salzburger »Haus der Natur« ausgestellte Stück verkörpert einen der größten Ammoniten.

Die über den Gosau-Ablagerungen folgenden Nierentaler Schichten sind bunte Mergel mit gelegentlich eingeschalteten Kalkbänken. Sie können mehrere hundert Meter mächtig werden. Reich ist der Gehalt an Inoceramen und Foraminiferen. Eine Sonderentwicklung im Becken von Gosau sind die Zwieselalmschichten.

Kreide in der Flysch-Zone

(61) Der Name Flysch kommt aus der Schweiz und bedeutet soviel wie »Fließendes Gestein«. Tatsächlich sind Rutschungen und Schlipfe in sämtlichen Niveaus der Flyschgesteine die Regel. Die allerorten leicht überschaubaren Folgen sind weiche Mittelgebirgsformen, Grasland, weite Bergrücken – und sehr schlechte Aufschlußverhältnisse. Mitunter, so im Allgäu, sind dennoch übersteile Hänge und tief eingerissene Schluchten vorhanden.

Trotz der enormen Mächtigkeit – im westlichen Allgäu über 2000 Meter, in Oberbayern stets über 1000 Meter – sind, da es sich insgesamt um weiche Gesteine handelt, die »Flyschberge« niedriger als die Nagelfluhketten der Faltenmolasse nördlich davon.

Markante Erhebungen sind Riedberg (1787 m) bei Oberstdorf, Edelsberg (1625 m) bei Pfronten, Trauchberg (1638 m) bei Füssen, Hörnle (1548 m) bei Ammergau, Zwiesel (1348 m) bei Bad

Tölz (54) und, als östlichster Flyschberg Bayerns, der Teisenberg (1270 m) bei Traunstein. Die Höhen werden meistens entweder vom Reiselsberger Sandstein oder der Hällritzer Serie veranlaßt.

Die Bildungsräume des Flyschs sind sehr kompliziert gebaute Tröge. In diese werden als Folgeerscheinung der in der Kreide stärkstens einsetzenden tektonischen Regungen mannigfache Schutt- und Trümmermassen geliefert. Es entsteht ein insgesamt eigenwilliges Gestein.

Den besten Eindruck des sedimentären und tektonischen Chaos bekommt man vom Wildflysch. Gesteinsblöcke von oft ungeheuerlicher Größe werden in einem Teig aus Tonen verknetet, auf unbeschreibliche Weise vermischt, tektonisch verwalzt und schließlich in sekundären Großbewegungen zu einem gewaltigen Durcheinander vereinigt.

Einen guten Aufschluß in solchen exotischen Brekzien des Unterkreideflyschs gibt es im Schauergraben am Reifenberg bei Bernau. In solchen Gesteinen kommt es zu besonders lebhaften und umfänglichen Gleitungen und Murgängen. Die Bäume fallen um, Drainage hilft nichts. Der Flysch ist der Kummer des Forstmanns und Almwirts.

Die Masse des Flyschs westlich und östlich der Iller sowie südlich Balderschwang, auch im Streifen vom Wertacher Horn bis zum Ammergau, entstammt dem Ablagerungsraum des Penninischen Trogs (90). Sein heftig bewegter Inhalt ist in mehrere tektonische Einheiten – Feuerstätter Decke, Ütschen-Decke, Hauptflyschdecke – gepreßt worden.

Der Flysch führt (es ist das beste paläontologische Erkennungsmerkmal) kaum Großfossilien. Weitverbreitet sind dagegen Wurmspuren, Bohrgänge (Fucoiden) und Fraßgänge in mäandrischer Regelhaftigkeit (Helminthoiden). Gelegentlich spielen Algen oder auch Einspülungen von Pflanzenhäcksel eine Rolle. Hauptfossilien sind die Foraminiferen.

Die stratigraphische Interpretation des Flyschs gehört mit zum Schwierigsten, was die Geologie in Bayern zu bieten hat. Nicht minder schwer ist es, bestimmte Schichtkomplexe zu lokalisieren.

(61) Die Aptychenschichten, von Sibratshausen bis Vorderhindelang besser erschlossen, liefern in bunten Flaserkalken vereinzelt Aptychen und Belemniten. Die Junghansenschichten sind nur in der Feuerstätter Decke entwickelt. Im Wildflysch sind viele exotische Gerölle enthalten. Die Tristelserie ist ein guter Leithorizont, weil die Tristelbrekzien (ein Schuttkalk mit Relikten von Stachelhäutern sowie Foraminiferen) härter als die Umgebung hervortreten. Sie ist der übliche Beginn des Flyschs in Oberbayern.

Der Feuerstätter Sandstein enthält örtlich auffällig viele Einschlüsse kristalliner Gerölle. Der Quarzitsandstein ist überdies reich an Glaukonit. Von weiterer Verbreitung ist die Quarzitserie. Die Besonderheit sind darin (neben Tonschiefer-Einschaltungen) die Ölquarzite. Sie wirken im Anbruch ölglatt.

Die Mächtigkeit der Quarzitserie kann 150 Meter erreichen. Im Norden der Flyschverbreitung wird die höhere Quarzitserie durch die Ofterschwanger Schichten vertreten. Es handelt sich um feste Kalkmergel mit Beimengung der üblichen Flyschgesteine. Charakteristisch ist der scherbige Zerfall. Hier ist mit Hilfe der Foraminiferen eine sichere Zuordnung in den Grenzbereich Unter-Oberkreide möglich.

Die Oberkreide im Flysch beginnt mit den Unteren Bunten Mergeln. Der Reiselsberger Sandstein ist der zumindest morphologisch wichtigste Flyschhorizont. Bis 500 Meter mächtig, veranlaßt er die bewaldeten Gipfelgebiete der Flysch-Zone.

Trotz der geringen Mächtigkeit von höchstens 10 Metern und der Weichheit der Gesteine ist der Obere Bunte Mergel wegen der markant roten und grünen Farben der Schiefertone ein wichtiger Leithorizont. Die Hörnleinserie, insgesamt 5 Meter mächtig, ist nur im Bereich der Feuerstätter Decke verbreitet. Sie interessiert hauptsächlich wegen des merkwürdigen Hörnleindiabases: eines (eventuell submarin erfolgten) vulkanischen Ergusses von grünem Spilit. Er wird begleitet von vulkanischen Tuffen und ist in Brekzien und Konglomerate eingebettet.

Die Piesenkopfserie wiederum ist vor allem im nördlichen bayerischen Flyschbereich verbreitet. Es handelt sich um bis 500 Meter mächtige, foraminiferenreiche typische Flyschgesteine.

Die Zementmergelserie hat den Namen von der Nutzung der Gesteine als Zement-Rohstoff (Kesselgraben bei Marienstein, bei Hausham). Die Mächtigkeit schwankt in Beträgen zwischen 50 und 700 Metern.

Markanter ist die Hällritzer Serie, ein bis 500 Meter mächtiger Verband aus charakteristisch zyklisch wechselnden Bänken von Quarzsandstein und Kalk. In eintöniger Folge kann dieser Bankwechsel (mit überdies rhythmischem Korngefüge) mehrere 100 Meter einnehmen. Sie bildet neben dem Reiselsberger Sandstein viele Flyschberge (54).

Die Bleicherhornserie – sie stellt unter anderem den Fellhorn-Gipfel – weist desgleichen mehrere Gesteinsarten mit auffälliger rhythmischer Schichtung auf. Ansonsten ist auch in dieser stets mehrere 100 Meter mächtigen Folge die für den Flysch typische Mannigfaltigkeit entwickelt.

Kreide in der Helvetikum-Zone

Die Hauptverbreitung der Serien des Helvetikums liegt in der Nordostschweiz. Säntis und Churfirsten sind die Repräsentanten. Im westlichen Allgäu taucht es in Form eines breiten Sattels unter. Am Nordrand der Alpen verbleiben sehr schmale Streifen (38, 90, 54). Dies ist Ausdruck der späteren tektonischen Überwältigung mit Flysch.

Immerhin ist die Helvetikum-Zone nach Osten bis zur Landesgrenze zu verfolgen, wenngleich nicht mehr als gebirgsbildende Einheit. Schließlich kann man nicht einmal mehr von Bergen, nur noch von Hügeln reden. Neubeuern steht auf einem solchen Helvetikum-Hügel. Zwischen Lech und Iller wird die Rolle bedeutender.

(60) Die ältesten Schichten des Helvetikums in Bayern, die Valendis-Mergel, sind unterste Unterkreide. Hauterive sind die Kieselkalke mit Hornsteinlagen von Starzlach. Von weiter Verbreitung (und im Allgäu nirgends zu übersehen) sind die Drusbergschichten, ein Komplex dunkler Mergel und knolliger Kalke mit den für weiche Gesteine üblichen morphologischen Äußerungen wie Quellhorizontbildung, Rutschungsfreudigkeit und Almengelände.

Der Schrattenkalk ist der Hauptgipfelbildner. Obwohl in Bayern nie mächti-

		Vorarlberg und Allgäu	Oberbayern
Tertiär	OBEREOZÄN	Stadschiefer Stockletten/Lithothamnienkalk/	Nummuliten-kalk
	MITTELEOZÄN	Bürgenschichten Adelholzener Schichten	Buntmergelserie
	UNTEREOZÄN	Dreiangelserie Glaukonitsandstein	
	PALÄOZÄN		
Oberkreide	MAASTRICHT	Wangschichten	Gerhardsreuter Schichten Pattenauer Schichten
	CAMPAN	Burgberg-Grünsandstein	Stallauer Gründsandstein
	SANTON	Amdener Schichten	Leistmergel
	CONIAC		
	TURON	Seewerkalk Liebensteiner Kalk	Seewerkalk
	CENOMAN	Lochwaldschicht	
Unterkreide	ALB	Freschenschicht Brisisandstein	Kletzenschicht Gault-Grünsandsteine
	APT	Schrattenkalk Gamser Schichten	Schrattenkalk
	BARRÊME	Drusbergschichten	
	HAUTERIVE	Kieselkalk Oolithkalk Valendis-Mergel	
	VALENDIS	Öhrlimergel	
Jura	MALM	Zementstein Quintner Kalk	
	DOGGER		

60 Kreide und Alttertiär der **Helvetikum-Zone**.

ger als 100 Meter, veranlaßt er das auffallend helle und weithin sichtbare Felsband westlich Oberstdorf und am Grünten (1733 m). Besonders charakteristisch äußert er sich im Gebiet des Hohen Ifen (2230 m) sowie im Paradebeispiel alpiner Verkarstung, dem Gottesackerplateau. Die östlichsten Vorkommen stehen im Gebiet von Tegernsee und Schliersee an. In der Regel ist der Schrattenkalk ein organogener, oft durch Reste von Stachelhäutern spätiger Kalk. Im südlichen Allgäu beginnt stärkere Vermergelung einzusetzen.

Auf dem Grünten liegen auf dem Schrattenkalk wenige Meter ammonitenreicher Glaukonitkalke als Vertreter der Gault-Grünsandsteine. Der Brisisandstein, ein heller oder grüner Glaukonitsandstein, keilt wie sein Liegendes, die Gamser Schichten, nach Norden aus.

Das Cenoman beginnt mit der an Phosphoritknollen und Fossilien reichen, daher gut ansprechbaren Lochwaldschicht. Der Seewerkalk, ein ebenfalls leicht kenntlicher heller, flaseriger Kalk, spielt in der Schweiz als Gipfelbildner eine große Rolle.

Leistmergel und Wangschichten sind, wegen des höheren Tonanteils, demgegenüber durch weichere Geländeformen ausgewiesen.

Tertiär

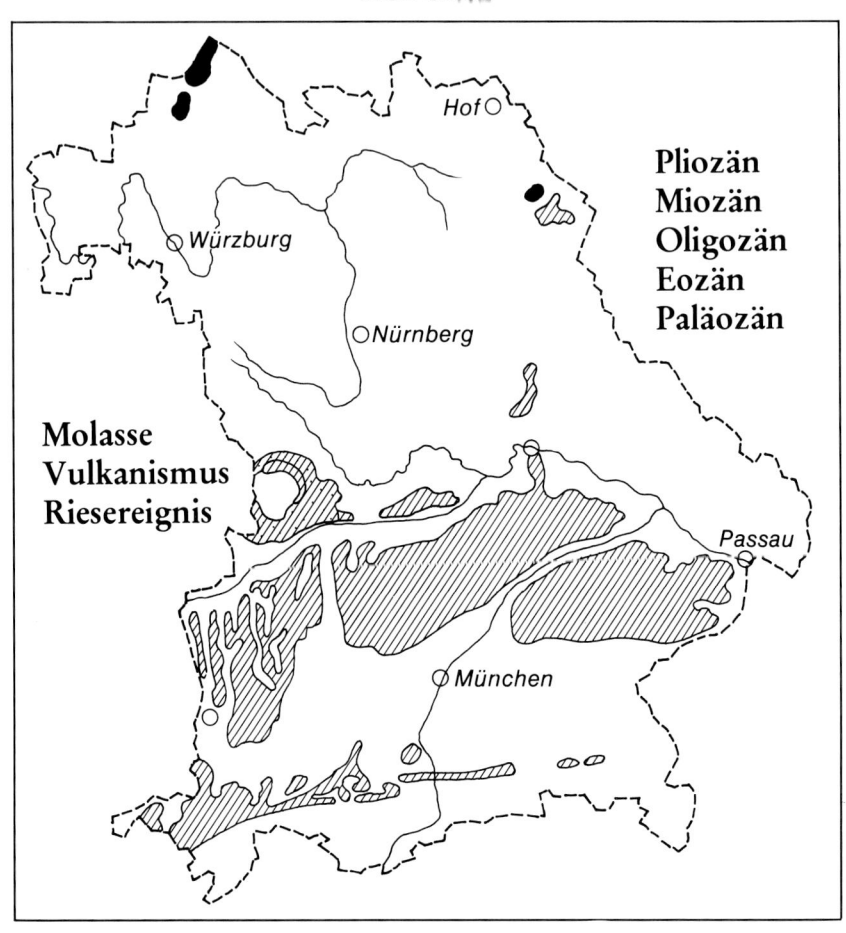

**Pliozän
Miozän
Oligozän
Eozän
Paläozän**

**Molasse
Vulkanismus
Riesereignis**

Gesteine der Formation Tertiär sind in allen bayerischen Landesteilen weit verbreitet. Den größten Raum nehmen die Ablagerungen der Molasse ein. In den nord- und mittelbayerischen Bezirken dominieren jungtertiäre, zumeist limnische Gesteine. Mit ihnen kann der Basaltvulkanismus in Beziehung treten. Zugleich erlebt das Land die stärksten, die entscheidenden tektonischen Beeinflussungen. Es erfolgt die endgültige Strukturierung wie auch die Heraushebung der Alpen. Die Vorgänge sind in allen Zeitabschnitten durch paläontologische Daten belegt; es liegen auch radiometrische Datierungen vor.

Inneralpines Tertiär

Der Alpenraum ist wiederholten tektonischen Bewegungen ausgesetzt. Entsprechend unruhig und differenziert sind die letzten Ablagerungen der Tethys. Im Obereozän wird das Reichenhaller Gebiet unter den Meeresspiegel gesenkt. Die Küste dringt bis in die Querfurche von Hallthurm vor. Bei Hallthurm und Staufeneck sind viele Eozän-Fossilien dieses paläogeographisch bedeutsamen Vorstoßes überliefert.

Im oberbayerischen Inntalgebiet verursacht die obereozäne Transgression Basalkonglomerate. Es folgen Sandmergel und Nummulitensandsteine (mit Flußgeröllen, Schneckenschalen und Pflanzenhäcksel). Die Komponenten sind vom nahen Festland eingespült. Reichlich finden sich marine Muscheln, Korallen, auch Seeigel und Großforaminiferen. Gute Aufschlüsse sind an der Gfaller Mühle bei Oberaudorf zu finden.

Mit den Häringer Schichten (bereits im tirolischen Inntal gelegen) werden die Anzeichen einer beginnenden Verbrakkung des Meeres zahlreicher. Zwar sind basal Nummuliten und Korallen verbreitet, doch dann setzen reichere Zufuhren toniger Komponente ein. Es resultieren die als Zement-Rohstoff geschätzten Kalkmergel.

Von Brackwassersümpfen künden Pechkohlen. Sie sind nicht nur im Gefolge des gebirgsbildenden hohen Druckes stärker inkohlt, sondern auch zu Flözmächtigkeiten bis 20 Metern zusammengestaucht worden.

Entsprechende Schichten sind in der subalpinen Molasse nicht bekannt geworden. Jedoch in den hangenden Angerbergschichten, einer wiederum tonigmergeligen Brackwasserbildung, gelingt die Parallelisierung mit den oligozänen Baustein- und Tonmergelschichten (65).

Tertiär in der Flysch-Zone

Flysch tertiären Alters ist in Oberbayern sehr wenig verbreitet. Am ehesten ist er noch im Gebiet westlich des Tegernsees zu fassen. Im Allgäu jedoch besitzt er größere Bedeutung. Dort ist er durch die Vorkommen flyschtypischer, sonderbarer Gesteinsentwicklungen eine interessante Einheit.

(61) Die Faziesdifferenzierungen sind umfangreich. Sie führen von Wildflysch über Tonschiefer, Quarzitlagen, Kalkbänke bis zu Brekzien. Unerklärlich sind Konglomerate, die in bis hundert Meter Mächtigkeit exotische Gerölle und Riesenblöcke (manchmal über hundert Kubikmeter) enthalten. Das Material sind Gneise, Glimmerschiefer, Porphyre, Trias- und Jurakalke: kündend von untergegangenen Inselschwellen, vielleicht auch allerletzten Resten des Vindelizischen Festlandes. Die größten exotischen Blöcke enthält das Bolgenkonglomerat in den Oberen Junghansenschichten. Es ist im Junghansentobel, weil dort ohne jedes verhüllende Bindemittel, besonders eindrucksvoll.

Mit Hilfe von Foraminiferen kann die Zeit der Bildung an die Wende Kreide/Tertiär gestellt werden. Die zwischen Isartal und Schliersee neu entdeckte Tratenbachserie ist wie der bei Unterammergau und am Tegernsee nachgewiesene Komplex der Unternoggschichten gleichen Alters.

		Vorarlberg und Allgäu	Oberbayern	Salzburg
Oberkreide	UNTEREOZÄN PALÄOZÄN	Obere Junghansenschichten	Unternoggschichten	Tratenbachserie
	MAASTRICHT		Fanóla-Serie	Bleicherhornserie
			Planknerbrücke-Serie	Hällritzer Serie
	CAMPAN	Wildflysch		
	SANTON		Hörnleinserie Piesenkopfserie	Zementmergelserie
	CONIAC			
			Obere Bunte Mergel	
	TURON		Reiselsberger Sandstein	
	CENOMAN		Untere Bunte Mergel	
			Ofterschwanger Serie	
Unterkreide	ALB	Feuerstätter Sandstein	Quarzitserie	Gaultflysch
	APT	Untere Junghansenschichten	Tristelschichten (Kalkgruppe)	
	BARRÊME			
	HAUTERIVE	Aptychenschichten		Neokomflysch
	VALENDIS			

61   Kreide und Alttertiär der **Flysch-Zone**.

Tertiär in der Helvetikum-Zone

Helvetikum tertiären Alters ist in der Regel durch den hohen Gehalt an auffälligen Großforaminiferen charakterisiert. Zu den paläontologischen Zeugnissen zählen ferner Kalkalgengesteine, hier in erster Linie die Lithothamnienkalke. Bindemittel sind glaukonitische Sande, Kalke und Mergel.
(60) Hauptsächlich am Grünten und in dessen Allgäuer Umkreis sind die Dreiangelserie, die Bürgenschichten und der Stadschiefer verbreitet.
In Oberbayern und im Salzburgischen übernehmen Buntmergelserie, Adelholzener Schichten und der Stockletten die fazielle Vertretung. Die Gesteinsausbildung ist abwechslungsreich. Neben grauen Oolithsandsteinen, Alveolinenquarzit und Achtaler Sandstein sind die oolithischen Eisenerze im Raum Sonthofen (Grünten) und am Teisenberg (Kressenberg) bemerkenswerte Bildungen. In beiden Gebieten wurde früher reger Bergbau betrieben. Teisendorfer Schwarz- und Roterz ist gegenwärtig nicht abbauwürdig, aber potentielle Reserve für die Zukunft.
In den Alttertiär-Schichten von Neubeuern befinden sich zahlreiche verlassene Steinbrüche. Eine Tafel an einer Abbaustelle bei Hinterhör erinnert an den früher intensiv betriebenen Gewinn von Mühl- und Wetzsteinen. Gümbel (1861) hat der Beschreibung des Abbaues der feinquarzitischen Gesteine viele Zeilen gewidmet. Die »Beurer Produkte« wurden auf Plätten über den Inn weithin verfrachtet.

Die bekannteste eozäne Bildung aber ist der Nummulitenkalk von Kressenberg, Adelholzen und Siegsdorf. Die dort leicht zu sammelnden Foraminiferen erreichen Gehäusedurchmesser bis 5 Zentimeter. Außerdem geben Muscheln, Krabben, Schnecken und der große Seeigel *Conoclypeus* Kunde vom letzten tropischen Meer auf deutschem Boden.

Molasse

Unsere Kenntnisse sind durch die 1948 begonnene Erdölexploration enorm gesteigert worden, nicht nur, was die Gesteine und deren Abfolge, sondern auch, was die Gestaltung des Untergrundreliefs anbelangt. Insgesamt sind seit dem ersten Gasfund bei Ampfing (1954) weitere 120 Aufschlußbohrungen abgeteuft worden. Ein relativ hoher Anteil, nämlich 26, wurde fündig.

Bis 1975 wurden in Bayern fast 4 Millionen Tonnen Erdöl und etwa 12 Milliarden Kubikmeter Erdgas gefördert. Die bayerischen Vorräte werden bei Öl auf 1,2–1,6 Milliarden Tonnen und bei Gas auf 5–6 Milliarden Kubikmeter geschätzt.

Die Erdöl- und Erdgaslagerstätten sind an alle möglichen Speichergesteine, vom Muschelkalk bis hinauf zu burdigalen Sanden, gebunden; sie pflegen an Ende Altpliozän entstandenen tektonischen Störungen, sogenannten Fallenstrukturen, zu liegen. Die jüngste »übertiefe« Bohrung Vorderriß 1 ist zugleich die mit der größten bayerischen Teufe: bei Miesbach sind im Bereich der Faltenmolasse 6500 Meter erkundet worden. Das tiefste bundesdeutsche Ölfeld ist mit 4400 Metern Bohrteufe Darching an der Autobahn München–Salzburg. Das ehemalige Gasfeld Wolfersberg bei München wurde mit rund 3000 Metern Teufe nach der Ausbeutung zum tiefsten Gasspeicher der Erde. Eine vollständige

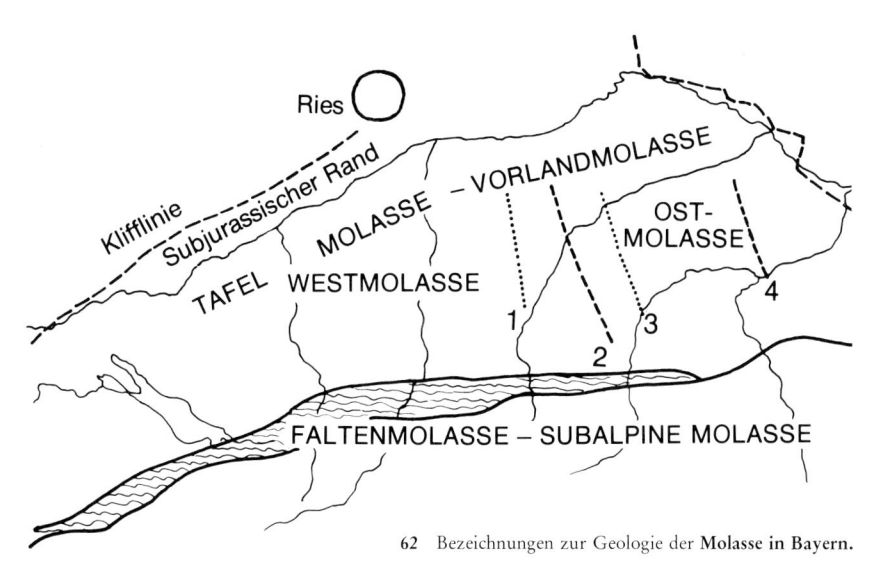

62 Bezeichnungen zur Geologie der **Molasse in Bayern.**

Übersicht zur Geologie der Erdöl- und Erdgaslagerstätten Bayerns wird von K. Lemcke zuletzt 1979 gegeben. Wissenschaftlich wichtige Bohrungen sind Gablingen, Scherstetten, Kaufbeuren und Ampfing. Viele tausend Kilometer geophysikalischer Profile haben neue Dimensionen des geologischen Verständnisses geliefert. Die Hauptergebnisse sind neben dem Gesamtbild der paläogeographischen und großtektonischen Entwicklungsgeschichte die Differenzierungen der stratigraphischen Situation.

Die Ende Kreide begonnene Meeresregression setzt sich auch im ältesten Tertiär fort. Auf den Landgebieten erfolgt Abtragung. In den erdoberflächlich anstehenden Malmkalken setzt Verkarstung ein. Nur im Ostbayerischen Randtrog (an der niederbayerischen Donau) erfolgt ein (fast Regensburg erreichender) erster Meeresvorstoß von Südosten her. Dann beginnt das Landshut-Neuöttinger Hoch (62) aufzusteigen. Die zuoberst liegende Kreide wird abgetragen und die aus Malm und Kristallin bestehende Unterlage herausgeschält.

Die Zeiten Paläozän bis Obereozän sind übrigens in ganz Europa von mannigfachen Wandlungen charakterisiert. Es erfolgen die ersten größeren Bewegungen in den Alpen, der Rheintalgraben beginnt sich erstmalig zu zeigen, und auch in Norddeutschland entstehen merkwürdige Sedimente als Folge großzügiger Senkungserscheinungen.

Im Obereozän erfolgt der erste große Schritt in der paläogeographischen Umgestaltung des Molassebeckens. Die Umbildung des Alpenvorlandes zur sogenannten Vortiefe beginnt. Sie läßt ein Flachmeer bis zur unteren Isar vordringen. Das Landshut-Neuöttinger Hochgebiet wird umgangen. Aber am Saum dieser Insel lagern sich die (erdölgeologisch interessanten) Lithothamnienkalke ab (66).

Im Oligozän setzt sich der Absenkungstrend fort. Die Hochgebiete werden jetzt überflutet. Im Osten, bis in Höhe der Donau, lagern sich vielschichtige Komplexe vorwiegend mariner Schichten ab. Gleichzeitig entstehen im Westen, in überwiegend limnisch-terrestrischem Milieu, die mächtigen Serien der Unteren Süßwassermolasse (USM).

(70) Mit der Oberen Meeresmolasse (OMM) dokumentiert sich das letzte bayerische Meer. Weite Transgressionen erreichen die Südliche Frankenalb. Die Regression wie auch die anschließende Süßbrackwassermolasse (SBM) reagieren auf die inzwischen stärker gewordenen strukturellen Niveauunterschiede.

(64) Die Obere Süßwassermolasse (OSM) schließlich entsteht unter neuem Vorzeichen. Es ist die Antwort der Sedimentation auf den nun beginnenden Aufstieg des Alpenkörpers. Fluviatile Parameter bestimmen das Bild.

Zuletzt, Ende Altpliozän (1), wird der gesamte Molassetrog von der wirksamsten, größten, weitreichendsten tektonischen Phase Bayerns erfaßt. Zugleich werden die Alpen als Ganzes sowohl nach Norden als auch in die Höhe gerückt. Das Vorland, das sind die Molasse und das Mesozoikum des Süddeutschen Dreiecks, wird dabei – entweder (in

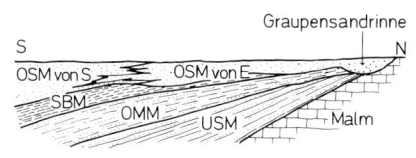

63 Schematisches Querprofil durch **die Ablagerungen der Molasse** am Nordrand des Molassebeckens. USM = Untere Süßwassermolasse, OMM = Obere Meeresmolasse, SBM = Süßbrackwassermolasse, OSM = Obere Süßwassermolasse.

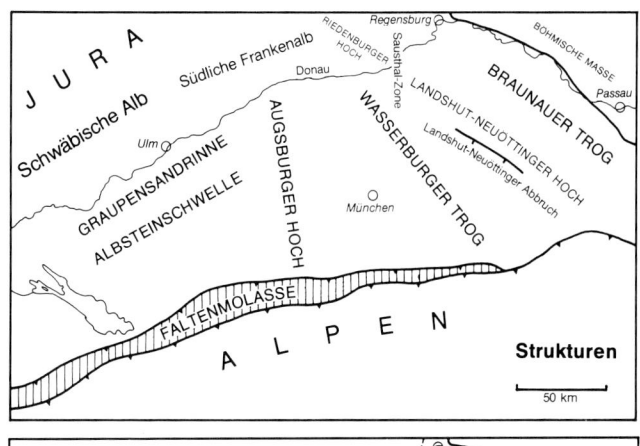

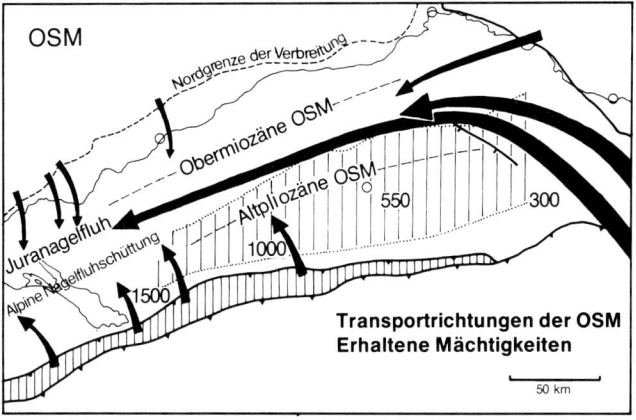

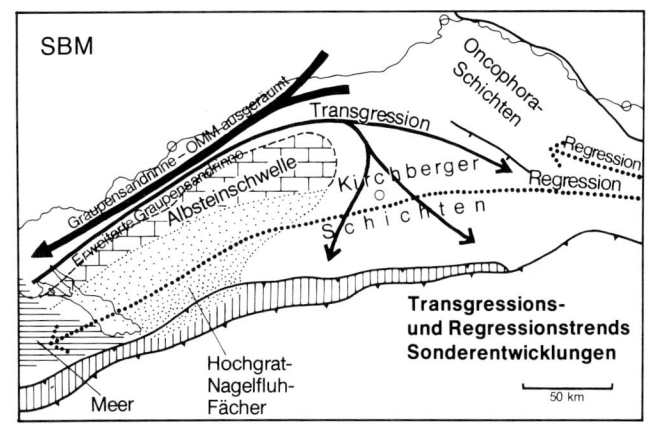

64 Molasse in Bayern. *Oben:* Die für die Sedimentation maßgeblichen tektonischen Strukturelemente. *Mitte:* Verbreitung, erhaltene Mächtigkeiten, Transportrichtungen und Sonderfazies der Oberen Süßwassermolasse. *Unten:* Paläogeographie, Transgressions- und Regressionstrends und Gesteinsentwicklungen zur Zeit der Süßbrackwassermolasse. Nach K. Lemcke, 1973.

der Molasse) in den gleitfreudigen Rupel-Tonmergeln oder auf der Dachfläche des Alten Gebirges bzw. da und dort auf dem Rotliegenden – nordwärts bewegt. Die weichen Molasse-Serien fungieren dabei gewissermaßen als Knautschzone. Sie werden, da alpennächst gelegen, besonders intensiv mitgerissen, zerbrochen, gefaltet und gestaucht.

(62) Das Resultat sind die (strukturellen) Einheiten Faltenmolasse (»Subalpine Molasse«) und Vorlandmolasse (»Tafelmolasse« bzw. »Ungefaltete Molasse«). Letztere ist mit 80–120 Kilometern Nord-Süd-Breite und fast 400 Kilometern Länge wesentlich umfangreicher.

Fazielle Unterschiede lassen daneben die Großgliederung in Ost- und Westmolasse, Subjurassische Molasse, Molasse vor dem Alten Gebirge und Oberpfälzer Molasse (in der Regensburger Pforte) vornehmen.

Die gegenwärtige Lagerung der Molasse wird am anschaulichsten, wenn die oberste Schicht der Oberen Meeresmolasse als Bezugsniveau genommen wird (63). Im Niederbayerischen Senkungstrog, der tertiären Fortsetzung der Regensburger Straße, liegt der tiefste Punkt in +200 m NN 50 Kilometer südöstlich Regensburg. Jenseits des Landshut-Neuöttinger Hochs folgt die alpenparallele Großmulde. Sie hat einen flachen Nord- und einen steilen Südflügel. Der tiefste Punkt erreicht südwestlich des Bodensees –300 m NN.

Demgegenüber sind die Lagerungsverhältnisse der Molassebasis anders. Es handelt sich um eine einfach geneigte Platte. Das Einfallen beträgt unter München 1,7 Grad, südlich davon höchstens 3,8 Grad. Die Trogachse verläuft nur wenige Kilometer vor dem Alpennordrand.

Die einzige Unruhe in den Streichlinien beobachtet man in der unmittelbaren Nachbarschaft des Landshut-Neuöttinger Hochs (64).

Die Mächtigkeiten, alle Molasseablagerungen zusammengenommen, ergeben ein asymmetrisches Nord-Süd-Profil (63). Die Werte sind: Regensburger Donau 20 Meter, Mainburg 350 Meter, Landshut 1000 Meter, München 1800 Meter. Am Alpenrand dürften es an die 4000 Meter sein.

Die weite oberflächliche Verbreitung der Molasse bedingt charakteristische schwäbische, ober- und niederbayerische Landschaftseinheiten. Gemeinsames Merkmal ist die großzügig geschwungene, überwiegend von Feldflur eingenommene, allüberall von Weilern und Einzelhöfen durchsetzte Hügellandschaft.

Für die Region zwischen Lech–Donau–Ilm–Amper ist längst der geologische Begriff Tertiäres Hügelland üblich geworden. Desgleichen sind Hallertau/Holledau Inbegriff einer Molasseregion. Zumeist versteht man unter dem typischen Niederbayern das Isar-Inn-Hügelland.

Östlich des Lech und südlich der Linie Schwabmünchen – Dachau – Mühldorf – Simbach lagern, die Ausstriche verwischend, zunehmend eiszeitliche Bildungen auf.

Die Böden sind in der Regel fruchtbar, besonders dann, wenn Lößaufwehungen liegenbleiben konnten. Der Mangel harter, quaderförmig zurichtbarer Bausteine in den zumeist weichen Serien ließ eine blühende Ziegelindustrie entstehen. Der höchste Backsteinturm der Welt ist der von Landshuts St.-Martin-Kirche (133 Meter).

Die Schichtenfolge in der Molasse in ihrer räumlichen Erstreckung zu begreifen setzt umfassende Detailkenntnisse sowohl des Regionalen als auch der ganz besonderen Entstehungsmodi von Molassesedimenten, nicht zuletzt Verständnis für paläogeographische Situationen im alpinen Raum, wie auch die Bereitschaft, sich mit sehr vielen, lediglich auf die Gesteinsbeschaffenheit bezogenen, vorläufigen Schichtnamen auseinanderzusetzen, voraus. Gewaltige Mächtigkeitsänderungen innerhalb kürzester Strecken, die Einschaltung von Nagelfluhen (hart verkitteten Konglomeraten aus alpinem Material) zwischen marine oder limnisch-terrestrische oder brackische Folgen (64), die aus den verschiedensten Richtungen geschüttet werden können, ferner der Zwang, aus Tiefbohrungen stammende sowie geophysikalische Befunde in die Stratigraphie einzubringen, machen eine eingehendere Befassung nicht für jedermann zum Vergnügen.

(65) Die Deutenhausener Schichten, es sind zum Teil über 600 Meter sandige Tone im Streifen von der Bregenzer Ache bis zur Ammer, haben noch Flyschmerkmale, aber schon die für die Molasse typischen Nagelfluh-Einschaltungen. Das Rupel, mit 800 Metern Tonmergelschichten, ist besonders in der Faltenmolasse und der östlichen Vorlandmolasse von Bedeutung.

Die chattischen Bausteinschichten, mit glimmerreichen, plattigen, zähen und grauen Sandsteinen, sind eine Randfazies des Molassemeeres. Sie sind paläontologisch schwierig zu fassen. Die Muscheln und Pflanzenreste stellen nämlich keine Leitfossilien. Am Nordrand der Füssener Bucht sind sie nagelfluhreich und deshalb mächtiger. Am rechten Ufer des Prientales bei Dösdorf stehen die Schichten senkrecht. Sie liefern, weil ein guter Speicher, das meiste Erdöl im Molassetrog, merkwürdigerweise aber kein Erdgas.

Die hangenden Cyrenenschichten sind – besonders im mittleren Beckenteil – dagegen überreich an Fossilien. Hauptvertreter ist die namengebende Muschel *Cyrena semistriata (Polymesoda convexa)*. Die Fauna der bis zur Iller nachweisbaren Folgen ist Beleg für überwiegend brackisches Ablagerungsmilieu. Gelegentlich kommen limnisch-terrestrische Einschaltungen vor.

Die weitaus bekanntesten Bildungen der chattischen Molasse sind die oberbayerischen Pechkohlenflöze. Die Pechkohle, eine Glanzbraunkohle, ist im Gefolge der raschen und tiefen Absenkung im Zuge der Bildung des Molassetroges entstanden. Die Inkohlung war größtenteils bereits vor den großen tektonischen Bewegungen abgeschlossen, denn wir finden Pechkohlen nicht nur in der Falten-, sondern auch in der Vorlandmolasse. Die Kohlen entstanden aus Pflanzen in Sümpfen küstennaher Gebiete.
Pechkohlen der Vorlandmolasse stehen im Gebiete Holzkirchen – Wasserburg – Mühldorf an; sie wurden bei der Erdölexploration in Tiefbohrungen entdeckt. Die Hauptvorkommen der (abbauwürdigen) Pechkohle der Faltenmolasse sind die (tektonischen) Mulden zwischen Lech und Inn: Peißenberger Mulde (Peißenberg, Peiting), Penzberger Mulde (Penzberg), ferner Nonnenwald-, Marienstein-Haushamer-, Miesbach-Auer-, Rottenbucher und Murnauer Mulde.
Die besondere Qualität der Pechkohle erklärt sich aus dem geringen Wassergehalt (nur 7–12 %), dem zumeist geringen Aschegehalt (durchschnittlich 15 %, oft

6–12 %) und den hervorragenden Vergasungseigenschaften. Die Nachteile sind die ungünstigen Lagerungsverhältnisse, die schwankenden und dabei geringen Flözmächtigkeiten, die komplizierten Abbaubedingungen und ein hoher Bergeanfall bei der Förderung (rund 50–60 %). 1971 wurde das letzte Bergwerk stillgelegt. Bis dahin waren 100 Millionen Tonnen Pechkohle gefördert worden. Die Vorräte werden auf 3,5 (gewinnbar) bzw. 11 Millionen Tonnen (möglich) geschätzt.

Aufschlüsse in Cyrenenschichten liegen in der Gegend von Au, besonders im Bleichgraben südlich Dettendorf.

(65) Die westlichen zwei Drittel der bayerischen chattischen Faltenmolasse werden durch die Serien der Unteren Bunten Molasse repräsentiert. Es sind bunte, sandig-tonige, fossilarme, hauptsächlich terrestrisch entstandene Schichten. Manchmal erreichen sie über 2000 Meter Mächtigkeit. Im Allgäu können sie in Weißach- und Steigbachschichten gegliedert werden. Die (unteren) Weißachschichten sind ab Murnau als eine wechselvolle Serie von Sandsteinen und Tonmergeln, die hangenden Steigbachschichten als Sandsteine mit gegen Norden zunehmend höherem Tonanteil ausgewiesen. Die Weißachschichten sind das einzige Schichtglied der Unteren Süßwassermolasse, das durchgehend von Süden nach Norden bunte Farben zeigt.

Die Besonderheit der beiden – am Stuiben 3400 Meter Mächtigkeit erreichenden – Komplexe sind die Nagelfluhen. Zwischen Inn und Lech verursachen auf 100 Kilometer Länge die Schüttungen, infolge der relativen Härteunterschiede zum umgebenden Gestein, markante Gebirgsketten (64). Dazu gehören Hochgrat (1833 m), Stuiben (1749 m) und Rindalphorn (1822 m).

(67) Das Aquitan in der Faltenmolasse bietet die Fortsetzung ruhiger, überwiegend in brackischem Milieu stattfindender Sedimentation. Es entstehen die Oberen Cyrenenschichten. Eingeschaltet sind die beiden Glassande, die Promberger Schichten und die Heimberg- bzw. die Daserschichten.

(65) Wieder erfolgt auf dem Meridian von Murnau ein Umschlag in das terrestrische Milieu der Oberen Bunten Molasse. Es lagern sich über 1000 Meter mächtige, äußerst vielgestaltige sandig-tonige Serien ab. Die (an Nagelfluhschüttungen reiche) Abwandlung im Allgäu sind die Kojenschichten. Sie sind um Immenstadt verbreitet. Am Stuiben erlangen sie 600 Meter Mächtigkeit.

Daneben liegt die Granitische Molasse. Die bis 1000 Meter mächtige Serie besteht aus bunten Mergeln und groben Sandsteinen. Die in den Sandsteinbänken

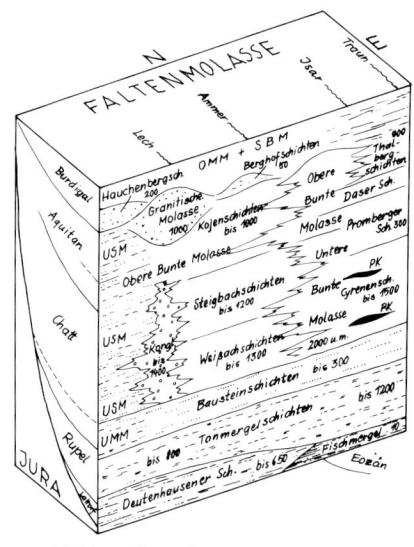

65 Schichten der **Faltenmolasse in der Alpenrandzone** zwischen Bodensee und Salzburg. PK = Pechkohlenflöze – Kongl. = Konglomerate.

reichlich enthaltenen, den Namen gebenden roten Feldspäte sind aus der Schweiz herangeführt worden.

(66) In der östlichen Vorlandmolasse setzt die Dokumentation im späten Eozän (Priabon) mit einem geringen Transgressionskonglomerat und dem Basissandstein, einem Kalksandstein mit Erdöl-Speichereigenschaften, ein. Die stratigraphischen Verhältnisse sind im Wasserburger Trog im Zuge der Erdölsuche äußerst gründlich erforscht.

Die Ampfinger Schichten sind kalkig, gegen Nordosten zunehmend sandig. Man deutet dies als einen von der Böhmischen Masse kommenden Schuttfächer. Östlich der Linie München–Vilsbiburg–Wasserburg können, in höchst wechselvollem Nebeneinander, die Ampfinger Schichten vom Lithothamnienkalk vertreten sein. Der (nach einer Meeresalgengattung benannte) lückige Kalkstein ist in den Tiefbohrungen leicht zu erkennen. Er ist ebenfalls ein Speichergestein.

Mit Beginn des Rupel ist die (in starken Mächtigkeitsänderungen und auch Einschüben von Mergellagen markierte) Unruhe der Ablagerungsbedingungen beendet. Schon der Fischschiefer ist von Kaufbeuren bis weit nach Österreich einheitlich entwickelt. Dies setzt sich im Hellen Mergelkalk, einem geophysikalisch gut zu ortenden mergeligen Kalkstein von gleichbleibender Mächtigkeit, und dem Bändermergel fort.

Der Komplex der Tonmergelschichten erreicht im Osten mit über 1200 Meter Mächtigkeit die größte Bedeutung. Das Gestein ist besser bekannt, weil es auch (im Ausstrich der südlicheren tektonischen Mulden) über Tage aufgeschlossen ist. Es handelt sich um blaugraue sandige Tone. Sie sind insgesamt recht uniform. Eingeschaltet sind 8 Sandsteinhorizonte, unter ihnen der Isener Gassand. Man findet ferner fossilreiche Lagen. In der Fauna überwiegen die Austern und Cyrenen. Das Gestein kann wegen des starken Tonanteils mobil werden. Man merkt dies am ehesten in der Faltenmolasse.

Die wohl schönsten Aufschlüsse in der Faltenmolasse bietet die Ammerschlucht. Der Fluß schneidet die Schichten der Mulden in imposanten Wänden auf. Der Zusammenhang zwischen Faltenstrukturen und Landschaftsform wird an der Richtung von Süd- und Nordufer des Staffelsees sowie an den in Reihe angeordneten Inseln besonders deutlich.

Der Abschluß der oligozänen Molassesedimentation, zugleich das Ende der ununterbrochenen Abfolge, sind der

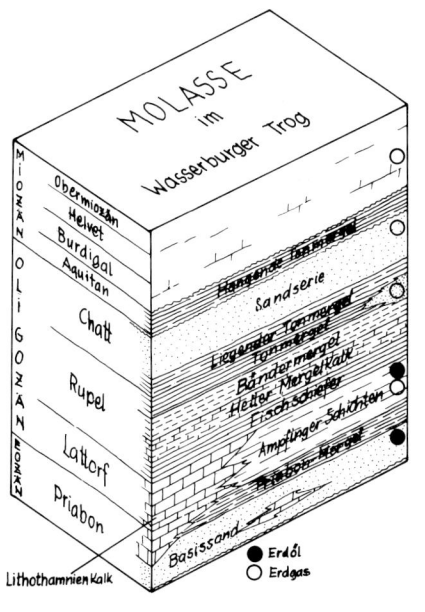

66 Stratigraphie der **Molasse und Erdgas/Erdöl-Speichergesteine im Wasserburger Trog**. Gewellte Linie = Transgression.

Hangende Tonmergel und die Sandserie (auch als Chattsande bezeichnet). Im südwestlichen Wasserburger Trog sind uneinheitliche, nicht weiter gliederbare Sandschüttungen aus dem Süden als erstes Anzeichen eines Inns gedeutet worden.

Die abschließende Regression läßt das Meer bis auf die Höhe des Chiemsees zurückweichen. Die Zufuhren aus dem Süden und dem Westen erlöschen nun.

Die ersten Befunde zur Interpretation der oligozänen Ostmolasse stammen aus dem Jahre 1938, als die Bohrung Füssing abgeteuft wurde. Der Umschlag von der östlichen, marinen Chatt-Entwicklung in eine westliche, überwiegend terrestrische erfolgt etwa am Meridian von Freising. Die Fazies wird nach Westen immer eintöniger. Am Bodensee ist in der Unteren Süßwassermolasse weder ein Fossil noch ein lithologischer Leithorizont zu finden. Es handelt sich um limnoterrestrische Bildungen. Sie lassen nicht einmal die Grenze Oligozän/Miozän ansprechen.

Im Norden, im Randbereich von Molasse und Jura, sind berühmte, weil schneckenreiche chattische Süßwasserkalke entwickelt. Im Nordosten werden im Chatt vom Alten Gebirge Quarzsande mit viel Feldspat und Glimmer ins Molassebecken geschüttet. Die Transporte gehen auch im Aquitan weiter.

Aus dem basalen Miozän werden am Jura-Rand besondere Dokumente überliefert. Um Ulm entstehen die bis hundert Meter mächtigen, schneckenhaltigen Ulmer bzw. Subrugulosa- bzw. Omphalosagda-Schichten. In Karsttaschen im Malmkalk werden die Säugetierfaunen von Westerstetten, Ehingen, Weißenburg, Gunzenheim, Gaimersheim und Tomerdingen konserviert.

(65) Am Alpenrand setzen sich örtlich die Nagelfluhschüttungen fort. Im Traunprofil enthält das Aquitan in einer einzigen (heute nicht mehr erschlossenen) Fossilinse die großen marinen Muscheln der Thalbergschichten und den Aufschluß der sogenannten Blauen Wand.

Das Burdigal am subalpinen Rand ist nur noch gelegentlich differenziert. Die Gesteine sind dort schwer ansprechbar, nicht deutlich gegeneinander abgesetzte Tonmergel, Sandsteine, Feinsande und Konglomerate. Sie sind meistens mariner Provenienz. Die Verhältnisse setzen sich ins Helvet hinein fort. Die Gesteine werden (nach einer landläufigen Bezeichnung für tonhaltige Feinsande) als Schlier bezeichnet (67). Der in den Schichtbezeichnungen häufig vorkom-

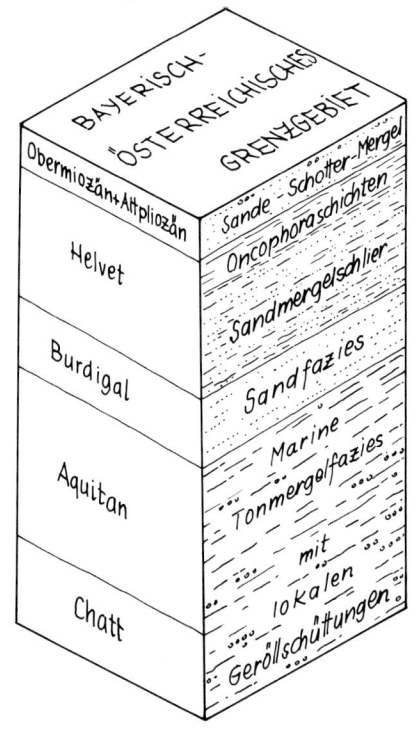

67 Stratigraphie der **Molasse im bayerisch-österreichischen Grenzgebiet.**

mende Vorsatz Glaukonit bestätigt den marinen Charakter.

(68) Am niederbayerischen Inn werden annähernd 1000 Meter Burdigal als Haller Schlier abgelagert. Im Priental-Profil sind es 830 Meter. Eine klassische Burdigal-Lokalität ist der Kaltenbachgraben. Im Graben westlich Urschalling sind im Fischschiefer Fischschuppen zu finden. Schlier bildet den Sockel der Ratzinger Höhe nordwestlich Prien. Der Gipfel besteht aus Oberer Süßwassermolasse.

Die Gesteine der Oberen Meeresmolasse Ost- und Oberbayerns beliefern gelegentlich das heutige Wasser mit Spuren mariner Stoffe; interessant ist darunter insbesondere das Element Jod. Die Mineralwässer entspringen teils natürlichen Quellen, teils sind sie das Ergebnis der auf Erdöl angesetzten Tiefbohrungen. Die aus der Meeresmolasse mineralisierten oberbayerischen Heilbäder sind Wiessee, Tölz und Endorf. Das östliche Niederbayern hat neben dem mittlerweile überregional bekannten Bad Füssing in den letzten Jahren im Rottaler Bäderdreieck weitere Badeorte angeboten. Bad Füssing liefert in 3 Mineral/Thermalbrunnen das in rund 1000 Meter Tiefe gesammelte schwefelhaltige Wasser. Die Temperatur liegt bei 56° C, der Förderdruck bei 3,5 bis 5 atü je nach Entnahme. Das in Birnbachs »Rottal Therme« geförderte Mineral/Thermalwasser erreicht fast 70° C; es kommt aus 1618 Metern. Griesbachs »Dreiquellenbad« verfügt über 3 Mineral/Thermalquellen; sie kommen aus 1522/878/497 Metern. Es sind (wie in Birnbach) Natrium-Hydrogen-Karbonat-Chlorid-Thermen mit verhältnismäßig starker Mineralisierung (1600/1400/1200 mg/l). Die Temperaturen liegen bei 66°/38°/30° C.

Die Randfazies der Oberen Meeresmolasse ist im Gebiet Ortenburg-Fürstenzell reich an Muscheln und Haifischzähnen. Die Fauna läßt sich direkt mit gleichartigen und gleichaltrigen Vorkommen in Österreich und Ungarn parallelisieren. Die burdigalen Molluskenfaunen Ostbayerns sind von O. Hölzl bearbeitet worden.

Im Burdigal dringt in schmalen Armen das Meer aus dem Rhônetal wie auch aus Österreich nach Südbayern vor. Die Küste zeigt einen kleinen Vorsprung in den Bezirk des alten Freisinger Golfes und einen auffälligen schmalen Finger bis zur Donau bei Straubing.

In der Höhe von Augsburg stoßen die Strömungen, sich vermischend, zusammen (70). Die sedimentologischen Unterschiede äußern sich terminologisch in den Überbegriffen Ost- und Westmolasse. Die Gesteine sind zur Hauptsache Sandmergel (68). Es können aber auch ein basales Transgressionskonglomerat auf der eingeebneten Aquitan-Oberflä-

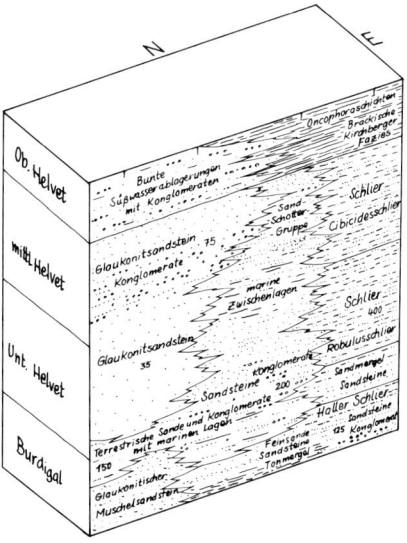

68 Gliederung der **miozänen Molasse in der Alpenrandzone** zwischen Bodensee und Salzburg. Nach W. Stephan, 1964.

che sowie Sandsteine, Konglomerate und Muschelsandsteine eingelagert sein. Der Gendorfer Hauptgassand und der Emmertinger Sand kommen als Erdölspeichergesteine (66) in Betracht.

Das Helvet bringt als ein wichtiges Molasse-Ereignis eine der großen mitteleuropäischen Meerestransgressionen. Epirogenetische Senkungen lassen im mittleren Oberhelvet die Küste (zum nördlichsten Stand) bis auf die Alb vordringen. In Württemberg ist dieses Maximum durch das kilometerlang dokumentierte Brandungsriff, die Klifflinie, ausgewiesen (62). In Bayern fehlt sie östlich von Donauwörth. Vielleicht wurde sie im Areal der Astrobleme beim Rieserereignis ausradiert (83).

Wir können deshalb nicht sagen, ob das Gebiet der Südlichen Frankenalb seinerzeit Meeresgebiet war.

Die Sedimente sind wiederum am besten im Wasserburger Trog erforscht. Dort liegen auf dem Feinsandmergel der Neuhofener Schichten Blättermergel und Glaukonitsande. Wie Aufschlüsse bei Simbach/Braunau belegen, enthalten sie stellenweise Kieslagen. Im Kaltenbachgraben steht vollmariner, foraminiferenreicher Schlier an (68).

(70, 72) Die badisch-schwäbischen subjurassischen Sonderbildungen wie Juranagelfluh, litorale Grobkalke, Bryozoensande sowie die Kalkkrustenbildung des Albsteins (Hinweis auf die Trockenlegung Ende Helvet) sind im nordwestlichen Oberbayern in Spuren erhalten.

(64) Schließlich schneidet am Albsüdrand die sonderbare Graupensandrinne das soeben abgelagerte Helvet wieder auf. Wir beobachten eine im weiteren Raume von Ingolstadt entspringende sehr breite Rinne. Darin werden brackische und süße Gewässer nach Südwesten – bis über Schaffhausen hinaus – ins schweizerische Molassemeer geführt. Die Zeit der Funktion der Rinne ist belegt. Da in ihr Komponenten des Albsteins (72) als Gerölle vorkommen, kommt nur das allerspäteste Helvet in Betracht.

(70) Unten bleiben die Grimmelfinger Schichten, darüber die Kirchberger Schichten liegen. Im Fossilienspektrum sind am interessantesten die vielen Haifischzähne. Mit ihnen wird eine außergewöhnlich weite (rinnenaufwärtige) Wanderung der Haie bewiesen. Doch ist dies keinesfalls das einzig Merkwürdige. Zum Beispiel ist ungeklärt, woher die gewaltigen Wassermassen gekommen sind. Als Einzugsgebiet kommt eigentlich nur die Region der Südlichen Frankenalb in Betracht (64). Im Kelheimer Raum existiert bereits die Bucht des Oncophorameeres der Süßbrackwassermolasse. Sie bedeutet eine Sperre für alle Kombinationen, den Südteil der Böhmischen Masse als Nährgebiet einzusetzen. Es wurde schon daran gedacht, mit den katastrophalen Niederschlägen im Zusammenhang mit dem Rieserereignis zu operieren. Außerdem können im Hegau und Bodenseegebiet regelmäßig Alemonit-Gerölle beobachtet werden. Doch sprechen nicht nur die Fossilien, sondern auch die für die Sedimentbildung nötige Zeit dagegen.

(64) Zeitgleich mit der Graupensandrinne existiert also – unmittelbar östlich daneben – eine Brackwassersee. Sie ist Ausdruck der Regression des Helvetmeeres. Die äußersten Spuren bemerken wir am Eingang der Regensburger Pforte in den flächengroßen Vorkommen technisch wertvoller, inzwischen abgebauter Tone im Kelheimer Kreise (Bachl, Herrnwahlthann, Offenstetten). In den

69 Rekonstruktion von *Mastodon angustidens*. Die im Jungtertiär recht zahlreichen Dickhäuter sind ausgestorben. Hauptkennzeichen ist der mit Stoßzähnen besetzte langgezogene Unterkiefer. Im Obermiozän gehören sie als Zeitgenossen des *Dinotherium* (71) zu den wichtigen Leitfossilien. Andere Mastodonten (94) sind in der Arvernensiszeit leitend.

hellgrauen Tonen kommt horizontweise massenhaft die Brackwassermuschel *Mactra subcordiformis* vor; im Durchschnitt liegen 8 Exemplare auf handtellergroßer Fläche. In Richtung auf das östliche Niederbayern werden die Mächtigkeiten immer höher, zugleich setzt sich die namengebende Brackwassermuschel *Oncophora partschi gümbeli* durch. Vor dem Alten Gebirge schieben sich Lagen von Kiesen zwischen die Tone.

Die Obere Süßwassermolasse Bayerns ist ein mächtiger Verband überwiegend fluviatiler Sedimente. Regelmäßig eingeschaltet sind limnische und terrestrische Relikte.
(64) Ein Teil des Materials kommt von der Böhmischen Masse; entweder als originäres Abtragungsprodukt oder, häufiger, aus älteren Schotterkomplexen aufgearbeitet. Demgegenüber sind die Lieferungen aus Osten und Süden reicher. In der Westmolasse dominieren südliche Materialzufuhren. Im Überschneidungsgebiet der Schüttungen kommt es zu vielfältigen Vermischungen (63). Sie können einigermaßen mit Hilfe von Schwermineraluntersuchungen aufgeschlüsselt werden.

Zwischen Isny und Kempten bildet die Obere Süßwassermolasse einen großen Schuttfächer (64), dessen Westende der Schwarze Grat und dessen Ostende Blender und Mariaberg bilden. Im Ostallgäu gehört der Härtling des Auerberges einem kleineren Schuttfächer an. Dessen besonders grobe Nagelfluhen bestehen aus Riesenblöcken von Flysch. Die Nagelfluhen werden als örtliche Deltabildungen interpretiert. Die Mächtigkeit kann verschiedentlich 1000 Meter überschreiten.

Mancherorts werden die hellen, festen Sande als Flinz bezeichnet (102). Die oberbayerischen Repräsentanten sind Taubenberg, Tischberg und die Erhebungen um Peißenberg. Der Taubenberg ist im Würm-Glazial das große Strömungshindernis für Isar- bzw. Inngletscher. Die Insel Herrenchiemsee besteht aus Oberer Süßwassermolasse.

Die Nagelfluh des Irschenberges setzt sich überwiegend aus Flysch-Geröllen zusammen. Meistens sind es Kieselkalke, daneben Nummulitenkalke. Die Situa-

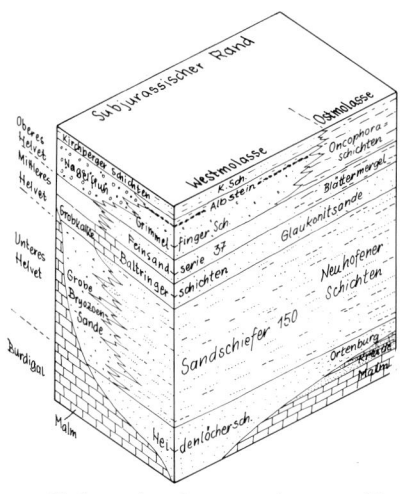

70 Gliederung der **miozänen Molasse am subjurassischen Rand** im Übergangsbereich Westmolasse in Ostmolasse.

tion ist insofern rätselhaft, als heute Flysch südlich und westlich fehlt. Das Material muß also von mächtigen, längst abgetragenen Partien – die auf dem heutigen Gebirge gelegen haben – stammen.

Unter den Fossilien der Oberen Süßwassermolasse fallen am meisten die Reste von Großsäugern auf. Sie finden sich verhältnismäßig zahlreich in Schichten, die überwiegend aus mergeligen Sanden zusammengesetzt sind. Am bekanntesten ist der sonderbare riesige, elefantenverwandte Proboscidier Dinotherium (71). Die Art *Dinotherium bavaricum* ist Leitfossil für das Obermiozän, *Dinotherium giganteum* für den Übergangsbereich Miozän/Pliozän. Relativ häufig sind ferner Relikte von Mastodonten (69). Aus dem Innbett gegenüber Gweng bei Mühldorf stammt das heute im Lichthof des Paläontologischen Museums München aufgestellte *Gomphotherium angustidens*. Das nahezu vollständige Skelett wurde von einem Sportangler entdeckt. Die Originalknochen wiegen 1,25 Tonnen, weshalb das Ausstellungsstück in Kunstharz und Polyester mit nur 210 Kilogramm abgegossen werden mußte. Die Begleitfauna belegt, daß das fast 4 Meter hohe Tier im Altpliozän lebte.

Anreicherungen von Einzelzähnen beobachtet man immer wieder in Sand- und Kiesgruben. Auch Nashorn-Vertreter sind vergleichsweise häufig anzutreffen.

In Sandelzhausen bei Mainburg wird seit Jahren eine ergiebige Fossilfundstelle systematisch untersucht. Die Flora enthält unter anderem Feige, Zimtbaum und Palme. Es sind die letzten subtropischen Zeugnisse in Südbayern. Die Funde sind in mehreren Fachbeiträgen beschrieben worden.

Die letzten Sedimente der Oberen Süßwassermolasse sind fluviatile Feldspatsande zwischen Bayerischem Wald und Freising sowie, westlich des Augsburger Lechs, die Erolzheimer Sande. Doch ist es wegen des Fossilmangels nicht möglich, den Zeitpunkt der Beendigung der Molasseschüttung zu bestimmen. Einiges spricht dafür, daß in Bayern Anfang Altpliozän die Materialzufuhren aufge-

71 Rekonstruktion von *Dinotherium*, des Repräsentanten eines (in nur einer Gattung vertretenen) Sonderzweiges der Rüsseltiere. Mit bis fünf Meter hohen Exemplaren gehören sie zu den größten Landsäugetieren überhaupt. Hauptkennzeichen sind (neben eigenartig gejochten Backenzähnen) die im Unterkiefer nach unten-rückwärts gekrümmten Stoßzähne. Über deren Funktion bestehen sehr verschiedene Meinungen. Sie reichen vom Ausreißen von Wurzeln bis zur Verankerung beim Schlafen der Tiere im fließenden Wasser. Als Leitfossilien sind in der Oberen Süßwassermolasse *Dinotherium bavaricum*, im Braunkohlentertiär *Dinotherium giganteum* verbreitet.

hört haben (64). Im Bodenseegebiet und im Hegau dagegen reicht die Sedimentation bis an das Ende des Altpliozäns weiter.

Da es nicht möglich ist, eine direkte Verbindung der Ablagerungen der Oberen Süßwassermolasse zu gleichzeitigen marinen oder brackischen Äquivalenten herzustellen, ist es nicht empfehlenswert, für das Obermiozän die früher üblichen Stufenbezeichnungen Torton und Sarmat weiterhin anzuwenden. Die bessere Bezeichnung ist »Obermiozän«.

Im Streifen Schrobenhausen–Pfaffenhofen–Landshut–Malgersdorf (83) sind in einem bestimmten, einzigen und einheitlichen Niveau zwischen den üblichen Sanden und Mergeln der Oberen Süßwassermolasse die im Augenblick des Rieseereignisses ausgeschleuderten Malmkalkblöcke registriert. Bei Niedertrennbach werden Kubikmeter-Ausmaße festgestellt.

Derselbe Horizont birgt auch den Bentonit, einen quellfähigen, technisch außerordentlich geschätzten Ton. Man benötigt ihn als Spülungszusatz für Tiefbohrungen, Bindemittel für Gießerei-Formsande, Adsorber in der Mineralöl-, chemischen und Getränkeindustrie, nicht zuletzt für die Wein-Veredlung. Bentonit wird als verwitterter, zersetzter Impactstaub gedeutet. Die Lagerstätten finden sich im Raum Mainburg–Moosburg–Landshut, im Raum Malgersdorf und im Raum Thannhausen. Er wird an vielen Stellen abgebaut; die Abbausituation unterliegt ständiger Veränderung. Bei Krumbach wird ein bentonithaltiges Gestein als »Krumbacher Badstein« je nach Bedarf für medizinische Zwecke gewonnen.

Im östlichen Niederbayern wurde gleichzeitig die Oberfläche der damals dort die Landschaft darstellenden Molasseschotter zum Quarzkonglomerat verkieselt. Die Böden der in dieser Gegend überraschenden weitflächigen Härtlings-Höhen sind nährstoffarm und erklären den vielerorts anzutreffenden Heide-Charakter. Im Forst Steinkart fallen zudem größere Trichtergrubenfelder auf; sie erinnern an die auf Brauneisenkrusten und -knollen angelegten künstlichen Grablöcher in der Oberen Süßwassermolasse bei Bad Griesbach wie auch bei Freising und Augsburg und ferner an die Bauernschmelzen im Umlande von Kelheim, wo nachgewiesenermaßen Brauneisenerze, die zusammen mit den dort ersten Alemoniten im Braunkohlentertiär gefunden werden, auf einfache Art verhüttet wurden.

Lokal kommt es zur Bildung von Braunkohlenflözen (Gegend Bad Wörishofen, Kaufbeuren, Eurasburg, Irschenberg; Innraum bei Simbach-Freiöd, Burghausen, Tittmoning). Sie äußern sich heute manchmal im Schwefelgehalt der aus ihnen kommenden Grund- und Quellwässer.

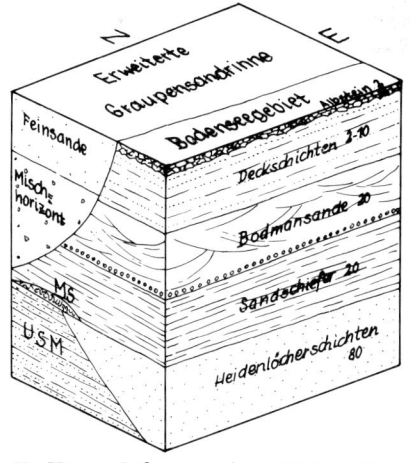

72 Untere Süßwassermolasse (USM), Obere Meeresmolasse, Albstein und Graupensandrinne im Bodenseegebiet. MS = Muschelsandstein.

Braunkohlentertiär

Die Molasseäquivalente in den Gebieten nördlich der Donau sind überwiegend limnische, gelegentlich fluvioterrestrische Bildungen des Jungtertiärs, zumeist des Obermiozäns. Vor 1979 waren alttertiäre Sedimente in Nordbayern nicht bekannt; bis Gaudant, Paris, der Nachweis von mittel- bis oberoligozänen Fischen (ähnlich denen von Rott im Siebengebirge) im Braunkohlentertiär vom Eisgraben in der Hochrhön gelang. Die oligozänen Schiefer und Papierkohlen von Sieblos am Fuße der Wasserkuppe liegen schon in Hessen, doch sind die vor über hundert Jahren dort gesammelten Fossilien zum Großteil im Würzburger Geologischen Institut aufbewahrt.

Da in vielen Vorkommen Braunkohlenlagerstätten eine Rolle spielen, setzt sich immer mehr der Begriff Braunkohlentertiär als Sammelbezeichnung durch.

Im Gebiet zwischen Kelheim und Regensburg geht der Sedimentationsbereich der obermiozänen Oberen Süßwassermolasse nach Norden über die heutige Donau hinaus. Die Schichten der bekannten fossilführenden Lokalitäten Viehhausen, Dechbetten und Undorf-Nittendorf werden deshalb gelegentlich als Oberpfälzer Molasse bezeichnet.

Hauptlieferant der Gesteine ist das Alte Gebirge. Dennoch kann hie und da das alpine Leitgestein Radiolarit gefunden werden. Die weichen Serien liegen in örtlich über 100 Meter Mächtigkeit dem zertalten Relief der präobermiozänen Landschaft auf.

Die Talsohlen sind mit Tonen ausgekleidet (103). Darauf folgen, als Abbild üppiger Sumpfwälder, die Braunkohlenflöze. Über diesen liegen Tone und Lehme, dann Sande und zuoberst Graupenkiese und Schotter. Jurassischer und kretazischer Untergrund ist in den Sedimenten ertrunken.

Die nun weithin ebenmäßige Landoberfläche geht niveaugleich in den Vorderen Wald über. In diesen weichen Serien legt die Urdonau den Lauf fest. Später, von tektonischen Impulsen angeregt, wird das Braunkohlentertiär abgetragen und das Mesozoikum wieder herausgeschält. Nur in den Tieflagen bleiben mehr oder weniger große Relikte erhalten. Musterbeispiel ist das Braunkohlentertiär im Talzug Undorf–Viehhausen–Kapfelberg (74).

Der Name Viehhausen ist in der Wirbeltierpaläontologie weltbekannt. Er wird in einem Atemzuge mit dem berühmten mitteldeutschen (eozänen) Geiseltale genannt, wenn es darum geht, ein Beispiel für die Erhaltung von Knochen und Zähnen, Haut und Haaren, Fledermausflügeln und Froschhaut in Braunkohlen zu nennen.

In der Regel zerstören nämlich die Humussäuren im sumpfig-moorigen Milieu restlos jede Leiche. In Viehhausen aber wurden die Säuren von kalkigen Lösungen neutralisiert. Das aus den Malm-Massenkalken zusickernde Grundwasser hat die erforderliche mineralische Zusammensetzung (73).

Die Braunkohlenflora ist durch Holz, Blätter, Wurzeln, Pollen und Sporen ausgewiesen. Neben heutigen Gewächsen wie Kiefer, Weide, Ahorn, Eiche, Kastanie sind Lorbeer, Magnolie, Seifenbaum und *Glyptostrobus* Zeugen eines subtropischen Klimas. Dies wird von der Fauna, insbesondere den landbewohnenden Formen, unterstrichen.

Die Fossilien von Viehhausen sind inzwischen in mehr als 20 wissenschaftli-

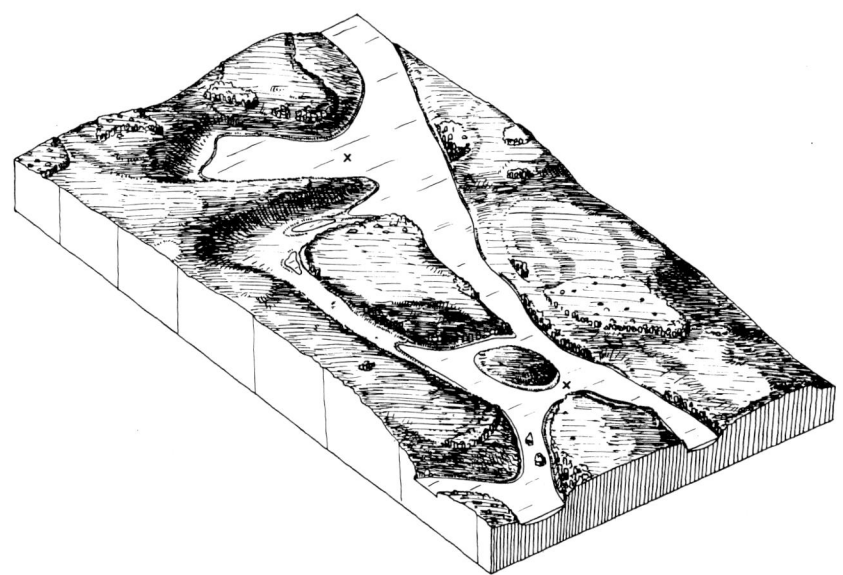

73 Rekonstruktion des obermiozänen Braunkohlentals von Viehhausen in seiner von den verschiedenen Malm-Fazies bestimmten Morphologie. Man vergleiche mit der geologischen Karte (74). Die Massenkalke verursachen die bis 80 Meter hohen Steilwände, die Plattenkalke hingegen sanfte Uferböschungen. Das präobermiozäne Tal ist unter den Grundwasserspiegel gesenkt. Mit einheitlicher Oberfläche füllt ein Moor die Tiefenrinnen aus. An der Einmündung des Nebentals von Kohlstadt (links oben) und am Saum der Plattenkalkinsel von Reichenstetten werden die meisten Landwirbeltierleichen geländet (X). Am Ende der Obermiozänzeit ist die Landschaft vollständig von den Ablagerungen der Oberen Süßwassermolasse verschüttet. Aus E. Rutte, 1962.

chen Beiträgen, darunter etlichen umfangreichen Monographien, bearbeitet worden. Die Faunenliste umfaßt limnische und terrestrische Schnecken, Ostracoden, Regenwurm, Käfer, Fische, Riesenfrosch, Schlangen, Wasserschildkröten, Krokodile (die häufigsten Wirbeltiere), Insektenfresser (Maulwurf, Igel, Spitzmaus, Fledermaus), Nagetiere (Biber, Hamster, Eichhörnchen), Schwein, Zwerghirsch, Hirsche, Pferd, Nashörner, Scharrtier, Mastodonten und mehrere (noch nicht bearbeitete) Raubtiere. Die ergiebigsten Fundstellen sind die Flachstellen zwischen steilwandigen Talabschnitten (73). Sie wurden durch den erst 1959 aufgelassenen Bergbau auf Braunkohlen erschlossen. Das meiste Viehhausener Material ist im Geologischen Institut Würzburg untersucht worden; dort befindet sich die größte Sammlung. Andere Funde sowie die Vertreter der gleichrangigen Lokalitäten Dechbetten und Undorf sind in Regensburg und München aufbewahrt.

Die Braunkohle und der umgebende Braunkohlenton sind reich an Pyrit. Dessen Zersetzung führt zur Neubildung von verschiedenen schwefelhaltigen Verbindungen. Im Grundwasser gelöst sind sie die Grundlage der Mineralwässer von Bad Abbach. Auch die Schwefelbäder und -quellen von Gögging, Sippenau und Abensberg leiten die Mineralgehalte von Braunkohleneinlagerungen der Molasse ab.

Zwischen Regensburg und Passau ist das Braunkohlentertiär an den Donaurandbruch gebunden. Zum Teil liegt es in Buchten innerhalb des Alten Gebirges, zum Teil als eine Art Schuttkegel südlich des Randes – dann öfters sehr mächtig

(7). Nördlich Straubing werden bis 600 Meter erreicht. Hauptorte mit Gesamtentwicklung sind Mangolding–Alteglofsheim, Pfatter–Straubing–Plattling, Hundersdorf bei Bogen, Schwanenkirchen–Hengersberg (darin 17 Meter Braunkohle), Rathmannsdorf, Jägerreuth sowie Passau (135 Meter mächtig).

Zwischen Regensburg und Burglengenfeld ist die Paläogeographie der Talungen anders als in Viehhausen; zugleich werden die Ablagerungen wirtschaftlich wichtig. Die besten und die größten Ton- wie auch Braunkohlenlagerstätten der südlichen Oberpfalz sind hierher zu stellen. Bekannte Lokalitäten sind Regensburg (Prüfening, Dechbetten, Kumpfmühl), dann Schwaighausen–Schwetzendorf–Reifental, Eitelbrunn–Regental–Sallern und Regenstauf–Irlbach–Wutzlhofen. Die Region Ponholz–Haidhof–Maxhütte (F 22) birgt neben hochwertigen, an Aluminiumoxyd reichen, hochfeuerfesten Tonen Braunkohlenflöze von 7–8 Metern Mächtigkeit; zusammengerechnet bis 23 Meter Kohle.

Im Naabraum Teublitz–Schwandorf–Schwarzenfeld sind wir im Zentrum des Braunkohlentertiärs. Viele Industrieanlagen wie auch eine an Teichen – gefüllten ehemaligen Abbaustellen – reiche Flachlandschaft künden von der wirtschaftlichen wie auch von der morphologischen Bedeutung. Die rege Nutzung der Lagerstätten des Braunkohlentertiärs verändert die Landkarte rasch und läßt diese und jene Typlokalität verschwinden. Hauptorte sind zur Zeit Rauberweiherhaus, Sonnenried, Schwandorf, Klardorf

74 Geologische Karte der **Umgebung von Viehhausen-Kapfelberg** (zwischen Regensburg und Kelheim). Aus E. Rutte, 1962.

167

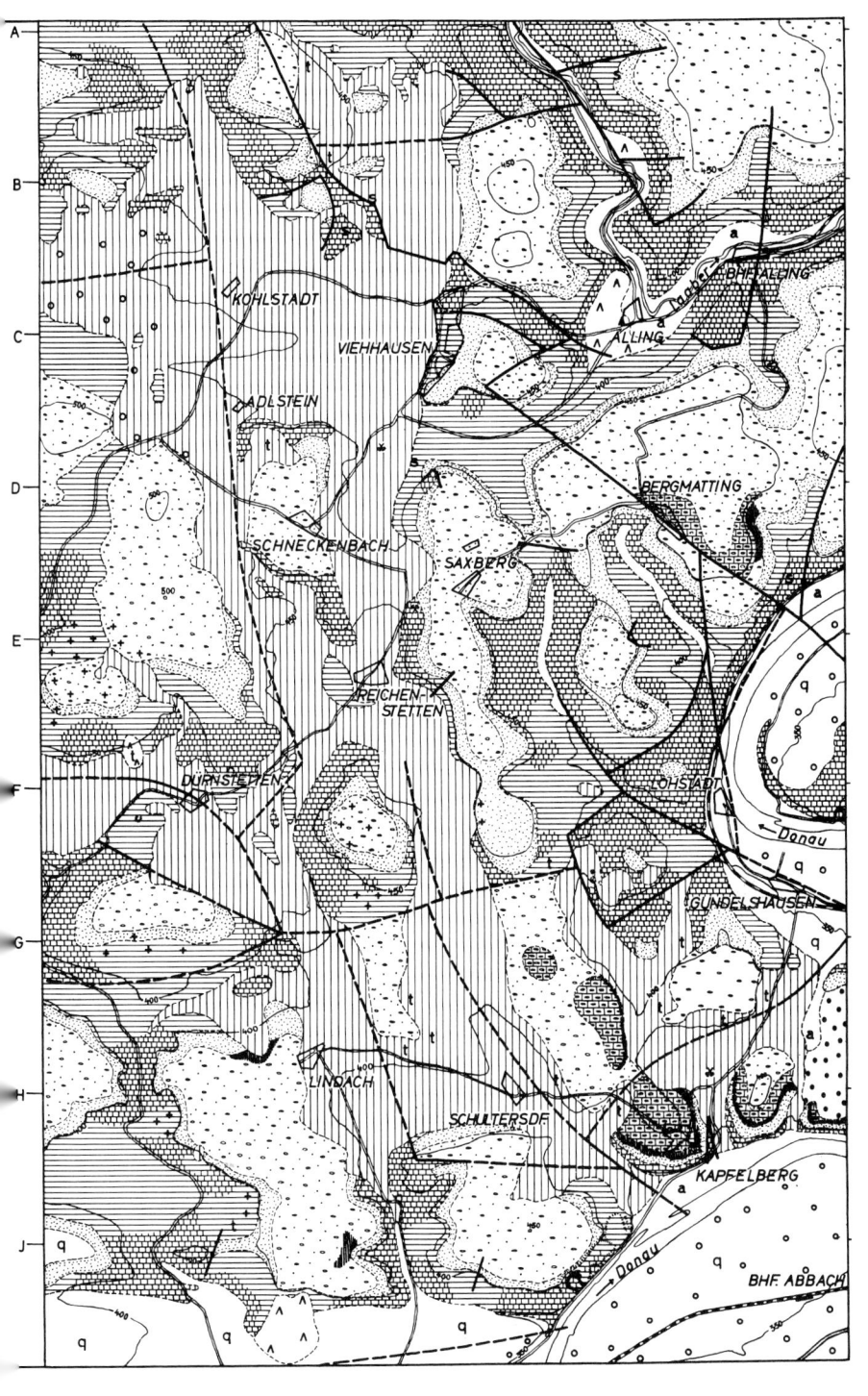

und Wackersdorf. Die dort einem verzweigten Muldensystem eingegliederten Schlchten beinhalten Flöze mit (zusammengerechnet) mehr als 30 Meter Mächtigkeit. Die Braunkohle ist inzwischen zum größeren Teil abgebaut. Das Gelände wurde und wird vorbildlich rekultiviert.

Fauna wurde nicht gefunden; sie ist wohl, weil in nichtkalkigem Rahmen eingebettet, zerstört worden. Dagegen ist die Pollenflora reichhaltig und gut untersucht. Sie datiert die Braunkohlen des Oberflözes, äquivalent Viehhausen, in das beginnende Obermiozän. Die in sandigen Kohlezwischenmitteln der Grubenfelder Wackersdorf und Rauberweiher vorkommenden Pflanzen lassen drei verschiedene Standort-Typen rekonstruieren. Sie können mit feuchten, warmtemperierten bis subtropischen heutigen Waldtypen Südostasiens und des östlichen Mittelmeerraumes verglichen werden.

Für die Altersdatierung sind die an der Basis des Braunkohlentertiärs nicht selten anzutreffenden Alemonite wichtig geworden. Sie wurden früher als Süßwasserquarzite beschrieben. In der Parallelisierung mit dem Rieserereignis liefern sie – wie in Viehhausen – eine Zeitmarke zum Beginn des Füllungsvorganges.

Die Gegend von Weiden ist arm an größeren Tertiär-Vorkommen. Erst zwischen Nördlichem Oberpfälzer Wald und Fichtelgebirge (3) zeigt die geologische Karte wieder gelbe Flecken. Aus der böhmischen Eger-Senke heraus dringt im Obermiozän der Ablagerungsraum des Braunkohlentertiärs in zwei getrennten Senken nach Bayern herein (6). Es handelt sich um eine braunkohlenführende im Gebiet Arzberg–Marktredwitz–Waldershof–Pullenreuth–Neusorg (mit einer Abzweigung nach Wunsiedel) und eine braunkohlenfreie um Waldsassen–Mitterteich (mit Ausweitungen nach Wiesau–Schönhaid–Tirschenreuth).

In Schirnding wurden Flözmächtigkeiten von 2–7 Metern gemessen. Andere Braunkohlen-Lokalitäten sind Pilgramsreuth, Waldershof und Thumsenreuth bei Erbendorf. Bei Zottenwies wird die Lagerung vom Teichelberg-Basalt gestört. Die Klause bei Seussen, wo schon Goethe in der Blätterkohle geschürft hat, ist unter Paläobotanikern wie Ichthyologen gleichermaßen ein Begriff.

Ein wirtschaftlich bedeutsamer Rohstoff der nördlichsten Oberpfalz ist der Kaolin (F 24). Er lagert in rasch wechselnder Mächtigkeit (örtlich über 60 Meter) in der durch die Teichlandschaften charakterisierten Senke des Wondrebbeckens um Mitterteich–Wiesau–Tirschenreuth. Kaolin ist die Grundlage der dortigen Porzellanindustrie. Er wird gegenwärtig bei Tirschenreuth, Wiesau, Schönhaid, Kornthan und Großensterz abgebaut. Die genetische Deutung ist nicht einfach. Eine Lehrmeinung erklärt ihn als zusammengespültes (allochthones) Verwitterungsprodukt von Graniten. Dafür spricht die Fazies des limnisch-fluviatil gedeuteten, hochfeuerfesten »Oberpfälzer Blautons« (mit 38 Prozent Al_2O_3). Die andere Richtung bringt den gleichzeitigen jungtertiären Vulkanismus ins Spiel und deutet den Kaolin als das mehr oder weniger am Entstehungsort befindliche Resultat der zersetzenden Einwirkungen von Gasen und Quellen auf die feldspathaltigen Gesteine. Dies wiederum läßt fragen, warum dann in der Rhön oder im Grabfeld Kaolin fehlen. Andererseits hat der Speckstein von Göpfersgrün (6) demonstriert, daß schon im Perm Kaolinisierung im Zu-

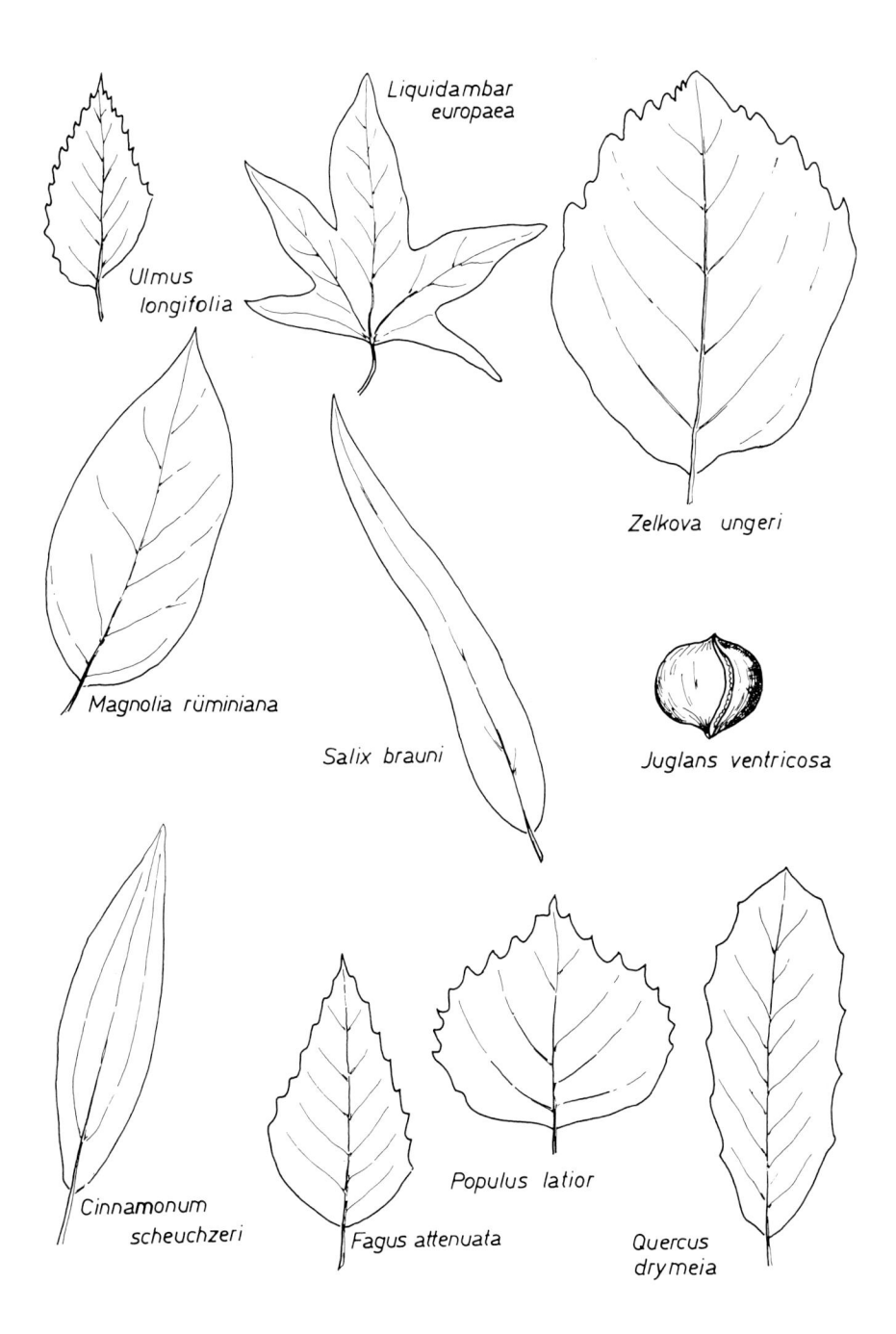

75 Pflanzenfossilien in der Braunkohle der Rhön. Abdrücke von Blättern sowie Früchte sind oft vorzüglich erhalten. Charakteristisch sind Vertreter der subtropischen Flora wie Glyptostrobus, Hickory, Sennesbaum, Zimtbaum, Kampferbaum und Magnolie. Neben der Kastanie ist die Buche *(Fagus)* am häufigsten. Aus E. Rutte, 1974.

sammenhang mit dem Quarzporphyr-Vulkanismus erfolgt ist. Die Entscheidung wird keineswegs erleichtert, wenn die anderen Oberpfälzer Kaolinvorkommen (Hirschau, Schnaittenbach, Holzhammer, Neunaigen sowie Freihung, Tanzfleck, Kaltenbrunn, Steinfels, Weiherhammer, Wiesendorf – mit ihrer überwiegend triadischen Basis) zum Vergleich genommen werden.
Zwei Drittel der deutschen Kaolin-Förderung kommen aus diesem Revier, wo in drei Großtagebauen das Rohmaterial, ein Gemisch aus Feldspat, Quarz und Kaolinit, gewonnen wird. Der Kaolingehalt liegt dort zwischen 10–20 %.
Seit neuem wird überprüft, ob die Kaolin-Bildung in einer dritten Alternative mit dem Riesereignis in Beziehung gebracht werden muß. Dafür spräche das reichliche Vorkommen typischer Alemonite im und um den Kaolin im Tirschenreuther Raume, ganz besonders einprägsam bei Schönfeld nahe Wiesau.

Auch in der Rhön steht das Braunkohlentertiär mit dem juntertiären Vulkanismus in enger Verbindung (76, 77). Der Sedimentationsraum ist durch Ablaugung des dort besonders mächtigen Zechstein-Salzes entstanden. Bezeichnenderweise ist es in der östlichen Rhön (19), wo mächtigeres Salz anstand, stärker entwickelt.
Die Sedimente sind größtenteils in stehenden Gewässern abgesetzt; Zeugnisse von Bächen und Flüssen fehlen. Die limnischen Folgen werden durch die periodisch erfolgende Zulieferung von vulkanischen Bomben und Aschen (den Tuffiten) ergänzt (76). Schließlich schieben sich zwischen die mittlerweile 200–300 Meter mächtigen Folgen Basalt wie auch Tuff in launenhaft orientierten Intrusivkörpern ein (77).

Die Braunkohlen sind Relikte der Vegetation üppiger Sumpfwälder. Man verfügt über gutes Material zur Beurteilung von Klima, Bildungsgeschichte und den örtlichen Besonderheiten. Die Flora (75) besteht zur Hauptsache aus Nadelhölzern und Laubhölzern, aus Moosen, Schilf, Schachtelhalm und Armleuchteralgen. An tierischen Fossilien bieten einige Mergelgesteine Land- und/oder Wasserschnecken. Knochen von Landwirbeltieren spielen in der bayerischen Rhön keine, in der thüringischen dagegen (mit dem Nachweis des obermiozänen Nashorns *Aceratherium*) eine größere Rolle.

Die nordwestlichsten bayerischen Braunkohlentertiär-Vorkommen sind Inhalt der Seligenstädter Senke und des Aschaffenburger Beckens. Ein Teil gehört zur Füllung des Rheintalgrabens. Dort können im Liegenden oligozäne marine Schichten vorkommen. Bei Obertshausen sind auf Rotliegendem Septarienton, Cyrenenmergel und die Corbiculatone erbohrt.
In der östlichen Untermainebene sind mächtige Braunkohlen und Tone vorhanden. Hauptorte sind Mainflingen, Kleinostheim, Dettingen, Seligenstadt, Kahl, Alzenau und Kleinkrotzenburg. Das Hauptkohlenflöz erreicht maximal 17 Meter. Die noch vorhandenen Vorräte in den Feldern Willmundsheim (zwischen Kahl und Alzenau) und Freigericht (bei Emmerichshofen) schätzt man auf insgesamt 20 Millionen Tonnen. Die jungpliozänen Tone von Damm waren der Rohstoff der Aschaffenburger Porzellanmanufaktur.
Die Rekultivierung der Abbaue hat einen neuen, eigenartigen Landschaftstyp entstehen lassen. Modellfall ist das Areal der Kahler Seen.

In der Südlichen Frankenalb und in Mittelfranken fällt die Bildungszeit der meisten Süßwasserkalke in das Obermiozän. Es ist zwischen prä- und postriesischen Bildungen zu unterscheiden. Der Aufstau aus Norden kommender Fließgewässer des Urmains durch die beim Riesereignis geförderten Auswurfmassen hat zwischen Nürnberg und Treuchtlingen den buchtenreichen Rezat-Altmühl-Stausee entstehen lassen. Die Fossilien in den Relikten ehemaliger Saumsedimente zeigen, daß das riesige stehende Gewässer zwischen frühem Obermiozän und Altpliozän existierte. Die Ufer waren von Algenriffen und Kalktuffbarrieren besetzt. Zum Teil sind sie vom gleichen obermiozänen Alter wie die durch Qualität und Quantität der Fossilfundstellen – mit Schnecken, Ostracod *Cypris risgoviensis*, Vögeln u. a. – bekannten Süßwasserkalke des Riessees (Goldberg, Wengenhausen).

Die Treuchtlinger Bucht bietet auf dem Bubenheimer Berg Kalktuffe und bei Wettelsheim Travertine (mit reichlich Schnecken).

Im Rednitztal-Bereich bei Ellingen, Pleinfeld und Hohenweiler sowie bei Spalt sind die Kalkansammlungen (wegen der Keuper-Umgebung) genetisch nicht einfach zu erklären. Im Süßwasserkalk vom Bühl südlich Georgensgmünd ist in einer reichen Säugerfauna neben großen Rüsseltieren auch *Hipparion* – das für Altpliozän leitende dreizehige Urpferd – nachgewiesen. Bei Oberbreitenlohe sind viele Schnecken überliefert.

In Adelschlag (zwischen Ingolstadt und Eichstätt) gibt es Braunkohleneinlagerungen. Die Süßwasserkalke um Pfahldorf mit der Kalkalge *Limnocodium* (86) haben wegen der Datierung des Riesereignisses im Areal der Astrobleme Bedeutung erlangt. In der Umgebung von Riedenburg sind mehrere Schneckenkalk-Vorkommen die Beweise für einen größeren Stillwassersee. Bekannt sind die Algenumkrustungen von Tettenwang.

Der Sinterkalk in der Käswasserschlucht bei Kalchreuth/Erlangen dürfte pleistozänen, wenn nicht gar holozänen Alters sein.

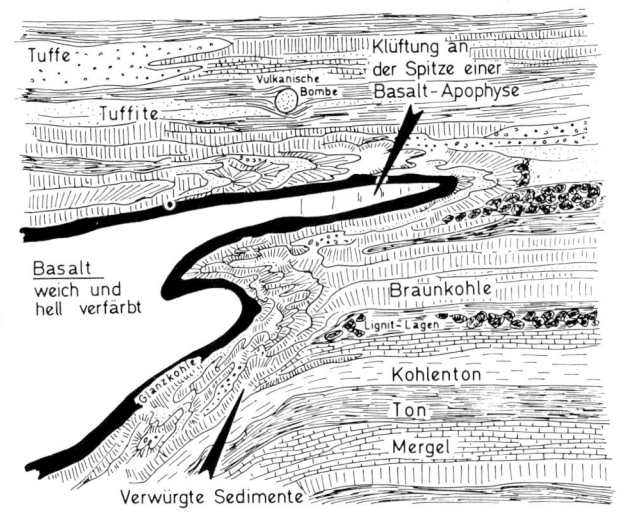

76 **Basalt dringt in Braunkohlentertiär:** Er muß also geologisch jünger als dieses sein. Das Alter der Hauptbasaltförderungen in der Rhön wird deshalb als Ende Altpliozän datiert. Am Geologischen Wanderpfad Bauersberg bei Bischofsheim sind die Beziehungen in Schaustollen sichtbar gemacht. Aus E. Rutte, 1974.

Vulkanismus

Die Hauptzeit vulkanischer Ereignisse in Bayern ist das Jungtertiär. Die Ausbrüche erfolgen vornehmlich in den Zeiten der Entstehung des Braunkohlentertiärs, überwiegend im Obermiozän. Altersbestimmungen von Vulkaniten (W. Todt & H. J. Lippolt, 1975) mit der K-Ar-Methode bestätigen dies. Die letzte vulkanische Äußerung auf bayerischem Boden sind die Aschenfälle am Rehberg und in Altalbenreuth (bei Waldsassen), die vom nahen Eisenbühl (in Böhmen) hergeleitet werden. Man datiert sie in das beginnende Pleistozän.

Der Vulkanismus äußert sich nur in Nordbayern. Der südlichste Vulkan ist der Parkstein bei Weiden.

Die Vulkantätigkeit ist die Antwort auf die in dieser Zeit immer heftiger werdenden tektonischen Zerreißungen des tieferen Untergrundes. Dort, wo Bruchsysteme des Rheintalgrabens sich mit der verlängerten Pfahl-Linie kreuzen, kommt es zu starken Förderungen. Bestes Beispiel dafür ist die Rhön (78).

Ähnlich scheint sich der Einbruch des Egertalgrabens in der Fichtelgebirgszone, im Nördlichen Oberpfälzer Wald und deren Vorland in den Vorkommen der Oberpfälzer Vulkane auszuwirken (6).

Die Heldburger Gangschar (80) wird als Reaktion einer linearen Zerfiederung der Erdkruste entlang einer Rheintalgraben-parallelen Struktur interpretiert. Andere regionaltektonische Beziehungen mögen in den einigermaßen regelhaften Abständen in der Ost-West-Richtung angedeutet sein (78).

Bis auf eine einzige Ausnahme – den Phonolith in der Rückersbacher Schlucht im Kristallinen Vorspessart – sind alle Vulkanite Bayerns Basalt. Das stets graue Gestein läßt sich in den Varietäten nur mikroskopisch und/oder chemisch unterscheiden. Die Namen richten sich nach dem Anteil der wesentlichen Minerale. Am häufigsten sind der grünliche Olivin, der schwarze Augit und die schwarze Hornblende. Dazwischen verteilen sich mit wechselndem Anteil Magnetit, der Feldspat Plagioklas, die Feldspatvertreter Nephelin und Analcim. Demnach unterscheidet man Olivinbasalte, den (olivinfreien) Tephrit, Hornblendebasalte, den Basanit (der sowohl Feldspäte als auch Feldspatvertreter enthält), den Nephelinit (statt Feldspat Nephelin), den Limburgit (glasreicher Basalt), den Dolerit (wenn die Grundmasse gröberkörnig ist und viel Feldspäte führt) und Kombinationen, wie etwa den Trachytdolerit, den Olivinnephelinit und den Nephelinbasanit. Verschiedentlich sind in kleinen Öffnungen Sekundärminerale zu finden. Sehr begehrt sind die Zeolithdrusen und die Phosphoritüberzüge.

Viele Basalte enthalten Einschlüsse jener Gesteine, die in der Wandung der Förderröhre anstanden (F 27). Die Einschlüsse sind manchmal so gefrittet, daß sie nicht mehr angesprochen werden können. In der Rhön überwiegen Gneise und Granite des kristallinen Sockels. Da die geologisch jüngsten Einschlüsse Keupergesteine sind, dürfte im Augenblick der Förderung der Jura bereits abgetragen gewesen sein.

Andererseits sind in der Heldburger Gangschar (80) als jüngstes Einschlußmaterial Malmkalke enthalten. In den Oberpfälzer Vulkanen (6) beobachtet man ein besonders buntes Spektrum. Sie zeigen, daß in der Förderröhre Vermischungen und wiederholte Auf- und Abbewegungen der vulkanogenen Massen erfolgten.

Die meisten heutzutage auf der Erdoberfläche anstehenden Basalte haben die damalige Landoberfläche nicht erreicht. Sie sind, ehedem unterirdisch eingedrungen (77), von der Abtragung als Härtlingsbildungen herauspräpariert worden. In der Rhön konnte bis jetzt kein einziges Oberflächenergußgestein nachgewiesen werden. Dagegen sind viele Basalte in der Fichtelgebirgszone (6) Restbestände von deckenförmig ausgelaufener Lava. Während hier nur das Gestein des Liegendkontaktes gefrittet sein kann, ist bei den subterran eingedrungenen Basalten auch das Hangende verbrannt (als Beweis dafür, daß es im Moment der Förderung bereits vorhanden war [76]).

In der Rhön ist beispielhaft der morphologische Formenschatz in Abhängigkeit von der Gestalt der Basaltkörper entwickelt. Förderröhren, von der Abtragung angeschnitten, führen zu kuppigen Bergen (17) und dem Landschaftstyp der Kuppenrhön (77). Die von den Schloten seitlich zwischen die Schichten eingedrungenen Lagerbasalte verursachen das Flachrelief der Hohen Rhön (F 28).

---

77 Während der letzten **Basalteruptionen** (Ende Altpliozän) lag in der Rhön die Erdoberfläche mindestens 100 Meter über der heutigen. Das oberflächlich ausgebreitete Auswurfmaterial wurde später, zusammen mit einem Teil des Braunkohlentertiärs, abgetragen. Die heutige Landoberfläche schneidet also ein tieferes Stockwerk an. Dabei wird der Schlotbasalt als Härtling herauspräpariert. Die vom Schlot ausgehend seitlich-horizontal in die Schichten eingedrungenen Lager verursachen, wenn sie freigelegt werden, flache Geländeformen. Aus E. Rutte, 1974.

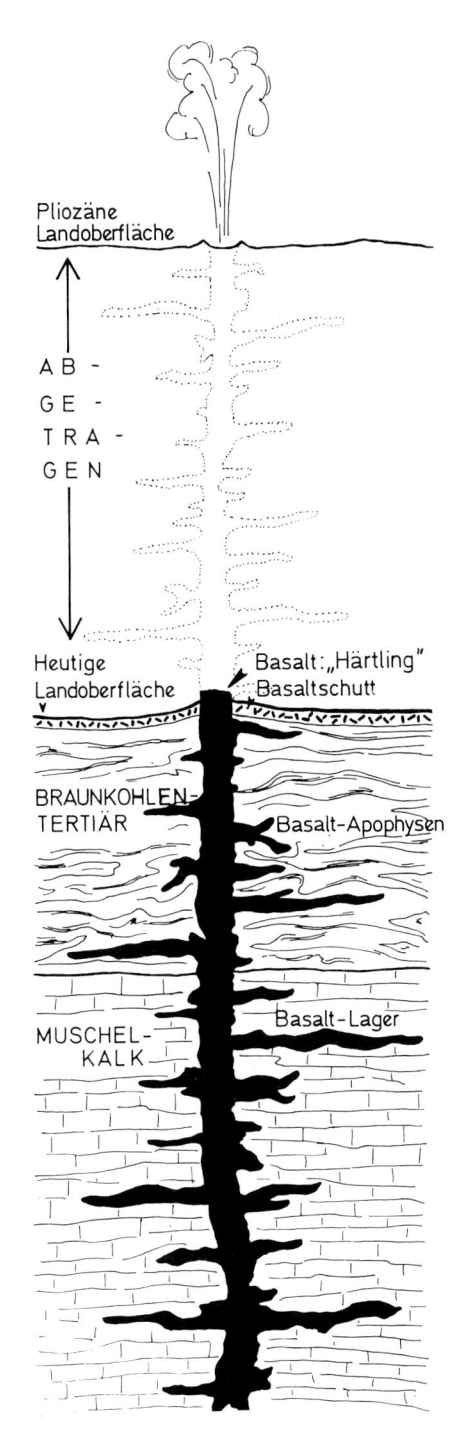

Gleichgültig, ob Schlot- oder Lagerbasalt, jede Lava schrumpft während der Abkühlung und verringert das Volumen. Dabei erfolgen geringe innere Bewegungen und Verschiebungen. Die Prozesse werden vom Chemismus der Schmelze gesteuert. Jeder Vulkanit hat deshalb eine individuelle Absonderungsform.

Während der Phonolith immer in Scheiben erstarrt, neigt der Basalt, vor allem bei stetig-langsamer Abkühlung, zur Ausbildung von Säulen. Die schönsten Beispiele finden sich in der Rhön und am Parkstein (81).

Die Zahl der Kanten einer Säule wechselt von Fall zu Fall: niemals vier, oft fünf, meistens sechs, häufiger sieben, selten acht. Früher meinte man, die Längsachsen der Säulen wären auf die nächstgelegene Abkühlungsfront orientiert. Es hat sich aber herausgestellt, daß dies nur zufällig ist. Vermessungen haben ergeben, daß die Säulen (unsystematisch) strahlig-büschelig oder auch bogig-gekrümmt in geschlossenen Partien angeordnet sind.

Andere Absonderungsformen sind unregelmäßig begrenzte kugelige, kissenförmige und kantige Körper.

Der säulig absondernde Basalt war schon immer sehr begehrt. Die schönsten Aufschlüsse sind längst dem technischen Bedarf zum Opfer gefallen. Der größte Teil des Zuidersee-Deiches besteht aus Säulenstücken vom Steinernen Haus in der Rhön. Ansonsten wird Basalt als Straßenbaustoff, in der Beton- und Steinwolleindustrie und seit neuestem, vermahlen, als mineralischer Dünger verwendet.

Ein Nachteil des Basaltes ist der Sonnenbrenner. Man versteht darunter die Eigenschaft, in kleine, eckige Bröckchen zu zerfallen, wenn das Gestein an die Erdoberfläche gelangt und Feuchtigkeit annimmt. Dabei kann das im Basalt maschig-verwoben verbreitete Mineral Analcim Kristallwasser binden, wobei eine Volumenzunahme erfolgt und den Verband sprengt. Während der Umwandlung entstehen zunächst weiße und graue, erbsengroß-runde Flecken mit feinen Rissen und Sprüngen. Sie leiten den Zerfall ein. Früher war man der Ansicht, der Zerfall wäre die Auswirkung der Erwärmung bei Sonnenbestrahlung. Die Verteilung des Sonnenbrenners ist launenhaft und nicht zu berechnen. Bis auf einige Stellen im Reichsforst, am Steinwitzhügel, Waldecker Schloßberg u. a. O. sind die Oberpfälzer und Fichtelgebirgsbasalte relativ sonnenbrennerarm. Etwas häufiger sieht man ihn in den Parkstein-Säulen (81), am stärksten im Rauhen Stein am Zienster Steinbruch bei Oberwappenöst.

Basaltboden ist sehr nährstoffreich. Die Charakterpflanzen sind Waldmeister, Haselwurz und Braunwurz.

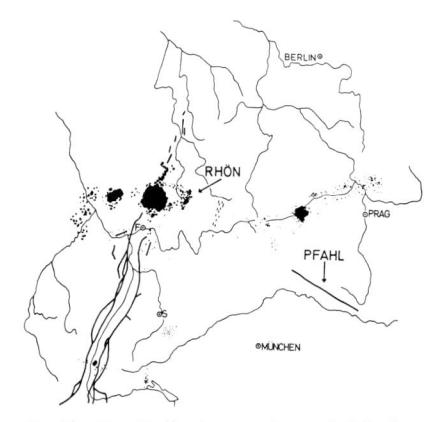

78 **Tertiärer Vulkanismus** (schwarz) in Mitteleuropa und der Rheintalgraben. Rhön und Vogelsberg liegen in der Verlängerung des Bayerischen Pfahls im Gebiet der Kreuzung mit den rheinischen tektonischen Strukturen. Aus E. Rutte, 1974.

Vulkanische Tuffe (nicht zu verwechseln mit Kalktuff) sind ein gering verfestigtes Gestein einer Mischung von vulkanischen Auswurfprodukten (76). Hauptgemengteile sind Lavafetzen, Lapilli, Gläser, Bomben und Gesteinsfragmente aus der Förderröhre. Ein Tuff kann oberirdisch ausgestreut oder auch (unterirdisch) zwischen andere Gesteine eingepreßt worden sein. Schlotbrekzien sind Tuffe in einer Förderröhre. Ein Tuffit ist ein in der Eruption in stehendes Wasser geworfener Tuff. Er erhält dadurch ein geschichtetes Gepräge. In Tuffiten können daher auch Seesedimente oder Fossilien enthalten sein.

Im Untermaingebiet sind die Vulkane (8) an die Störungslinien des Rheintalgrabensystems gebunden. Die petrologische Interpretation ist schwierig. Der Phonolith in der Rückersbacher Schlucht wirft die Frage auf, welcher Faktor den anderen Chemismus der Lava veranlaßt hat. Die Basalte sind in mehreren Varietäten entwickelt. Es ist bisher nicht möglich, das geologische Alter näher zu definieren. Gewöhnlich parallelisiert man die Förderzeiten mit denen der Rhön.
Die Vorkommen zwischen Alzenau und Kahl zeigen Schlote, Ergüsse, Tuffe und Frittungen. Einschlüsse von Muschelkalk bestätigen, daß zur Zeit der Eruptionen die Muschelkalkverbreitung noch mindestens 40 Kilometer weiter nach Nordwesten gereicht haben muß. Für den Untermain-Trapp – einen Deckenerguß aus Olivinbasalt – wird ein relativ spät erfolgtes Auslaufen (schätzungsweise Ende Altpliozän) angenommen. Relikte sind im Main bei Seligenstadt und Großkrotzenburg beobachtet worden.
Zu den Basalten des Mainischen Odenwaldes gehören die Vorkommen von Großostheim, Großwallstadt, Mömlingen und Eisenbach. Hier gibt es gelegentlich Einschlüsse von Kristallinem Grundgebirge. Im Kontakt zum Buntsandstein kann es zu Konzentrationen des Eisens kommen. Einige Stellen waren früher in Abbau.

Das größte bayerische Vulkangebiet und Modell für genetische sowie datierende Deutungen ist die Rhön. Selbstredend müssen auch Befunde aus dem hessischen und thüringischen Anteil berücksichtigt werden. Es ist reiner Zufall, wenn die alle Phonolith-Vorkommen der Rhön umschließende Phonolith-Linie wenige Meter vor der Landesgrenze endet (79).
Die Basalte und Tuffe treten mit paläontologisch datierten Teilen des Braunkohlentertiärs in Kontakt (76). Damit

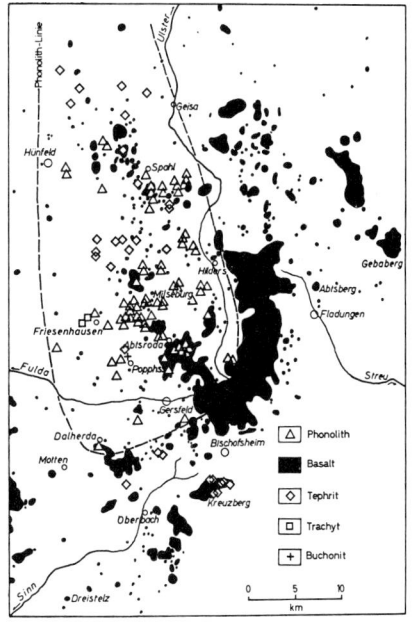

79 Die **Verbreitung vulkanischer Gesteine in der Rhön.** Ob die Beschränkung des Phonoliths auf den (hessischen) Westteil der Rhön irgend etwas mit dem Zechsteinsalz zu tun hat, ist eine seit langem diskutierte offene Frage. Aus E. Rutte, 1974.

wird das Alter der Eruptionen mit den Methoden der relativen Altersbestimmung definiert.
Der Vulkanismus setzt im mittleren Miozän ein, steigert sich im Obermiozän, ist im Altpliozän kräftig und erreicht die höchste Aktivität mit dem Finale Ende Altpliozän. Wir dürfen den Schlußakt mit dem auf 11 Millionen Jahre datierten badischen Höwenegg-Basalt (1) verbinden.
Mit dem letzten Aufdringen der Basalte ist die Rhön zum Hebungsgebiet und zum Mittelgebirge geworden. Von der Abtragung werden nun, abhängig von der Form der Basaltkörper, eigenwillige Landschaftsformen herausmodelliert. In der östlichen Rhön zwischen Fladungen und Bischofsheim entsteht eine Kuppenrhön, beiderseits der Hochrhönstraße aber die sich über zehn Kilometer erstreckende Fläche der Hohen oder Langen Rhön (F 28).
Die besichtigenswerten Lokalitäten der vulkanischen bayerischen Rhön finden sich am Rande der Hohen Rhön. Es sind der Geologische Lehrpfad am Bauersberg, die Säulenbasalte am Steinernen Haus und das Nebeneinander von Tuff und Basalt im Steinbruch am Feist an der Hochrhönstraße oberhalb von Fladungen. Diese und weitere besuchenswerte Dokumente sind beschrieben in E. Rutte (1974) »Hundert Hinweise zur Geologie der Rhön« sowie im Geologischen Führer »Mainfranken und Rhön« (1965).
Die heutige Erinnerung an das vulkanische Ereignis sind die Austritte postvulkanischer Kohlensäure. Sie erfolgen im Bereich der aus der Rhön nach Südosten streichenden tektonischen Störungszonen, sie speisen die Grundwässer und ergeben somit die Säuerlinge (17). Sie sind ein wesentlicher Bestandteil der berühmten Mineralwässer und Heilquellen (111).

Gegenüber dem Brunnen ist ein Mineralwasser (um der Definition zu genügen) ein natürliches Wasser, das in 1 kg entweder mindestens 1000 mg fester mineralischer Bestandteile bzw. Verbindungen gelöst oder 250 mg freie Kohlensäure enthält. Erst wenn heilende Wirkung nachgewiesen ist, darf das Mineralwasser als Heilwasser bezeichnet werden. Entsprechend wird zwischen Mineralwasser- und Heilwasserquellen unterschieden. Sind in 1 Liter Wasser bei 0° C und 1 Atmosphäre Druck mehr als 1 g freie Kohlensäure gelöst, spricht man von Kohlensäuerlingen bzw. Säuerlingen bzw. Sauerwasser – die nur dann, wenn sie unter natürlichem Druck austreten, Sprudel genannt werden dürfen. Im Umland der Rhön vermischt sich nun das Sauerwasser mit Karbonatwässern, Gipswasser, Glaubersalzwasser und Kochsalzwasser. Eine Sole muß mindestens 15 g/l gelöstes Natriumchlorid enthalten. Es entstehen sehr verschiedenartige und medizinisch vielseitig anwendbare Heilwässer. Den Zusatz »Säuerling« führen in Bad Kissingen Rakoczy, Pandur, Maxbrunnen, Runder Brunnen, Theresienbrunnen, Schönborn- und Luitpoldsprudel, in Bad Bocklet die Balthasar-Neumann-Quelle, in Bad Neustadt Bonifazius-, Elisabeth-, Hermanns- und Marienquelle, in Bad Brückenau Stadt Siebener- und Georgisprudel, im Staatsbad Brückenau König-Ludwig-I-, Wernarzer-, Sinnberger- und Knellquelle, ferner die Quellen von Oberriedenberg, Kothen, Burgsinn und Heustreu.

Die Heldburger Gangschar (80) ist eine merkwürdige vulkanische Erscheinung. Auf einem 60 Kilometer langen und 10 bis 12 Kilometer breiten, Nord-Süd ausgerichteten Streifen zwischen Hildburg-

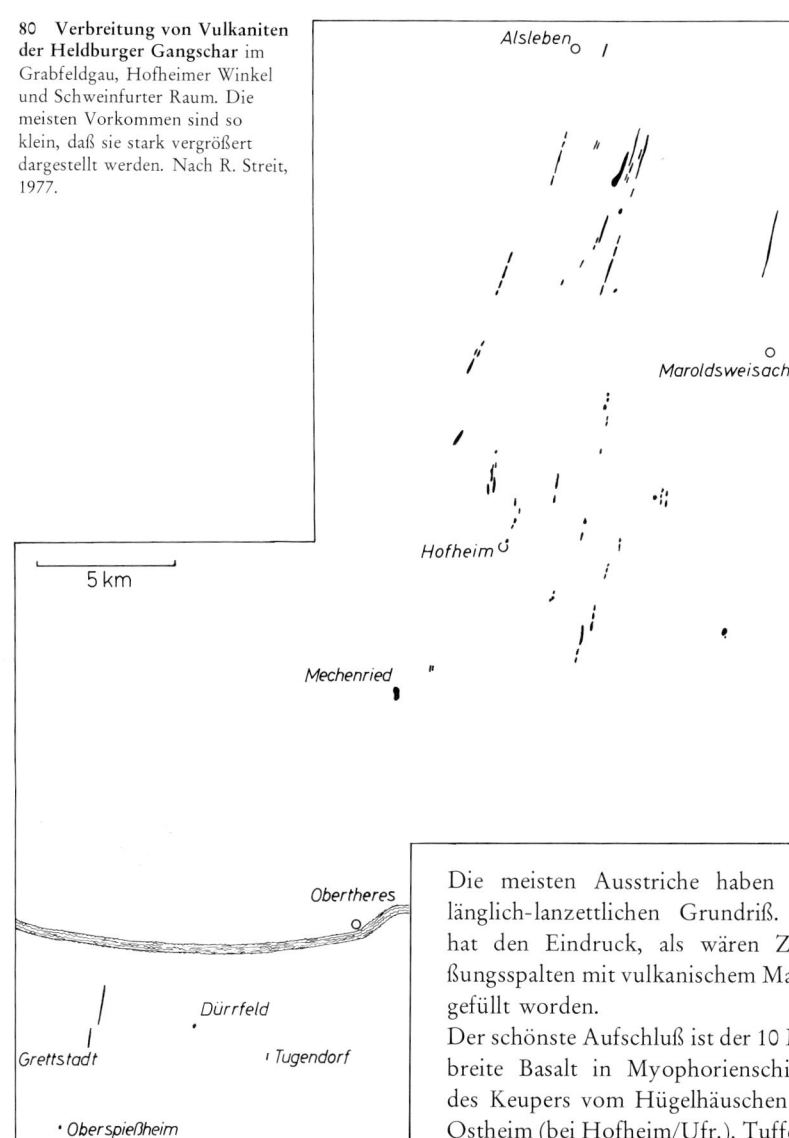

80 Verbreitung von Vulkaniten der Heldburger Gangschar im Grabfeldgau, Hofheimer Winkel und Schweinfurter Raum. Die meisten Vorkommen sind so klein, daß sie stark vergrößert dargestellt werden. Nach R. Streit, 1977.

hausen in Thüringen und Gerolzhofen zeigt die geologische Karte über 100 kleine, schlot- und gangförmig ausstreichende Basalt- und Tuffvorkommen. Die südlichsten davon finden sich im Gebiet von Schweinfurt bei Grettstadt–Oberspießheim–Dürrfeld und Tugendorf.

Die meisten Ausstriche haben einen länglich-lanzettlichen Grundriß. Man hat den Eindruck, als wären Zerreißungsspalten mit vulkanischem Material gefüllt worden.

Der schönste Aufschluß ist der 10 Meter breite Basalt in Myophorienschichten des Keupers vom Hügelhäuschen nahe Ostheim (bei Hofheim/Ufr.). Tuffe sind sehr gut in Mechenried und bei Schweinshaupten, Schlotfüllungen am Bramberg und im Basaltbruch von Maroldsweisach zu studieren. Während die Basalte in der Regel Härtlingsberge verursachen, sind die Schlotbrekzien – mit einem Basaltanteil von oft nur ein Prozent – wegen der weichen Verwitterungsformen oft nicht leicht zu finden.

Ein geologisch wichtiger Zeuge ist die Schlotbrekzie von Üschersdorf (östlich Hofheim). Unter den Einschlüssen finden sich auch Relikte von Malmkalk. Das bedeutet, daß dort zum Zeitpunkt der Eruption Malmkalk angestanden hat, und die Malmkalkverbreitung seitdem um mindestens 30 Kilometer nach Südosten zurückgewichen ist. Die Einschlüsse sind in der Förderröhre um 350 Meter heruntergesunken.

Daneben kennt man in der Heldburger Gangschar zwölf Vorkommen mit Lias- und Dogger-Einschlüssen.

Da zum Unterschied von der Rhön die Vulkanite nicht mit Braunkohlentertiär in Kontakt stehen, ist eine (relative) Altersbestimmung nicht möglich. Absolute Altersbestimmungen liegen für Zeilberg und Bramberg mit je 16 Millionen, Hügel mit 34 Millionen und Manau mit 41,6 Millionen Jahren vor.

Ein postvulkanischer Abkömmling ist der Säuerling von Lendershausen.

Die gegen Osten nächsten Vulkanbauten haben in der Nord-Süd-Erstreckung eine gewisse Beziehung zur Heldburger Gangschar. Es handelt sich um die neun Durchbrüche von Nephelinbasalten und -tuffen im Gebiet von Oberleinleiter nahe Heiligenstadt bei Bamberg (82), den Bohnberg-Basalt südöstlich Lichtenfels, die zwei Schlote (mit Malm-Einschlüssen) am Albkörper westlich und östlich von Staffelstein und die Basalte des Coburger Raumes. Absolute Altersbestimmungen erbrachten für Oberleinleiter 30,8 Millionen und für Großwallbur 24 Millionen Jahre.

Die Kulmbacher Basaltgänge (82) sind nicht gut aufgeschlossen, deshalb sind Verbreitung, Zahl und Form der Vorkommen noch nicht genügend bekannt. Der Basalt von Veitlahm wurde auf 26,9 Millionen Jahre datiert.

Der Vulkanismus im Alten Gebirge und im oberpfälzischen Vorland steht mit der Entstehung des Egertalgrabens in Zusammenhang (6).

Radiometrische Datierungen haben für Kuschberg 19,2 und Steinwitzhügel 28,8 Millionen Jahre ergeben. Mit einer gewissen Konzentration um den Wert 22 Millionen Jahre liegen dazwischen die Vulkanite vom Rauhen Kulm, Kleinen Kulm, Lerchenbühl, Kühhübel, Schloßberg/Waldeck, Anzenberg, Galgenberg, Armesberg, Parkstein, Großen Teichelberg, Steinberg, Reichsforst, von Brand und der Aigner Kuppe. Das Alter des Eisenbühls bei Waldsassen wird mit dem des Kammerbühls verglichen; die Werte sind 2,0 ± 1,8 Millionen Jahre.

81 Die **Basaltsäulen** sind in der Regel gerade gestreckt. Am Parkstein bei Weiden sind jedoch an einigen Stellen in der Aufschlußwand gekrümmte Säulen zu sehen. Sie bestätigen, daß die Säulenabsonderung ein Abkühlungs-/Schrumpfungsphänomen ist.

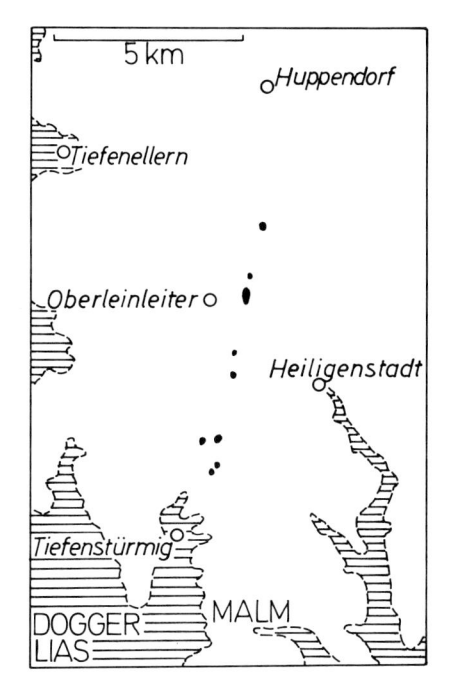

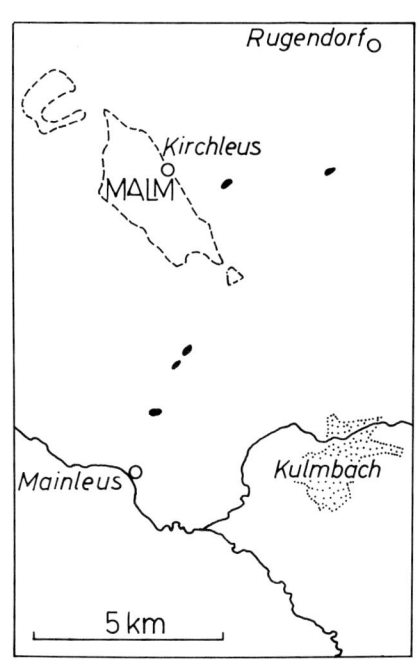

82 Verbreitung des **Malm und Vorkommen von Basalten** (schwarz) im Gebiet Oberleinleiter (10 Kilometer östlich Bamberg) und im Gebiet von Kulmbach. Nach R. Streit, 1977.

Die meisten Eruptionen sind demnach in der Zeit der (obermiozänen) Braunkohlenbildung im Braunkohlentertiär erfolgt. Wegen des (üblicherweise) in den Anfang des Pleistozäns gestellten Alters der durch Goethe und Gümbel bekannten Tuffe vom Eisenbühl wird für diesen und jenen bayerischen Vulkan ein ähnliches junges Alter vermutet.

Es handelt sich um gemischte Vulkanbauten. Die Lavaförderung erfolgt in Schloten wie auch in Deckenergüssen. Sie wird von gewaltigen Tuff-Lieferungen begleitet. Es besteht keine große Ähnlichkeit zu den vulkanischen Erscheinungen der Rhön. Der Hauptunterschied liegt im Vorkommen von Oberflächenguß-Basalten.

Das einzige Vorkommen von Gluttuff (Ignimbrit) beobachtet man am Silberrangen bei Groschlattengrün. Der auf Granit und Tuff geflossene Olivinnephelinit vom Großen Teichelberg ist durch die Säulen und die Zeolithdrusen bekannt. Er wird heute in über 600 Meter langen Steinbruchwänden abgebaut. Die obere Lavadecke wird 45 Meter mächtig. Deckenergüsse prägen auch den Reichsforst und die Basaltbrüche von Steinmühle.

Die nördlichsten Vulkanruinen liegen, mit dem Repräsentanten Thierstein, zwischen Selb und Hohenberg im Bereich des Marktleuthener Granitmassivs. In der unmittelbaren Fortsetzung des Egertalgraben-Tiefsten folgen die großen Basaltkomplexe im Dreieck Marktredwitz–Pfaffenreuth–Wiesau. Die Basalte zwischen Friedenfels und Erbendorf sind geringer.

Am Wartberg bei Längenau dringt der Basalt durch Granit.

An der Fränkischen Linie im Bruchschollenland von Kemnath sind neben den Basaltschloten die Schlotbrekzien häufiges Ziel von Exkursionen. Die Aufschlüsse sind im Geologischen Führer »Fränkische Schweiz und Vorland« von B. Schröder 1975 ausführlich beschrieben. Galgenberg und Waldecker Schloßberg, Armesberg und Kühhübel sind vulkanologische Modelle geworden.
Wegen der schönen Aussicht wird der Basaltschlot des Rauhen Kulm bei Neustadt viel begangen. Der anstehende Basalt ist allerdings zum größten Teil von gewaltigen Basaltschuttmassen bedeckt. Dafür zeigt der Kleine Kulm großartig das Nebeneinander von Basalt und Schlotbrekzie.

Der Parkstein bei Weiden – er wurde schon als schönster Basaltkegel der Erde bezeichnet – bietet dem Beschauer einen grandiosen Eindruck von der säuligen Absonderung (81). Zwar sind die ebenso berühmten Säulen am Herrnhausfelsen im nordböhmischen Mittelgebirge länger und zierlicher, aber nicht so vielfältig gedreht und in Absonderungsnester verstrickt. An den Säulenbasalt schließt im Westen (nach ideal aufgeschlossenem Kontakt) ein Schlottuff an.
Postvulkanische Äußerungen sind die zum Teil weithin bekannten Säuerlinge. Dazu gehören Kondrau, der Sylvanasprudel bei Groschlattengrün, die Quellen des König-Otto-Bades in Wiesau, die Hardecker Mineralquelle und der Sauerbrunn von Neualbenreuth.

Riesereignis

Das Nördlinger Ries gilt als einer der größten sowie der intensivst untersuchten Meteoritenkrater der Erde. Die meteoritische Entstehung wird allerdings erst seit wenigen Jahren allgemein anerkannt. Früher war meistens von einer irgendwie vulkanischen Genese die Rede, wenngleich niemals ohne Widerspruch. Erstmals wird es 1904, dann in den dreißiger Jahren mit einem Meteoriteneinschlag in Verbindung gebracht. Das einmalige Phänomen fasziniert noch immer Geologen, Mineralogen und Geophysiker.
Das Bayerische Geologische Landesamt hat mehrere spezielle Hinweise herausgebracht: Drei Sonderbände der Geologica Bavarica (1969, 1974, 1977) – Geologische Übersichtskarte des Rieses 1:100000 und Exkursionsführer (1970) – Geologische Karte des Rieses 1:50000 mit Erläuterungen (1978). Die in der »Ries-Forschungsbohrung Nördlingen 1973« gewonnenen 1206 Meter Kerne wurden von Forschern aller erdwissenschaftlichen Disziplinen untersucht. (83[*]) Ein weiterer gesicherter, sehr wahrscheinlich gleichzeitig entstandener Meteoritenkrater ist das Steinheimer Becken in Württemberg, 45 Kilometer südwestlich des Nördlinger Rieses. In jüngster Zeit wurde eine Hypothese aufgestellt, die östlich vom Ries gleichzeitig entstandene Meteoriteneinschläge annimmt. Als über 500 Kilometer langer, 50 bis 150 Kilometer breiter Streifen führt demnach vom Ries aus das Areal der Astrobleme über die Südliche Frankenalb, den Bayerischen Wald und Niederbayern, Ober- und Niederösterreich sowie Böhmen nach Mähren und über die Slowakei bis nach der Ukraine.

[*] Abb. 83 findet sich zwischen den Seiten 232 und 233.

F 1 Im Oberkarbon dringen im Zusammenhang mit der Variskischen Gebirgsbildung die **Fichtelgebirgsgranite** empor. Schrumpfungsrisse im abkühlenden Magma füllen sich schließlich mit Restschmelzen und Aushauchungen. Aus diesen kristallisieren besondere Mineralassoziationen. Im Fuchsbaugranit bei Weißenstadt kam es auf den Kluftflächen zur Abscheidung fahlgrüner Anflüge von Chlorit. Das ähnlich grüne Uranmineral Torbernit läßt sich am ehesten mit dem Geigerzähler nachweisen.

F 2 Die Ursache des Waldreichtums im **Nationalpark Bayerischer Wald** ist ein Granitmassiv. Es sorgt auch für die höchsten Erhebungen. Mit 1370 Metern Höhe krönt der Lusen die Kammlinie des Böhmerwaldes. Im Gelände davor-darunter dominieren bis zum Bayerischen Pfahl (Kirchdorf-Grafenau-Freyung) die weicher verwitternden und fruchtbareren Gneise. Deren Verbreitung ist am überwiegenden Feldbau abzulesen.

F 3 Das vulkanische Hauptgestein des Frankenwaldes ist der **Diabas.** Er ist zu verschiedenen Zeiten des Paläozoikums in oft riesigen Mengen aufgedrungen. Wenn die glutflüssigen Massen auf dem Meeresboden austraten, kam es in der Abschreckungsphase beim Zusammentreffen mit dem Wasser zu charakteristischen Absonderungsformen. Häufig sind kissenartige und kugelige Körper (Pillow-Lava).

F 4 Im Alten Gebirge spielen die Vorkommen karbonatischer Gesteine eine besondere stratigraphische Rolle. Bei der Annahme, die Kalkabscheidung sei überall gleichzeitig (im Kambrium) erfolgt, lassen sich Altersvorstellungen aus dem Fichtelgebirge bis auf den Passauer Wald übertragen. In der **Wunsiedler Bucht** ist **Marmor** in zwei parallelen, bandartig verbreiteten Zügen auszukartieren (6). Das weiße Gestein wird von graugrünen Amphibolit-Gängen durchzogen.

F 5 Der **Kreuzberg in Pleystein** ist eines der bekanntesten, zumindest das attraktivste Pegmatitvorkommen im Nördlichen Oberpfälzer Wald. Es ist wiederholt gründlich untersucht und wissenschaftlich beschrieben worden. Der Felsen besteht aus lichtrosa gefärbtem **Rosenquarz.** Er enthält 34 Minerale, darunter äußerst seltene Phosphatminerale. Sie sind im Museum der Stadt Pleystein zu besichtigen.

F 6 Im **Hochspessart** vermißt man gipfelartige Erhebungen. Die schwer verwitternde quarzitische Schicht des Felssandsteins wird gemäß der horizontalen Lagerung als Platte herauspräpariert. Deshalb sind die sogenannten Sargberge das charakteristische Landschaftselement des Buntsandsteinspessarts. Umgebung von Rieneck.

F 7 Eine der schönsten Übersichten des **Bayerischen Pfahls** bietet sich von den Zinnen der Burgruine Weißenstein (nahe Regen). Der Pfahlquarz wird erst bei Anwitterung richtig weiß. Es entsteht eine kilometerlang überschaubare Mauer. Auf beiden Seiten sorgen die weich verwitternden begleitenden Pfahlschiefer nicht nur für die Steigerung des morphologischen Effekts der Härtlingsbildung, sondern auch für weitgehend ackerbaulich genutzte Fluren.

F 8 Der fränkische Muschelkalk enthält die größten bekannten fossilen **Austernriffe.** Millionen pfenniggroßer Schälchen von *Placunopsis ostracina* sind aufeinander gewachsen. Es entstehen knollig wuchernde Bauten. Sie sind zwischen die normalen Schichtserien des obersten Hauptmuschelkalks gebettet. Auf das Vorkommen von Langensteinach wird an der Bundesstraße zwischen Rothenburg o. T. und Uffenheim hingewiesen.

F 9 Der **Quaderkalk** im obersten Hauptmuschelkalk ist eine Aufschüttung von Schalenschill und anderer Fracht durch Meeresströmungen, die ihren Ausgang an einer untermeerischen Schwelle (Gammesfelder Barre) nehmen. Zwischen Rothenburg o. T. und Maindreieck wird das Material in vielfachen Schüben abgelagert. Nach der Verfestigung zerbricht das Gestein (aus regionaltektonischen Gründen) in die bezeichnenden Quader. Er ist einer der wirtschaftlich bedeutsamsten Natursteine Bayerns.

F 10 Der Maintalhang zwischen Homburg a. M. (vorn) und Lengfurt wird in der Mitte von der Grenze **Buntsandstein/Muschelkalk** gegliedert. Die Röttone sind die Grundlage einer hervorragenden Weinlage (u. a. Kallmuth). Dagegen ist der Wellenkalk felsig und vegetationsarm, andererseits Rohmaterial für die Lengfurter Zementindustrie. Im unteren Mainviereck erreicht der Muschelkalk die westlichste Verbreitung.

F 11 Die Ebene der Drei Kreuze unterhalb des **Kreuzberges in der Rhön** besteht aus Wellenkalk. Der Mittlere Muschelkalk ist unter dem Kreuzberggipfel an den weichen Geländeformen zu erkennen. Nur auf der höchsten Höhe ist in einer verhältnismäßig geringmächtigen Decke Basalt verbreitet. Ein kleiner Basaltschlot verursacht am Beginn des Aufstiegs (neben der Gaststätte, Bildmitte) einen winzigen Härtlingshügel.

F 12 Subaquatische Rutschungen sind in Verbänden dünnschichtiger, von tonigen Zwischenlagen getrennter Kalke eine häufige Erscheinung. Sie künden von Gleitbewegungen des noch plastischen Schlammes. Im unterfränkischen Wellenkalk konnten aus den Rutschungsrichtungen Rückschlüsse auf das Meeresbodenrelief gezogen werden.

F 13 Wegen der Lage zwischen mächtigen Tonschichten ist die **Bleiglanzbank** nur schwer im Anstehenden aufzufinden. Auch ist Bleiglanz in größeren Einschlüssen durchaus selten. Die besondere lithologische Situation wird eher in den kleinen, lichtrosa gefärbten Schwerspatflittern dokumentiert.

F 14 Der **Grabfeldgau** erhält sein geologisches Gepräge durch die weite Verbreitung von tonigen Schichten des Keupers. Im Frühling wird deren überwiegend rotviolette Färbung weithin sichtbar. Die langgestreckten Erhebungen sind morphologische Auswirkung der härteren Steinmergelbänke. Am Horizont die höchsten Vulkanbauten in der Heldburger Gangschar, die beiden Gleichberge in Thüringen.

F 15 Der **Schilfsandstein** wird in Unterfranken in größerem Umfange am Herrmannsberg bei Sand a. M. abgebaut. Er ist dort in Flutfazies entwickelt. Die Mächtigkeit ist relativ hoch. Störende schichtige Einlagerungen fehlen, deshalb ist die technische Qualität ausgezeichnet.

F 16 Im Vorfeld der Steinbrüche (auf den Coburger Sandstein) oberhalb Zeil-Schmachtenberg ist der **Durchbruch des Maintales** in der Keuperstufe am besten zu überblicken. Jenseits des Mains der nördliche Steigerwald (vorne Limbach, hinten Eltmann). Der Aufschluß am Hang oberhalb Ziegelanger liegt in Berggipsschichten. Der Talboden ist mit Schottern der Niederterrasse ausgekleidet.

F 17 In der **Weltenburger Enge** gegenüber dem Klösterl ist die Grenze zwischen Massenkalk und Kelheimer Kalk in der Naht am (rechten) Felsen markiert. Die Riffdetritussedimente unterscheiden sich vom (schichtungslosen) Massenkalk u. a. durch die Schichtung.

F 18 Die **Solnhofener Schiefer** sind auf dem Maxberg oberhalb Solnhofen/Mörnsheim unmittelbar neben dem Museum (mit dem dritten Urvogel) leicht erreichbar am Gewinnungsort wie auch im Steinwerk verarbeitet zu besichtigen. Überdachungen ermöglichen den Steinbrechern den Abbau im Winter.

F 19   Die **Schutzfelsschichten** erlangen derzeit im Steinbruch Saal a. D. die großartigste Dokumentation. Als Inhalt riesiger, tiefreichender Karsttrichter zwischen den Kelheimer Kalken stören sie immer wieder den Abbau des Rohstoffs für das Kalkwerk. Auf die Berghalde gekippt, sind sie inzwischen Ursache einer beachtlichen Erhebung im Umkreis der Kelheimer Bucht geworden.

F 20   **Dolinen** entstehen bei Auflösung von Salz, Gips und Karbonaten im Untergrund durch Nachfall des Gesteins. Meistens sind sie auf tektonisch gestörten Zonen angeordnet. In die Doline von Maierhofen (in Malm Zeta-Plattenkalken; bei Painten in der Südlichen Frankenalb) eingespeiste Markierungsstoffe erscheinen im Altmühltal an der Quelle Weihermühle (4,5 km) erstmals nach 12 Stunden und an der Quelle Essing (5,5 km) nach 48 Stunden.

F 21 Der **Kelheimer Kalk** ist der in den Repräsentativbauten von König Ludwig I. mit Vorliebe eingesetzte Stein. Es heißt, dem König habe der Farbkontrast zwischen dem weiß verwitternden Kalk und dem Himmelsblau besonders gefallen. Die früher in Abensberg reichlich verwendeten Pflastersteine wurden in Offenstetten gewonnen.

F 22 Im Braunkohlentertiär der Oberpfalz stehen große **Lagerstätten von Braunkohlen und Tonen** in Abbau. Die Tone von Ponholz haben eine besonders gute technische Qualität. Bei der relativ geringen Mächtigkeit der Bodenschätze werden weite Flächen beansprucht. Die topographischen Verhältnisse ändern sich sehr rasch.

F 23 Im **Steinbruch Kapfelberg** (an der Donau oberhalb Bad Abbach) haben bereits die Römer Steine für Bauten in Regensburg brechen lassen. Goethe erwähnt ihn auf einer Reise nach Italien. Die unteren zwei Drittel erschließen Plattenkalke und Kelheimer Kalke des Malm Epsilon. Der obere Komplex ist der Regensburger Grünsandstein der Danubischen Kreide.

F 24 In der Umgebung von Tirschenreuth sind große **Kaolinlagerstätten** verbreitet. Die Entstehung der hier aus Graniten hervorgegangenen Ablagerungen wird noch immer in verschiedenen Ansichten zu deuten versucht. Kaolin ist Grundstoff zahlreicher keramischer Produkte.

F 25 Suevit ist das in der Umgebung des Nördlinger Rieses verbreitetste Impactgestein (83). Bei Otting wird er in großem Umfange abgebaut. Er ist Baustein von Nördlingens St.-Georg-Kirche. Unter den größeren Gesteinskomponenten fallen die aus schwarzem, schaumigem Glas bestehenden Flädle auf.

F 26 Eine in der Mitte durchschlagene Knolle aus **Alemonit**. Das Material der Brekzie besteht zum größten Teil aus (total verkieseltem) Malmkalk. Die Blasenhohlräume unter dem (oberen) Rand werden als (vom noch weichen Gesteinsbrei fixierte) Gasblasen gedeutet. Sie seien beim Rieseereignis (während der Umwandlung von Kalk in Kiesel) in den Minuten nach den Meteoriteneinschlägen auf der Südlichen Frankenalb entstanden.

F 27   Einschlüsse in Basalt. Sie wurden beim Aufstieg der vulkanischen Massen von den Wandungen der Förderröhre gerissen und geben dem Petrographen Aufschluß über den Aufbau des Untergrundes. In der Rhön sind Einschlüsse des Kristallinen Grundgebirges besonders häufig.

F 28   Die **Hohe Rhön** entsteht im Zuge der Abtragung des Hochgebietes durch das Freilegen der Oberfläche ehedem subterran eingedrungener Basaltlager (77). Die Bildung von Verwitterungslehmen hat Reliefunterschiede ausgeglichen und Geländesenken abgedichtet. In solchen Situationen entstehen die Moore der Rhön.

F 29 Ein Aasfresserdepot in der altpleistozänen Wirbeltierfundstelle **Würzburg-Schalksberg** unmittelbar vor der Bergung 1976. Inzwischen hat die Präparation ergeben, daß die vermutlich von Hyänen zusammengetragenen Knochen von Bison, Hirsch und Elefant stammen. Darüber hinaus scheinen einige vom *Homo erectus heidelbergensis* auf der Suche nach Mark eingeschlagen worden zu sein.

F 30 Die Lehmgrube am Bahnhof **Marktheidenfeld** bietet einen sehr guten Einblick in **quartäre Ablagerungen**. Das untere Drittel der Abbauwand erschließt altpleistozäne Altwassersedimente. Das aus Pflanzenresten zusammengesetzte schwarze Band ist nach zwanzig Jahren Abbau noch immer zu erkennen. Der jungpleistozäne Löß darüber ist durch mehrere mächtige Lehmhorizonte gegliedert.

F 31 Die **Arvernensisschotter** erreichen bei Wollbach im Osten der Rhön mit 25 Metern die größte Mächtigkeit. Das Material kommt überwiegend aus Thüringen. Merkwürdigerweise sind Basaltgerölle äußerst selten. Wirbeltierfossilien sind hier noch nicht beobachtet worden. In kleinen Tonlinsen sind manchmal gute Pflanzenabdrücke zu finden.

F 32 Für das Zementwerk **Karlstadt** werden Wellenkalk und Mittlerer Muschelkalk abgebaut. In den dreißiger Jahren wurden in einer hoch gelegenen Höhle große Knochenmengen einer altpleistozänen Karstfauna angetroffen. Im Vordergrunde Sande der altpleistozänen Talaufschüttung. Wenige Kilometer mainabwärts (rechts) wurden darin Knochen vom Etruskischen Nashorn gefunden.

Das Rieseriegnis erfolgt zu Beginn des Obermiozäns. Absolute Datierungen (vorgenommen auch in Gläsern eines Bentonits aus der Mainburger Gegend) haben, übereinstimmend mit stratigraphisch-paläontologischen Befunden, einen Zeitpunkt vor 14–15 Millionen Jahren ergeben. Neueste Erkenntnisse entwerfen von den vielfach unvorstellbaren Vorgängen das folgende Bild.

Aus dem Weltraum nähert sich mit kosmischer Geschwindigkeit ein Meteoriten-System. Um den Rieskrater zu erzeugen, genügt ein Körper von 300 Metern Durchmesser, wenn er aus Eisen, von 700 Metern Durchmesser, wenn er aus Stein, von 1300 Metern Durchmesser, wenn er aus einer von Gasen oder Eis gebundenen Mischmasse besteht. Die Bohrkerne der Forschungsbohrung lieferten zwischen 602–618 Metern Teufe metallisches Eisen, Nickel und vor allem Chrom; dies deutet auf Relikte eines verdampften Steinmeteoriten.

Bei der Kollision wird innerhalb weniger Sekunden die Temperatur auf mehrere 10 000 Grad getrieben. Es werden Drucke bis zu 500 Kilobar (das sind 500 000 Atmosphären) erreicht.

Ursache dieser extremen Werte ist die Überschallerscheinung der Stoßwelle. Sie verdampft, zerschmilzt und zertrümmert das anstehende Gestein. Die Auswirkungen sind noch heute in mindestens sechs Kilometern Tiefe nachweisbar. Man hat die freiwerdenden Energien mit der Wirkung von 300 000 Hiroshima-Bomben verglichen. Sie reichten aus, um schätzungsweise 250 Milliarden Tonnen Gestein in die Höhe zu schleudern, auszuwerfen und dadurch einen Krater von 24 Kilometer Durchmesser zu erzeugen.

Abhängig vom Ausgangsgestein und dem Ausmaß der Beanspruchung entstehen besondere Auswurfgesteine. Die Bunten Trümmermassen stellen ein Gemenge der vor dem Impact vorhandenen Gesteine dar. Es handelt sich dabei um Kristallines Grundgebirge, eventuell Rotliegendes, Muschelkalk, rund 250 Meter Keuper, 30 Meter Lias, 140 Meter Dogger und 200 Meter Malm. Die Größe der Partikel schwankt zwischen Gesteinsstaub und Schollen in der Größenordnung von 1000 Metern. Die kleinstückige Grundmasse wird gesondert als Bunte Brekzie bezeichnet. Gute Aufschlüsse darin sind zur Zeit Harburg, Ronheim und Aumühle.

Das auffälligste und typische Ries-Gestein aber ist der Suevit (F 25). Der Name wurde (nach lateinisch »Schwaben«) im Ries geprägt. Das Material besteht aus einer tuffartigen Grundmasse, in der fast ausschließlich Kristallin- und nur untergeordnet Sedimentgesteine als Brekzien-Einschlüsse anzutreffen sind. Eine Besonderheit sind die Flädle, die bis kopfgroßen, oft fladenförmigen Glasgebilde. Sie sind aus geschmolzenem Grundgebirge hervorgegangen. Wir finden den Suevit in unregelmäßigen Anhäufungen kranzförmig im Vorland des Kraters (83). Aufschlüsse sind häufig, weil er früher als Baustein abgebaut wurde (die Kirche St. Georg in Nördlingen ist das bekannteste Beispiel), heute als Zement-Zuschlagstoff genutzt wird. Die Abbauwände in Otting zeigen eindrucksvoll Entgasungserscheinungen und Absonderungsformen. Der kleine aufgelassene Steinbruch bei Oberringingen ist wegen der schönen säuligen Absonderung beachtenswert. Oft aufgesuchte Suevit-Lokalitäten sind Polsingen (Geologischer Lehrpfad), Aumühle, Zipplingen, Altenbürg, Amerdingen.

Früher wurde der Suevit meistens als vulkanischer Tuff verstanden, bis Anfang der sechziger Jahre zwei amerikanische Erdwissenschaftler die Minerale Coesit und Stishovit fanden. Diese Hochdruckmodifikationen des Quarzes setzen zu ihrer Entstehung Drucke von 300 bzw. 120 Kilobar voraus. Das sind Werte, die nach heutigem Kenntnisstand nur bei Einschlägen extraterrestrischer Körper oder in Kernexplosionen erreicht werden.

Andere impacttypische Erscheinungen sind die ebenfalls nur im Gesteinsdünnschliff sichtbaren geschockten Minerale und bestimmte Gesteinsgläser. Diese Effekte werden von Mineralogen unter dem Begriff Stoßwellenmetamorphose untersucht.

Naturgemäß präsentiert sich der Rieskrater nicht mehr in der ursprünglichen Form. Rückfallende Auswurfmassen sowie Ausgleichsbewegungen in den betroffenen Gesteinen haben den primären Krater weitgehend verändert.

Das Riesereignis hinterläßt eine etwa 300–400 Meter tiefe flache Schüssel, umrandet vom Kraterwall. Sie dient als (abflußloses) Sammelbecken. Es entsteht der Riessee (fünfmal größer als der Chiemsee; er wäre der drittgrößte See Europas). Sein Wasser ist zeitweise brakkisch. Nun kommt es zur Ablagerung von mächtigen Seesedimenten. Sie bestehen im wesentlichen aus mergeligen Tonen und Stinkmergeln. Diese Gesteine sind neuerdings wirtschaftlich interessant geworden, weil man in ihnen Erdölmuttergesteine vermutet. Tatsächlich wurden partienweise reichlich ölschieferartige bituminöse Substanzen festgestellt. Die arten- und individuenarme limnische Molluskenfauna, die Ostracoden, Landschnecken, Fische, Säugetiere, die Algen, Pollen und die Großpflanzenreste geben nicht nur Hinweise auf das besondere Milieu, sondern in den Leitfossilien auch auf das geologische Alter der Füllung. Die Sedimente sind im Obermiozän entstanden.

Das Steinheimer Becken weist viele Parallelen, aber auch einige Unterschiede zum Nördlinger Ries auf. Der Durchmesser ist mit 3,5 Kilometern geringer, eine zentrale Erhebung (Klosterberg) ist vorhanden, es fehlen Coesit und Stishovit. Dennoch wird es heute unbestritten als Meteoritenkrater anerkannt.

Anders dagegen verhält es sich noch mit der Anerkennung der Einschläge (83) im Areal der Astrobleme (Astroblem = »Sternwunde«). Die Hypothese unterstellt geringere Dimension der Meteorite, infolgedessen reduzierte Energiefreisetzung und deshalb andere Impactgesteine. Auf der Südlichen Frankenalb werden in erster Linie Malmkalke, aber auch Kreidesandsteine betroffen. Dort entsteht als Typgestein der Alemonit, eine Brekzie aus Malmkalk-, Kreide- und (gelegentlich) Süßwasserkalk-Komponenten, die in eine Grundmasse aus feinem und feinstem Zerreibsel der gleichen Ausgangssubstanz eingebettet sind (F 26). Form und Größe der Komponenten sind sehr unterschiedlich, es können mehrere Varietäten zwischen konglomeratisch bis feinstbrekziös unterschieden werden.

Als Alemonit werden die meisten der früher pauschal als Quarzite bezeichneten wie auch die beim Impact des Alten Gebirges aus Kristallin entstehenden quarzitartigen Gesteine gedeutet.

Alle primär nichtkieselige Substanz ist – ausnahmslos – verkieselt. Charakteristisch sind ferner die Blasen. Sie sind besonders groß und schön in Alemoniten aus (hauptsächlich) Malmkalk. Dies deutet das Entweichen der Kohlensäure bei der Umwandlung von Kalk in Kiesel an. Typisch sind weiterhin winzige Einschlüsse von Glas. Sie haben oft die Gestalt von Tropfen oder Flädle. In Alemoniten sind schließlich geborstene Minerale, korrodierte Quarzkörner und graphitartige Flitter nachgewiesen worden.

In der Südlichen Frankenalb können stattliche Partien in allen Malmkalkfazies total verkieselt sein, ohne daß Brekziierung stattgefunden hat. Das primäre Gefüge wird eingehalten und Fossilien sind ohne Formänderung fixiert. Noch ist es nicht gelungen, dieses einmalige petrologische Phänomen zu interpretieren. Es bleibt zu klären, woher die Kieselsäure kommt. Im Vordergrunde der Überlegungen steht der Gedanke einer Abkunft aus dem Ries. Als Lieferanten kommen sowohl der verdampfte Meteorit als auch der impactierte Untergrund in Frage.

In der Diskussion beanspruchen ferner großes Interesse die Begleiterscheinungen der ortsfremden Malmkalkschollen, der Bentonite, der Lehmigen Albüberdeckung und der Eisenvorkommen.
(83) Bei Niedertrennbach, 25 Kilometer östlich Landshut, 150 Kilometer östlich des Rieses, liegen eingebettet in Gesteine der obermiozänen Oberen Süßwassermolasse grobe Brocken eines Malmkalkes. Das nächste vergleichbare anstehende Gestein und eventueller Lieferant ist der 45 Kilometer entfernte Jura von Münster bei Straubing. Entsprechend könnten die Malmkalkblöcke in der Molasse nordöstlich Augsburg aus Bezirken zwischen Ries und Treuchtlinger Altmühl abgeleitet werden. Neuerdings ist bei Mainburg (Volkenschwand, Oberviecht u. a. Lokalitäten) der einwandfreie Beweis einer von Norden stammenden Anlieferung des dortigen Bentonits geglückt: Neben den schon länger bekannten Malmkalken finden sich überraschend große Mengen von Dolomit wie auch von (fossilführendem) Regensburger Grünsandstein auf, in und unter dem Bentonithorizont – Kreide-Gestein kann nur aus der Regensburger Pforte zwischen Weltenburg und Barbing (83) gekommen sein.
Die wirtschaftlich bedeutenden Bentonit-Vorkommen (»Weißerden«) zwischen Augsburg–Landshut–Pfarrkirchen und Oberösterreich werden folglich als verwitterte und zersetzte, entglaste Impactstaubmassen interpretiert.

Charakteristikum der heutigen Südlichen Frankenalb ist die Lehmige Albüberdeckung. Die oberflächliche Verbreitung übertrifft die des Löß. Die Mächtigkeiten sind besonders im Raume Beratzhausen–Painten–Kelheim mit oft weit über 20 Metern beträchtlich. Überall ist die reliefausgleichende morphologische Wirkung zu erkennen. In der Literatur wird sie gewöhnlich als eine Art Verwitterungslehm aus dem Malmkalk vorgestellt. Neuerdings wird sie als verwitterter Impactstaub, äquivalent dem Bentonit, gedeutet. Der Zusammenhang mit dem Riesereignis wird über die Beteiligung von Alemoniten hergestellt.
Es muß auch daran gedacht werden, die zum Teil beachtlichen Eisenerzvorkommen in der Südlichen Frankenalb und in der Molasse Oberbayerns mit meteoritischen Eisenlieferungen beim Riesereignis in Verbindung zu bringen.
Im Areal der Astrobleme sind mancherorts sonderbar beanspruchte Malmkalke anzutreffen. Die Erscheinungen haben weder mit der örtlichen Bruchtek-

tonik noch mit subaquatischen Rutschungen zu tun. Es handelt sich um Horizontalstylolithen, vertikal angeordnete enge Scharung von Klüften mit feinstgezeichneten Figuren, bröckelige Zerbrechung (Vergriesung), ferner Stauchungen und Horizontalverschiebungen in Plattenkalken. Sie werden als Reaktion auf die während der Impactierung wirkenden Kräfte interpretiert.

Die als Impactkrater gedeuteten Strukturen haben das beste Beispiel im Astroblem Sausthal (84, 85) zwischen Painten und Essing. Die Böschungswinkel der Hohlform gehen kontinuierlich von steil im Norden zu sehr flach im Süden über. Im Südwesten ist ein analog geformter kleiner Nebenkrater zu erkennen. Der Kraterrand liegt an einigen Stellen in Plattenkalken, im übrigen besteht er aus alemonitreicher Lehmiger Albüberdeckung. Der Boden, gelegentlich durch junge Dolinen aufgeschlossen, ist Plattenkalk. Die Hohlform wird mit den mergeligen Ablagerungen eines Sees gefüllt. Ein Braunkohlenflöz sowie Fischreste und Ostracoden datieren die Sedimente in das Obermiozän.

Das Astroblem Mendorf (83) ist mit über drei Kilometern Durchmesser der größte unter den besser erhaltenen Einzelkratern. Die meisten haben 800–1000 Meter Durchmesser. In der Diskussion sind am bekanntesten die Lokalitäten Wipfelsfurt und Saal geworden. Die Masse der Astrobleme aber liegt in rudimentärer Überlieferung vor, weil die Erosion der

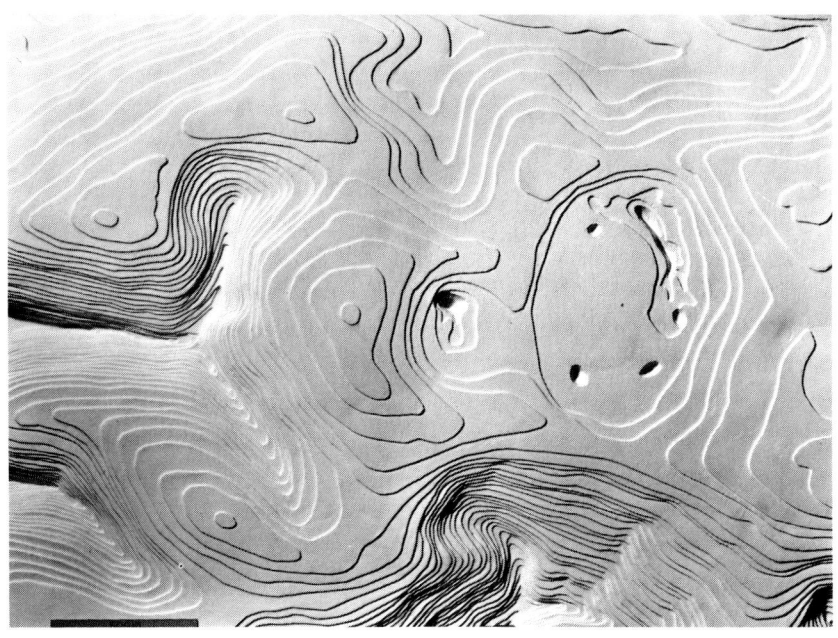

84 Reliefmodell des Kraters Sausthal und des Nebenkraters Schaffergrube (im Westen). Die Hohlform ist in Nord-Süd-Richtung gestreckt. In Verbindung mit dem gleichmäßig nach Süden flacher werdenden Böschungswinkel des Kraterrandes (85) werden darin Hinweise auf die Einflugrichtung des Meteoriten wie auch die Hauptauswurfrichtung gesehen. Die Dolinen sind geologisch jüngste Bildungen. Sie gehören alle zum gegenwärtigen aktiven Karst. Auffällig ist die ringförmige (Kraterrand-parallele) Anordnung. Auch dies wurde mit impacttektonischen Auswirkungen in Beziehung gebracht. Aus E. Rutte, 1974.

Zubringer von Donau und Altmühl die Hohlformen angeschnitten und ausgeräumt hat.

Die hervorragenden Aufschlußverhältnisse im Steinbruch Saal a. D. (F 19) liefern beispielhafte Unterlagen zur Interpretation eines Einzelkraters. Unter der limnischen Füllung steckt ein in unbekannte Tiefe hinabreichender Pfropfen des sogenannten Silifikates. Es wird als heftigst zertrümmerter und dabei verkieselter Kelheimer Kalk gedeutet. Der Kraterboden ist von der Steinbruchwand randlich angeschnitten und von einer Schicht auffällig großer, gerundeter Alemonite ausgekleidet.

(83) Die enge Zusammenballung mehrerer Einzelkrater führt zur großflächigen Hohlform. Das beste Beispiel ist der Hemauer Kraterpulk. Dort sind auf 7 × 12 Kilometer großer Fläche 120 Meter Malmkalk entfernt worden. Unbekümmert um die verschieden widerständige Malmkalkfazies, hält die Sohle das gleiche Niveau ein. Auch im Alten Gebirge sind die Becken von Rötz–Winklarn, Tiefenbach–Schönthal, Pösing–Wetterfeld, Stamsried–Pemfling–Katzbach, Cham – schon weil sie stets im Verbreitungsgebiet von Alemoniten liegen – als Kraterlandschaften zu verstehen. Ein morphologisches Dokument besonderer Art ist aber die Hochfläche der gesamten Südlichen Frankenalb. Im Zusammenwirken von Einzelkratern und Kraterlandschaften wird das kuppige Relief nivelliert und zur Sammelschiene der Fließgewässer aus Nord und Süd. Wir sehen den Übergang der impactierten (flachen) Alb in die Kuppenalb sehr deutlich bei Parsberg.

Die das Obermiozän datierende Kalkalge *Limnocodium* (86) ist Inhalt von Alemoniten im Pfahldorfer Astroblem;

also muß der Impact jünger als die Alge sein. Andererseits haben Krokodile im Viehhausener Braunkohlentertiär – es ist ebenfalls Obermiozän – als Magensteine ausschließlich Alemonite aufgenommen; sie sind also jünger als das Rieseereignis. Das Rieseereignis ist die jüngste der großen geologischen Katastrophen. Wir müssen annehmen, daß zwischen Alpen und Nordeuropa zumindest die größeren Landwirbeltiere und Pflanzen innerhalb weniger Sekunden ausgelöscht worden sind.

Man ist aber noch nicht in der Lage, die Wiederbesiedlung des Raumes paläontologisch zu fassen. Immerhin heißt es im zuständigen Handbuch der Stratigraphischen Geologie (E. Thenius, 1959, S. 77) für den Zeitabschnitt des Rieseereignis-

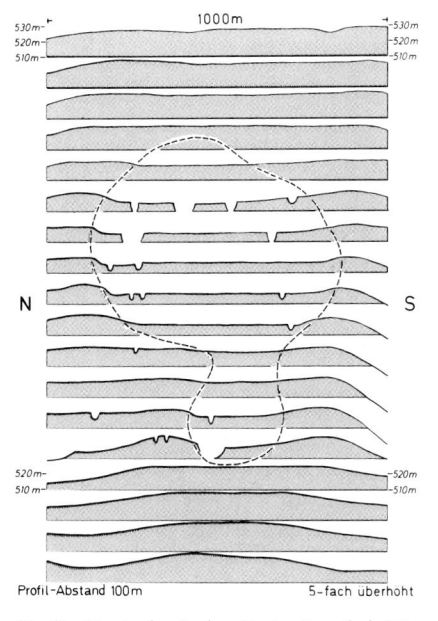

85 Profilserie durch den Krater Sausthal. Die Hohlform liegt auf der höchsten Erhebung der dortigen Südlichen Frankenalb. Der Böschungswinkel des Kraterrandes nimmt regelhaft von steil im Norden zu flach im Süden ab. Die Füllung mit obermiozänem limnischem Braunkohlentertiär sorgt zwischen den Dolinen für eine vollkommene Ebenheit.

ses: »Unter den Landsäugetieren ist das Fehlen jungvindobonischer Formen charakteristisch« – (Jungvindobon = Obermiozän; die Zeit nach den helvetischen Kirchberger Schichten).

Die Alemonite in Verbindung mit den als Impactkrater gedeuteten Hohlformen im Areal der Astrobleme haben zur Modellvorstellung des Rieskometen geführt. Demnach wäre der europäische 49. Breitengrad in die Bahn eines aus Stein- und Eisenmeteoriten zusammengesetzten großen kosmischen Systems geraten. Die Impactnatur wird in erster Linie mit Alemoniten wahrscheinlich gemacht. Für extreme Temperaturen spricht die weit verbreitete Erscheinung der säuligen Absonderung. Sie ist nur mit Schrumpfung heißer Materie bei Abkühlung – ähnlich der Entstehung von Basaltsäulen – zu erklären. Desgleichen sind die (keinem Alemonit fehlenden) Blasen (F 26), die korrodierten Quarzkörner und die tropfenförmigen Glaseinschlüsse Hinweise auf Schmelzprozesse.

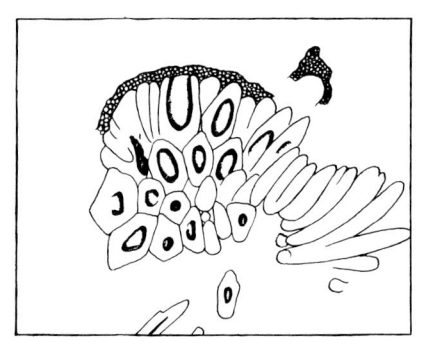

86 Die Süßwasser-Kalkalge *Limnocodium* im Gesteinsdünnschliff. Der im Durchschnitt 1 Millimeter große Thallus wird von polygonal begrenzten, länglichen Kalzitkörpern, den ehemaligen Palisadenschläuchen, umgeben. Die geschnittene Palisadenschicht zeigt verschiedene Muster. In Alemoniten von Pfahldorf sind sekundär verkieselte Süßwasserkalke mit *Limnocodium* zur Datierung des Rieserereignisses herangezogen worden.

Die Bindung des Vorkommens von Alemoniten an das Areal der Astrobleme wird am einfachsten mit der meteoritischen Genese erklärt. Die Brekziierung der Alemonite, in riesiger Verbreitung in stets gleicher Intensität erfolgt, konnte nicht durch andersgeartete geologische Faktoren entstehen. Es gibt Brekzien in Brekzien und Glas in Glas.

Der Einwand, die Alemonite seien Bodenbildungen, wird aus paläogeographischen und -klimatologischen Gründen, aber auch aus Mangel an geologischer Zeit zurückgewiesen. Auch sind die Massen der umgesetzten Kieselsäure eine Empfehlung, an eine ungewöhnliche Genese zu denken. Denn kein Verwitterungsprozeß vermag aus Malmkalken und Kreidegesteinen derartige Mengen freizusetzen.

Zukünftigen geologischen Untersuchungen ist es vorbehalten, eindeutig als Alemonite ausgewiesene Gesteine in Nordbayern (wie in Mitteldeutschland, Luxemburg u. a. O.) regional und zeitlich zu definieren. Alemonite finden sich in beachtlichen Mengen in arvernensiszeitlichen Ablagerungen (und deren Umlagerungsprodukten) in Unterfranken im Bereich Karlstadt–Hammelburg, Retzbach–Würzburg, Wipfeld–Kitzingen–Marktbreit, vor allem aber im Steigerwaldvorland um Gerolzhofen. Nicht minder auffällig sind die vielen, oft mächtigen Alemonite im Egertalgraben Böhmens und im Fichtelgebirge rings um und in Schönfeld nördlich Wiesau, in den Wäldern um Zinkenreuth, westlich Waldershof. Schließlich wird immer wieder ein Gestein, das als Alemonit bezeichnet werden muß, aus der Mittleren und Nördlichen Frankenalb gemeldet. Die jüngst in der Nordschweiz entdeckten Auswurfmassen sind höchstwahrscheinlich Folgen des Rieserereignisses.

Tektonik und Lagerungsverhältnisse

Alpen

Der Beginn der tektonischen Prozesse ist die Entstehung der alpinen Geosynklinale. Anfang des Mesozoikums überwältigt eine Erweiterung des Tethys-Meeres das Gebiet der heutigen Alpen. Dabei werden die Absinkbewegungen des Meeresbodens vom Gewicht der Sedimente – allein in der Trias werden über 4000 Meter abgelagert – verstärkt. Die Nordgrenze der Meeresverbreitung wird in Bayern von den beiden Festländern Vindelizisches Festland und Böhmische Masse bestimmt. Die Festlandsmassen scheiden nunmehr die Germanische von der Alpinen Trias.

Im Jura beginnt das Vindelizische Festland zu zerfallen, so daß im Malm die Vereinigung des süddeutschen Meeres mit dem alpinen erfolgen kann. Im Zeitraum Kreide-Eozän dehnt sich der Meeresraum der Tethys noch mehr in Richtung Norden aus. In den jetzt entstehenden Trögen lagern sich mit Flysch und Helvetikum andersartige Sedimente ab. Rudimente der untergegangenen Festländer ergeben untermeerische Schwellen, deren Relief Verbreitung, Mächtigkeit und Fazies steuert. So scheidet der Rumunische Rücken das Ostalpin vom Flysch und der Cetische Rücken den Flysch vom Helvetikum.

Die ersten übergeordneten, alles bisher Abgelagerte erfassenden tektonischen Bewegungen erfolgen in der Kreide. Der Inhalt der verschiedenen Tröge wird von den Einwirkungen einer breiten, nach Norden wirkenden Druckfront betroffen, er wird entwurzelt, gefaltet und verschoben. Jetzt werden die Zentralalpen zum Festland herausgehoben. Die Wirkungen sind letzten Endes die Antwort auf die Kollision des afrikanischen mit dem eurasiatischen Kontinent. In den letzten Jahren wird der tektonische Werdegang der Alpen unter neuartigen Gesichtspunkten erklärt: »Denn seither hat gerade die Lehre von der Platten-Tektonik auch für den Bereich der Alpen zu überaus interessanten Modellvorstellungen geführt – aber keineswegs nur zu einem eindeutigen und widerspruchsfreien Konzept« (M. P. Gwinner, 1978, Geologie der Alpen).

In den Nördlichen Kalkalpen ist die Diskussion um die tektonischen Großstrukturen noch immer von der Auseinandersetzung belastet, ob es sich bei einigen strukturell und stratigraphisch einheitlichen Komplexen um echte tektonische Überschiebungsdecken handelt. Die Alternative zum Deckenbau (mit weiten Horizontalbewegungen) ist die sogenannte Ortsgebundene Tektonik. »Die Entscheidung, welche der beiden Vorstellungen für den Bau der Berchtesgadener Alpen zutreffend ist, kann durch die vorhandenen und bekannten Tagesaufschlüsse nicht erbracht werden. Diese prinzipiellen Fragen können nur durch Tiefbohrungen geklärt werden, die zu entscheiden haben, ob die verschiedenen Fazieseinheiten neben- oder übereinanderliegen« (O. Ganss & S. Grünfelder, 1976).

Allgäu-, Lechtal- und Inntaldecke (90) werden gewöhnlich als selbständige

Baueinheiten geführt. In der Tiefbohrung Vorderriß im Raum Miesbach wurde in 4200 Metern Teufe unter der Lechtaldecke die Allgäudecke angetroffen. Im westlichen Illertal liegen – übereinandergeschoben – unten die Feuerstätter Decke (mit dem Wildflysch von Balderschwang), darauf die Sigiswanger Decke und zuoberst, im Süden, die Oberstdorfer Decke.

Neuerdings versucht man die Mechanik der Decken-Bewegung mit gravitativer Gleitung im Gefolge der jungtertiären Heraushebung zu erklären. Es scheinen auch Beziehungen zwischen Deckenbewegungen und Tiefgang der Faltung in der Faltenmolasse zu bestehen.

Die Großstrukturen werden im Osten der Bayerisch-Tirolischen Kalkalpen von der enormen Mächtigkeit des Wettersteinkalks und des Hauptdolomits in ein eigenwilliges tektonisches Verhalten gesteuert. Oft sind eigenständige kalkalpine Entwicklungen, wie die Tirolische, die Hallstätter und die Berchtesgadener Fazies, zu tektonisch selbständigen Zonen, den sogenannten Einheiten, geworden. Zur Tirolischen Einheit gehören Steinernes Meer, Hochkalter, Watzmann, Hagengebirge, Hoher Göll, zur Berchtesgadener Einheit Reiteralpe, Lattengebirge, Untersberg, zur Hallstätter Einheit die Region zwischen Berchtesgaden und Hallein.

Unter dem Lattengebirge läßt sich bis in 800 Meter Tiefe ein Schuppenbau aus Haselgebirge und Oberkreide- bis Alttertiärschichten nachweisen.

Weitere tektonische Begriffe aus den Alpen unterscheiden Schuppen, Scherlinge, den Großen Muldenzug (mit Ammergebirge, Benediktenwand, Wendelstein, Fockenstein, Kampenwand), südlich davon das Synklinorium (Walchensee, Ruhpolding), den Wamberger Sattel (Faltenstruktur zwischen Garmisch und Kiefersfelden), die Karwendel-Mulde (Wetterstein, Karwendel, Mittenwald), ferner Thiersee-Mulde, Puitental-Zone, Holzgauer und Unkener Mulde, die Berchtesgadener Masse. Tektonisch (und paläogeographisch) besonders interessant ist das Gebiet um den Achensee zwischen Juifen und Mondscheinspitze, weil sich dort Thiersee- und Karwendel-Mulde tangieren.

Eine der eindrucksvollsten, aber auch kompliziertesten Störungszonen der Berchtesgadener Alpen ist das bis 1000 Meter breite System Torrener Joch. Hauptdolomit auf Cenoman in der Wildbarren-Überschiebung an den Hängen des obersten Einbachtales nordwestlich Oberaudorf bestätigt mehrere Kilometer Überschiebungsweite.

Die auffälligste Erscheinung ist Faltung. Sie reicht von Kleinfaltung im Zentimeterbereich über den Meterbereich bis zu Großfalten mit Kilometeramplitude. Im Haselgebirge dominiert die Fließfaltung. In dünnplattigen Kalksteinen wird ohne, in bankigen mit Zerbrechung gefaltet. Je ausgeprägter die Schichtung, desto intensiver die Faltung.
Dickbänke oder gar massige Gesteine können nicht mehr gefaltet werden. Sie zerbrechen in einzelne Schollen und werden darauf an Verwerfungen gegeneinander verschoben. Dolomit zerbricht, auch wenn er gut gebankt ist, bei Druck an zahllosen Gleitflächen und Rissen. Bei der Verwitterung zerfällt er dann zu kleinstückigem Grus. Deshalb sind die Bergpfade im Hauptdolomit nicht nur rollig, sondern auch gut drainiert.

Der für die Bildung der Kernzone der Alpen maßgebliche tektonische Akt ist die Ende Oberkreide ablaufende Kretazische Stammfaltung. Im Alttertiär, Wende Eozän/Oligozän, wird das Helvetikum – im Bregenzer Wald noch 10–15 Kilometer breit – zu dem in Bayern schmalen Band gestaucht (38).

Auch der Flyschtrog wird erfaßt, von der kalkalpinen Unterlage abgeschert, gefaltet und nach Norden über das Helvetikum geschoben (90). In der Flysch-Zone erreichen die Verschiebungen mindestens 5, im Bregenzer Wald bis 15 Kilometer Weite. Die Bohrung Bad Wiessee erbrachte unter dem Flysch Helvetikum.

Der Werdegang des Molassetroges beginnt im Alttertiär. Der höchste Betrag an Absenkung wird im Miozän erreicht. Mit der allgemeinen Hebung im Jungtertiär werden die alpinen Komplexe mehr oder weniger weit in und auf die nördlich vorgelagerte Molasse geschoben.

Im Jungtertiär wird die Molasse am Südrand zur Faltenmolasse (62) gepreßt und dabei bis 20 Kilometer nordwärts verschoben (101). Die Faltengröße nimmt generell gegen Norden ab. Den besten Einblick in den tektonischen Stil gewähren die oberbayerischen »Kohlenmulden«. Das umlaufende Streichen der Haushamer Mulde wird am Muldenende bei Feilnbach sehr schön durch die relativ harten Bausteinschichten über den weichen Tonmergeln gezeigt.

Der geodynamische Schlußakt der alpidischen Gebirgsbildung erzeugt die augenfälligsten Erscheinungen. Es resultiert das heutige tektonische Muster. Es sind Auf- und Abschiebungen, Längs- und Querstörungen, Blattverschiebungen, Mulden und Schollenbildung. Zugleich erfolgt die allgemeine Hebung. Jetzt entsteht das wegen der sichtbaren Demonstration tektonischer Gewalten jedermann faszinierende, imposante alpine Hochgebirge.

Die Tiefenachse der Senkungsräume ist also ab Trias sukzessive von Süden gegen Norden gewandert. Auch die maßgeblichen tektonischen Einzelakte rücken in ihrer Intensität und dem Beanspruchungsraum in Richtung Norden. Das Gesamtergebnis sämtlicher tektonischer Aktionen sind Zusammenschub und (letztlich mindestens 80 Kilometer) Raumverkürzung. Der Baustil ist zwar durchaus nicht einheitlich, dennoch in allen Baueinheiten von charakteristischem alpinotypem Gepräge.

Außeralpines Bayern

Zur Interpretation paläozoischer tektonischer Beanspruchungen eignet sich am besten der Frankenwald. Wegen des Zusammenhanges mit stratigraphisch definierten Schichtserien kann dort am ehesten die zeitliche Zuordnung erfolgen. Rund 4500 Meter Gestein in Thüringischer und rund 2800 Meter in Bayerischer Fazies (4) werden von mehreren phasenhaft erfolgenden Bewegungen betroffen. In Verbindung mit Zeitmarken aus der benachbarten Fichtelgebirgszone kann selbst der Komplex der Münchberger Gneismasse (6) einigermaßen angesprochen werden. Die Spuren der Assyntischen und der Kaledonischen Gebirgsbildung sind in bestimmten, tektonische Unruhe registrierenden Sedimenten eingefangen. Die wichtige Variskische Gebirgsbildung hinterläßt ihre Zeugnisse nicht nur in den Sedimenten, sondern auch in Struktur und Bauplan.

Die erste starke Faltung erfolgt während der Reußischen Phase an der Wende Mittel/Oberdevon. Im Übergang Devon/Karbon, in der Bretonischen Phase, folgt der nächste größere Faltungsprozeß. Die Hauptfaltung findet in der Sudetischen Phase statt. Sie setzt mit heftigen Bewegungen Ende Unterkarbon ein und ist Anfang Oberkarbon abgeschlossen. Es ist die Zeit starker Bruchtektonik. Das Südwest-Nordost gerichtete Streichen zahlreicher geologischer Elemente im nordbayerischen Alten Gebirge ist die augenfällige Erinnerung an die variskischen Verformungen. Im einzelnen lassen sich Strukturelemente in Gestalt von Sätteln, Mulden, Querzonen und tektonischen Schuppen sowie Zerbrechungen und Verfaltungen registrieren. Eine eindrucksvolle Demonstration des kleintektonischen Inventars sind die Spitzfalten und die Abschiebungen in Grauwacken und Bordenschiefer am Nordausgang des Straßentunnels südöstlich Nordhalben.

Im Norden reicht der Schwarzburger Sattel (Westthüringischer Hauptsattel) gerade noch auf bayerischen Boden. Nach Südosten folgen mehr oder weniger parallel die Mulde Teuschnitz–Leutenberg–Liebenschütz (Thüringische Hauptmulde), der Bergaer Sattel Bad Steben-Pausa (Ostthüringischer Hauptsattel), die Nailaer Mulde (Blintendorfer Kulmmulde), der Hirschberg–Selbitz–Gefeller Sattel, die Vogtländische Hauptmulde und nach der Münchberger Gneismasse bei Hof der Fichtelgebirgssattel. Senkrecht dazu, parallel der Fränkischen Linie, zieht von der Münchberger Gneismasse bei Hof der Frankenwälder Quersattel in Richtung Schmiedefeld. Die Frankenwälder Querzone ist für die Begrenzung der Münchberger Gneismasse von Bedeutung.

Jetzt steigen die meisten Granite auf. Es entstehen die Münchberger Gneismasse wie auch der Bayerische Pfahl und die anderen Pfähle.

Der Ausklang der variskischen Bewegungen fällt in die Zeit des Rotliegenden. Die Saalische Phase äußert sich in Bruchtektonik und linearen Zerreißungen. Der Quarzporphyr-Vulkanismus ist der petrographische Zeuge der Bewegungen.

Die Störungen können in späteren geologischen Zeiten wieder aufleben. Dann werden die variskisch geprägten Muster in den Oberbau des Deckgebirges gepaust.

Die Trias ist – abgesehen von den epirogenetischen Absenkungen – eine Zeit tektonischer Ruhe. Ob die Gammesfelder Barre (Ries-Tauber-Barre) eine echte tektonische Struktur ist, bleibt umstritten. Das trifft auch für die Ostbayerische Randsenke zu.

Im Jura werden in der Gausthal-Zone (88) im Scharnier zur Regensburger Pforte geringfügige Bewegungen in Faziesdifferenzierungen des Malm sichtbar.

Ausgang Unterkreide sinkt die Region der Regensburger Pforte ab. Sie wird der Vorfluter für den mindestens 150 Meter tief reichenden Karst der Schutzfelsschichten (F 19). Von nun ab wird sie ein Anziehungspunkt für Meere, Seen und Flüsse bleiben. Augenfälligstes Beispiel ist die heutige Donau, die hier den nördlichsten Punkt ihres Laufes erreicht.

Während der Oberkreide dringt das Meer aus Niederbayern in einem Ast bis nach Neuburg/Donau und in einem anderen bis nach Oberfranken vor (56). Die

Regensburger Bucht ist die Konsequenz von Senkungen im Vorland des Alten Gebirges. Doch die Fränkische Linie ist noch nicht vorhanden. Zwischen Regensburg und Passau sinkt vor dem Bayerischen Wald ein Streifen ein und vermag 1000 Meter Kreidesediment aufzunehmen. Auch der Donaurandbruch ist noch nicht vorhanden. Die Vorwaldregion ist nämlich meeresbedeckt.

In der Verlängerung der Sausthal-Zone liegt die Westgrenze des paläogeographisch bedeutsamen Freisinger Golfes. Hier erfolgen besonders während der Kreide-Stufen eigenartige Reaktionen (56). Nicht minder auffällig ist das Auskeilen der Danubischen Kreide bei Mainburg.

Die Laramische Phase an der Wende Kreide/Tertiär ist am besten im Areal des Landshut-Neuöttinger Hochs und des Wasserburger Troges dokumentiert (64). Ein langer, schmaler Komplex wird herausgehoben und gleichzeitig erodiert. Dabei wird in der Mitte des Hochs das Kristalline Grundgebirge freigeschält. Es wird girlandenförmig von den Ausstrichen der Formationen Perm, Trias, Jura und Kreide umrahmt.

Im Tertiär künden zwei Transgressionen (Ende Chatt in der Sandserie und Mit-

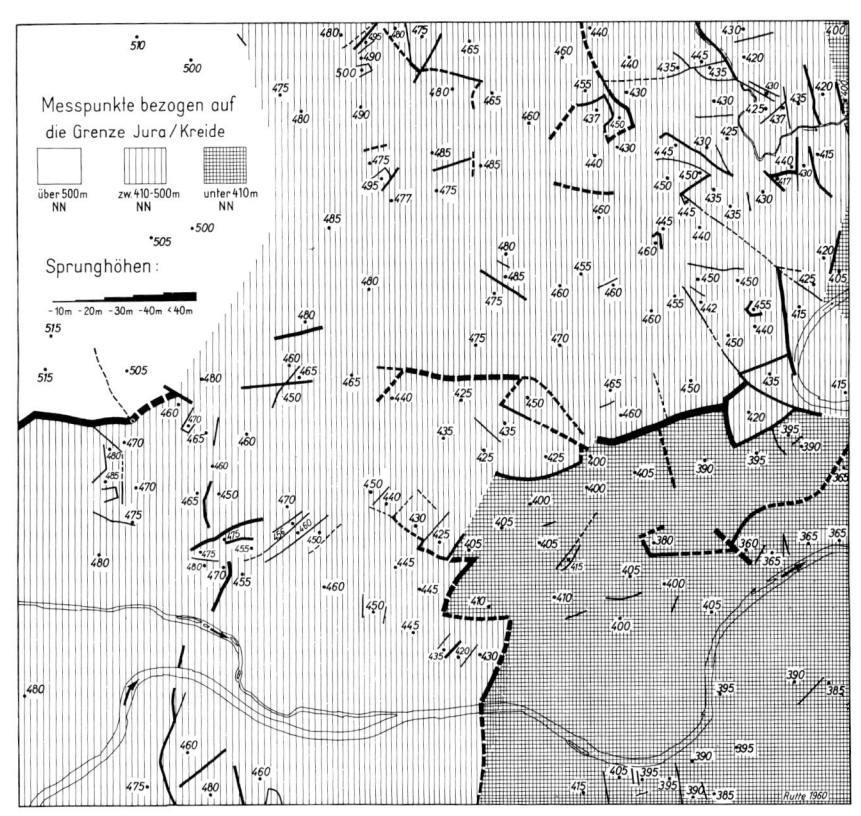

87 **Interpretation der Bruchtektonik auf Blatt Kelheim.** Die Sprunghöhen sind in der verschiedenen Strichbreite der Verwerfungslinien zum Ausdruck gebracht. Der Bezugshorizont (Grenze Jura/Kreide) sinkt von Nordwesten nach Südosten auf einer Strecke von 17 Kilometern um 125 Meter ab. Aus E. Rutte, 1962.

telmiozän in den Hangenden Tonmergeln) von weiteren tektonischen Impulsen (66).

Die Lagerungsverhältnisse sind in der Erdölexploration gründlich erforscht, weil das verwerfungsbedingte Nebeneinander von Speichergesteinen und Sperrschichten in den tektonischen Schollen Ansammlungen von Erdgas und/oder Erdöl (in sogenannten Verwerfungslagerstätten) ermöglicht.

(89) In der Südlichen Frankenalb erfolgen bruchtektonische Aktivitäten (in nicht näher faßbaren Zeiten) vor dem Obermiozän. Dies bestätigen unter anderem die Verwerfungen, die unter dem Braunkohlentertiär von Viehhausen–Kapfelberg nachgewiesen sind. Auf

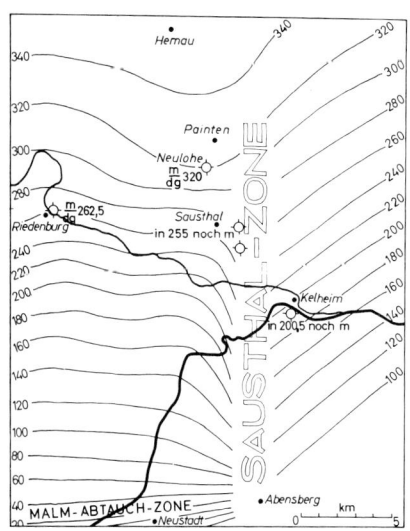

88 Lagerungsverhältnisse im Kelheimer Jura.
Die Nord-Süd-Struktur Sausthal-Zone wird unter anderem von der in fünf Tiefbohrungen gemessenen Höhenlage der Grenzfläche Dogger/Malm (dg/m) angezeigt. Sie liegt im Riedenburger Hoch 160 Meter höher als in Saal a. D. Die Sausthal-Zone ist in der südwärtigen Verlängerung über Freising (»Freisinger Golf«) bis zum Tegernsee in der Kreide (56) wie auch im Tertiär ein wiederholt wirksames paläogeographisches Element. Aus E. Rutte, 1970. – Die Bohrung Bad Gögging, 3 km nördlich Neustadt/Donau, ist nicht eingetragen. Sie traf das Kristalline Grundgebirge in –144 m NN an.

der Böhmischen Masse können tektonische Störungen vorwiegend in Südwest-Nordost-Richtung in das Untermiozän datiert werden: vielleicht unterliegen Verwerfungen in dieser Richtung diesem Plan.

Die wichtigsten tektonischen Beanspruchungen des Landes erfolgen Ende Altpliozän in der Rhodanischen Phase (1). Von den Alpen ausgehende Druckkräfte schieben das Deckgebirge in nördliche Richtung. Es staucht sich im Nordosten am Alten Gebirge und im Norden am Thüringer Wald. Da die Oberfläche des Kristallinen Grundgebirges reliefiert ist, werden die Schichtenverbände zu verschiedenartigen Reaktionsweisen gezwungen. Im Luv von Erhebungen erfolgt Pressung, im Lee (wo der Gleitprozeß zügiger erfolgt) Zerrung. Modifikationen ergeben sich aus dem spitzen Auftreffwinkel am Alten Gebirge wie auch durch wieder auflebende alte variskische Strukturen.

Eindrucksvoll äußert sich das Wiederaufleben der Pfahl-Linie. In Kreuzung mit querlaufenden Schwächezonen und dem Rheintalgrabensystem öffnen sich tiefere Erdkrustenabschnitte, und es kommt zu vulkanischen Phänomenen (78). Die basaltische Hauptförderung ist mit starken Zerbrechungen und Hebung um mehrere hundert Meter (zur Spessart-Rhön-Schwelle) verbunden. In der Heldburger Gangschar (80) ist das Aufklaffen des Deckgebirges in der fiederförmigen Anordnung der vulkaniterfüllten Spalten abgebildet.

Die in Bayern häufigste tektonische Richtung ist Nordwest-Südost. Es ist die Richtung des Bayerischen Pfahls und des Donaurandbruchs. Die im Abstand von 20–25 Kilometern angeordneten unterfränkischen Störungszonen (91) gehören zum gleichen System.

Nord-Süd-Strukturen sind am ausgeprägtesten in Nordbayern. Ein schönes Beispiel ist der Münnerstädter Graben (91). Die südlichste große Struktur dieser Art ist die Keilbergverwerfung bei Regensburg (43).
Die Südwest-Nordost-Richtung ist am besten in Unterfranken im Thüngersheimer Sattel vorzuführen. Er ist 50 Kilometer lang und 8 Kilometer breit. Im Scheitel ist der Schichtenbau 150 Meter gehoben. Einige Verwerfungen in Mittelfranken sind Zeugen des gleichen Beanspruchungsplanes.
Vor der Fränkischen Linie zerbricht das Deckgebirge zum »Obermainischen Bruchschollenland«. Schollenstruktur ist auch das tektonische Charakteristikum der Gegend zwischen Kelheim und Regensburg, der Stelle, wo die Südliche Frankenalb in die Mittlere Frankenalb umbiegt (87).
Vor den Alpen setzt sich in den Strukturlinien die Ost-West-Richtung durch (90). Darin äußert sich die Nähe der Schubquelle.

(91) Die Heustreuer Störungszone reicht von der Rhön aus 60 Kilometer weit nach Südosten. Die Versetzungsbeträge sind die höchsten im Rhönbereich. Der Zechstein von Urspringen zeigt Sprunghöhen von über 600 Metern. Die Kissingen–Haßfurter Störungszone – auf der Linie des Bayerischen Pfahls – ist vermutlich für den Maintalverlauf zwischen Bamberg und Haßfurt/Zeil verantwortlich.
In Oberfranken vor dem Alten Gebirge ist die Trebgaster Störungszone wegen der morphologischen Effekte sehr bekannt. Im stark bewegten Relief stehen, auf engstem Raum benachbart, Späne von Lias, Keuper, Muschelkalk und Buntsandstein. In der Kulmbacher Störungszone – auch sie verursacht geologische und morphologische Vielfalt – sind in der Kulmbacher Verwerfung Beträge von über 900 Metern Sprunghöhe erreicht. Die Fränkische Linie (6) weist die höchsten Verwerfungsbeträge im Norden aus. Bei Kupferberg, an der Grenze zur Münchberger Gneismasse, lagert Devon des Frankenwaldes neben Keuper. Das bedeutet mindestens 1200 Meter Sprunghöhe. Zwischen Stadtsteinach und Untersteinach liegen Buntsandstein, Muschelkalk, Keuper und Devon in einem Geländeniveau. Geophysikalische Untersuchungen haben gezeigt, daß an einigen Stellen der Fränkischen Linie das Paläozoikum über dem Mesozoikum liegt.
Die größte Verwerfung in Bayern nördlich der Alpen ist der Donaurandbruch (7). Zwischen Straubing und Plattling ist das Vorland um 1800 Meter abgesunken. Im Unterschied zur Fränkischen Linie konnte entschieden werden, daß der

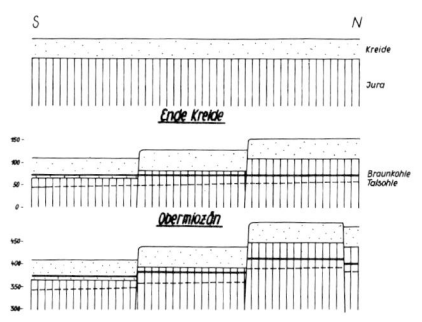

89 Datierung von Bruchtektonik im Braunkohlentertiär von Viehhausen-Kapfelberg (73). Bezugshorizont ist die ebene Transgressions-/Abrasionsfläche des Regensburger Grünsandsteins im Malmkalk. Vor dem Obermiozän müssen deshalb tektonische Verstellungen erfolgt sein, weil die Braunkohle – sie wurde in einheitlichem Niveau abgelagert (74) – in verschiedener Höhe zum Bezugshorizont angetroffen wird. Die Verwerfungen sind beim Abbau der Braunkohle unter Tage bestätigt worden. Heute liegt auch die Braunkohle (an denselben, offenbar wieder aufgelebten Störungen versetzt) in verschieden hohen tektonischen Schollen (87). Aus E. Rutte, 1958.

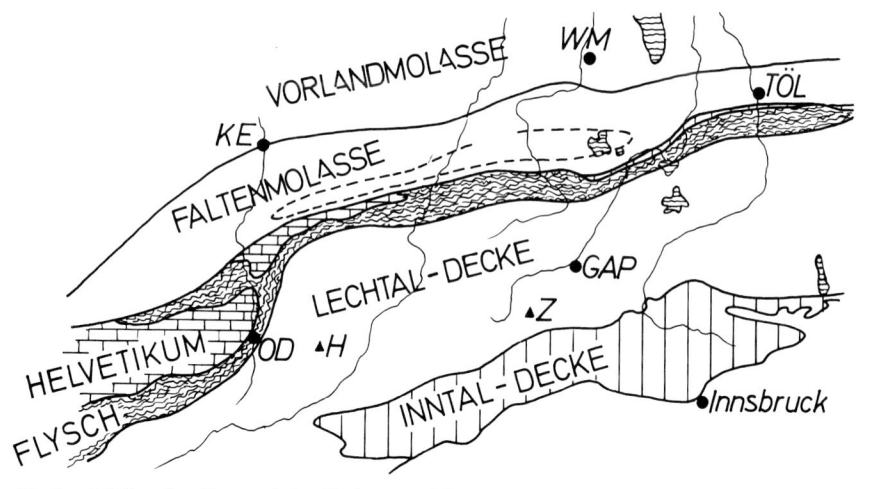

90 **Baueinheiten der Alpen** zwischen Bodensee und Isar.

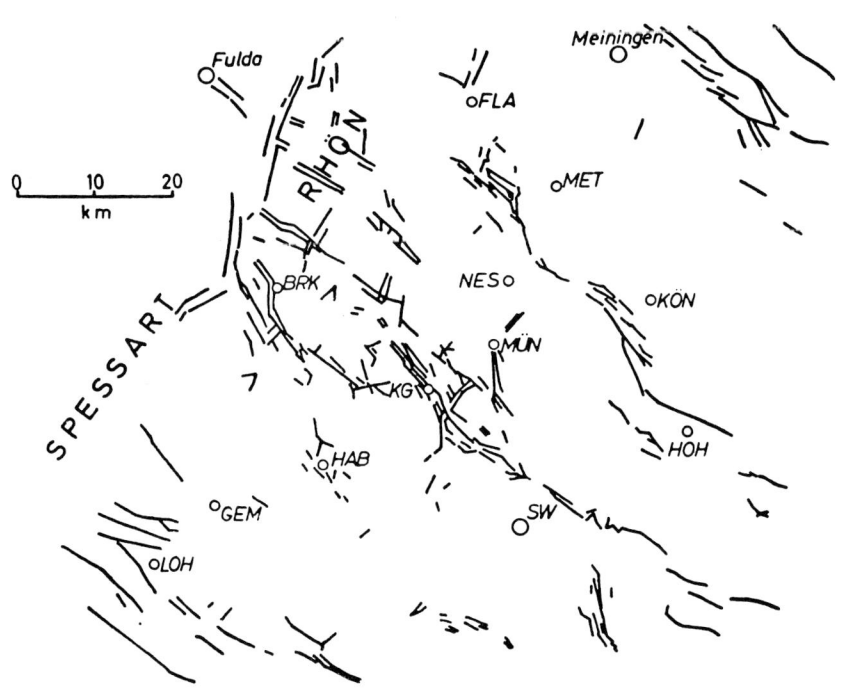

91 **Tektonische Linien zwischen Rhön und Haßbergen.** Die Kissingen-Haßfurter Störungszone liegt in der Verlängerung des Bayerischen Pfahls. Man deutet die Kreuzung der Verwerfungen mit den (Rheintalgraben-parallelen) Nord-Süd-gerichteten als Anlaß des Aufdringens der jungtertiären Basalte. Die Lagerungsverhältnisse verursachen außerdem das unruhige Relief der sogenannten Schweinfurter Rhön. Aus E. Rutte, 1974.

Verwurf als tektonische Abschiebung, meist in Form eines Staffelbruches, ausgebildet ist. Die Anlage des heutigen Laufes der Donau ist demnach jünger als das (vermutlich endaltpliozäne) Alter der Bruchlinie.

Einige Beobachtungen lassen sich allerdings nicht gut mit dem Modell der Rahmenfaltung in Übereinstimmung bringen. Eine andere Theorie erklärt die tektonischen Strukturen als Folgeerscheinung von vertikal einwirkenden Aufbeulungen. Doch können etliche Elemente, zum Beispiel die langgestreckten Sättel, damit nicht erklärt werden. Nicht zuletzt bereitet es große Mühe, den Motor für solche Bewegungsvorgänge zu finden.

Die Datierung der Zeitpunkte der tektonischen Phasen im Tertiär ist für die älteren Abschnitte mangels geeigneter Marken schwierig. Die Einstufung der wichtigen Rhodanischen Phase in »Ende Altpliozän« kann in Bayern in der Rhön einigermaßen bestätigt werden. Am Bauersberg dringt der Basalt in (paläobotanisch datiertes) altpliozänes Braunkohlentertiär ein (76). Das relativ jugendliche Alter der Tektonik mag ferner in der noch nicht erfolgten Einebnung des Thüngersheimer Sattels abzulesen sein.

Wichtige Daten liefert Viehhausen. Die dortige (obermiozäne) Braunkohle ist in mehrere tektonische Staffeln zerbrochen (89). Da zwischen Regensburg und Passau braunkohlenführendes Obermiozän noch im Alten Gebirge abgelagert wurde, muß auch der Donaurandbruch jünger als Obermiozän sein.

Mit Ausnahme geringfügiger salztektonischer Regungen im Rhönvorlande sind bruchtektonische Bewegungen im Quartär kaum nachweisbar. Die Terrassen im Altmühl- und Maintal werden ab Ältestpleistozän in tektonisch ungestörten Rhythmen abgelagert. Nur in den Naab-Terrassen im Regensburger Gebiet sowie in der merkwürdigen Höhenlage von Schottern des Einmußer Schlingen-Systems südöstlich der Kelheimer Bucht können lokale mittelpleistozäne Verstellungen vermutet werden. Das Niveau der Arvernensisschotter im Areal der Frankenhöhe und im südlichen Steigerwald scheint etwas gehoben.

Die Alpen steigen im Quartär zur jetzigen Höhe auf. Auch diese quartärtektonischen Bewegungen lassen sich schwer diagnostizieren. Andererseits muß es großzügige Senkungen und Hebungen gegeben haben. Die altquartäre Inntal-Felssohle liegt mehr als 100 Meter unter der heutigen. Die Füllung besteht aus jungpleistozänen Schottern.

Erdbeben

Wie die Erfahrungen der letzten Jahre zeigen, können in allen Regionen Bayerns mehr oder weniger deutlich Erdbeben verspürt werden. Dabei ist zwischen Beben, deren Herd im Untergrunde Bayerns liegt, und solchen, die Auswirkungen ferner Beben darstellen, zu unterscheiden. Die Stärke zeitlich weit zurückliegender Erdbeben wird nach den Berichten zeitgenössischer Beobachter über das Ausmaß von Bewegungen und Zerstörungen geschätzt; heute verfügt das Land über ein Netz permanenter Erdbebenstationen, die exakte Daten aus ununterbrochener Meßbereitschaft liefern. Sie befinden sich bei Fürstenfeldbruck, bei Gräfenberg/Erlangen sowie in Bad Reichenhall, Garmisch-Partenkirchen, Hof, München und Wettzell im Bayerischen Wald.

Die Karte der Epizentren von Erdbeben in Bayern (112*) registriert alle Beben mit einer Maximalintensität größer oder gleich V, bezogen auf die zwölfteilige MSK-Skala, die seit dem Jahre 1000 n. Chr. in Bayern stattgefunden haben.

Das letzte Beben, dessen Epizentrum in Bayern liegt, wurde in der Umgebung des Nördlinger Rieses zu Beginn dieses Jahrhunderts beobachtet. Bei den Beben in der Altmühlalb handelt es sich um eine Bebenserie, die in den Jahren 1914 bis 1920 ablief. Seither wurden dort keine auffälligeren ortsständigen Beben registriert. Bei den Erdbeben in Regensburg (im Jahre 1026) und Marktbreit in Unterfranken (im Jahre 1693) handelt es sich um fragliche Ereignisse.

Makroseismische Auswirkungen auf bayerisches Gebiet können vor allem auch von Beben ausgehen, deren Epizentren in Österreich (z. B. im Raum Innsbruck), Norditalien (z. B. Friaul), in der Schweiz, auf der Schwäbischen Alb, im Mainzer Becken, im Vogtland und in der Tschechoslowakei liegen. Sie sind in der Erdbebenkarte (112) nicht zum Ausdruck gebracht.

Schwächere Beben, die zum Teil nur instrumentell erfaßbar sind, finden vorwiegend im Bereich des Alpennordrandes und, in wesentlich geringerem Maße, in einigen Gebieten der Böhmischen Masse statt. Die Untersuchung dieser Seismizität, die in Ergänzung zum permanenten Stationsnetz Bayerns den Einsatz mobiler Erdbebenstationen erforderlich macht, ist noch nicht abgeschlossen.

---

* Abb. 112 findet sich auf Seite 250.

Quartär

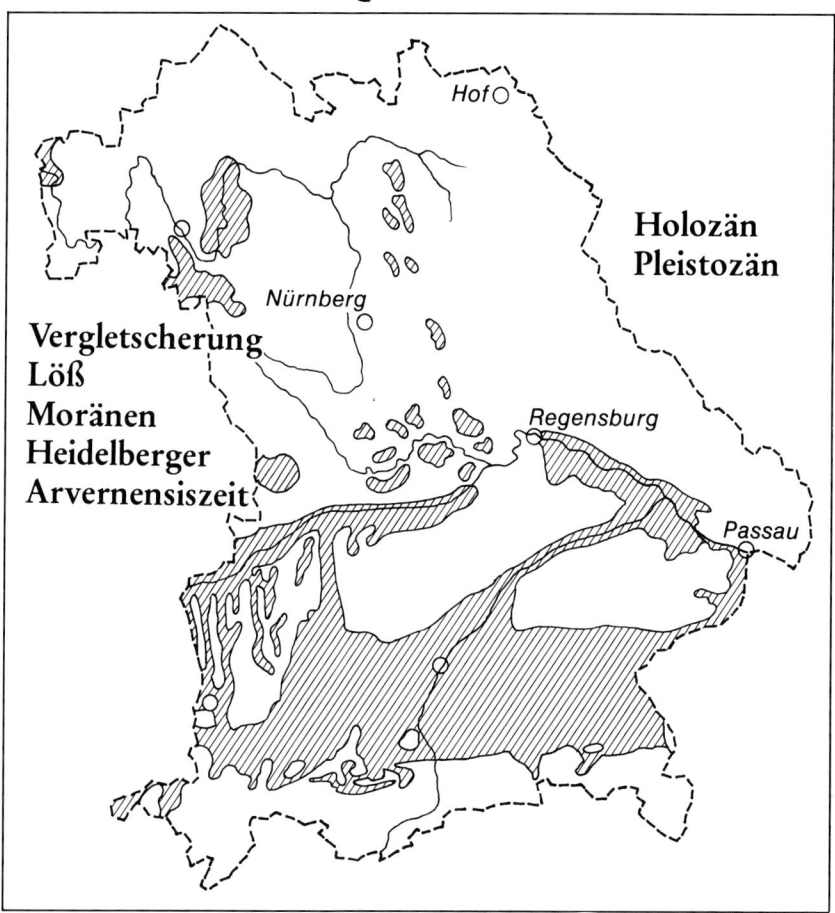

Holozän
Pleistozän

Vergletscherung
Löß
Moränen
Heidelberger
Arvernensiszeit

Wahrscheinlich ist die jüngste Formation der Erdgeschichte die allgemein interessanteste Zeitspanne, weniger, weil sich nun endgültig Anorganisches wie Organisches zum heutigen Bilde formen, hauptsächlich, weil jetzt der Mensch auf den Plan tritt und sein Erscheinen und der Werdegang die Frage nach dem Wann? provozieren. Geologen und Paläontologen aber haben immer noch, trotz guter und ausreichender Unterlagen, viel Mühe, einen abgerundeten erdgeschichtlichen Entwurf vorzulegen. Erschwerend wirkt zumeist die Konfrontation mit ungewohnten geologischen Phänomenen: die relative Kürze, die wiederholten krassen Klimaänderungen, die Extreme in der Gesteinsausbildung, die häufigen Schichtlücken, der Mangel an Standardprofilen.

Weil wir vom Quartär eine größere Genauigkeit der zeitlichen Auflösung als in früheren Perioden fordern, sind die Dunkelfelder auffallender. Noch immer gibt es kein überregional anerkanntes oder gar angewandtes Gliederungsschema, nicht einmal die Maxime dafür. Weitverbreitet ist die Meinung von einer mit dem Beginn des Quartärs identischen spontanen Klimaänderung in Richtung auf kalt. Der Begriff »Eiszeitalter«, gewöhnlich im Sinne von Quartär angewendet, trägt das Seinige bei, falsche Vorstellungen zu entwickeln.

Die meisten Fehlerwartungen liegen zum Kapitel Absolutes Alter vor. Doch gibt es noch keine praktikable Methode, das absolute Alter von Knochen oder Zähnen bei Wirbeltieren zu bestimmen. Infolgedessen werden die Anhaltspunkte von weit her auf Umwegen angetragen. Der Beginn des Mittelpleistozäns (Mindel-Kaltzeit) wird mit einer meßbaren Reaktion mariner Kleinlebewesen auf eine weltweit erfolgte Klimaverschlechterung vor 690 000 Jahren gleichgestellt (110). Dann dürfte das Altpleistozän älter als 700 000 Jahre sein.

In den geologisch jüngeren Zeiten reicht die C^{14}-Methode eben noch aus, rund 37 000 Jahre als Datum für Mitte Würm wahrscheinlich zu machen (110). Schon der Termin Beginn Würm ist in jedem Falle ein Schätzwert. Entsprechend den sehr unterschiedlichen Berechnungsgrundlagen schwankt in der Literatur die Dauer der Stufe Würm zwischen 60 000 und 100 000 Jahren, der Warmzeit-Stufe Eem zwischen 10 000 und 50 000 Jahren. Es ist besser, auf diese Unvollkommenheiten hinzuweisen, als falsche Vorstellungen zu erwecken. Es geht auch darum, die Existenzdauer der vier Menschengruppen zu erfassen. Das kurzlebigste Leitfossil überhaupt, der Neandertaler, ist nachgewiesen in der Zeit Ende Eem bis Mitte Würm (Spätes Mittelpaläolithikum). Wir können nicht sagen, ob dies 30 000 oder 90 000 Jahre oder ein Zwischenwert sind.

In der erdgeschichtlichen Betrachtung hat sich deshalb wieder die relative Chronologie durchgesetzt. Verbunden damit waren neue stratigraphische Sprachregelungen. Es ist konsequent, das Quartär in Ältest-, Alt-, Mittel- und Jungpleistozän bzw. Holozän zu gliedern. Im glazial und periglazial beeinflußten Bayern können Begriffe wie Mindel, Riß und Würm weiter verwendet werden. Ansonsten sollten für die Warmzeiten die Stufenbezeichnungen Holstein und Eem eingesetzt werden.

Die Quartärforschung hat in Bayern eine alte Tradition. Hier wurden die Eiszeiten definiert, der eiszeitliche Formenschatz beschrieben und das mittlerweile klassisch gewordene Modell der Vorlandvergletscherung erstellt.

Altmühldonau

Der Beginn der Donau-Flußgeschichte in Bayern liegt im Dunkeln. Im Obermiozän ist eine Donau noch nicht nachzuweisen. Die Molasseschüttung hatte damals auf den Südrand der Alb gegriffen und die Linie Riedenburg–Regensburg erreicht. Das präobermiozäne Relief wird dabei plombiert (103). Schließlich ist der Südteil der Alb eine relieflose Schotterflur.

Im Westen ist das Relief im Rieseereignis bis zu 200 Meter hoch verschüttet. Auffälligstes Ergebnis ist der riesige Rezat-Altmühl-Stausee. Die Geröllförderung in die Urdonau setzt, eventuell schwallartig, in dem Moment ein, wo der See ausläuft. Als Zeitpunkt kommt ein Abschnitt gegen Ende des Altpliozäns in Betracht, denn die noch im Stausee entstandenen Süßwasserkalke vom Bühl südlich Georgensgmünd enthalten Leitfossilien des frühen Altpliozäns, u. a. das dreizehige Urpferd *Hipparion*. Nun schneiden sich die Gewässer durch die Ries-Auswurfmassen und erreichen bei Dollnstein die Mittelachse einer breiten Tiefenzone, eine nach Osten gerichtete Sammelrinne, nämlich das Areal der Astrobleme, der von den Meteoriteneinschlägen beim Riesereignis erzeugten Bahn in der Südlichen Frankenalb (83).

(92, 93) Auch die von Westen zuströmende Urdonau gelangt in diese Schiene. Sobald sie bei Donauwörth die letzten Wälle der Ries-Auswurfmassen passiert hat, biegt sie nach Norden. Ab Dollnstein richtet sie sich, nun mit den nördlichen Nebenflüssen vereinigt, hoch über dem heutigen Tal der Altmühl nach Osten zur nächsten Erosionsbasis. Es ist das Gebiet der Regensburger Pforte zwischen Kelheim und Regensburg.

Die ältesten Phasen des Laufes dieser Altmühldonau haben keine Zeugnisse hinterlassen. Wahrscheinlich war das Gefälle gering, denn es bilden sich Mäander. Sie werden im späteren Eintiefungsprozeß übernommen und in die unterlagernden Schichten gepaust. Die anfangs frei pendelnden Gewässer werden um so gebundener, je weiter die Talbildung fortschreitet. Zugleich wird ausgeräumt. Das Material wird in das (im Pliozän näher gelegene) Schwarze Meer abtransportiert.

Als nun die relativ weichen und einheitlichen Sande und Kiese der Oberen Süßwassermolasse durchschnitten sind und die Altmühldonau nach der Kreide auf den Jurakalk trifft, ist es zu spät, um Korrekturen in Rücksichtnahme auf Härteunterschiede des Untergrundes vornehmen zu können. Der (oben angelegte) Lauf projiziert sich nach unten. Er hat keine Wahl und auch keine Gelegenheit, die bequemste Richtung einzuschlagen.

Der Verlauf des Altmühltales wurde also auf einer ganz anders gearteten Landoberfläche angelegt. Wir sprechen vom epigenetischen (»darüber entstandenen«) Tal.
Wie aus Dokumenten in Baden-Württemberg abzuleiten ist, war die Wasserführung der Urdonau beim Erreichen Bayerns vier- bis fünfmal größer als heutzutage. Leitgestein ist der braunrote alpine Radiolarit. Über Dollnstein strömen nicht minder gewaltige Wassermengen aus Uraltmühl und Urmain, die sich schon über Treuchtlingen vereinigt hatten, aus dem Norden hinzu. In Hessen, Thüringen und Oberfranken liegen die Quellen des jungpliozänen und arvernensiszeitlichen Entwässerungssystems (93). Leitgestein ist der Lydit, der über die Uraltmühl aus dem Thüringischen Schiefergebirge, über den Urmain ebenfalls von dort, aber auch aus dem Frankenwald kommt.

Die Uraltmühl ist einer der größten Zubringer. Der Strom reicht, hinreichend durch Geröll-Hinterlassenschaften dokumentiert, über Rothenburg o. T., Ochsenfurt, Würzburg, Gemünden und das Sinntal bis in die Räume zwischen Vogelsberg und Inselsberg. Ein bedeutender Nebenfluß ist der Ostheimer Arvernensisstrom, liefert er doch die für die Altersbeurteilung maßgeblichen Leitfossilien (94). Die Vereinigung mit dem Urmain über Treuchtlingen steigert die Wasserführung derart, daß die Radien der Flußmäander größer werden; sie sind

215

nach der Einmündung in die Urdonau in der Altmühldonau unterhalb von Dollnstein weiterhin wesentlich vergrößert.

Nach der Arvernensiszeit geht der Altmühldonau mit der Geburt des Mains ein großer Teil des nördlichen Einzugsgebietes verloren.

Mit dem Erreichen der Jurakalke erhält der Talformungsprozeß spezielle Impulse. Es werden Plattenkalkschüsseln ausgeräumt. Das schönste Beispiel ist die Kelheimer Bucht (57). Einseitige Erweiterungen des Tales sind in der Regel Abbild geneigter Schichtlagerung. In Massenkalken entstehen – wie in Neuessing – steilwandige Engstellen. Schließlich hat sich die Altmühldonau mehr als 100 Meter eingetieft.

Wegen des Mangels an Fossilien mißlingt der Versuch, die einzelnen Akte in das Zeitschema einzuordnen. Im Kelheimer Gebiet werden deshalb für die Terrassen und Ablagerungen neutrale Bezeichnungen verwendet (103). Die Grobgliederung aber ergibt sich aus Analogien zum flußgeschichtlichen Inventar des Mainsystems. Auch die Altmühldonau schneidet sich im Ältestpleistozän bis fast zum Niveau der heutigen Talsohle ein. Eine weitere auffällige Parallele ist die altpleistozäne Talaufschüttung. Das Tal der Altmühldonau wird mindestens 25 Meter hoch aufgefüllt. Ein entsprechendes Verhalten zeigt übrigens auch der andere Hauptzubringer, das Urnaab-Regen-System, in der Regensburger Pforte.

Wie im Maintal, ein weiterer Ausdruck des gemeinsamen paläogeographischen Schicksals, ist die Dokumentation der Altmühldonau nach dem Altpleistozän merkwürdig spärlich. In der Fachliteratur ist von Erosions- und Überlieferungslücken die Rede. Als letztes Altmühldonau-Sediment werden (als Zeit wird gewöhnlich Riß angegeben) die Talsohleschotter abgelagert. Zum letzten Male mischen sich alpine mit fränkischen Komponenten. Die eigentümlichen Geröllspektren im unteren Altmühltal sind deshalb von besonderer Faszination. Der bekannteste Aufschluß war die Kiesgrube von Altessing.

(92) Nach Ablagerung der Talsohleschotter wird die Altmühldonau von der Schutter (heute ein bei Ingolstadt einmündender kleiner Donau-Nebenfluß) bei Hütting in rückschreitender Erosion angezapft und zum heutigen Donautal Ingolstadt–Kelheim gelenkt. Noch macht die Donau um Neuburg den Bogen Steppberg–Hütting–Ingolstadt. Die Altmühldonaustrecke Hütting–Dollnstein fällt trocken.

In der nächsten Phase – auch sie ist zeitlich nicht genau zu fassen – wird der Schutter-Donau-Bogen von einem winzigen, bei Ingolstadt mündenden Nebenflüßchen bei Steppberg angeschnitten. Die seitdem wasserleere Altmühldonau-Laufstrecke zwischen Rennertshofen und Dollnstein ist das berühmte Wellheimer Trockental. Nur die imposanten Talmäander, verschiedene Erosionsformen und die schönen Umlaufberge künden vom merkwürdigsten bayerischen flußgeschichtlichen Ereignis.

Das Altmühltal zwischen Dollnstein und Kelheim, von der Altmühldonau verlassen, erweist sich für die Altmühl als zu voluminös. Um mit den Worten des großen schwäbischen Geologen Georg Wagner zu sprechen: »Sie schlottert im zu großen Tal wie der Bub in Großvaters Hosen.«

Im Jungpleistozän entsteht im Altmühltale im Niveau der Talsohleschotter die

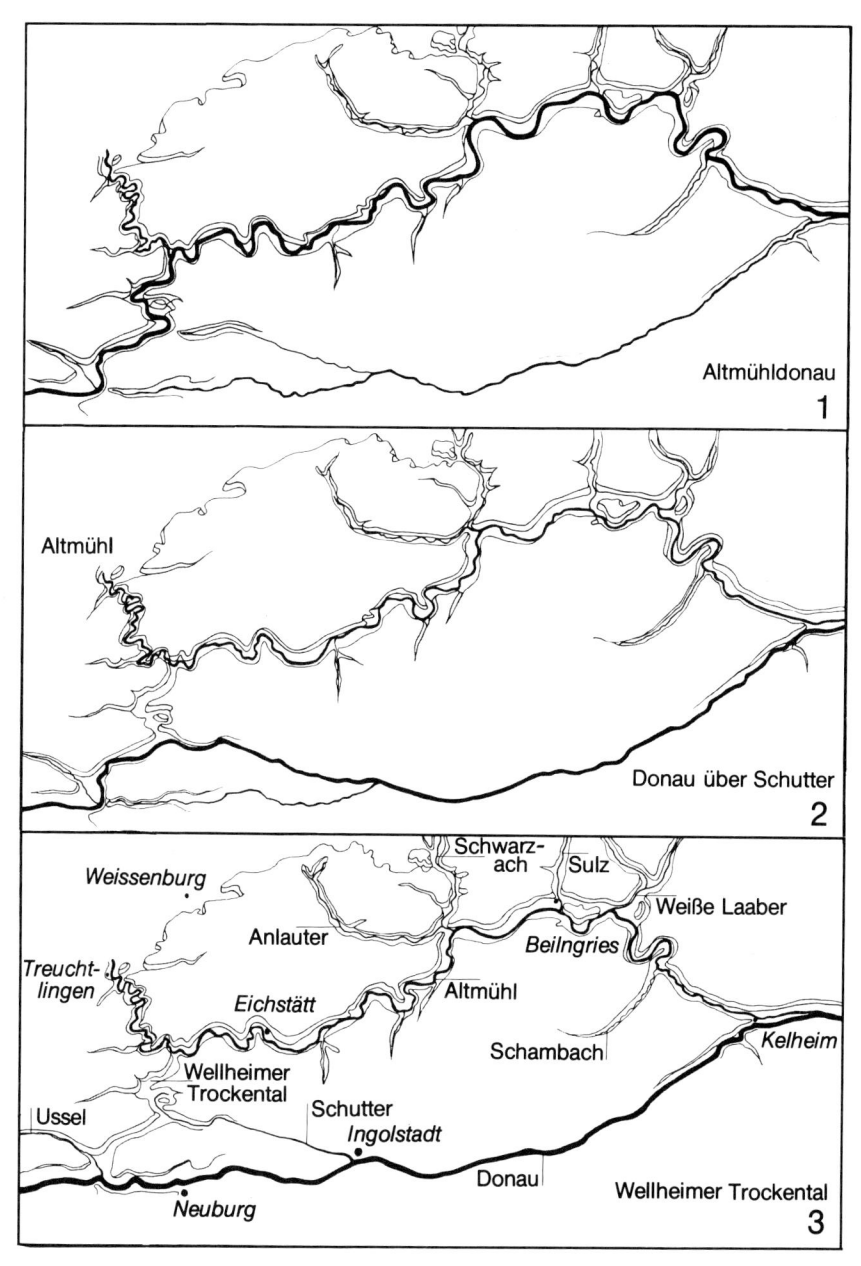

92 Urdonau-Altmühldonau-Altmühl-Donau. 1. Pliozän bis Mittelpleistozän. Die Urdonau fließt ab Steppberg-Rennertshofen nach Nordosten über Wellheim nach Dollnstein in das (heutige) Altmühltal. Die Uraltmühl ist Nebenfluß. Die Altmühldonau schneidet in Großmäandern ein relativ breites Tal über 100 Meter tief ein. Im Unterlauf lagern sich die Talsohleschotter mit starkem Anteil alpiner Gesteine ab. – 2. Mittelpleistozän. Die Schutter zapft die Altmühldonau bei Hütting an. Der Talabschnitt Hütting-Dollnstein fällt trocken. – 3. Ein anderer bei Ingolstadt mündender Nebenfluß kürzt den Schutter-Donau-Bogen ab. Das Trockental wächst um die Strecke Steppberg–Hütting. Aus G. Viohl, 1976; Grafik R. Klein-Rödder.

Niederterrasse. Sie ist nun frei von alpinen Geröllen. Danach werden die Schottermassen vom Wind ausgeblasen. Die Ost-West-Richtung des Tales steigert die äolische Kraft. Im mittleren Talbereich sind Flugsand-Anhäufungen von über 30 Metern möglich. Der Sandstrahl schleift aus Schottern, Alemoniten und Dolomit Windkanter und erzeugt Polituren.

Menschliche Eingriffe veränderten und verändern das Altmühltal in starkem Maße. Dazu gehören der König-Ludwig-Kanal (1836–45 gebaut und schon nach zehnjähriger Benützung wieder außer Betrieb), 100 Kilometer Flußregulierung 1927–30 zwischen Pappenheim und Dietfurt (wegen der sehr starken Hochwasser) und der im Bau stehende Rhein-Main-Donau-Kanal – in seiner enormen Breite der Todesstoß für die schönsten Talstrecken.

Die Donau in der Weltenburger Enge ist epigenetische Talstrecke eines Nebenflusses der Altmühldonau. Früher wurde als Verursacher der Lech angenommen. Doch ist der Talquerschnitt für dessen Wassermenge viel zu schmal. Es dürfte ein kleinerer Zufluß gewesen sein. Dessen Mündung in die Altmühldonau ist ebenso um mehrere Kilometer geschleppt wie gegenwärtig die Altmühlmündung (57). Folglich ist der großartige Eindruck der Verengung zum cañonartigen, von steilen Felswänden gesäumten Durchbruch (F 17) weder ein Werk der frühen Donau noch die Folge einer besonderen Gunst der Lage oder der Gesteine; es ist aber auch kein Zufall.

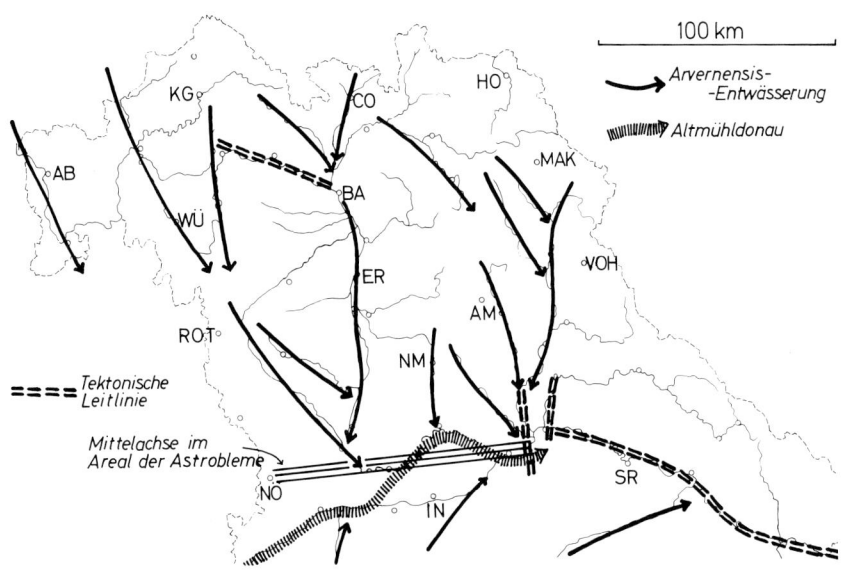

93 Die Laufrichtung zahlreicher Flüsse Nordbayerns ist Erinnerung an die **tertiäre und arvernensiszeitliche Südost- und Südentwässerung** (Pfeile). Mit der Entstehung des Mainsystems im Ältestpleistozän werden einige Laufabschnitte umfunktioniert. Sie sind z. T. umgedreht und dann quer miteinander verknüpft worden. Von Bedeutung sind ferner einige tektonische Strukturen. Über der Kissingen-Haßfurter Störungszone verbindet sich zwischen Haßfurt und Bamberg das Obermainsystem mit dem Mittelmain. Die Altmühldonau wird von der Einebnung im Areal der Astrobleme in die Südliche Frankenalb gezogen. Tektonik reguliert den nördlichsten Punkt der Donau wie auch die Laufstrecke Regensburg–Passau.

Arvernensiszeit

Das für die Landschaftsentwicklung Nordbayerns entscheidende geologische Ereignis ist die (Ende Altpliozän erfolgte) Heraushebung von Spessart und Rhön, des Thüringer Waldes und des Alten Gebirges. Sogleich werden die entfernbaren Schichten abgetragen. In erster Linie sind es die Schotter früherer Entwässerungssysteme, dann aber auch das weiche Braunkohlentertiär und dieser und jener Vulkanit. Die Abtragungsprodukte werden nach Süden und Südosten verlagert. Riesige Ströme führen Schotter, Sande und Tontrübe zur Altmühldonau (937).

(95) Die besten Belege zur Rekonstruktion der Entwässerungsrichtung bieten die Gruben oberhalb Wernfeld. Dort finden sich Buntsandsteingerölle, die nur aus der Gegend von Bad Brückenau kommen können. Die Altpleistozän-Sandgruben bei Karlstadt enthalten Riesenblöcke aus einem Mittleren Buntsandstein, wie er mainaufwärts nicht ansteht. Er kommt erst 5 Kilometer stromab über die Talsohle. Sie sind also mindestens 5 Kilometer südwärts, gegen den heutigen Main gerichtet, transportiert worden. Oberhalb Gambach wurde in Flußschottern ein Achat gefunden, dessen Heimat vermutlich die Gegend von Gelnhausen in Hessen ist. Als Fortsetzung des Wernfelder Flusses sind Schotterrelikte (stets 100 Meter über Main) oberhalb Thüngersheim und bei Rottenbauer anzusehen.
Insgesamt handelt es sich um Dokumentationen des Oberlaufs der Uraltmühl.

In Sandgruben bei Ostheim v. d. Rh. (95), bei Willmars und im thüringischen Kaltensundheim sind viele Knochenreste und Zähne von *Mastodon (Anancus) arvernensis*, *Mastodon (Zygolophodon) borsoni* (94) und *Tapirus arvernensis* gefunden worden. Diese Leitfossilien markieren den Übergangsbereich vom Tertiär ins Quartär, vom Pliozän ins Ältestpleistozän. Die Zeitspanne wurde als Arvernensiszeit definiert. Da es sich um ausgesprochen tropische Waldtiere handelt, wird das Klima warm und der Lebensraum vegetationsreich gewesen sein.

(95) Im südwärtigen Anschluß an die fossilführenden Flußablagerungen finden sich weitere Zeugnisse des Ostheimer Arvernensisflusses. In Tonlinsen ist neuerdings eine vorzüglich erhaltene Blattflora entdeckt worden. Am mäch-

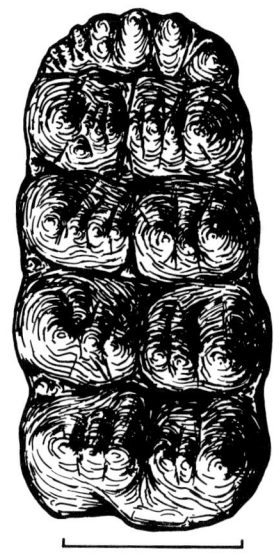

5 cm

94 Ein Backenzahn von *Mastodon (Zygolophodon) borsoni* aus dem Arvernensisschotter von Ostheim v. d. Rh. Unter den Rüsseltieren haben nur die Mastodonten derartig geformte Molaren. Die »Zitzenzähne« sind die häufigsten Fossilreste in den Ablagerungen der Arvernensiszeit.

tigsten sind die Dokumente in Wollbach (F 31) und Unsleben, vor Bad Neustadt und bei Poppenlauer. Dann werden sie geringer. Ab Mainberg handelt es sich um eine Schotterstreu. Die Vorkommen liegen stets 100 Meter über dem Main. Wir finden sie auf den Hochflächen oberhalb Sulzfeld, Marktbreit und Obernbreit.

Die Fortsetzung wird um Uffenheim und Bad Windsheim, in der Keuperstufenfront und im Dreieck Ansbach–Weißenburg–Schwabach registriert. Dieses Gebiet wird zu gleicher Zeit aus der Itz-Rednitz-Furche gespeist. Auf der Südlichen Frankenalb werden die Schotter mehrerer Arvernensisströme unmittelbar vor der Einmündung in die Altmühldonau abgelagert.

(93) Inzwischen ist es üblich geworden, alle arvernensiszeitlichen Ablagerungen der Südlichen Frankenalb als Urmainschotter zu bezeichnen. Die recht monotone Geröllfracht, es handelt sich hauptsächlich um Lydite und Gangquarze aus dem Alten Gebirge, sowie Hornsteine, Keuper-, Lias- und Doggersandsteine und Alemonite, gestattet nicht, petrographisch zwischen Uraltmühl und Urmain zu unterscheiden.

(95) Im Spessart werden die tonigen Stillwasserabsätze von Mechenhard-Schippach als arvernensiszeitliche Äquivalente angesehen. Die technisch sehr geschätzten Tone führen Lagen von Braunkohlen. Das Vorkommen ist auch tektonisch von Interesse, weil spätere (pleistozäne) Bruchstörungen eine grabenartige Versenkung (und damit die Überlieferung) verursachten.

(93) Wahrscheinlich entwässert der Spessart über die Systeme Tauber + Jagst bzw. Erf + Kocher nach Südosten zur Altmühldonau. Der Blick auf eine Reliefkarte des Odenwald-Spessart-Be-

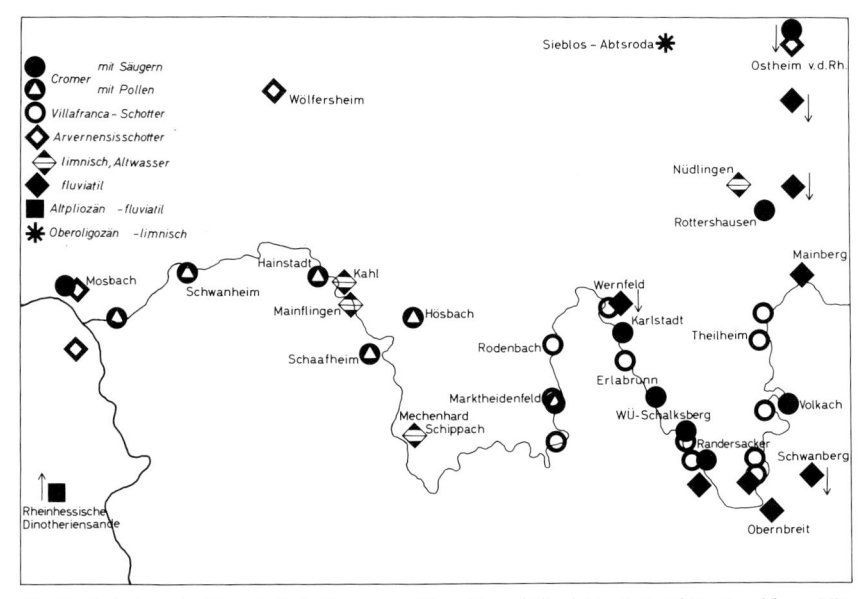

95 Geologische und paläontologische **Daten zum Oligozän und Pliopleistozän in Rhön, Vogelsberg, Mittel- und Untermaingebiet.** Die Pfeile neben den Arvernensisschotter-Vorkommen markieren beweisbare Süd-Strömungsrichtung.

reichs macht darüber hinaus klar, daß die Arvernensisrichtung vom Amorbach- und Mudbach-Tal, aber auch von der Mainstrecke zwischen Miltenberg und Aschaffenburg eingehalten wird.

Folglich kann zur Arvernensiszeit von einem Main noch keine Rede sein. Andererseits wird sein sonderbarer, in Maindreieck und Mainviereck gezwungener Lauf verständlich, wenn man ihn als das Ergebnis der Verknüpfung von einzelnen Stücken verschiedener Arvernensisströme interpretiert. Gelegentlich ist die Laufrichtung umgekehrt worden.

Mit diesen Deutungen fällt es leichter, die überall äußerst auffällige Winkeldiskordanz zwischen der Nordwest-Südost gerichteten Tektonik und den Talstrekken zu verstehen.

(93) Im mittleren Nordbayern schwenken die arvernensiszeitlichen Flußanlagen in die Nord-Süd-Richtung. Unübersehbar ist die Achse Itz–Regnitz–Rednitz. In der Nordalb sind Wiesent und Pegnitz-Oberlauf, in der Oberpfalz Schwarzach, Sulz, Weiße Laber, Schwarze Laber, Lauterach, Vils und Haide-Naab die herunterprojizierten Zeugnisse jener Zeit. Eindrucksvolle Bestätigungen sind die Laufrichtungen der Nebenflüsse Fränkische Rezat und Rauhe Ebrach in ihrer – vom heutigen Flußnetz aus gesehen – widersinnigen Erstreckung.

Ältestpleistozän

Der längere Teil der Arvernensiszeit reicht in das Ältestpleistozän herein. Das bedeutet, daß am Beginn des Quartärs in der Rhön eine den Mastodonten und Tapiren angemessene tropische Waldlandschaft existierte. Auch in den folgenden Zeiten ist es warm und feucht. Dies ergibt sich aus tropischer Roterdeverwitterung des Ostheimer Arvernensisschotters und Braunkohlebildung im benachbarten Hessen.

Im Ältestpleistozän nach der Arvernensiszeit – der Zeitpunkt ist nicht näher zu fassen – erfolgen im Rhein-Main-Gebiet (78) Absenkungen. Es sind die letzten größeren bruchtektonischen Aktivitäten in Mitteleuropa. Dadurch angezogen, werden Laufstücke der Arvernensisströme zum neuen Flußsystem gefügt. Es resultiert der (heutige) Mainlauf. Zugleich wird der Obermain angeschlossen. Es ist anzunehmen, daß dieselbe Tektonik (in der Verlängerung der Kissingen-Haßfurter Störungszone) den Steigerwalddurchbruch ermöglicht (91). Erstmals gelangen nun Schotter aus Oberfranken in den Mittel- und Untermain.

Im Spektrum der Flußgerölle ist es aber nicht möglich, zwischen thüringischer und Frankenwälder Herkunft zu unterscheiden, da die charakteristischen Lydite in beiden Revieren primär gleichartig sind. Überdies sind über 90 Prozent der im Bamberger Kessel übernommenen Materialien aufgearbeitete Arvernensisschotter. Diese wiederum bestehen zu einem erheblichen Teil aus aufgearbeiteten Schutzfelsschichten und anderen Erinnerungen an die Landperiode Nordfrankens. Demnach kommen als Leitgerölle vom Obermain nur Lias-Sandsteine, hier speziell der gelbgrüne Cardiniensandstein, weiterhin Keuper-Kieselholz und auch Jura-Hornstein in Betracht.

96 Vorkommen und Reichweite einiger für das Quartär charakteristischer Fossilien. Jungpleistozän: Altmensch (Neandertaler) – Jetztmensch *(Homo sapiens + praesapiens)* – Wollhaariges Nashorn – Mammut; Mittelpleistozän: Flußpferd – Mercksches Nashorn; Altpleistozän: Urmensch *(Australopithecus)* – Frühmensch *(Homo erectus)* – Altelefant; Ältestpleistozän: Tapir – Mastodon – Südelefant – Pferd. Aus E. Rutte, 1977.

Zum ältestpleistozänen Eintiefungsprozeß des Mains sind zwei Tatsachen zu beachten. Einmal, daß in gleichmäßigen Phasen mehrere Terrassen geschnitten werden. Diese sind von Schweinfurt bis Aschaffenburg zu verfolgen. Zum anderen, daß dies mit rund 100 Metern die größte Tiefenerosionsleistung des Mains ist.

Die Talformung geht fast bis zur heutigen Sohle herunter. Schotter-Zeugnisse gibt es im Maindreieck zwischen Theilheim und Marktbreit (80–40 Meter über Main), bei Würzburg und Karlstadt, dann bei Lohr und Wertheim. Fossilien sind noch nicht gefunden worden.

Rätselhaft sind die Ursachen zur Anlage der zahlreichen Umlaufberge sowie der eleganten Mainschleifen von Volkach und Urphar. Da Tektonik nicht in Betracht kommt, dürfen fließgesetzliche Faktoren unterstellt werden.

Altpleistozän

Das große geologische Quartärereignis Frankens ist die Verschüttung der im Ältestpleistozän geprägten Täler mit altpleistozänen Sedimenten, dem mittlerweile berühmten Mittelmaincromer. In Kiesen, Sanden und Tonschichten sind an mehreren Lokalitäten überraschend ergiebige Fossilfunde gemacht worden.

Diese altpleistozäne Talaufschüttung füllt mit mehr als 50 Metern Mächtigkeit das Tal zur Hälfte. Der Vorgang muß äußerst rasch und ununterbrochen abgelaufen sein. Die Sedimente sind gewissermaßen aus einem Guß. Unterschiede zwischen unteren und oberen Horizonten sind nicht zu erkennen. Ebensowenig gelingt es, den Zeitraum innerhalb des Altpleistozäns – ob am Anfang, in der Mitte oder am Ende geschüttet – abzuschätzen (1). Leider kann deshalb keine Angabe zum absoluten Alter – außer »älter als 690 000 Jahre« – erfolgen.

An den Säumen zum Talhang rutschen immer wieder Murgänge aus lehmigem Muschelkalkschutt in die Niederung (97). Gelegentlich breitet sich ein Schwemmkegel aus. Biber bauen Dämme und stauen damit das Wasser; dort bilden sich Auelehme. In Buchten und Nebentalmündungen setzen sich Stillwassersedimente ab. In der Talung ist es feucht und warm. Ufer und Inseln sind mit üppigen Laubwäldern bestanden. Von der Steppe auf der Hochfläche beiderseits des Flusses – vergleichbar mit der heutigen Serengeti – strömen an den wenigen bequemen Zugängen die Tiere herdenweise zur Tränke herunter.

Die Beengung läßt den Uferstreifen für viele Tiere zur Falle werden. Sie rutschen aus, werden ins Wasser gestoßen, sie ertrinken, sie versinken im Schlammpfuhl. Sie werden zerstampft, ersticken im Gedränge, werden von Raubtieren gerissen. Die Kadaver sind Beute aasfressender Vögel und der Raubtiere. Sie werden in Teilen verschleppt, skelettiert, die Knochen verstreut. Andere verwesen im Schlamm. Manche werden vom »Heidelberger« ausgeschlachtet. Die Überbleibsel werden vom nächsten Hochwasser gepackt und von der Flußströmung verfrachtet. Die zarten Knochen werden vom Mahlsand zerrieben. Einiges aber wird mehr oder weniger unversehrt im Begräbnisort, zusammen mit Sand und Kies, abgelagert. Heute wird es in den Sandgruben von Volkach, Goßmannsdorf, Randersacker, Erlabrunn und Karlstadt (95, F 32) gefunden.

Das altpleistozäne Lebensbild wird durch die Karstfaunen von Karlstadt und Rottershausen (in der Frankenalb Moggast und Sackdilling) ergänzt. Marktheidenfeld übermittelt Daten zur Flora (F 30).

Beim Ausheben von Fundamenten für den Neubau der Universitäts-Nervenklinik am Fuße des Würzburger Schalksbergs – hinter dem Hauptbahnhof – wurden 1966 und 1976 reiche Funde im gleichen Mittelmaincromer, diesmal aber in autochthoner Lagerstätte, gemacht. Hier ist der Begräbnisort zugleich der Todesort. Die Skelette sind nicht (wie in den anderen Fundstellen) transportiert und vereinzelt worden. Sie sind größtenteils im kompletten Skelettverband überliefert (F 29).

Die Faunenliste für das Mittelmaincromer verzeichnet, nach der Fundhäufigkeit geordnet, folgende Vertreter: Rinder *(Bison priscus* und *B. schoetensacki)*, Pferde *(Equus mosbachensis* und

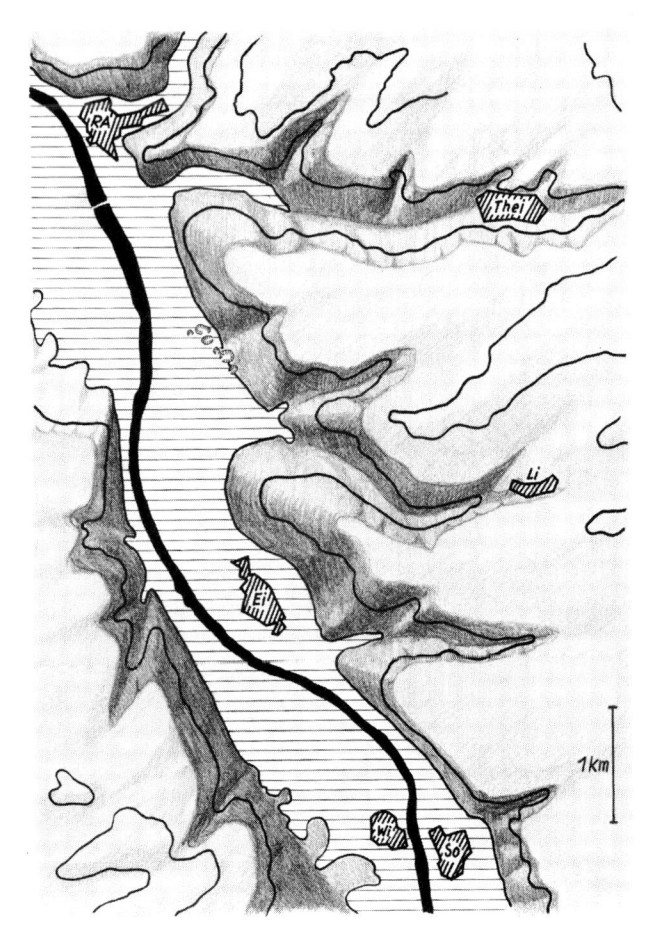

97 Der **Talboden des altpleistozänen Mains** (schraffiert) zwischen Sommerhausen/Winterhausen (SO/WI) und Randersacker (RA). An der Einmündung des Lindelbacher (LI) Tales – vermutlich eine Tränkstelle – kamen immer wieder Tiere ums Leben. Ihre Kadaver und Skelette wurden vom Strom verschleppt und zusammen mit Sanden und Schottern einige hundert Meter abwärts sedimentiert. In den (inzwischen aufgelassenen Sandgruben) wurden sie in der (allochthonen) Fossilfundstelle Randersacker wieder ausgegraben.

Allohippus), Hirsche *(Cervus elaphoides, C. elaphus acoronatus, Praemegaceros verticornis* und andere, noch nicht bestimmte Gattungen), Reh *(Capreolus)*, Elefanten *(Mammonteus trogontherii* (99) und *Palaeoloxodon antiquus)*, Nashorn *(Dicerorhinus etruscus)*, Flußpferd *(Hippopotamus amphibius antiquus)*, Biber *(Castor fiber)*, Wölfe *(Xenocyon lycaeonoides* und *Canis lupus mosbachensis)*, Säbelzahnkatze *(Homotherium moravicum)*, Hyäne *(Hyaena brevirostris)*, Dachs *(Meles)*, Bär *(Ursus deningeri)*, Löwe, Schwein, Affe *(Macaca)*, adler- und storchengroße Vögel.

Das wichtigste Ergebnis ist der in der Schalksberg-Kampagne 1976 geglückte Fund von Artefakten (98). Die Zurichtung des Muschelkalks erfolgt nach dem Modus der Heidelberger Kultur. Wahrscheinlich waren die Werkzeugmacher auf dieses Material angewiesen, weil es im weitesten Umkreis kein Kieselgestein größer als ein Hühnerei gibt. In Verbindung mit den in gleichen Schichten nachgewiesenen Leitfossilien kann es sich nur um Artefakte des Frühmenschen *Homo erectus heidelbergensis* handeln. Menschen-Skelettreste sind noch nicht gefunden.

Für die Aktivitäten des Würzburger Heidelbergers sprechen mehrere Beobachtungen. Die Hornzapfen von Bisonten sind in der Regel abgebrochen. Dies ist vermutlich beim Abschlagen des begehrten hohlen Horns geschehen. Möglicherweise hat die Seltenheit von Hirschgeweihfunden vergleichbare Gründe. Nicht selten finden sich im Sediment verteilt Partien voll von Knochenbrei. In dieser Körnung kann er nicht gut von Tieren, wohl aber beim Zertrümmern von Knochen, vielleicht bei der Suche nach Hirn oder Mark, wahrscheinlicher aber beim Weichklopfen des Fleisches, vom Menschen erzeugt werden. Ein isoliert gefundenes, kunstvoll abgeschlagenes Geweihstangenstück erinnert an die Keulen des (geologisch allerdings jüngeren) Pekingmenschen. Die bevorstehende Präparation der vielen Zentner von Schalksberg-Material läßt weitere Dokumentationen des Frühmenschen erwarten.

Im erdweiten Vergleich sind die Artefakte vom Würzburger Schalksberg wegen der autochthonen Fundsituation von Interesse. Sie sind vom gleichen geologischen Alter wie die Fundschichten von Mauer bei Heidelberg sowie ost- und südafrikanischer, chinesischer und javanischer Ur- wie auch Frühmenschen-Nachweise und somit Zeugnis eines der ersten Menschen der Erde überhaupt (96).

(95) Im Spessart-Maintal ist dieselbe altpleistozäne Talaufschüttung in oft ausgedehnten Relikten erhalten. Doch sind Fossilien bis jetzt nicht gefunden worden. Im Untermaingebiet bei Aschaffenburg äußert sie sich in weiten Schotterfluren. Eine zwischengelagerte Tonmergellinse in Hösbach lieferte zahlreiche Käferreste sowie Pollen. Weitere Fundorte sind die Pollen-Lokalitäten Hainstadt und Schwanheim und schließlich, knapp vor der Mündung des Mains in den Rhein, das an allochthonen Wirbeltieren reiche Mosbach bei Wiesbaden.

(95) In der Arvernensis-Lokalität Ostheim v. d. Rh. liegen unmittelbar auf den Arvernensisschichten altpleistozäne, schmutziggraue sandige Tonmergel.

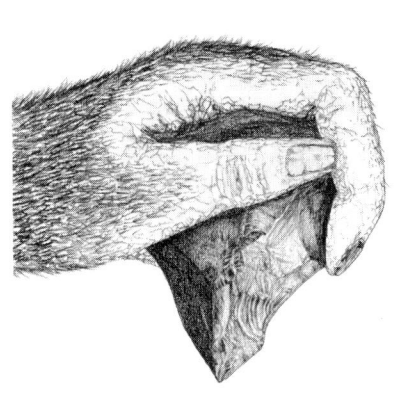

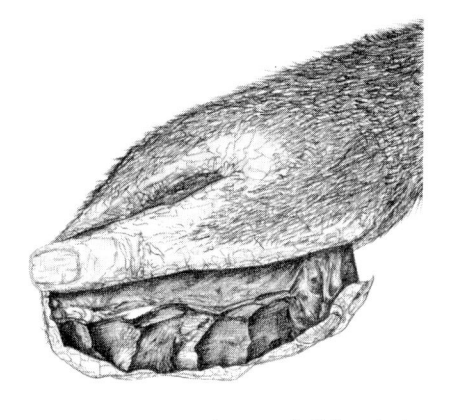

98 Artefakte des altpleistozänen Homo erectus heidelbergensis vom **Würzburger Schalksberg** in Arbeitshaltung. Links ein Spitzkeil; er diente zum Sprengen und Spalten. Rechts ein sogenannter Querhobel; er wurde zum Abschaben des Fleisches vom Knochen und zum Zurunden von Stangenholz verwendet. Die Zurichtung erfolgte in der für die Heidelberger Kultur typischen Bearbeitungstechnik. Sie sind vom Experten A. Rust untersucht und beschrieben worden. Man beachte am Querhobel die geschickt angetragene Wechselretusche. Das Rohmaterial ist grauschwarzer, feinstgeschichteter und zäharter Hauptmuschelkalk.

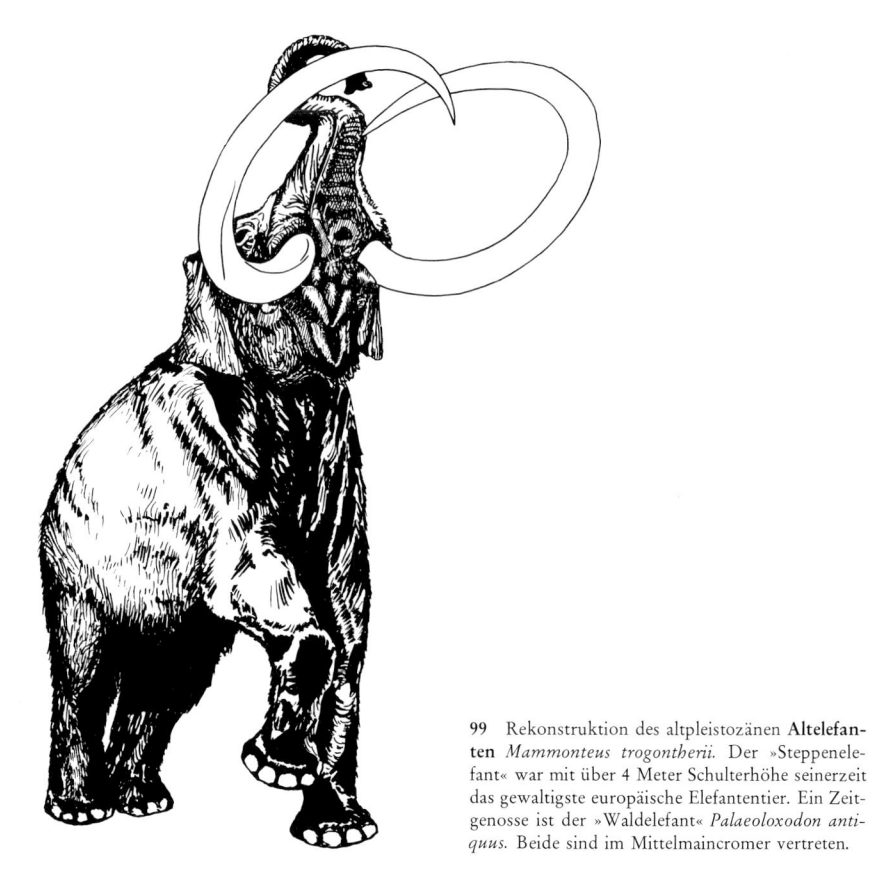

99 Rekonstruktion des altpleistozänen **Altelefanten** *Mammonteus trogontherii.* Der »Steppenelefant« war mit über 4 Meter Schulterhöhe seinerzeit das gewaltigste europäische Elefantentier. Ein Zeitgenosse ist der »Waldelefant« *Palaeoloxodon antiquus.* Beide sind im Mittelmaincromer vertreten.

1955 wurde darin der fast vollständige Schädel des Altelefanten *Mammonteus trogontherii* (99) geborgen. Für den dortigen Raum ergibt dies den Nachweis von Absenkung des Geländes als Folge der Salzablaugung im Untergrund. Die anderwärts übliche ältestpleistozäne Taleintiefung konnte deshalb nicht zum Tragen kommen.

In Oberfranken ist die Mächtigkeit der altpleistozänen Talaufschüttung geringer. Fossilfunde sind noch nicht bekannt geworden. Das gilt auch für die Äquivalente im Tal der Altmühldonau und der unteren Naab.

Die Auswertung der Klimazeugnisse ergibt, daß es gegenüber dem Ältestpleistozän trockener geworden ist, etwa unter Bedingungen wie im heutigen Savannen-Bereich von Kenia. Nilpferd und Rhesusaffe bekunden einwandfrei das Ausbleiben strenger Winter. Anzeichen einer vorausgegangenen kühleren Periode sind nicht nachweisbar. Es gibt auch keine konkreten Hinweise auf eine während der Sedimentbildung erfolgte Veränderung der klimatischen Bedingungen. Deshalb ist der Schluß erlaubt, die aus dem Tertiär kommende warme Zeit habe ununterbrochen ins Altpleistozän fortgedauert.

Bis zum Beweise des Gegenteils dürfen die Befunde auch auf Südbayern übertragen werden.

Pleistozän im Glazialbereich

Alpen und Voralpenland sind in der Eiszeitforschung klassischer Boden. Hier formulierten um die Jahrhundertwende A. Penck & E. Brückner im Standardwerk »Die Alpen im Eiszeitalter« das Modell der Vereisungen Günz, Mindel, Riß und Würm und der dazwischenliegenden Interglazialzeiten. Hier beschrieb K. Troll 1924 in einprägsamer Klarheit das glaziale Inventar des Inn-Chiemsee-Gletschers. In jüngerer Zeit ist es im Hinblick auf zusammenfassende Darstellungen stiller geworden. Nur »Die Landschaft um Rosenheim« (E. Kraus & E. Ebers, 1965) bildet eine Ausnahme.

Mit Zunahme der Detailkenntnisse stellte sich immer mehr die stratigraphische Komplexität der Glazialerscheinungen heraus.

Augenfälligstes Beispiel ist die »Günz-Vereisung«. Obwohl von Penck & Brückner nicht nach Moränen, sondern lediglich nach hochgelegenen Nagelfluhen im Iller-Lech-Gebiet definiert, wird sie noch immer in den meisten Lehrbüchern geführt. Sie ist im übrigen Alpenvorland nirgends wahrscheinlich zu machen. In Karte und Erläuterungen Bayern 1:500 000 (K. Brunnacker und P. Schmidt-Thomé, 1964) erfolgen längst deutliche Stellungnahmen: »Nach Osten hin bereitet der Nachweis günzeiszeitlicher Ablagerungen noch größere Schwierigkeiten« – »Spuren der ältesten Kaltzeiten, der Günz-Eiszeit und der anschließenden Zwischeneiszeit sind innerhalb des hier betrachteten Alpenraumes unbekannt.« In der Legende der Karte sind die fraglichen Relikte mit denen der Mindel- wie auch der Riß-Vereisung in einem einzigen Symbol zusammengefaßt.

Nachdem im Kältepol-näheren Norddeutschland und in Skandinavien wie auch in Nordamerika lediglich die Zeugnisse dreier Eiszeiten konstatiert sind – und man nicht in den Fehler verfallen sollte, jedwede kältere Zeit mit einer Eiszeit gleichzustellen –, dürfte es an der Zeit sein, die Günz-Eiszeit zu vergessen. Tatsächlich haben ausgedehnte Untersuchungen der beiden Deckenschotter in der Schweiz ergeben, daß der früher dem Günz zugeordnete Ältere zusammen mit dem Jüngeren ins Mindel zu stellen ist.

Die Warmzeiten – früher als Mindel/Riß- und Riß/Würm-Interglazial, heute als Stufen Holstein und Eem bezeichnet (96) – sind wie die Kaltzeiten Mindel und Riß ausgesprochen spärlich repräsentiert.

Erst die Würm-Kaltzeit liefert das breite Spektrum. Und wenn in Bayern von Eiszeit, Eiszeitalter, Gletscher und Moräne die Rede ist, dann wird in der Regel das Würm gemeint.

Mindel

Traditionsgemäß wird für die Mindel-Gletscher der weiteste Vorstoß und damit der äußerste Moränenwall unterstellt, obwohl dies nur im Salzachgletscher einigermaßen wahrscheinlich zu machen ist. Die zu den Moränen gehörigen Schotter, die Deckenschotter (102), sind im Bodenseegebiet in zwei Phasen geschüttet. Diese Untergliederung ist in Bayern nicht vorzunehmen.

Holstein

Das »Große Interglazial« ist am schönsten in der Höttinger Brekzie bei Innsbruck dokumentiert. In dem solide verbackenen, nur undeutlich geschichteten, massigen Hangschutt ist eine reiche Flora (mit *Pinus, Taxus, Salix, Prunella, Acer* und *Rhododendron*) unwiderleglicher Zeuge für ein Klima, das etwas wärmer als das gegenwärtige war. Die Brekzie lagert auf Mindel-Moräne und wird von Riß-Moräne überdeckt. Vergleichbare Bildungen sind in Vorarlberg die verfestigten Gehängebrekzien und Nagelfluhen in der Bürser Schlucht.

Wegen der Höhenlage werden mächtige, fest verbackene Nagelfluhen mit Sandlinsen im unteren Inntal oder bei Ramsau in diese Warmzeit gestellt. Wahrscheinlich gehören einige verkittete Hangschuttmassen am Fuße ehemaliger Steilwände in die gleiche Zeit.
Fossile Bodenbildungen und geologische Orgeln, von A. Penck seinerzeit in das Große Interglazial gestellt, sind inzwischen in geologisch jüngere Zeiten eingeordnet worden. Ob die Alpengipfel im Optimum der Warmzeit eisfrei waren, ist eine oft diskutierte offene Frage.

Riß

(100) Die Moränen der Riß-Gletscher, die Altmoränen, lassen sich gut (als der würmzeitlichen Jungmoräne vorgelagerte Bildungen) ansprechen. Im Ammergletscher sind sie zwischen Landsberg und Merching, im Inn-Chiemsee-Gletscher im Raume Markt Schwaben – Erding – Isen – Oedgassen – Bierwang – Trostberg, im Salzachgletscher zwischen Traunreuth und Burghausen als großzügig gelagerte, plumpe, massige Wälle zu erkennen. Von der lebhafter geformten, Jungmoräne sind sie auch als Grundlage der Feldfluren unterschieden.

Vor und hinter den Moränen werden von den Schmelzwässern die Schotter und Sande der Hochterrasse abgelagert (102). Im Gegensatz zur kaum verfestigten Niederterrasse sind die Komponenten stärker verkittet. Die Bildung geht in der nachfolgenden Eem-Warmzeit weiter. Die mächtigen, wirtschaftlich genutzten Nagelfluhen von Brannenburg-Degerndorf werden als rißeiszeitlich eingestuft.
Die Auswehung der kaltzeitlich-kahlen Schotterfluren läßt den Älteren Löß entstehen.

Eem

Die Warmzeit ist verschiedentlich an fossilen Bodenbildungen auszumachen. Auffälliger sind jedoch die Braunkohlen-Ablagerungen. Im Allgäu wurde an den Talhängen des Löwenbaches (Imberger Tobel) bei Sonthofen zwischen Bändertonen und Schottern ein bis 1 Meter mächtiges Flöz aus schiefriger Braunkohle abgebaut. Die für ein geologisch so jugendliches Sediment beachtliche Inkohlung wird auf die Einwirkungen des Gewichts der Eismassen des Illergletschers zurückgeführt. Am Pfefferbichl nordwestlich Buching erreicht eine Seeton-Schieferkohlen-Folge 5 Meter Mächtigkeit. Von Tonbänken durchsetzte, schiefrige Braunkohlen waren bei Großweil bei Kochel, Hechendorf und Ohlstadt immer wieder Ziel von Abbauversuchen. Beim Bau der Fernwasserleitung Oberau–München wurde jüngst durch Bohrungen auf 600 Metern Länge zwischen Oberherrenhausen und Waltersteig Schieferkohle nachgewiesen. Braunkohlengruben gab es am Talhang des Inn bei Wasserburg, Zell, Puttenham, Gars, Au.

Die Lokalität Zeifen bei Laufen/Salzach ist wegen der Pflanzendokumentation bekannt. Ein Altwassersediment bei Moosburg enthält Reste von Land- und Süßwasserschnecken.

Im Alpenraum werden sehr mächtige, nur abschnittsweise verbackene Kiese und Sande – mit zwischengelagerten Bändertonen – in die Täler gefüllt. Im Rosenheimer Gebiet, unterhalb Duftbräu und Oberstuff, ist das Bachgeröll des Fluderbachschotters Erinnerung an diese Schüttungsphase. Eventuell gehören die mit der C^{14}-Methode auf »älter als 45 000 Jahre« gemessenen Torfschichten von Hörmating in diese Zeit.

Verstärkte Aufschotterung setzt im Vorland mit Ende des Interglazials ein; sie reicht schließlich ins Würm. Die teils als Hochterrasse, teils als Untere Würm-Schotter bezeichneten Ablagerungen sind von den Würm-Gletschern überformt worden und von Moräne bedeckt, aber nur in Teilen ausgeräumt. Die am Inn-Chiemsee-Gletscher auf geomorphologischer Ebene dokumentierten Befunde sind in neuerer Zeit im Zuge der Erdölexploration mit geophysikalischen Methoden vielfach bestätigt und ergänzt worden.

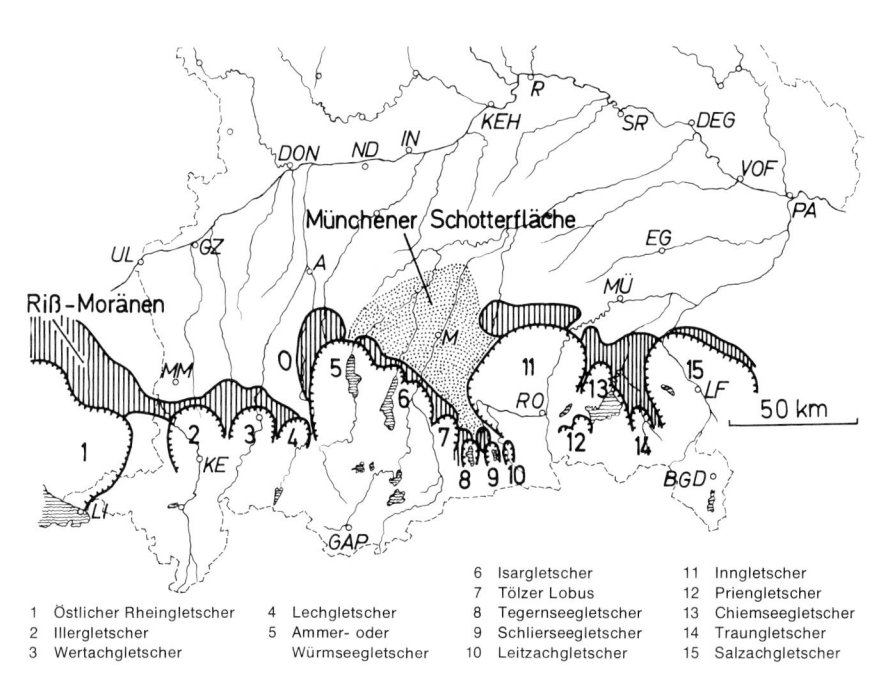

1 Östlicher Rheingletscher	4 Lechgletscher	6 Isargletscher	11 Inngletscher
2 Illergletscher	5 Ammer- oder	7 Tölzer Lobus	12 Priengletscher
3 Wertachgletscher	Würmseegletscher	8 Tegernseegletscher	13 Chiemseegletscher
		9 Schlierseegletscher	14 Traungletscher
		10 Leitzachgletscher	15 Salzachgletscher

100 Glazialzeugnisse im bayerischen Voralpenland.

Die paläontologische Besonderheit, eine Bärenhöhle, befindet sich knapp jenseits der Grenze als Tischoferhöhle im Kaisertal bei Kufstein. Die im Jahre 1906 vorgenommenen Ausgrabungen lieferten Relikte von 300 bis 400 Höhlenbären *(Ursus spelaeus)*, darunter alle Altersstadien und ein 2,5 Meter hohes Exemplar.

Würm

Die eiszeitliche Dokumentation erreicht mit den würmzeitlichen Gletschervorstößen und den fluvioglazialen Schüttungen in Qualität und Quantität den Höhepunkt (100). Das bayerische Alpenvorland demonstriert die Zusammenhänge in unvergleichlicher Mannigfaltigkeit. Deshalb sind die Zeugnisse Modellfälle geworden. Jetzt lassen sich zum ersten Mal Maßstäbe für die Temperaturerniedrigung durch die Festlegung der würmzeitlichen Schneegrenze setzen. Sie verläuft, ungefähr parallel der heutigen (2700–3000 Meter), in senkrechtem Abstand von rund 1500 Metern unter ihr.

In den Alpen werden glaziale Ausräumungsformen von Aufschüttungsbildungen unterschieden. Auch die Gletscher sind in erster Linie durch den Formenschatz dokumentiert. Die Erosion des Eises tieft Trogtäler mit charakteristisch U-förmigem Querprofil ein. Von der Trogschulter bis zur ehemaligen Gletscheroberfläche, der Schliffgrenze, werden im Regelfalle flach ansteigende Reste des voreiszeitlichen Talbodens überliefert. Die oft über 100 Meter hohen Talhänge werden zu übersteilen, glatten Trogwänden geschliffen. Über die Trogschulterkante stürzen Wasserfälle in den Gletschertrog.

Einer der Haupteffekte glazialer Erosion ist die Übertiefung durch Eisschurf. Der Talübertiefung verdanken wir eine Reihe von Seen. Die schönsten Gletscherseen sind Eibsee und Königssee.

Die modellierende Kraft des Eises, verstärkt durch Frosteinwirkungen an den das Eis überragenden Erhebungen (Nunatakr), hat jene Gipfelformen entstehen lassen, die wir als hochalpin bezeichnen. In den Nährgebieten der Gletscher entstanden die Kare.

Andererseits ist das Alpenrelief an der Gletscherform entscheidend mitbeteiligt. Auf den Ebenheiten sammelt sich das Eis im Plateaugletscher, in abgeschnürten Bereichen im Lokalgletscher. In den großen Tälern fließt es ab. An den Steilstellen kommt es zu Erosion.

Im Vorland verschmelzen die Eiszungen miteinander. Im Höhepunkt der Würm-Vereisung war das Voralpengebiet vom Bodensee bis Salzburg ununterbrochen eisbedeckt (100). Die Eisdecken sind am Alpenausgang am mächtigsten. Für manche Gletscher sind 1500 Meter massives Eis einzusetzen. Allerdings nehmen die Eismächtigkeiten randlich rasch ab.

Der vom Spaltenfrost zubereitete Bergschutt wird mit dem Eis abtransportiert. Neben und vor dem Gletscher entstehen die Wälle der Seiten- und Endmoränen, und, wenn sie überfahren werden, die Grundmoränen.

Eines der besten Beispiele für eine Mittelmoräne ist der bei Endorf 100 Meter hohe Wall Diepoltsberg-Albertaich im Kontakt vom Inn- zum Chiemseegletscher. Mit dem Scheibenberg (650 m) ist es die mächtigste Moräne des bayerischen Alpenvorlandes.

Der Taubenberg zwischen Isar- und Inngletscher, aus Oberer Süßwassermolasse aufgebaut, fungiert als Eisscheide. Wie die Verteilung von Findlingen sowie Bodenbildungen in der Gipfelregion anzeigen, war er auch während des höchsten Vereisungsstandes oben eisfrei und damit ein Nunatakr. Seine alpinen Nachbarn waren Wendelstein und Brünnstein.

Schmilzt das Eis, senkt sich der Gehalt an Steinen und Zerreibsel als geschlossene Decke herab. Zum Unterschied vom fluviatil erzeugten Geröll hat ein Geschiebe (vor allem, wenn es aus Kalkstein besteht) als Erinnerung an die Reibung Kratzer und Schrammen. Desgleichen wird der Gletschergrund abgeschliffen und gerundet. Es verbleiben die Gletscherschliffe. Vom Eis buckelig herauspräparierte Partien sind die Rundhöcker. Eindrucksvolle Beispiele des Glazialinventars finden sich in Fischbach unterhalb Kufstein und, vom Traungletscher erzeugt, im Gletschergarten von Inzell. Im Gletschergarten von Haag bei Ebersberg finden sich große kantige Findlingsblöcke aus Gesteinen des Zentralalpenkammes, die vom Eis des Inngletschers an die 200 Kilometer weit transportiert worden sind.

Eigenartige morphologische Zeugen der Eisbewegung sind die Drumlins. Im Idealfall bestehen sie aus überarbeiteter älterer Moräne. Sie wird am Gletscherboden im Wechselspiel von Schürfen und Anhäufen zu in Stromlinien angeordneten, torpedoartigen Langbuckeln geformt. Im Inngletscher (von Bad Aibling–Tattenhausen–Tuntenhausen–Dettendorf nach Aßling und, nordöstlich Rosenheim, im Dreieck Leonhardspfunzen–Vogtareuth–Grölling) sind sie nicht ganz so ideal wie im Iller-, Lech-, Isar- und Salzachgletscher (am besten im Streifen Teisendorf–Laufen–Waginger See) entwickelt.

Beim Rückschmelzen des Eises können dort, wo an der Gletscherfront viele große Blöcke angereichert sind, die Gesteinsrückstände zu losem Haufwerk gruppiert werden und Kames-Landschaften (wie bei Ölkofen) erzeugen.

Bei den eisenbahndammartig aufgeschütteten, in Längsrichtung des Eises geordneten und dabei oft in Netzen verteilten Schottersträngen, den Osern, handelt es sich um die Füllung von Kanälen an der Eisbasis. Die schönsten Oser bietet die Seeoner Seenlandschaft.

Dort, im Eggstätt-Seeoner Gebiet, sowie an den Osterseen bei Seeshaupt am Starnberger See bewundern wir auch unsere landschaftlichen Juwele, die Seeaugen. Es sind Toteisseen; Wasseransammlungen in großen Löchern, die ihre Existenz dem verzögerten Schmelzen riesiger Eisbrocken im Schutz von Schotterbedeckung verdanken. Einer der schönsten Toteiskessel ist der Höglwörther See.

Andere Eiszeugen sind die Randterrassen, die Hoch- und Niedermoore, Eiskeile, Kryoturbationen (im Wechsel von Gefrornis und Tauen entstandene wirbelige Umordnungen von Steinen in den oberen Bodenschichten) und die Bukkelwiesen (Abbilder von Froststrukturen im Boden). Naturgemäß handelt es sich dabei um die letzten, jüngsten Eiszeitzeugen.

An der Ausmündung der großen Gletschertäler mußte der Untergrund die Hauptmasse des Eises tragen. Entsprechend hoch ist der Betrag der Ausschürfung. Es bilden sich die Stammbecken. Sogleich aber weicht der Gletscher nach allen Seiten auseinander und verteilt sich, fingerförmig divergierend, in die Zweigbecken.

Erinnerungen an Stammbecken sind Bodensee, Forgensee, Kochelsee, Tegernsee, Schliersee und Chiemsee. Zweigbecken-Zeugen sind Ammersee, Starnberger See, Simssee und Waginger-Tachinger See.

Der riesige Rosenheimer See des Spätglazials ist beispielhaft durch Seesedimente (Seetone, Bändertone-Warvite, Deltaschüttungen) bestätigt. Sein Auslaufen nach dem Durchbrechen des Endmoränenkranzes war, wie die Terrassenlandschaft von Gars am Inn zeigt, in mehreren phasenhaften Abschnitten erfolgt.

(101) Beachtlich ist auch die Erosionsleistung des Lechgletschers in seinem Stammbecken. Er erzeugt eine der auffälligsten morphologischen Stellen im Allgäu, die Füssener Bucht zwischen Pfronten – Füssen – Hohenschwangau – Trauchgau. Auf 30 Kilometer fehlt die sonst am Rande der Alpen vorhandene, zum eigentlichen Hochgebirge vermittelnde Vorbergzone. Das heißt, hier treten die Kalkhochalpen unmittelbar an das Alpenvorland heran.

Glaziale Ausräumung und Übertiefung sind verschiedentlich im heutigen Gewässernetz abzulesen. Die Zuflüsse sind entweder peripher den Endmoränen parallel oder gar zentripetal orientiert. Die besten Beispiele sind für den Rheingletscher Obere und Untere Argen, Argen, Schussen, Wolfegger und Rothach, für den Inn-Chiemsee-Gletscher Mangfall, Leitzach, Glonn, Sims und Rohrdorfer Achen, im Salzachgletscher die Sur (und die rechten Salzach-Zuflüsse zwischen Salzburg und Laufen).

(100) Neben der Taldimension und dessen Hauptrichtung ist die Größe des Einzugsgebietes maßgeblich für die erosive Energie und die Reichweite. Der Inngletscher konnte sich voll entfalten. Er ist deshalb das geeignetste Modell für eine Vorlandvergletscherung geworden. Er hat nicht nur Tegernsee-, Schliersee- und Letzachgletscher das Eis geraubt (weshalb diese recht klein geraten sind), sondern auch mit seinen Eismassen die östlich benachbarten Prien- und Chiemseegletscher unterdrückt. Ähnliches zeigen Ammer- und Salzachgletscher.

(100) Die Einzugsgebiete von Iller- und Lechgletscher lagen in den Allgäuer und Lechtaler Hochalpen, die des Inn- und Salzachgletschers reichen bis in die Zentralalpen, während die aus dem Wetterstein und Karwendel kommenden Ammer- und Isargletscher über Fernpaß und Seefelder Paß einen Zustrom zentralalpinen Inn-Gletschereises erhielten. »Der Illergletscher schickte über die Senke von Rohrmoos einen Arm zum Bregenzer Aachgletscher, einen zweiten durch das Alpseetal über Oberstaufen, so daß dieser als östliches Anhängsel zum Rheingletscher kein bedeutendes Dasein führen konnte. Der Lechgletscher, vom Formarinsee- und Spullerseegebiet kommend, entsandte zunächst einen kräftigen Gletscherast durchs Zürsertal nach Süden, einen ebenso kräftigen übers Auenfeld zum Bregenzer Aachtal, schließlich noch einen Strom über den Hochtannberg zu diesem« (M. Richter, 1969).

Die Zeitdauer des Vorstoßes zum Maximalstand, dem Hochwürm oder Hochglazial, dürfte kürzer als die des Rückzuges im Spätglazial an den Alpenrand und schließlich in die hinteren Bereiche der Haupttäler hinauf gewesen sein. Die Bildung der Endmoränen erfolgt sowohl beim Vorrücken als auch beim Rückweichen phasenhaft in Einzeletappen. Die beim Vormarsch entstandenen Stirnmoränen werden, im Verein mit den alten Riß-Moränen, umgelagert und zur Grundmoräne aufgearbeitet.

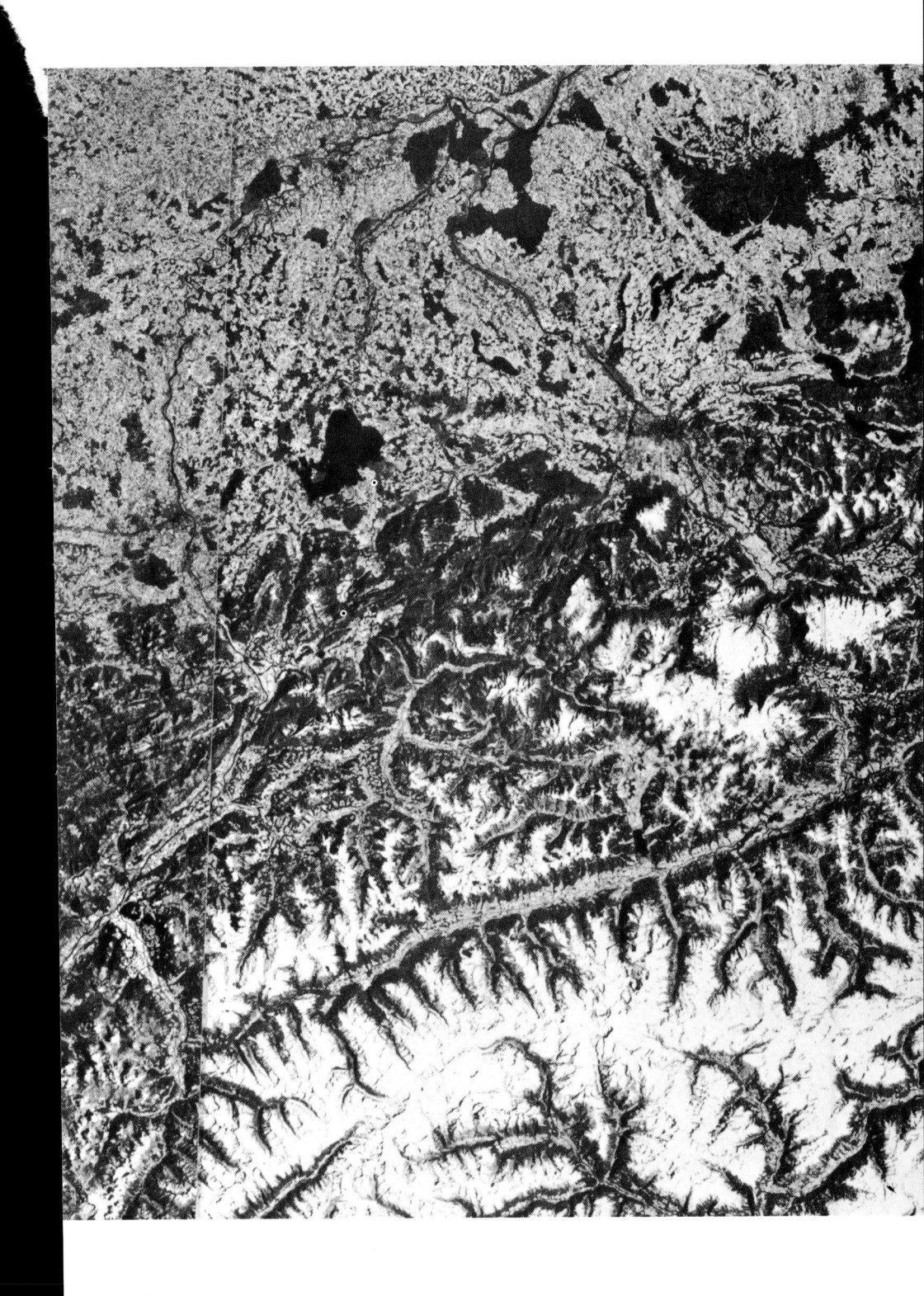

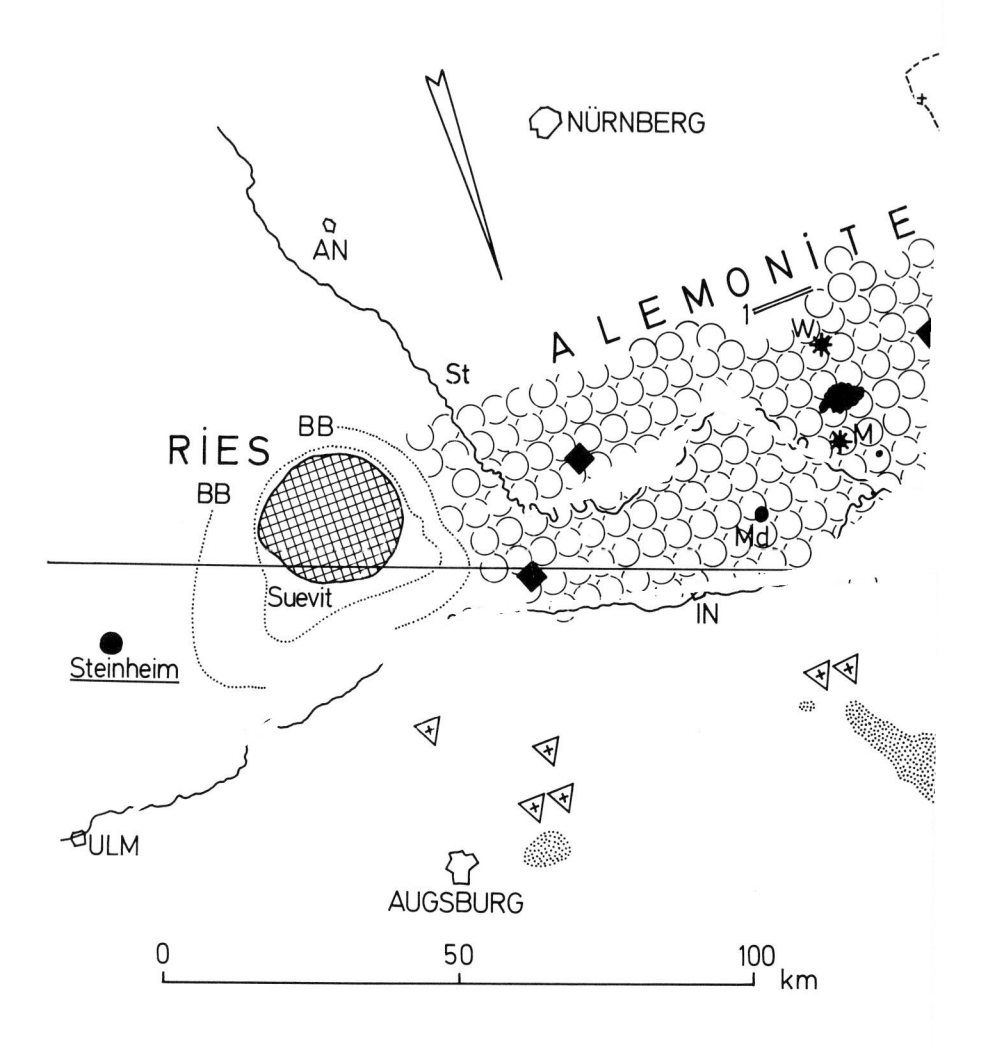

83 Nördlinger Ries, Steinheimer Becken und das Areal der Astrobleme in der Südlichen Frankenalb (Ringe), interpretiert als Ergebnisse des Einschlags eines langgestreckten meteoritischen Systems beim Riesereignis. Die Verbreitung von Suevit und Bunter Brekzie im Riesbereich sowie des Bentonits und der Malmkalkblöcke im Süden werden verschiedentlich als Hinweise auf einen aus Norden erfolgten Einschlag angesehen (Pfeil). Südlich der Kuppenalb und nördlich der Molasse wird die Südliche Frankenalb zur Flachlandschaft nivelliert. Bei Parsberg (1) und zwischen Rötz und Oberviechtach (2) sind die Relief-Übergänge gut zu erkennen. Das Areal der Astrobleme und die Verlängerung nach Osten über den Bayerischen Wald, Böhmerwald und Österreich nach Südböhmen ist mit Relikten einer besonderen Impactgesteinsart, dem Alemonit, übersät. Im östlichen Niederbayern und in Oberösterreich wurden im gleichen Zusammenhange die auf der damaligen Landoberfläche verbreiteten Schotter zum Quarzitkonglomerat, auch Quarzrestschotter genannt, verkieselt. Nach E. Rutte, 1974.

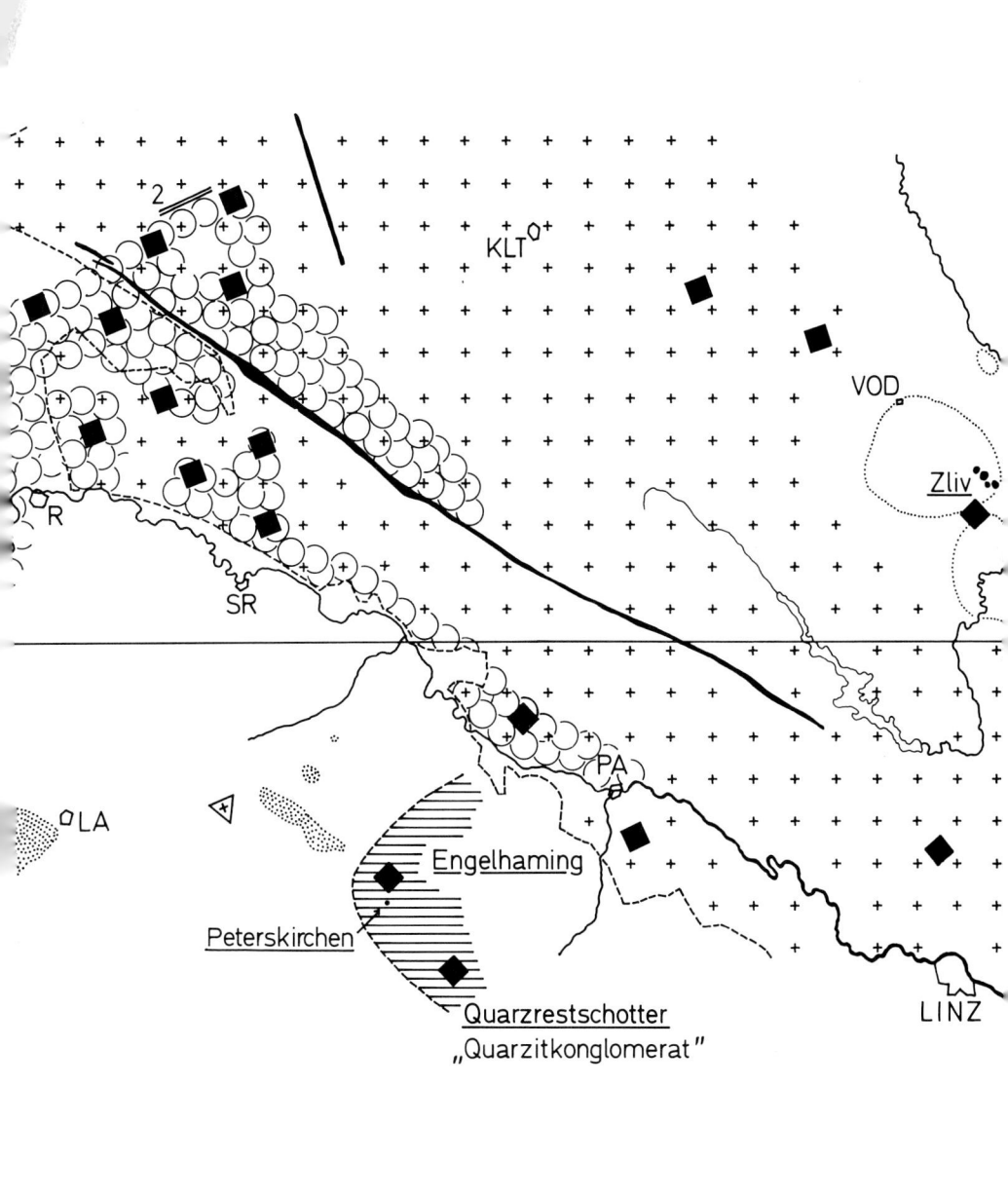

Engelhaming
Peterskirchen
Quarzrestschotter
„Quarzitkonglomerat"
LINZ

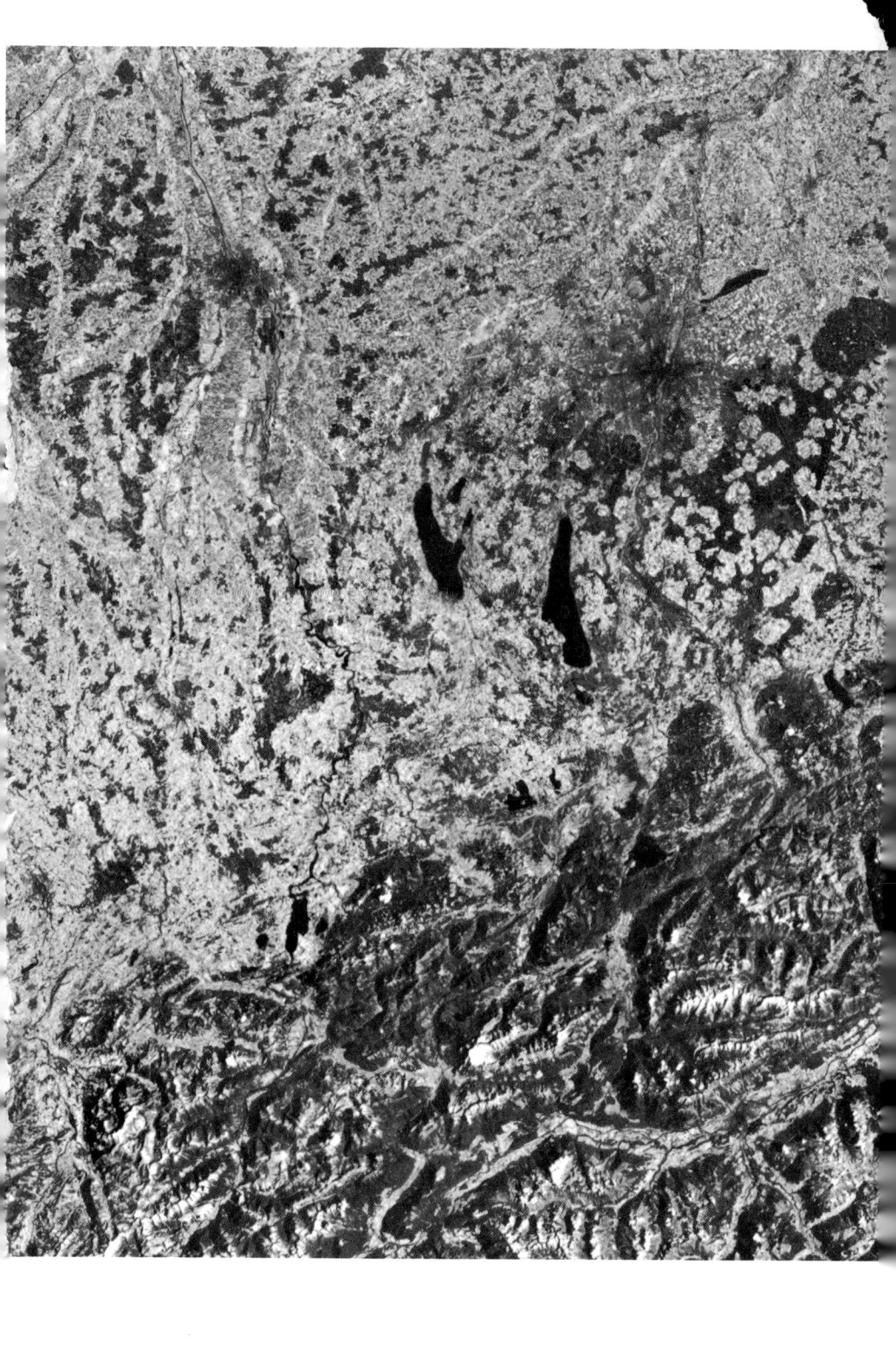

101 Die Infrarot-Aufnahmen des ERT-S-1-Satelliten erfolgten am 5. Oktober 1972 aus einer Höhe von 950 km.
Die Abbildung zeigt im Bereich der Nördlichen Kalkalpen ein tektonisches Muster, das in seiner statistischen Richtungsverteilung gut mit bekannten Störungsrichtungen übereinstimmt. Im Westen zeichnen sich ein grabenartiger Einbruch des oberen Rheintales und Bodensees, ferner die Linie Iller–Kempten, die Loisachstörung, die Struktur Kufstein–Priental, Wambacher Sattel und Thierseemulde und viele andere tektonische Elemente ab. Im Voralpenland heben sich die Schichtköpfe der Faltenmolasse gut vom Bereich der ungefalteten Molasse ab. Die nördlichsten Strukturen verlaufen entlang einer ausgeglichenen Linie, die die südlichen Enden von Boden- und Chiemsee verbindet. Von dieser Linie ist das Kalkalpin aber sehr verschieden weit entfernt. Der Fachmann vermag sogar Flysch und Helvetikum und direkte Zusammenhänge zwischen Deckenbewegungen und Faltenmolasse-Tiefgang zu interpretieren (J. Bodechtel & B. Lammerer, 1973). Die Wälle der Würm-Endmoränen sind in der Umgebung der Seen deutlich zu erkennen.

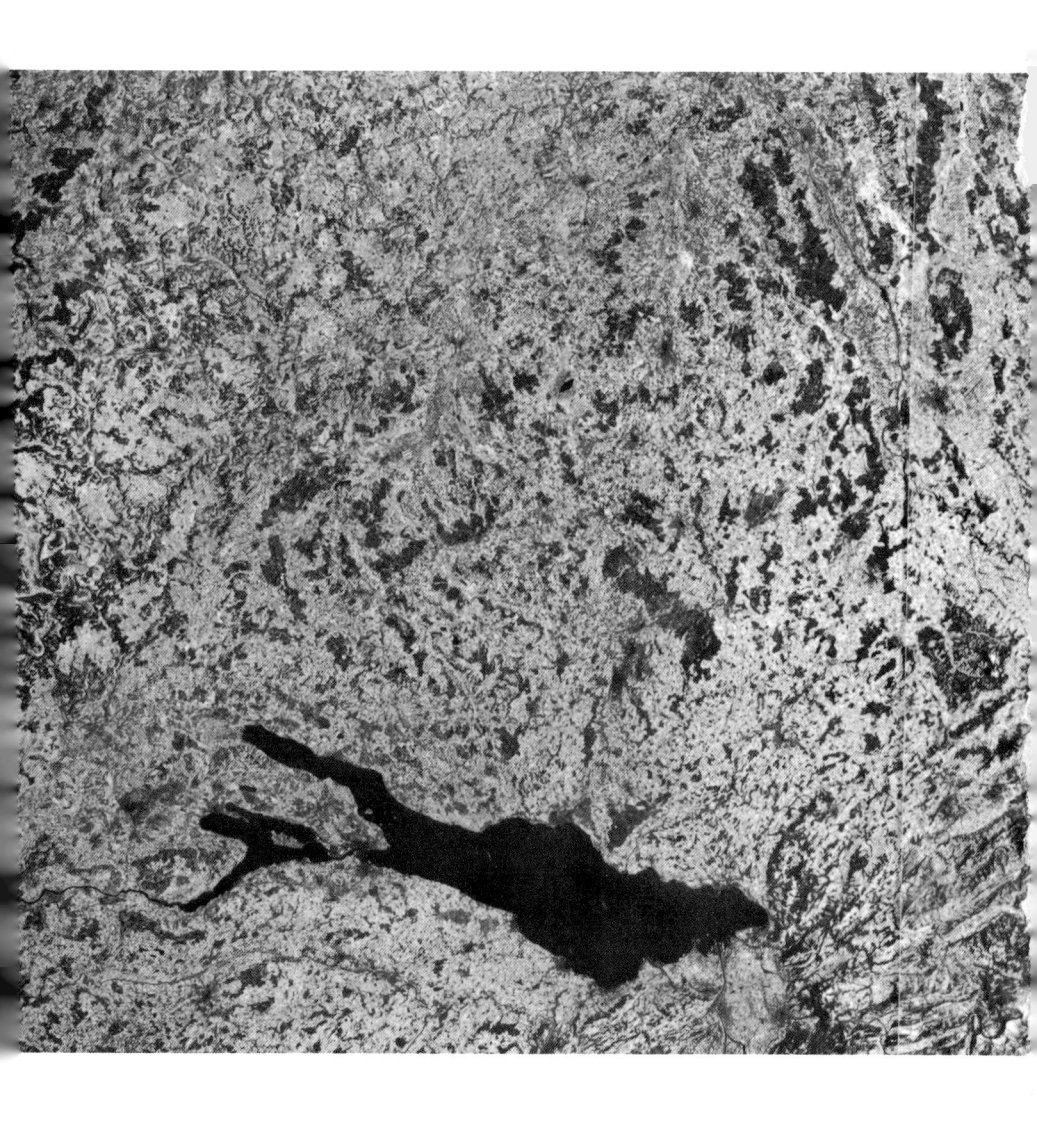

■ Alemonit-Nachweise

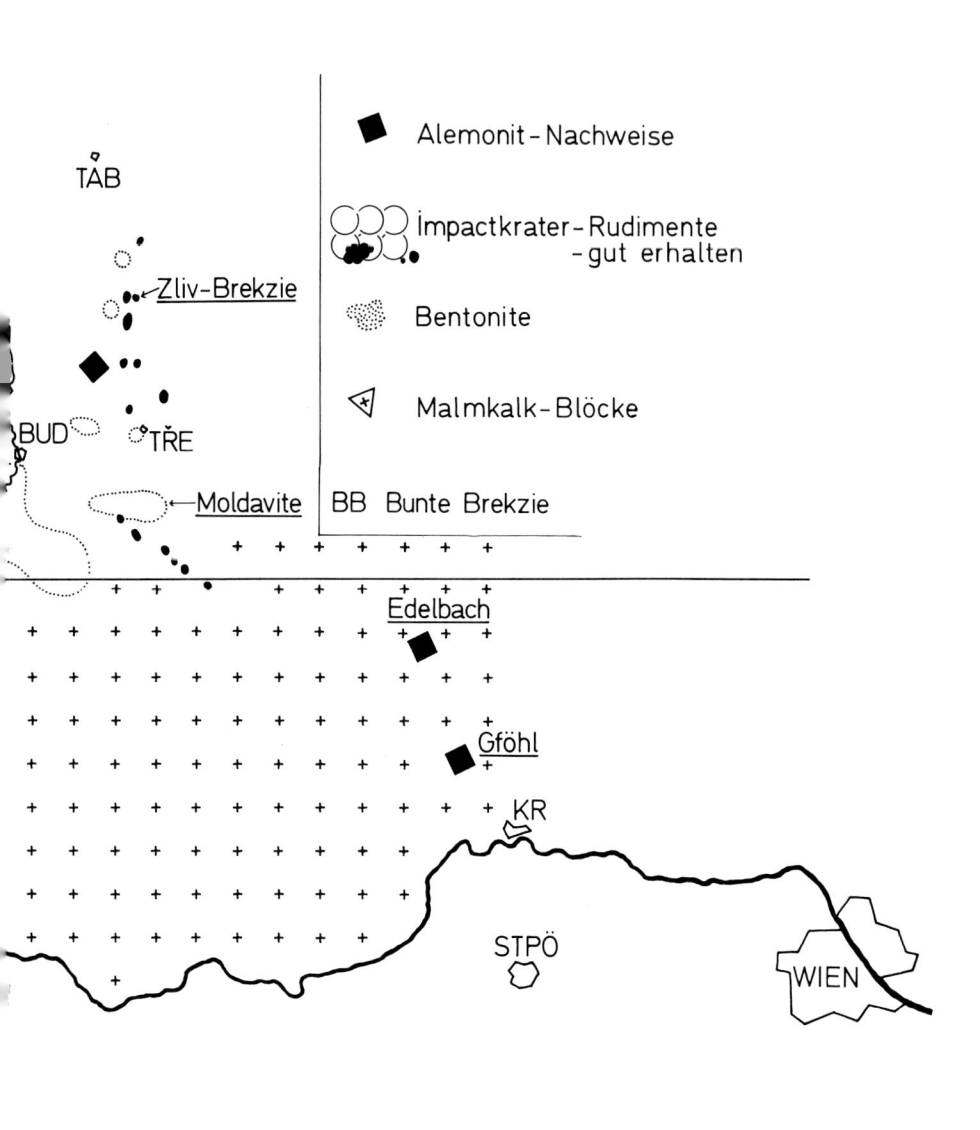

○○○ Impactkrater-Rudimente
○○○ - gut erhalten

░ Bentonite

◁ Malmkalk-Blöcke

BB Bunte Brekzie

TÁB

Zliv-Brekzie

BUD   TŘE

Moldavite

Edelbach

Gföhl

KR

STPÖ

WIEN

Dagegen ist die Moräne des Maximalstandes, die Jungendmoräne, als gewöhnlich mächtiger und glcichmäßig durchgängiger, oft gedoppelter Wall ausgebildet (101). Auch die während der vielen Rückzugshalte geschütteten Endmoränen sind in der Regel vorzüglich überliefert, wenngleich mit Annäherung an die Alpen in zunehmendem Maße von den Schmelzwässern in den Durchlässen zerschlitzt und zerlappt.
Werden Mächtigkeit und Abstände der Endmoränenwälle in den einzelnen Gletschern miteinander verglichen, so lassen sich bestimmte Stadien erkennen. Sie sind im Inngletscher am besten entwickelt, untersucht und beschrieben. Die größte Ausdehnung des Würmgletschers wird im Kirchseeoner Stadium erreicht. Es folgen mehr oder weniger parallel Ebersberger und Ölkofener Stadium. Jetzt künden die Moränenwälle von einzelnen Eislappen, die sich bis zu 15 Kilometer weit isoliert erstrecken. Aus ihnen werden später die Zweig- oder Zungenbecken (Mangfall-, Glonn-, Moosach-, Attel-, Rettenbach-, Ebrach-, Leimbach-, Murn- und Simsseebecken). Die Rückzugshalte sind manchmal so lang, daß sich auf älteren Schottern Böden bilden können. Leider ist der Geologe nicht in der Lage, nähere Angaben zur Dauer der Pausen machen zu können. Gewiß ist nur, daß jeweils viele tausend Jahre zur Verfügung standen.
Demgegenüber sind in den anderen Talgletschern die Halte nicht zeitgleich erfolgt. Die Folgen sind (neben allzu vielen Lokalbezeichnungen) erhebliche Auffassungsunterschiede und eine umfangreiche Literatur. Häufig verwendete Begriffe sind Ammer-, Bühl-, Schlern-, Gschnitz- und Daun-Stadium sowie Alleröd-Interstadial (110). Schließlich ist die Gipfelregion wieder eisfrei. Die heutige Vergletscherung ist kein Rest der pleistozänen, sondern eine Neuvergletscherung.
Deren Repräsentanten Schwarzmilzferner in der Mädelegabel-Gruppe, Parseierferner in den Lechtaler Alpen, Schneeferner und Höllentalferner im Zugspitzmassiv, Blaueis- und Watzmanngletscher sowie Übergossene Alp in den

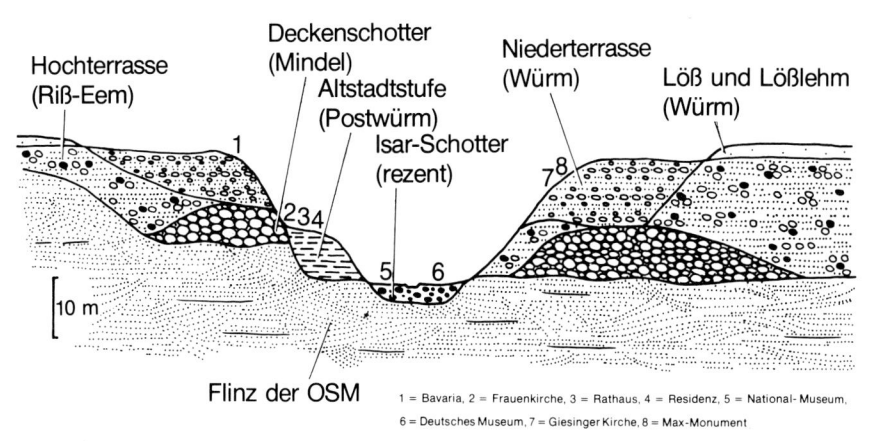

102 Schematisches Profil durch die tertiären und quartären **Ablagerungen im Stadtgebiet von München.** Nicht maßstäblich nach der Geologischen Karte von Bayern, Blatt München 692 und J. Knauer, 1933.

1 = Bavaria, 2 = Frauenkirche, 3 = Rathaus, 4 = Residenz, 5 = National-Museum, 6 = Deutsches Museum, 7 = Giesinger Kirche, 8 = Max-Monument

Berchtesgadener Alpen und Torstein-, Gosau- und Hallstätter Gletscher im Dachsteinmassiv zeigen in deutlichen End- und Seitenmoränen Vorstöße im 18. Jahrhundert, um 1850 und 1920. Allerdings sind sie gegenwärtig »im steten Schwinden begriffen und zum Teil nur noch auf den Karten erhalten«.

Während der Zeiträume, in denen die Moränen angehäuft werden, schütten die Schmelzwasserfluten Sand und Kies zu riesigen Schotterfluren auf. Vielerorts kann die Verbindungsstelle Moräne/Schotter erfaßt und damit die Abfolge-Relation festgestellt werden.

Die Basis der meisten Würm-Ablagerungen ist der als Zeitmarke bestens geeignete Untere Würm-Schotter. Seine Anfänge fallen in die Zeit Ende Eem. Wahrscheinlich handelt es sich um fluviatile Zeugnisse des Vorrückens der Würm-Gletscher. Das Leitfossil ist das Mammut *Mammonteus primigenius* (104). Relikte kommen in den Kiesgruben immer wieder an den Tag.

Mit Erreichen des Gletscher-Maximalstandes und während der Rückzugsphasen erfolgt die Aufschüttung der Niederterrasse (102). Sie stellt den verbreitetsten pleistozänen Schotter dar. In der Fläche wird sie nur noch vom Löß übertroffen. Das Material besteht zum größten Teil aus aufgearbeiteten Moränen und Unterem Würm-Schotter. Nächst den Wurzeln entspricht sie einem typischen isländischen Sander.

Bekanntestes Beispiel ist der fluvioglaziale Schuttfächer der Münchener Schiefen Ebene (100). Das an der Basis Weyarn–Gauting–Mammendorf 60 Kilometer breite gleichschenkelige Dreieck hat die Spitze im 60 Kilometer entfernten Moosburg. Das Material ist eine Mischung der Schmelzwasserinhalte von Ammer-, Isar- und Inngletscher. Die Mächtigkeit erreicht bei Holzkirchen 100 Meter, bei Moosburg 10 Meter. Das Gefälle der Oberfläche beträgt 185 Meter. Es ist das Areal der oft gigantisch anmutenden Kiesabbaue, aber auch die Ursache jener landschaftlichen Eintönigkeit im weiteren Umkreis von München, die dem Landesfremden immer wieder unerwartet begegnet. Auf den flachgründigen, lößfreien Böden stokken die nicht minder monotonen Fichtenforste wie Deisenhofen-Hofoldinger Forst, Kreuzlinger Forst, Forstenrieder Park, Höhenkirchener Forst, Ebersberger Forst und Garchinger Hart. Entsprechende große Niederterrassenfächer sind das Lechfeld und die Pockinger Heide.

Lokal verfestigte »Eiszeitschotter« stellen jene Konglomerate (»Nagelfluh«), die, in Platten gesägt, im modernen München schöne und beliebte Fassadenverkleidungen und Natursteinwände geworden sind. Sie sind besonders auffällig in vielen Zugängen und Bahnhöfen von U- und S-Bahn oder im Olympiagelände.

Jenseits der Jungendmoränenwälle wird die Niederterrasse – nach Bildung von Übergangskegeln an den Durchlaßstellen – in den Tälern zusammengefaßt und nach Norden geleitet.

Wieder werden ältere pleistozäne Bildungen angeschnitten und abgetragen. Anderwärts entstehen extrem schmale Schmelzwasserrinnen. Aus ihnen werden später oft Trockentäler. Gute Beispiele sind das Gleißental bei Deisenhofen und der Teufelsgraben zwischen Otterfing und Holzkirchen.

Im Donaumoos Neuburg–Ingolstadt–Neustadt und zwischen Regensburg und

Vilshofen sammeln sich die Niederterrassen-Schottermassen ein weiteres Mal in weitgespannten Flächen. Auffällig werden sie insbesondere um Straubing und Plattling wie auch im Mühldorfer Hart und Öttinger Forst vor dem Tertiären Hügelland. Es fällt auf, daß die Tiefenerosion recht gering ist. Zumeist liegt die Niederterrasse im Niveau der Hochterrasse. Die Ursache dürfte im Erlahmen der Transportkraft zu sehen sein. Infolge der tektonischen Ruhe in Mitteleuropa fehlt das belebende Element. Zum anderen erfolgt Rückstau vor den Donau-Engpässen Weltenburger Enge und Altes Gebirge bei Vilshofen.

Vor dem Tertiären Hügelland im Norden der Münchener Schiefen Ebene stauen sich später die in den Schottern geborgenen reichen Grundwassermengen und veranlassen Dachauer und Erdinger Moos (100).

Die letzten fluvioglazialen Bildungen sind (der Niederterrasse angepaßte) sehr flache, große Schwemmkegel. Sie werden genetisch mit einem der letzten größeren Gletscher-Rückzugshalte in Verbindung gebracht. In München werden sie als Altstadtstufe ausgeschieden (102). Die allerletzte eiszeitliche Dokumentation ist eine Erosionsphase ebenfalls an der Wende Pleistozän/Holozän. Sie trennt die holozänen Flußablagerungen von der Niederterrasse.

Echte Glazialzeugnisse in Bayern nördlich der Donau sind unter dem Gipfel des Arber und im Nationalpark im Rachel-Gebiet als Kare und Moränenwälle nachgewiesen. Wahrscheinlich waren die höchsten Regionen des Alten Gebirges von flächigen Vereisungen eingenommen. Sie haben keine Spuren hinterlassen.

Die früher aus der Rhön angeführten Kare und Moränen haben sich als fehlinterpretierte Bergsturzphänomene erwiesen.

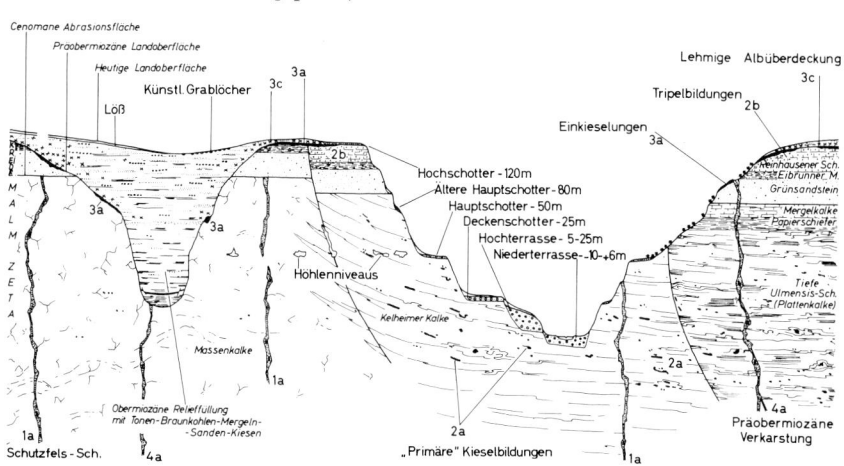

103 Tertiäre und pleistozäne Täler und Ablagerungen sowie Karsterscheinungen im Gebiet von Kelheim. Die Täler sind im Liegenden der Danubischen Kreide in (die drei Fazies des) Malm eingeschnitten. Die in präobermiozänen Zeiträumen angelegten Systeme werden nach dem Rieseereignis mit Sedimenten der Oberen Süßwassermolasse plombiert. Im Talbodenbereich entsteht die Braunkohle. Bei Viehhausen enthält sie reiche Floren- und Faunenreste. Im heutigen von der Altmühl bzw. (ab Kelheim) von der Donau eingenommenen ehemaligen Tal der Altmühldonau sind Relikte von arvernensiszeitlichen und pleistozänen Flußterrassen und Schottern Zeugen für phasenhaft erfolgte Eintiefungsprozesse. Die Bezeichnungen der Terrassen sind – bis auf die Niederterrasse – Lokalnamen. Aus E. Rutte, 1963.

Pleistozän im Periglazialbereich

In den Regionen zwischen dem Nordischen Eis und den alpinen Gletschern äußert sich das eiszeitliche geologische Geschehen in Frostverwitterung, Solifluktion, Kryoturbationen, Brodelböden, Eiskeilen sowie dem Löß und den Flugsanden. Die Warmzeiten werden durch Bodenbildungen sowie in flußgeschichtlichen Dokumenten markiert. Die paläontologische Dokumentation ist aber nicht geeignet, das glaziale vom interglazialen Zeugnis zu trennen. Demgemäß sind etliche Fragen offen.

Es ist noch nicht geglückt, die Schotterterrassen Nord- und Mittelbayerns an die Glazial-/Interglazialrhythmen des Voralpenraumes anzuknüpfen. Die Terrassen der linken Donau-Nebenflüsse korrespondieren in Anzahl und Höhenlage nicht mit denen der rechten. Ähnliche Unstimmigkeiten bestehen übrigens auch zwischen Main und Mittelrhein.

Charakteristisch für den Periglazialbereich ist die im allgemeinen geringe bis fehlende Taleintiefung. Merkwürdig ist ferner, daß der Wechsel von Kalt- mit Warmzeiten nicht registriert wird. Der Geologe sieht sich außerstande, die Faktoren, die zur Aufschüttung der ausgedehnten und oft mächtigen Niederrasse führten, zu definieren. Weder stehen große Schmelzwassermengen zur Verfügung, weil im Quellgebiet keine Gletscher existieren, noch können größere Niederschlagsmengen, etwa als Ergebnis von Regenzeiten oder Schneeschmelze, eingesetzt werden. Die Luftdruckverteilung ist nämlich wegen der riesigen Eismassen in der Nachbarschaft anders als gegenwärtig. Es gibt andauernde Hochs und damit Trockenheit. Man kann daher nicht behaupten, die Schotterterrassen wären Ausdruck eines klimatisch gesteuerten Prozesses.

Mittelpleistozän

Der einzige gute Beitrag zum Beginn der mittelpleistozänen Erdgeschichte Mitteleuropas kommt von der Fossilfundstelle Voigtstedt im Harzvorlande (DDR). Mindel-Moräne lagert dort limnischen Cromer-Sedimenten auf. Außerhalb des Voralpengebietes gibt es in Bayern auffallend wenig Dokumente. Sicher sind diese und jene Flußterrasse, Löß und Bodenbildungen entstanden, doch ermangelt es noch aller Definitionsmöglichkeiten. Dies verwundert auch deshalb, weil in den Kiesen von Steinheim a. d. Murr (nordöstlich Stuttgart) zusammen mit dem *Homo sapiens praesapiens*-Schädel eine beachtliche Holstein-Wirbeltierfauna nachgewiesen ist (96).

Jungpleistozän

In nicht näher bekannten Abschnitten innerhalb Ende Eem und Ende Würm wird die in fast jedem Flußtal vorhandene Niederterrasse abgelagert. Sie ist oft sehr mächtig, besonders in Talabschnitten, in denen Stau erfolgte. Solche Gebiete liegen zwischen Fürth und Forchheim, im Bamberger Kessel, im Schwein-

furter Becken und im Untermaingebiet. Allerorten lagert sie in, neben oder auch auf der altpleistozänen Talaufschüttung. Es kann daher zu Verwechslungen kommen. Die Niederterrasse ist verhältnismäßig reich an Wirbeltieren.
Leitfossilien sind die Kaltformen Mammut (*Mammonteus primigenius*, 104), Wollhaariges Nashorn (*Coelodonta antiquitatis*, 96), Ur (*Bos primigenius*), Moschusochse (*Ovibos moschatus*), Rentier (*Rangifer tarandus*), Vielfraß (*Gulo*), Lemming (*Lemmus*) und der Riesenhirsch *Cervus megaceros* (105). Im Geologischen Institut Würzburg sind Geweihreste der mächtigsten je in der Erdgeschichte bekannt gewordenen Vertreter mit fast drei Metern Spannweite zu sehen. Sie kommen aus den Kiesgruben von Bergrheinfeld-Grafenrheinfeld bei Schweinfurt. In den Höhlen der Frankenalb sind der Höhlenbär *Ursus spelaeus* und die Höhlenhyäne *Crocuta spelaea* nicht selten.

105 Rekonstruktion des jungpleistozänen Riesenhirsches *Cervus megaceros*. In der Niederterrasse des Schweinfurter Beckens wurden im vorigen Jahrhundert Geweihreste der größten je bekannt gewordenen Vertreter gefunden.

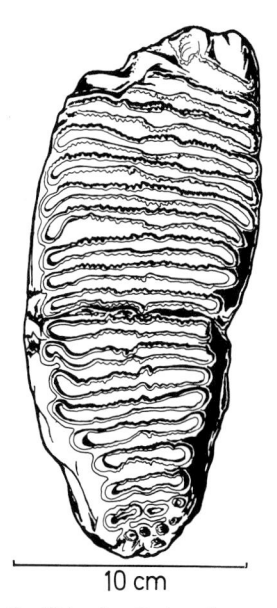

Die Interpretation der pleistozänen Säugerfaunen zeigt, daß die Klimawechsel nicht allzu eingreifend wirken. Ausgesprochen arktisch ist es nur in der Würm-Kaltzeit. Aber selbst dann ist der Kälte eher ein stimulierender denn ein ausmerzender Einfluß zuzuschreiben. Zu den aus der vorausgehenden Warmzeit verbliebenen Formen treten einige Steppentiere hinzu.

Vielmehr kann man das Hochglazial als die an Tieren reichste Periode Bayerns betrachten. Von den Binneneisfeldern Sachsens und der Alpen eingezwängt, konzentrieren sich die Herden im eisfreien Franken und in der Südlichen Frankenalb.

Vielleicht ist die reiche Jagdbeute die Erklärung der überaus reichlichen Hinterlassenschaften an Artefakten des Menschen dieser Zeiten (110), des Neandertalers bzw. des Jungpaläolithikers.

104 Die Kaufläche eines Backenzahns von *Mammonteus primigenius*, dem »Wollhaarigen Mammut«. Die Zahl der schmelzumsäumten Lamellen liegt bei nicht abgekauten Zähnen stets über 15 (die Altelefanten haben höchstens 10 bis 12). Mammut-Molaren gehören zu den häufigen Wirbeltierfossilien in der jungpleistozänen Niederterrasse.

Löß

Das mehlartig-poröse, durch Eisen zumeist gelblich gefärbte, kalkreiche äolische Sediment (F 30) besteht aus mineralisch verschiedensten Komponenten. Meist ist es Quarzstaub. Es war jeweils am Höhepunkt der Kaltzeiten als geschlossene Decke über Mitteleuropa ausgebreitet worden. Aber von den Kaltzeiten Mindel und Riß sind keine bzw. nur geringe, überdies fragliche Relikte erhalten. Die Hauptmasse des Lösses in Bayern ist würmzeitlich.

Hauptgebiete sind der Untermain, die Fränkische Platte zwischen Tauber und Kissingen–Haßfurter Störungszone (106), das Nördlinger Ries und Niederbayern im Streifen Kelheim/Regensburg bis Simbach/Passau. Dazwischen sind, mit Ausnahme einiger Keuperton-Areale des Alten Gebirges und der Alpenregion, überall mehr oder weniger große Lößinseln erhalten.

Fast jede geologische Karte macht klar, daß die ostwärtig geneigten Hänge vom Löß bevorzugt werden. Denn im Lee der

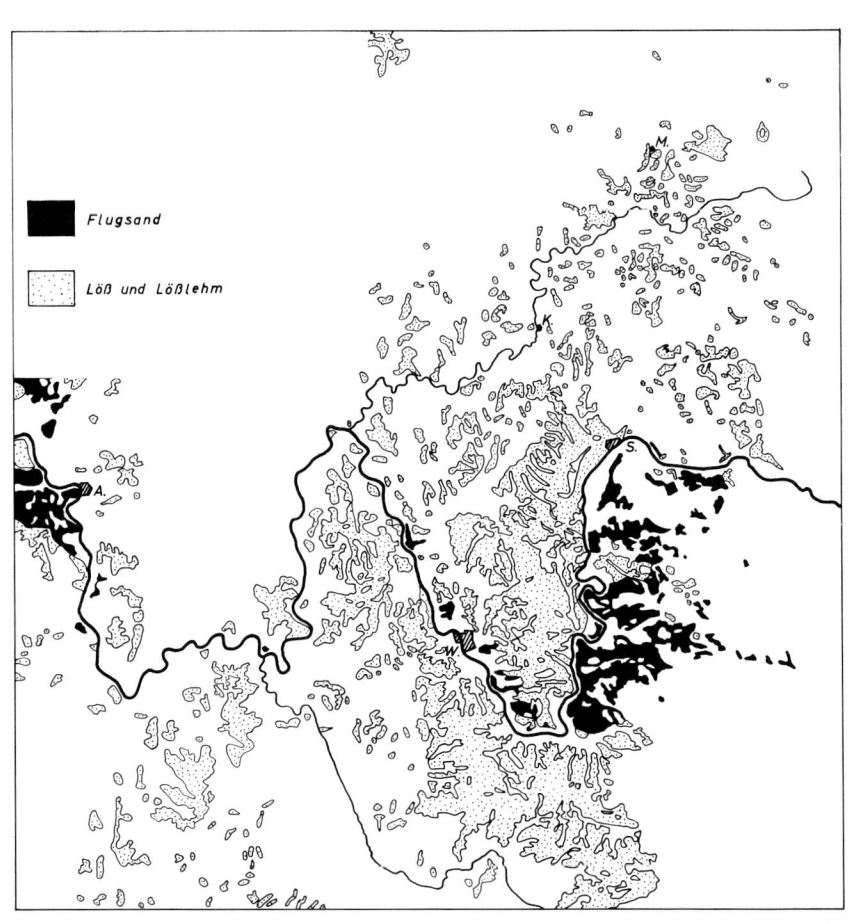

106 Die **Verbreitung der äolischen Sedimente des Jungpleistozäns** in Unterfranken gibt Hinweise auf die Hauptwindrichtung. Die größeren Mächtigkeiten des Löß finden sich auf den ostwärtig geneigten Hängen. Die großen Flugsandfelder liegen östlich des Mains. Aus E. Rutte, 1957.

Erhebungen lagerten sich die von Westwinden gebrachten größeren Staubmengen ab.

Es ist eine Zeit mit karger Vegetation. Doch darf man sich die Landschaft nicht nackt und kahl vorstellen. Mammut und Nashorn finden zumindest in den Tälern noch immer ihre Pflanzennahrung. Auf den Hochflächen gedeiht üppig zähes Steppengras. Es hält die lockeren Anwehungen fest und bindet sie an den Boden. Das Material kommt aus den Schottern im Rhein-Main-Gebiet, aus dem Maintal, der Donauniederung, den Tälern der rechten Donaunebenflüsse oder aus den Flächen des Buntsandstein- bzw. Keupersandsteinareals. Tatsächlich ist der Löß im Lee des Spessarts bei Marktheidenfeld, Lohr und Gemünden öfters rot. Da wir die riesige Menge des Lösses nicht allein aus den angeführten heimatlichen Bezirken ableiten können, müssen zusätzliche, ferner liegende Spenderregionen beteiligt sein. Der Kalkanteil gibt nur ungefähre Hinweise. In Mainfranken sind es 20 Prozent, auf der Alb 5–10 Prozent, in Südbayern (da hauptsächlich aus kalkalpinem Geröll ausgeblasen) zwischen 30 und 45 Prozent.

Leitfossilien sind die Landschnecken *Fruticicola hispida, Pupilla muscorum* und *Succinea oblonga* (107). Nicht selten kommen Großsäugerreste, insbesondere solche vom Mammut, zum Vorschein. Bezeichnend sind auch die Gänge des Hamsters (Krotowine).

Die Lößanlieferung erfolgt mehrfach nacheinander, von längeren Zeiträumen mit der Möglichkeit zur Verwitterung getrennt. Dabei werden einige Minerale umgesetzt sowie Eisen und Kalk angereichert bzw. entführt. Es entsteht der Lößlehm. Augenfälligste Merkmale sind Braunfärbung (F 30) und die Konzentration des Kalkes (unter dem Verwitterungshorizont) in Gestalt der oft bizarr geformten Lößkindl. Mächtigkeit und Zahl der Lößlehmhorizonte sind regional wie auch lokal sehr unterschiedlich. Gleiches gilt für die Lösse zwischen den Lehmen.

Im Raume Karlstadt und Hammelburg sind 4 Lößlehmhorizonte möglich. Gewöhnlich sind es 2 bis 3. Demgemäß ist die Gesamtmächtigkeit von Löß + Lößlehm verschieden. In Bayern sind 10 Meter bereits sehr selten.

Löß und Lößlehm sorgen für die guten bis sehr guten Böden Bayerns. Sie erklären die Fruchtbarkeit der Kornkammer Schwabens im Nördlinger Ries, verschiedener Bezirke Niederbayerns (darunter dem Gäuboden/Dungau) wie auch der mainfränkischen Gäuflächen. Es ist nicht zu übersehen, daß die hohen Bonitäten in Gebieten mit relativ geringen Niederschlägen liegen. Hier wird offensichtlich der Auswaschungsprozeß hinausgezögert.

Der Lößbezirk im Münchener Osten zählte 1877 zwischen Ramersdorf und Ismaning noch rund 60 bedeutendere Ziegeleien. Von dort kamen das »Großhesseloher Pflaster« [wie auch die ersten »Keferloher«] und auch das architektonische Wahrzeichen, die Frauenkirche. Die Ziegel mußten, um der geforderten hohen Festigkeit zu entsprechen, fünfmal gebrannt werden.

107 Die **Lößschnecken** *Fruticicola hispida* (links), *Pupilla muscorum* und *Succinea oblonga*. Aus E. Rutte, 1957.

Flugsand

Die von den eiszeitlichen Westwinden bewegte schwerere Fracht kann, im Gegensatz zum Löß, manchmal nicht über Tiefengebiete und auch nicht über die Hindernisse der Schichtstufen befördert werden. Die Flugsande bleiben alsbald hinter dem Liefergebiet vor den Stufenfronten liegen. Im Laufe der Zeit reichern sie sich an. An der Oberfläche und mehr oder weniger an Ort und Stelle werden sie immer wieder umgeschichtet. Noch in der Gegenwart kommt es zu Verlagerungen. Die durchschnittliche Mächtigkeit schwankt zwischen 50 Zentimetern und 2 Metern. In Dünengebieten sind 10 Meter nicht selten.

Vielerorts erinnert ein erhöhter Sandgehalt der oberflächennahen Schichten an einen ehemaligen Flugsandschleier. Flugsand- und Lößbeimengungen sind wegen der auflockernden Wirkung in den Weinbergsböden Frankens besonders willkommen.

Flugsandgebiete sind in der Regel am Kiefernwald oder am Spargelanbau zu erkennen. Beispiele sind das Untermaingebiet zwischen Ringheim und Stockstadt sowie zwischen Kahl und Alzenau, (106), das Steigerwaldvorland von Haßfurt über Schweinfurt nach Marktbreit, die Volkacher Mainschleife; die Talböden um Bamberg, der Großraum Erlangen–Fürth–Nürnberg, das untere Rednitztal; ferner Ochenbruck, Neumarkt/Opf., zwischen Grafenwöhr und Weiden, in Schwaben Schrobenhausen, in Niederbayern Abensberg und Straßkirchen.

An der Basis finden sich regelmäßig Windkanter, das sind vom Flugsand zumeist dreikantig zugeschliffene Steine. Besonders starker Windschliff erfolgt dort, wo der Talverlauf West-Ost orientiert ist. Im Hof der Eichstätter Willibaldsburg, vor dem Jura-Museum, ist ein kubikmetergroßer windpolierter Gesteinsblock ausgestellt.

Schichtstufenlandschaft

Das Zurückweichen der Malm-Stufe läßt sich am besten im Grabfeldgau abschätzen. Einige Tuffschlote in der Heldburger Gangschar (80, 78) haben nämlich während der Eruptionen Malmkalke als Einschlüsse aufgenommen. Das bedeutet, daß dort im Miopliozän noch jene Malmkalke vorhanden waren, die heute 30 Kilometer weiter im Südosten bei Bamberg zu finden sind. Der Betrag deckt sich in Zeit und Maß mit ähnlich fundierten Beobachtungen auf der Schwäbischen Alb.

Ein anderer Schätzwert läßt sich mit dem Steigerwald ermitteln. Wenn der Ostheimer Arvernensisfluß (93, 95) als ein Stufenrandfluß damals unmittelbar vor der Keuperstufe floß, dann ist das Rückweichen mit 6–9 Kilometern zu veranschlagen. Setzen wir die Zeitspanne Arvernensiszeit bis heute mit 2 Millionen Jahren ein, dann kommt ungefähr der gleiche Betrag heraus.

Die Vorstellung eines auch während des Pleistozäns abgelaufenen Rückweichens wird an der Keuper-Schichtstufe am Frankenberg unterstrichen. Merkwürdigerweise ist dort der Stufenfuß frei von Löß, die Bodenbildungen erreichen höchstens 10 Zentimeter, und es fehlen Periglazialerscheinungen.

Die Abschälung von Jura, Keuper und Muschelkalk über Maindreieck und Mainviereck hat keine Zeugnisse hinterlassen. Wir können nicht sagen, ob der Keuper in Ausbildung und Mächtigkeit dem des Steigerwaldes entsprochen hat. Vermutlich gab es dort eine sandarme, ungefähr 150 Meter geringere tonige Schichtenfolge. Denn man kann annehmen, das bei Kitzingen–Gerolzhofen durch das Muschelkalk-Salz und den Keuper-Gips um 40 Meter schwellenartig erhöhte Schichtengebäude habe die Sandsteinschüttungen abgefangen. Im Ostheimer Strom wurden Schilfsandsteingerölle nicht beobachtet.

Die Einschlüsse in den Schlottuffen von Kleinostheim und Villbach besagen, daß zumindest im Untermiozän im Untermaingebiet noch Buntsandstein und Wellenkalk angestanden haben.

Karsterscheinungen

Alle Kalk-, Dolomit-, Salz- und Gipsgesteine sind in kohlensäurehaltigem Wasser – Grundwasser oder oberirdisch abfließendem – löslich. Abhängig vom Chemismus der Gesteine, kommt es in der Regel zu Auflösungseffekten. Am raschesten wird Steinsalz gelöst, am langsamsten alpiner Dolomit.

Der Lösungsprozeß verursacht eine Reihe sogenannter Karsterscheinungen. Sie führen von Korrosion (109), Karren- und Gerinnebildung über Höhlen, Schächte, Schläuche, Schlotten, Erdorgeln und andere Hohlformen zu den Dolinen und damit verwandten Nachsturzphänomenen. Oft findet Gesteinsneubildung in Form von Sinter, Kalktuff und Karstkalk wie auch von Höhlenlehm statt.

Im Laufe geologischer Zeiten füllen sich die Hohlformen mit Karstsedimenten. Vielfach ist das Alter des Füllungsvorganges durch paläontologische Daten bestimmt.

Die großartigsten Karsterscheinungen beobachten wir demgemäß in Regionen mit starken Niederschlägen. Berühmt (und berüchtigt) ist der Hochgebirgskarst. Im Dachsteinkalk des Steinernen Meeres und im Schrattkalk des Hohen Ifen entstehen bizarr zerformte Oberflächen, insbesondere auf den Plateaus. Sind die Karstfelder von Latschenbeständen durchsetzt, dann sieht sich der Bergwanderer abseits der freigehaltenen Wege in einem äußerst schwierigen Gelände.

Die Zahl der Karsterscheinungen wird geringer, wenn das Karbonat tonige Zwischenschichten führt. Deshalb ist der mainfränkische Muschelkalk relativ höhlenarm. Auch spielt dort eine Rolle, wann der (oben abdichtende) Lettenkeuper entfernt worden ist.

Offene Höhlen mit mehr horizontaler Erstreckung können sich – gleichgültig, ob im Tiefen oder im Seichten Karst (108) angelegt – nur in oder ein wenig über der Höhe des Flußwasserspiegels, dem Vorfluter, in längeren Zeiträumen gleichbleibenden Talbodens ausbilden. Nur ausmündendes, frisches Wasser vermag die Karbonate zu lösen. Das heißt, daß eine begeh- und bewohnbare Höhle immer jünger als der zuständige Fluß sein muß und daß es kaum möglich ist, das Alter der Höhlen-Entstehung präzise anzugeben. Vor allem darf man nicht in den (häufigen) Fehler verfallen, das paläontologische Alter des Fauneninhaltes mit der Bildungszeit gleichzusetzen.

Demgemäß muß die große Menge an Höhlen in Bayern – allein in Oberfranken sind über tausend registriert – im Pleistozän entstanden sein, da die Anlage der Hohlformen die ältestpleistozäne große allgemeine Taleintiefung voraussetzt (103).

Die meisten Höhlen sind jungpleistozänen Alters. Die beliebte Vorstellung, die Höhlen wären dem Menschen ein idealer Wohnraum in den Zeiten eiszeitlicher Witterungsunbilden gewesen, trifft bei Auswertung der Höhlensedimente nicht ganz zu. Nur einige wenige waren Wohnhöhlen, die meisten – und auch nur im vordersten Einzugsbereich – dienten höchstwahrscheinlich als vorübergehender Unterschlupf bei Jagdzügen, als Zufluchtstätte oder auch für kultische Handlungen.

Dagegen hatte der Höhlenbär *Ursus spelaeus*, wie die Bärenschliffe ausweisen, gelegentlich hintere Abschnitte der Höhlensysteme bevölkert. Die merkwürdigen Knochenanreicherungen in einigen Höhlen der Fränkischen Schweiz können eventuell als Ergebnis tödlicher Gasansammlungen in abgeschlossenen Kammern erklärt werden.

Die besten Auskünfte zum faunistischen und klimatischen Inventar geben aber die Relikte der Kleinsäuger, der Nagetiere insbesondere. Sie wurden meistens von Eulen in den Gewöllen ausgespien.

Auch im Alpengebiet sind die Höhlen geologisch recht jung. Im Salzgebirge formen sie sich gegenwärtig weiter. In großen sackförmigen Höhlensystemen bleibt die winterliche Kaltluft liegen, sie

Seichter Karst

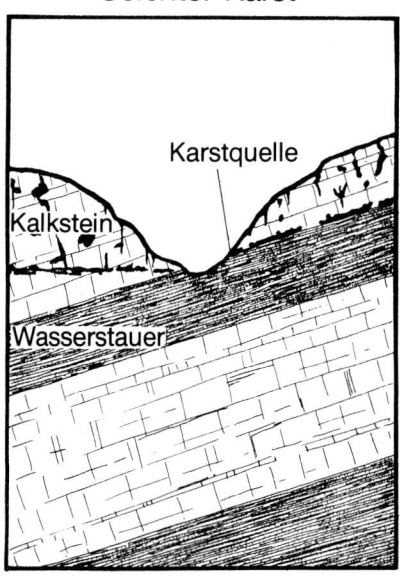

Tiefer Karst

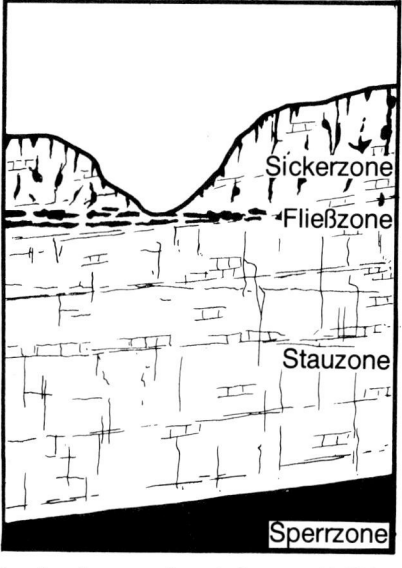

108 Der **Unterschied zwischen seichtem und tiefem Karst** besteht unter anderem in der unterschiedlichen Lösungsaktivität. Im tiefen Karst werden die Gesteine fast nur im Niveau des (ruhenden) Karstwasserspiegels gelöst, weil das Wasser darunter mangels Umwälzung nicht aggressiv genug sein kann. Hier entstehen die schönsten Karstwassermarken (109). Im seichten Karst sorgen Wasseraustritte für Bewegung und für stärkere allgemeine Hohlformenbildung.

kann nicht von der sommerlichen Warmluft verdrängt werden, und es entstehen Eishöhlen (Untersberger Eishöhle, ... bei Marktschellen...

...tener Auflö-...ßerung ein ...ann stürzt die ...auf der Erdoberfläche ... mehr oder weniger großes und tiefes Loch. Die Ausmaße sind abhängig von der Hohlraumdimension, der Mächtigkeit der löslichen Gesteine und der Deckschichten sowie der Gesteinsart. Massenkalke ermöglichen steilwandige, Plattenkalke flache, dafür breite Vertiefungen. Für den Gipskarst ist das unruhig-unregelmäßige Relief charakteristisch. Die Karsterscheinungen haben eine eigene Disziplin, die Karstmorphologie, entstehen lassen.

(F 20) Die in der Frankenalb häufigste Karstform ist die Doline. In der Regel ist ein solcher Erdfall ein rundlich-trichterförmiges Einsturzloch. Sie liegt meist über einer Verwerfung, weil sich das tektonisch zerrüttete Gestein schneller auflöst. Entsprechend sind Dolinen gerne in Reihen angeordnet. Unlängst ist in einer solchen Reihe mitten auf dem Marktplatz von Painten eine große Doline eingebrochen. Die Zahl der Dolinen geht in die Millionen. Größere Karstsenkungsgebiete, die Karstwannen, die Uvalas und die Poljen, sind hingegen seltener.

Wird der im Wasser gelöste Kalk wieder ausgeschieden, resultieren auf überrieselten Wänden flächige Kalksintertapeten und -überzüge. Beim Abtropfen entstehen die Tropfsteine. Oben hängen die Stalaktiten, unten stehen die Stalagmiten. C^{14}-Untersuchungen von Tropfsteinen in Berchtesgadener Höhlen haben gezeigt, daß deren Wachstum in der Zeit zwischen 13 000–20 000 Jahren vor heute unterbrochen war. Man kann diese Zeitspanne mit dem Kältepol der Würm-Kaltzeit parallelisieren. Ludwig II. ließ in Neuschwanstein reichlich Tropfsteine als Naturkulisse einsetzen.

An Quellaustritten und Wasserfällen sowie in größeren Höhlen sind Sinter (wenn dicht) und Kalktuffe (wenn locker-lückig) eine sehr häufige Karstkalkbildung.

Kalktuffe in größerer Ausdehnung sind bekannt vom Taubertal unterhalb Rothenburg, von Homburg a. M., Laudenbach bei Karlstadt, Oberelsbach/Rhön, Wonfurt bei Haßfurt, Tiefenellern, Würgauer Steige, bei Staffelstein, Kasendorf, Weismain, Oberleinleiter, Streitberg, Forchheim, Egloffstein, Hilpoltstein, Gräfenberg, Hetzles, Ebermannstadt, Hersbruck, Altdorf, Neumarkt/Opf., Beilngries, Greding und Treuchtlingen. Kalktuff wurde im Pfaffenwinkel viel für den Bau von Kirchen und Bauernhöfen verwendet.

In der Alb werden öfters kleine Seitentälchen durch Kalktuffbarren gegen das Haupttal abgetrennt. Bei Dillingen liegt

109 **Karstwassermarken** entstehen durch Lösungsvorgänge an der Oberfläche eines über längere Zeit stagnierenden Karstwassers. In geneigt gelagerten Schichten kann das Alter der Verkarstung mit dem der (verstellenden) Tektonik in Relation gebracht werden. Aus E. Rutte, 1951.

der Kalktuff einem Torflager auf. Im Jungneolithikum waren bei Polling und Wittislingen die Kalktuffe zeitweilig trockengefallen und vom Menschen besiedelt worden. Ein großartiges Naturdenkmal ist die Steinerne Rinne von Rohrbach bei Weißenburg: die an der Grenze Opalinuston/Eisensandstein austretende Quelle hat eine 70 Meter lange, 60 Zentimeter hohe Rinne gebaut. Desgleichen eindrucksvoll ist die Steinerne Rinne nahe Wolfsbronn und Rohrach bei Degersheim am Hahnenkamm. Der »Wachsende Stein« im Schluchtbach bei Usterling – dieser durchschneidet den Steilhang des Isartales – wird vom kalkreichen Quellwasser, das auf Mergeln der Oberen Süßwassermolasse austritt, aufgebaut. Der in der Kirche von Usterling (nahe Landau/Isar) auf einer Tafel des spätgotischen Flügelaltars in einer Darstellung der Taufe Christi gemalte und 1568 von Philipp Apian gezeichnete Kalksinter ist über 5 Meter hoch und inzwischen 36 Meter lang geworden.

Unlösliche Bestandteile wie Ton und Eisen bleiben am Boden der Hohlformen als Höhlenlehm zurück. Er wird durch Frostbruchschutt, Nachfall, Einwehung und Versturzmaterial, örtlich auch durch die Hinterlassenschaften von Höhlenbewohnern – Tieren wie Menschen –, zum Höhlensediment. Leider sind sehr viele Höhlen durch Raubgräberei oder auch mutwillige Zerstörung für die moderne Wissenschaft nur noch in Rudimenten aussagekräftig.

Die Schutzfelsschichten der Unterkreide im Kelheim-Regensburger Gebiet sind in Karsthohlräume abgefüllt (55), die mit 150 Metern Tiefgang zu den größten der Erde gehören. Im selben Raume ist ferner eine zweite große Verkarstungsperiode nachzuweisen: in bis 50 Meter tiefen Schächten ist Grünsandstein der Danubischen Kreide zu finden (103). Also muß die Bildung nach der Oberkreide (vielleicht im Alttertiär) stattgefunden haben. Als Vorfluter fungierten wahrscheinlich dieselben Talsysteme, die später, im Obermiozän, das Braunkohlentertiär aufnehmen (74).

Merkwürdigerweise sind tertiäre Karstfaunen nur in der Südlichen Frankenalb bekannt geworden. Berühmt ist die Eozän-Fauna von Heidenheim am Hahnenkamm. Dort gibt es die Zähne des Tapir-Vorläufers *Lophiodon* und des Urpferdes *Palaeotherium;* das noch kleine Pferd ist auch von Huisheim (zwischen Harburg und Wemding) gemeldet. Unteroligozänen Alters ist die artenreiche Spaltenfauna von Weißenburg. Mitteloligozän sind Gunzenhausen und Gaimersheim, Untermiozän Pappenheim, mittel- und obermiozäne Lokalitäten sind Wintershof bei Eichstätt, Schnaitheim, Solnhofen, Oberstotzingen und Attenfeld bei Neuburg/Donau. Wenn »Sichere jungpliozäne Spaltenfüllungen mit Wirbeltierfauna bisher nicht bekannt geworden« sind, dann mag dies unter Umständen an der verkarstungshemmenden Plombierung der nivellierten Südlichen Frankenalb mit Lehmiger Albüberdeckung liegen. Erst die im Ältestpleistozän erfolgte Öffnung der Karststockwerke mit dem Einschneiden der Altmühldonau (103) gibt den Anlaß für neue und jüngste Bildungen.

In Unterfranken sind zwei altpleistozäne Karstfüllungen bekannt. In den dreißiger Jahren wurden beim Abbau des Wellenkalks für das Zementwerk Karlstadt (F 32) mehrere Höhlen mit einem ungemein reichen Inhalt an Höhlenbären und anderen Raubtieren ausgegraben. Bei Rottershausen östlich von Bad Kissingen ist in einem Höhlenlehm als altpleistozänes Leitfossil der Siebenschläfer *Glis sackdillingensis* gefunden worden. In Oberfranken liegen gleichaltrige Karstfaunen aus den Höhlen Moggast und Sackdillingen usw.

Mit Karsterscheinungen nur bedingt in Verbindung zu bringen sind die ganz außergewöhnlichen (und noch immer nicht befriedigend gedeuteten) Ortsfremden Muschelkalkschollen der Vorrhön. Auffällig an die Auslaugungsgebiete des Zechsteinsalzes gebunden, verteilen sich über 150 mehr oder weniger kleine Vorkommen von Muschelkalk auf dem dortigen Buntsandstein-Ausstrich (19). Da die Scholle von Unterweißenbrunn das fertige Tal der Brend voraussetzt, kann das Phänomen nur im Pleistozän entstanden sein.

Eine große Zahl ist inzwischen des Kalkbedarfs und der mühelosen Gewinnbarkeit wegen entfernt worden. Anordnung, Volumen und Gesteinsverteilung lassen keine Beziehungen erkennen.

Weder Tektonik noch Vulkanismus können ins Spiel gebracht werden. Es gelingt aber auch mit viel Phantasie nicht, einen direkten Bezug zur Auslaugung herzustellen. Die Schollen sind übersichtlich und oft so klein – 10 × 10 Meter sind keine Seltenheit –, daß jedwede geologische Überraschung endeckt worden wäre. Etliche Schollen wurden gezielt aufgegraben und im Profil geschnitten: stets sind sie wurzellos und sehr flach. Meist ist das Liegende der Rötton, es können aber auch Plattensandstein oder gar Mittlerer Buntsandstein in Unterlage kommen.

Der Kalk ist intensiv zerstückelt. Im Nördlinger Ries würde die Struktur als Vergriesung bezeichnet werden. Früher machte man sich keine großen Gedanken, weil eine irgendwie vulkanische Entstehung in Betracht genommen wurde. Später galten sie als Gesteinsrelikte, die während des Rückweichens der Muschelkalk-Schichtstufe von der Vorderfront auf den Buntsandstein herabgerutscht seien. Dann wieder dachten die Geologen an ein trichterförmiges Hinabsaugen über punktförmigen Löchern auf in Lösung stehendem Zechsteinsalz.

Der fossile Mensch

(110) Mit dem fossilen Menschen befassen sich die Paläontologie bzw. die Paläanthropologie. Die Dokumentationen werden in der Ältesten Geschichte zusammengefaßt. Die Interpretation der Hinterlassenschaften (des Menschen) übernimmt der Prähistoriker.

Die Vorgeschichte sammelt jene Daten, die der Jetztmenschentypus *Homo sapiens sapiens* seit dem ersten Nachweis (Mitte Würm) und dem Auftreten der Schrift hinterlassen hat.

(96) Der Frühmensch *Homo erectus heidelbergensis*, in Mauer bei Heidelberg in Gestalt eines kompletten Unterkiefers zusammen mit Wirbeltieren in Ablagerungen des altpleistozänen Neckars nachgewiesen, ist nicht nur der erste Europäer, sondern auch einer der ältesten Menschen der Erde überhaupt. Die Artefakte aus dem Altpleistozän vom Würzburger Schalksberg (98) – die geologischen wie paläontologischen Begleitumstände lassen an der Zeitgleichheit

			Neuzeit		
			Mittelalter		
			Römerzeit		Subatlantikum
		1100–200	Eisenzeit	Latènezeit	
		v. Chr.		Hallstattzeit	
					– – – – – – – –
		1700–1100	Bronzezeit	Urnenfelderzeit	
				Hügelgräberzeit	Subboreal
				Glockenbecherkultur	
				Schnurkeramiker	
		4500–1700	Neolithikum	Michelsberger Kultur	– – – – – – – –
				Rössener Kultur	
				Bandkeramiker	Atlantikum
					– – – – – – – –
Holozän		8150–4500	Mesolithikum		Boreal
					– – – – – – – –
					Präboreal

– – – – – – – – 8150 v. Chr. –

		10 000–8000	Spätpaläo-		Federmesser-Stielspitzengruppe
		15 000–10 000	lithikum	Spätes	Magdalénien
		27 000–15 000	Jungpaläo-	Mittleres	Gravettien Solutréen
			lithikum	Frühes	Aurignacien
	Würm	37 000	– –		
	(Kaltzeit)			Spätestes »Moustérien«	Altmühlgruppe
Jung-				Spätes	Micoquien
pleisto-	– – – – –				
zän	Eem		Mittelpaläo-	Mittleres	Levallois
	(Warmzeit)		lithikum		
– – – – – – – –					
	Riß			Frühes	Jungacheuléen
	(Kaltzeit)				
Pleistozän	– – – – –				
Mittel-	Holstein		Altpaläo-	Clactonian – Acheuléen	
pleisto-	(Warmzeit)		lithikum		
zän	– – – – –				
	Mindel				
	(Kaltzeit)				

– – – – – – – – 690 000 Jahre –

Alt-	Cromer		Heidelberger Kultur – Abbévillien
pleisto-			
zän			
– – – – – – – –			
Ältest-	Villafranca		
pleisto-			
zän			

– – – – – – – – ca. 2 Millionen Jahre – – – – – – – – – – – – – – – – – – –

Jung-
pliozän

110 Gliederung des Quartärs – der fossile Mensch und seine Kulturen – die zur Zeit am häufigsten eingesetzten **absoluten** Jahreszahlen.

mit Mauer keinen Zweifel – sind zunächst die ältesten überlieferten Nachweise des Menschen in Bayern.
Menschen-Dokumente aus dem Holstein, äquivalent dem *Homo sapiens praesapiens* von Steinheim a. d. Murr in Württemberg, fehlen in Bayern. Sie sind kaum zu erhoffen, weil die als Fundschichten in Betracht kommenden Sedimente zu fehlen scheinen.
Dafür ist die Dokumentation des Neandertalers *Homo sapiens neanderthalensis* (96) zumindest in seinen Werkzeugen reichhaltig. Am bekanntesten sind die Klausenhöhlen bei Neuessing. Ein Keilmesser von dort ist Prototyp für eine charakteristische Zurichtung der Werkzeuge geworden. In der gegenüberliegenden Sesselfelsgrotte, im Schulerloch und im Riedenburger Raum bei Schambach und Mauern sind Tausende seiner Artefakte, in der Regel aus einer feinkörnigen Abart des Alemonits gefertigt, die Grundlage einer in der frühgeschichtlichen Literatur eigens ausgeschiedenen Altmühlgruppe (110).
Aber man ist auch im unteren Altmühltale nicht in der Lage, Kriterien für die Zuordnung in die geologische Zeit (Ende Eem bis Mitte Würm) anzutragen. Auch ist mangels osteologischer Belege die Frage nach den regionalen und zeitlichen Beziehungen des Neandertalers zum *Homo sapiens sapiens* weiterhin offen.

Die meisten Funde fossiler Menschen in den Höhlen der Frankenalb gehören – wie wir – zur Unterart *Homo sapiens sapiens*. Sie sind geologisch jünger als Mitte Würm. Im Löß von Kitzingen und Haßfurt kommen altsteinzeitliche Artefakte vor. Weil die Fundstellen von jüngeren Löß-Lagen überweht worden sind, bedeutet dies unter anderem, daß der Mensch sehr wohl im Höhepunkt einer Kaltzeit in unseren Breitengraden zu leben vermochte. Er hatte es nicht nötig, dem Klima auszuweichen. Im Gegenteil, seine Jagdbeute konzentrierte sich in Bayern zwischen dem sächsischen und dem alpinen Eis vor dem Alten Gebirge. Eiszeit war Erntezeit. Einen großartigen Eindruck von den Tätigkeiten des Eiszeitmenschen vermitteln die Eiszeitsiedlung Hunas oder das Museum »Natur und Mensch« in Greding.

Holozän

In Mittelschweden, wo mit Hilfe der Warvenzählung die Vorgänge des pleistozänen Eisrückzuges in absoluten Jahren angegeben werden können, hat man das Jahr des Zurückweichens des Eisrandes von den letzten großen Moränen, 8150 v. Chr., zur Marke für die Wende Pleistozän/Holozän gemacht (110). Dieser Zeitpunkt wird im Glazialbereich Bayerns mit der Zeit des Übergangs Schlernstadium in Gschnitzstadium gleichgesetzt. Im Periglazialbereich wird er einigermaßen pollenanalytisch gefaßt.

Zur Beurteilung des Ablaufs der vielbeachteten und in zahllosen Aufschlüssen sichtbaren Quartär-Abteilung werden oft geologisch neu geartete Kriterien herangezogen: Waldgeschichte, Pollen, Schnecken, prähistorische Funde, wie aber auch C^{14}-Methode, Flußablagerungen, Höhlensedimente, Schutt- und Schwemmkegel sowie die Bodenbildungen. Der Klimaablauf, immer deutlicher zu rekonstruieren, läßt Wechsel zwischen kälter und wärmer sowie feucht und trocken erkennen. Eine gewisse klimatische Labilität ist nicht zu übersehen, weil Bayern in der Grenzzone zwischen ozeanischem und kontinentalem Raum liegt. Bei den jüngsten Regungen kann verschiedentlich die Bestätigung in den Gletscherschwankungen eingeholt werden. Demnach folgen auf das Spätglazial Präboreal, Boreal, Älteres, Mittleres und Jüngeres Altantikum, Subboreal und Subatlantikum. Im Jüngeren Atlantikum beginnen sich die Rendzina-Böden zu entwickeln.

Die holozänen Flußablagerungen – sie werden als Alluvium (Alluvionen) oder Kolluvium bezeichnet – bieten ein nicht minder abwechslungsreiches Bild. So ist es ohne weiteres möglich, den Einsatz der großen Waldrodungen im verstärkten Anfall von abgespültem Boden im Profil zu erkennen. Begrabene Hölzer können mit der Dendrochronologie (Jahresringzählung) oder der C^{14}-Methode datiert werden. Zugleich wird damit die einbettende Schicht erfaßt. Weitere Auskünfte gibt die historische Überlieferung.

Flußregulierungen sind ebenso wie Staudämme oder künstliche Seen die Ursache neuer charakteristischer Sedimente. In den Niederungen bei Straubing (7) müssen Senkungen erfolgen, da das dortige Alluvium mittlerweile 34 Meter mächtig ist.

Das wichtigste holozäne Sediment ist der Auelehm, die in der Talaue angesammelte Aufschüttungsleistung des Hochwassers. Jede Überschwemmung hinterläßt einige Millimeter Schlamm. Für Bad Kissingen ist der Auelehm Garant des Heilwassers: gäbe es ihn nicht, dann würden die auf den Verwerfungen unter dem Saaletal aufsteigenden Mineralwässer und die Kohlensäure in die durchlässigen Schotter entweichen (111). Es ist deshalb verboten, Keller zu bauen oder andere Öffnungen in die Sperrschicht zu stoßen.

Das Schwemmland um Bamberg am Zusammenfluß von Regnitz und Main ist besonders fruchtbar, weil dort die Wässer ein besonders buntes Spektrum wertvoller Mineralstoffe anliefern.

Die Auewaldgebiete beiderseits der Flüsse sind vor allem in Oberbayern für den ökologischen Haushalt wichtig.

An den Flanken und zu Füßen der Erhebungen sammeln sich Absturz- und Abschlämmassen. Vor der Ausmündung der Täler entstehen Schutt- und Schwemmkegel. Gehängeschutt und Bergsturz nehmen im inneralpinen Bereich stellenweise derartige Ausmaße an, daß sie noch auf der Geologischen Karte 1 : 500 000 ausgeschieden werden können.

Auf den kalkreichen, wassersatten Gründen des Voralpenlandes flockt der Quellkalk aus. Die auch Alm genannte Bildung ist besonders nördlich von München und bei Memmingen verbreitet. Der Alm vom Erdinger Moos ist ausgiebig beschrieben worden.

Moorbildungen und der Torf gehören zu den bekanntesten holozänen Bildungen. Sie sind in allen Hochgebieten zahl-

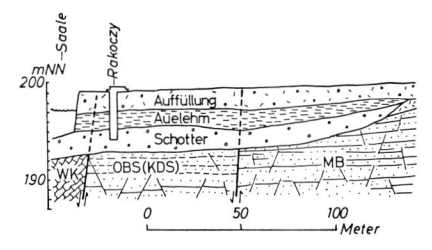

111 Geologischer Schnitt durch den **Kurgarten von Bad Kissingen.** Die auf den tektonischen Störungen im Buntsandstein (MB, OBS) bzw. Muschelkalk (WK) aufsteigende Kohlensäure wird über den Saale-Schottern vom abdichtenden Auelehm am freien Austritt gehindert. Der Rakoczi-Brunnen faßt das Mineralwasser wenige Meter unter der Oberfläche. Aus E. Rutte, 1974.

reich (F 28). In den Regionen mit hohen Niederschlagsmengen sind sie oft von großer Flächenausdehnung. Das Murnauer Moos – mit einer Vielzahl unterschiedlicher Moortypen – gilt als das größte zusammenhängende Moorgebiet Mitteleuropas. Die Kendlmühlfilz im Traunsteiner Raum ist das größte und wertvollste Hochmoor Bayerns. Die Torfgewinnung spielt früher in der Rhön, heute hauptsächlich in Oberbayern eine wirtschaftliche Rolle.

Der Fichtelsee im Fichtelgebirge hat bis 6,5 Meter mächtige Torfgründe. Das Sediment wird dort Seelohe genannt. Pollenanalytisch sorgfältig untersucht, zeichnet es die Waldgeschichte der letzten 10 000 Jahre nach. Der Torf enthält nicht selten ein in weißen Nadeln kristallisierendes Mineral, die Kohlenwasserstoffverbindung Fichtelit.

Inn, Isar, Ilz, Salzach und Teile der Donau gehören neben dem Rhein zu den relativ goldhaltigsten Flüssen Europas. Tatsächlich gab es an etlichen Lokalitäten Goldwäscherei – mit einem Höhepunkt in der ersten Hälfte des 19. Jahrhunderts, zuletzt um 1880 bei Kraiburg. Allerdings erforderte es immer viel Mühe und Geduld, denn sensationelle Funde waren und sind wegen der zerreibenden Kräfte der Flüsse nicht möglich.

Wenn das Hochwasser vorübergegangen war, wurde das angeschwemmte Material untersucht und, wenn einigermaßen höffig, gewaschen. Es heißt, daß die Goldseifen sehr schwer zu finden waren. Die Jahresausbeute war im Durchschnitt ein haselnußgroßes Agglomerat aus Goldflitterchen mit einem Gewicht von 30–40 Cronen (100–140 Gramm). Immerhin wurden 1383 in Passau aus Ilzgold Münzen geprägt; heute allergrößte Raritäten.

Die gegenwärtigen geologischen Aktivitäten sind neben den Hochwässern die Erdbeben (112) und geringe lokale Geländesenkungen, etwa im Zuge der Salzablaugung im Vorland der Rhön und bei Straubing.

Danksagung

Für Mitarbeit und Hilfestellung habe ich zu danken Dr. H. Anders, Kulmbach – Prof. Dr. G. Angenheister, München – Prof. Dr. J. Bodechtel, München – Dr. G. Eicken, Bayreuth – Dr. K. Ernstson, Würzburg – Dr. U. Emmert, München – Dr. H. Gebrande, München – Dr. O. Ganss, Breitbrunn – Dr. L. Diester-Haass, Homburg/Saar – Dr. W. Kanz, Würzburg – Dr. H. Mielke, München – Doris, Rega und Ralja Rutte, Würzburg – Dr. E. Schmedes, Fürstenfeldbruck – Dr. W. Trapp, Würzburg – Dr. W. Weinelt, München – Prof. Dr. A. Zeiss, Erlangen.

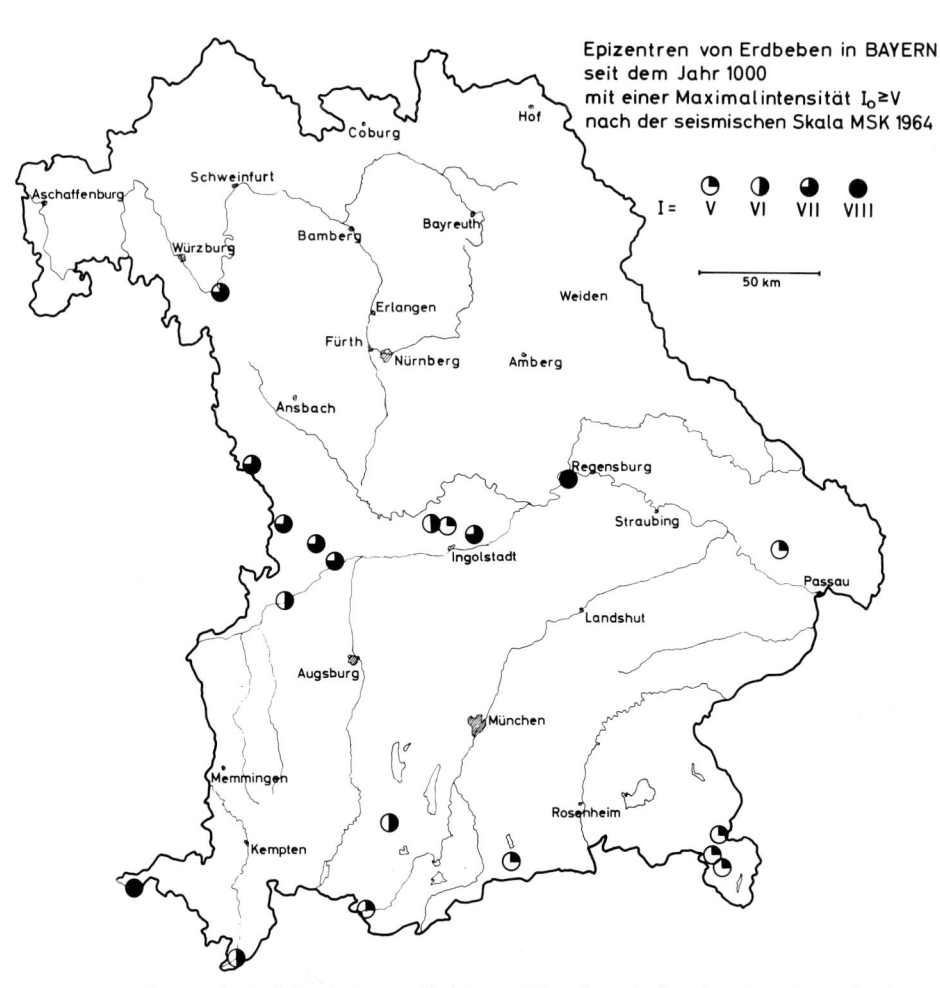

112 Die **Karte der Erdbeben in Bayern** gibt kein vollständiges Bild der seismischen Aktivitäten, weil nur Beben stärker als IV nach der zwölfteiligen MSK-Skala – einer modifizierten Mercalli-Cancani-Sieberg-Skala – angegeben sind sowie die Auswirkungen von Erdbeben, deren Epizentren außerhalb Bayerns liegen, nicht berücksichtigt sind. In der (Medveder-Sponheuer-Karnik-)Skala werden vom Menschen wahrnehmbare Erdbebenwirkungen klassifiziert.

V = ziemlich stark; von allen Menschen in Gebäuden verspürt, Tiere werden unruhig, Schlafende erwachen, Gebäude erzittern, Türen und Fensterläden schlagen auf und zu, gut gefüllte Gefäße laufen über, Pendeluhren können stehenbleiben.

VI = stark; Menschen verlieren manchmal das Gleichgewicht, Tiere laufen aus den Ställen, Geschirr kann zerbrechen, Bücher fallen herab, kleine Turmglocken schlagen an, im Verputz entstehen feine Risse, im Gebirge gibt es vereinzelt Erdrutsche.

VII = sehr stark; die meisten Menschen erschrecken und flüchten ins Freie (viele fallen dabei um); wird auch im fahrenden Auto bemerkt, große Glocken schlagen an, Dachziegel gleiten ab, es entstehen Risse im Verputz, Schornstein und Ziegelmauerwerk, Teichwasser wird trüb, Quellen versiegen oder entstehen neu.

VIII = ziemlich zerstörend; Panik; Zweige brechen ab, es können schwere Möbel umstürzen, es bilden sich große Mauerrisse und Risse im Boden, Schornsteine und Giebel brechen ab; Erdrutsche an steilen Böschungen, im Fluß Änderungen von Wasserführung und Wasserstand.

Nähere Angaben zum Regionalen finden sich auf Seite 212.

Die Karte wurde am Geophysikalischen Observatorium Fürstenfeldbruck durch E. Schmedes erarbeitet (»Karte der stärksten Erdbeben in Bayern seit dem Jahre 1000 n. Chr.«; unveröffentlichter Bericht 1978).

Ortsregister

F = Farbbild – in Klammer = Abbildungsnummer – halbfett = Kapitelbeginn

A

Abensberg 165, F 21, 240
Abtsberg 175
Abtsroda 175, 220
Abtswind 85, 91, 97
Achensee 204
Adelholzen 151
Adlerhütte 25
Adelstadt 171
Adlstein 167
Ahornberg 54
Aicha 43
Aign 16, 32
Aigner Kuppe 178
Ailsbach 130
Aisch 95
Aischgrund 98
Alb 109
Albenreuth 141
Albertaich 230
Allersberg 95
Alling 125, 140, 142, 167
Alpen 100, 153
Alpspitze 104
Alsleben 177
Altalbenreuth 172
Altdorf 96, 97, 110, 113, 118, 243
Alteglofsheim 166
Altenbuch 66
Altenburg 197
Altendorf 38
Altenmittlau 57
Altenricht 138
Altmannsdorf 91, 97
Altmühlhaus 130
Alzenau 45, 170, 175, 240
Alzgern 49
Amberg 15, 48, 93, 95, 112, 118, 123, 126, 127, 128, 138, 139, 140, 141
Amerdingen 197
Ammerfeld 123, 129
Ammergau 132, 144, 145
Ammergebirge 204
Ammergletscher 228, 229
Ammerschlucht 157
Ammersee 232
Amorbach 64, 65, 67, 221
Ampfing 151, 152
Ansbach 47, 48, 69, 89, 90, 91, 92, 93, 220
Anzenberg 178
Anzing 49
Arber 40, 43
Argen 232
Armannsberg 179
Armesberg 178
Arnbruck 42, 44
Arnetsried 144

Arnsberg 74
Arnstorf 123, 128
Arzberg 28, 30, 123, 126, 168
Arzmoosalpe 104
Aschaffenburg 44, 45, 47, 48, 67, 69, 170, 221, 222, 225
Aßling 231
Attelbecken 233
Attenfeld 244
Au 156
Auenfeld 232
Auerbach 120, 137, 138, 140
Auerberg 161
Auer Mulde 155
Aufsess 130
Augsburg 49, 55, 69, 78, 158, 163, 198, 199
Augusta vindelicorum 55
Aumühle 197
Aura 64
Aurach 95

B

Babenberg 94
Bachl 160
Bad Abbach 122, 140, 165, 167
Bad Aibling 231
Bad Berneck 15, 20, 24, 28
Bad Birnbach 159
Bad Bocklet 58, 176
Bad Boll 112
Bad Brückenau 13, 49, 58, 64, 176, 219
Bad Füssing 13, 49, 158, 159
Bad Gögging 13, 49, 139, 165, 208
Bad Griesbach 163
Bad Kissingen 13, 49, 53, 55, 58, 64, 65, 69, 74, 89, 176, 245, 248
Bad Königshofen 85, 86, 89, 90, 91, 93
Bad Mergentheim 69
Bad Neustadt 58, 74, 76, 176, 220
Bad Reichenhall 100, 101, 102, 144, 212
Bad Steben 26, 27, 206
Bad Tölz 48, 144, 159
Bad Wiessee 159, 205
Bad Windsheim 13, 49, 54, 60, 69, 77, 78, 85, 86, 87, 88, 89, 98, 220
Bad Wörishofen 163
Balderschwang 145, 204
Balthasar-Neumann-Quelle 176
Bamberg 54, 60, 69, 78, 86, 89, 90, 97, 98, 109, 110, 111, 112, 119, 126, 131, 178, 179, 209, 218, 221, 236, 240, 248
Banz 97, 109, 110, 112
Barbing 39
Bärsteinleite 43

Bauersberg 171, 176
Bauersfeld 210
Bayerischer Pfahl 15, 16, 36, 38, 40, 41, 42, 48, 174, F 2, F 7, 206, 208, 209, 210
Bayerischer Wald 13, **38**
Bayerisch Gmain 101, 144
Bayreuth 20, 32, 69, 70, 71, 75, 77, 78, 79, 80, 82, 86, 87, 90, 91, 92, 93, 96, 97, 109, 110, 114, 119, 126, 130
Bayrischzell 106
Befreiungshalle 33, 124, 131, 135, 139
Beilngries 126, 217, 243
Beinlandl 104
Benediktenwand 103, 134, 204
Benk 90
Beratzhausen 123
Berching 49, 114, 126
Berchtesgaden 101, 103, 104, 106, 135, 142, 144, 204, 243
Berchtesgadener Alpen 100
Berg 26
Bergmatting 166
Bergrheinfeld 69, 77, 237
Beringersmühle 126
Bernau 145
Bernbuch 91
Bernreuth 138
Bertholdsheim 123
Betzenstein 123
Biberkopf 105
Bibra 57
Bierwang 228
Biesenhard 123
Bindlacher Berg 71
Bingarten 30
Birnbach 141
Bischofsgrün 32
Bischofsheim 171, 175, 176
Bischofsmais 41
Bischofswiesen 103
Blauberg 26
Bleichgraben 156
Blender 161
Blintendorf 26, 206
Blumenberg 119
Böbrach 44
Bockstein 105
Bodenmais 40, 44
Bodenmühle 92
Bodenmühlwand 91
Bodensee 69, 101, 154, 163, (101), 230, 232
Bodenwöhr 69, 82, 87, 112, 113
Bogen 38
Bogenberg 40
Bohnberg 178

251

Bonifaziusquelle 176
Boxdorf 49
Bramberg 177, 178
Brand 178
Brannenburg 228
Braunau 160
Bregenzer Ache 155
Bregenzer Wald 205
Breitenbrunn 120
Bremenstall 49
Brend 58
Brennberg 41
Bronn 122, 123
Brückenau, Stadt 65
Brünnstein 107, 231
Bubenheim 171
Buchberger Leite 43
Buching 228
Buchsheim 123
Buchstein 96, 107
Bühl 171, 215
Bürgstadt 67
Bürser Schlucht 228
Bullenheimer Berg 91, 96, 97
Burgbernheim 69, 77
Burggrub 19, 54, 55, 57
Burghaig 96
Burghausen 163, 228
Burgholz 37
Burglengenfeld 131
Burgpreppach 98
Burgsinn 63, 176
Burgthann 96, 110

C

Cadolzburg 95
Castell 85, 97
Cham 15, 16, 42, 201
Chiemseegletscher 227, 228, 229
Churfirsten 146
Coburg 49, 54, 64, 74, 86, 87, 89, 93, 95, 96, 97, 98, 111, 119, 136
Colberg 69
Cordigast 109
Crailsheim 69
Creußen 82, 109, 111
Crock 51

D

Dachau 235
Dachauer Moos 235
Dachstein 233
Daiting 49, 54, 123, 129
Dalherda 175
Damm 47
Darching 151
Dechbetten 164, 165, 166
Degerndorf 228
Degersheim 123, 127, 244
Deggendorf 40, 41, 109
Deining 116
Deisenhofen 233
Denkendorf 123, 129
Dettelbach 78, 82
Dettendorf 156, 231
Dettenheim 127

Dettingen 223
Deutschordensburg 67
Dickalpe 104
Diepoltsberg 230
Dietfurt 116, 123, 126, 127, 128, 218
Dietzhof 110
Dillberg 117
Dillingen 230
Dimpelsmühle 46
Dingelsdorf 69
Dinkelsbühl 13; 49
Dinglreuth 123
Döbra 20
Döbraberg 20, 26
Döhlau 69, 77
Dollnstein 215, 216, 217
Donaumoos 234
Donaustauf 42, 51, 54
Donauwörth 115, 160, 215
Donnersdorf 85, 89
Dösdorf 155
Dorfprozelten 66, 67
Dornig 123, 127
Dörfles 74
Drei Kreuze 74, F 11
Dreisesselberg 41, 43
Dreistelz 175
Dreitannenriegel 40
Duftbräu 229
Dungau 239
Dürrenwaid 22, 26
Dürrfeld 177

E

Ebelsbach 93, 97
Ebensfeld 96
Ebenwies 122, 123, 128
Ebermannstadt 116, 126, 243
Ebern 98
Ebersberg 231
Ebersberger Forst 234
Ebersdorf 20, 22
Ebnath 28
Ebrach 86, 91, 93
Ebrachbecken 233
Edelquelle 102
Edelsberg 144
Eger 15, 29
Eggstätten 231
Eging 41
Egloffstein 109, 127, 128, 243
Ehingen 158
Ehrenbürg 126
Eibelstadt 82
Eibsee 230
Eichenberg 46, 57
Eichstätt 13, 49, 69, 86, 119, 122, 123, 124, 128, 129, 130, 145, 171, 217, 240, 244
Einbachgraben 143
Einbachtal 204
Einersheim 97
Eisenbach 175
Eisenbühl 22, 172, 178, 179
Eisenstein 40

Elbersreuth 17, 20
Elisabethquelle 176
Ellernhöhe 47
Ellingen 171
Elterhöfe 46
Eltmann 13, 49, 54, 55, 56, 77, 93, 97, 98, F 16
Emmerichshofen 170
Emtmannsberg 79
Emtmannsreuth 91
Endorf 159, 230
Engelsberg 67
Epprechtstein 32
Erbendorf 15, 16, 19, 26, 28, 32, 35, 51, 53, 54, 55, 141, 168, 179
Erding 228
Erdinger Moos 235, 248
Ergersheim 85, 89
Erlabrunn 220, 223
Erlangen 89, 91, 96, 98, 110, 112, 113, 114, 119, 126, 171, 212, 240
Erlau 43
Erlenbach 69, 76
Erlendorf 27
Erthaler Kalkberge 76
Eschenbach 69, 82
Eschenfelden 82
Eschenlohe 107
Escherndorf 82
Eslarn 36
Espan 49
Essing 120, 128, 216
Ettal 106
Euerwang 127
Eulenberg 91
Eurasburg 163

F

Fahr 82
Fahrenberg 37
Falkenberg 29, 35, 91
Falkenstein 43, 97, 104
Falkensteiner Wald 117
Faulenberg 80
Feichteck 134
Feilnbach 205
Feist 48, 176
Feldherrnhalle 131
Feldkahler Höhe 57
Fellhorn 146
Fels 19
Fernpass 232
Feucht 95
Feuerstein 117, 123, 126
Fichtelberg 29, 32
Fichtelgebirge 28, 54
Fichtelnaab 28, 30
Fichtelsee 33, 249
Filderebene 113
Finkenstein 123, 129
Finsterau 38, 41
Fischbach 231
Fischbachau 104
Fischerberg 53
Fladungen 48, 175, 176
Flintsbach 41, 109

252

Flittersbach 227
Floß 35
Flossenbürg 35, 36
Forchheim 96, 110, 114, 126, 236, 243
Forgensee 232
Forkendorf 96
Formarinsee 232
Forstenrieder Park 234
Forstmeistersprung 21
Fossa Carolina 115
Fränkische Linie 15, 16, 26, 68, 141
Fränkische Schweiz 109
Frankenhöhe 90
Frankenwald 13, 15, **17**, 28, 205
Frankfurt a. M. 139
Frath 42
Frauenau 42, 44
Freigericht 170
Freihöls 139
Freihung 63, 69, 82, 90, 170
Freiöd 163
Freising 139, 158, 162, 208
Freudenberg 63
Freudensee 33
Freystadt 96
Freyung F 2, 170
Freyunger Ohe 43
Frickenhausen/Main 82
Frickenhausen/Rhön 58
Frickenhauser See 58
Friedersreuth 141
Friedrichsburg 63
Friesenhausen 175
Frillensee 104
Friedenfels 35
Fuchsbau 31
Fürnried 123, 128
Fürstenbruch 144
Fürstenbrunn 144
Fürstenfeldbruck 212, 249
Fürstenstein 41, 43
Fürstenzell 159
Fürth 13, 49, 54, 69, 86, 89, 90, 92, 98, 236, 240
Füssen 100, 144, 155, 232
Fulda 69
Furth i. W. 15, 16, 37, 40

G

Gablingen 13, 49, 152
Gailbach 46
Gaimersheim 244
Gaißa 43
Galgenberg 18, 178, 180
Gambach 61, 62, 64, 65, 67, 74, 219
Gambacher Dolomiten 74
Gammesfeld 69, 80
Gangolfsberg 91
Gansheim 123, 129
Garchinger Hart 234
Garmisch-Partenkirchen 101, 103, 106, 204, 212
Gars 232
Gäuboden 239
Gauting 234

Gebaberg 175
Gebsattel 85, 89
Gefell 206
Gefrees 31
Gehrenspitze 103
Geiersberg 91
Geigen 22
Geigerstein 100
Geisa 175
Geiselbach 46, 53
Geiselstein 107
Geiseltal 123, 164
Geislitz 53
Gelbebürg 123
Gelber Berg 127
Gelnhausen 45, 219
Gemünden 215, 239
Gendorf 49
Georgensgmünd 171, 215
Georgisprudel 176
Gerbrunn 77
Geroldsgrün 21
Gerolzhofen 47, 87, 91, 177, 202, 241
Gersfeld 175
Gesees 96
Gfaller Mühle 149
Giebelstadt 88
Girmitz 38
Gleichberge F 14
Gleißental 234
Gleißinger Fels 32
Glonn 232
Gnadenberg 115
Göpfersgrün 28, 30, 32, 33, 53, 168
Görau 120, 126
Görauer Anger 109, 126, 130
Gosau 54
Gößweinstein 128
Goldberg 30
Goldkronach 25, 54
Gosaugletscher 234
Goßmannsdorf 222
Gottesackerplateau 147
Gottmannsberg 31
Graben 115
Grabfeldgau F 14
Gräfenberg 56, 127, 212
Gräfenneuses 91
Grafenau 43, F 2
Grafenburg 67
Grafenrheinfeld 237
Grafenwöhr 61, 62, 64, 69, 78, 82, 87, 93, 240
Gramschatzer Wald 88
Greding 127, 243, 247
Grettstadt 177
Greuth 91
Grölling 231
Groppenhof 123, 124
Groschlattengrün 179, 180
Großanger 123, 129
Großenbuch 114
Großenhausen 53
Großensterz 168
Großer Haßberg 90, 94, 96, 111

Großer Teichelberg 178
Großgeschaid 112
Großhesselohe 239
Großheubach 66, 67
Großkrotzenburg 175
Großostheim 175
Großschloppen 32
Großwallbur 178
Großwallstadt 13, 45, 47, 49, 53, 175
Großweil 229
Grube Bayerland 37
Grube Gertrude 36
Grube Johannes 38
Grube Leoni 141
Grube Wilma 36
Grünsfeld 97
Grünten 147, 150
Grundbach 91
Gundelshausen 167
Gundelsheim 130
Gunzenbach 47
Gunzenhausen 48
Gunzenheim 158
Guttenberger Forst 88
Gweng 162

H

Haag 231
Haarlem 131
Hagendorf 36, 37
Hagengebirge 106, 204
Hahnenkamm 47, 126, 127
Haidberg 25, 26, 166
Haidhof 166
Hain 46
Hainstadt 220, 225
Hall 101
Hallein 102, 204
Hallerstein 26
Hallertau 154
Hallthurm 102, 149
Hals 43
Hammelburg 74, 76, 202, 239
Handthal 97
Harburg 197, 244
Hardeck 180
Hartmannshof 123, 126, 127
Haselbach 74
Haselberg 123, 129
Haselgebirge 99, 101
Hasloch 67
Haßberge 84
Haßfurt 78, 97, 209, 218, 240, 243
Hausham 146
Hauzenberg 40, 41, 42, 43
Hechendorf 229
Heidenheim a. H. 118, 123, 126, 127
Heidingsfeld 81
Heigelstein 92
Heilbronn 69
Heiligenstadt 178, 179
Heimertingen 49
Heinrichsberg 47
Hellmitzheim 85

253

Helmberg 39
Hemau 119, 126, 201, 208
Heng 110
Hengersberg 16, 43, 166
Hennhüll 123, 129
Hepberg 123
Heroldsberg 113
Herrenchiemsee 67, 161, 163
Herrnsaal 124, 131
Herrmannsberg 97, F 15
Herrmannsquelle 176
Herrnhausfelsen 172
Herrnwahlthann 160
Hersbruck 118, 119, 126, 243
Herzogenaurach 93
Hesselberg 109, 110, 111, 112, 113, 114, 115, 116, 126
Hetzles 110, 114
Hexenbruch 78
Hildburghausen 176
Hilders 175
Hiltpoltstein 243
Hindelang 100
Hinterstein 100
Hirschau 56, 69, 82, 93, 94, 170
Hirschberg 29, 206
Hirschenstein 40
Hochfelln 106
Hochgrat 156
Hochkalter 204
Hochplatte 103, 104
Hochstaufen 101, 103, 104
Hochrhönstraße 177
Hochtannberg 232
Hochvogel 98
Höchberg 79
Höferänger 96
Höflas 24
Höglwörther See 231
Höhensteinweg 38
Höhenkirchener Forst 234
Höllental 26
Höllentalferner 233
Hölltal 104
Hörmating 229
Hörnle 144
Hörstein 44, 46, 47
Hösbach 223
Höwenegg 8, 12, 176
Hof 14, 15, 18, 20, 21, 22, 25, 26, 29, 108, 136, 148, 206, 212
Hofheim i. Ufr. 87, 177, 178
Hofoldinger Forst 234
Hofstädten 53
Hohenberg 28, 179
Hohenschwangau 104, 232
Hohenschwangauer Berrge 103
Hohenstadt 118
Hoher Bogen 40, 43
Hoher Göll 107, 142, 204
Hohe Rhön 173, 176, F 28
Hoher Ifen 147, 241
Hoher Straußberg 103
Hohes Brett 133
Hohe Wann 97
Hohe Warte 96

Holledau 154
Hollfeld 123, 128, 137, 138
Holzhammer 170
Holzkirchen 155, 234
Holzmaden 128
Homburg a. M. 67, 74, 76, 77, 243
Hopfental 123, 129
Hornbachkette 106
Horwagen 27
Hügelhäuschen 177
Hühnerkobel 42, 44
Hünfeld 175
Hüttenheim 97
Hütting 217
Huisheim 244
Hummelgau 109, 113
Humprechtsau 92
Hunas 247
Hundersdorf 166
Huppendorf 179

I

Ihrlerstein 138, 142
Iller 68
Ilz 41, 43
Imberger Tobel 228
Immenstadt 156
Ingolstadt 64, 122, 130, 160, 171, 216, 217, 234
Innenried 41
Innsbruck 101, 210
Inzell 104, 231
Iphofen 91, 97, 98
Ippesheim 97
Irchenrieth 35
Irlbach 112, 166
Irschenberg 161, 163
Isar-Inn-Hügelland 154
Iseler 100
Isen 231
Isny 161
Itz 96, 220

J

Jachenau 106
Jachenhausen 124, 127, 131
Jägersreuth 166
Jenner 133
Jochenstein 44
Joditz 36
Johanniszeche 32
Juifen 204
Junghansentobel 157

K

Käswasserschlucht 171
Kager 123, 128
Kahl 175, 220, 240
Kahler Seen 170
Kainachtal 130
Kaimling 35
Kaisertal 230
Kalchreuth 113, 171
Kalkberg 115
Kallmünz 132
Kallmuth 66

Kaltenbrunn 65, 170
Kalvarienberg 42
Kammerbühl 12, 178
Kampenwand 103, 104, 204
Kanzel 21
Kapfelberg 138, 140, 142, 164, 166, F 23, 208, 209
Karlsbad 12
Karlstadt 68, 69, 74, 76, 81, F 32, 202, 219, 220, 222, 223, 239, 243
Karlstein 105
Karl-Theodor-Quelle 102
Karwendel 102, 204
Kastl 49
Katzbach 201
Kaufbeuren 163
Kaußing 41
Keilberg 43, 46, 117
Kelheim 118, 119, 122, 124, 128, 129, 135, 139, 140, 163, 164, 207, 209, 216, 235, 238, 244
Kellespitze 103
Kelsbach 123, 129
Kemnath 30, 56, 62, 63, 69, 71, 75, 77, 79, 82, 86, 87, 93, 94
Kempten 162, (101)
Kendlmühlfilz 249
Kesselgraben 146
Kiefersfelden 143, 204
Kindinger Berg 126
Kipfenberg 128
Kipfendorf 98
Kirchberg 105
Kirchdorf F 2
Kirchenlaibach 90, 93
Kirchenruine Gnadenberg 118
Kirchenthumbach 90, 126
Kirchgattendorf 17, 19, 21, 22
Kirchheim 81
Kirchholz 101
Kirchleus 179
Kitzingen 78, 82, 87, 89, 241, 247
Klause b. Seussen 168
Klausenhöhle 245
Kleiner Kulm 178, 180
Kleinheubach 67
Kleinkrotzenburg 170
Kleinlangheim 69, 77
Kleinostheim 170
Kleinrinderfeld 80, 81
Kleinwallstatt 66
Kleinwendern 28
Kleinziegenfeld 122, 127
Klentsch 42
Kletterberge 107
Klettergarten 74
Klingenberg 67
Klosterberg 198
Knellquelle 58
Knoblauchsland 97
Köhler 71, 82
Köllebach 104
König-Ludwig-I.-Kanal 218
König-Ludwig-I.-Quelle 176
König-Otto-Bad 180
Königssee 230

Königsstand 105
Königstuhl 24, 33
Kösseine 33
Kössen 106
Köstenhof 21
Kohlstadt 165, 167, 229
Kohlwald 33
Kondrau 180
Koppenwind 85, 93, 94
Kornberg 31, 53
Kotalm 106
Kothen 176
Kraiburg 249
Kramer 105, 106
Krämersweiher 78
Kremelsdorf 110
Kressenberg 151
Kreuth 106
Kreuzberg 36, 74, F 5, F 11
Kreuzlinger Forst 234
Kreuzwertheim 67
Kronach 25, 60, 62, 64, 65, 69, 71, 74, 77, 78, 80, 82, 90
Krönner-Riff 144
Kropfmühl 40, 44
Krottenkopf 106
Krum 97
Krumbach 163
Krün 105
Kühhübel 178, 180
Kufstein 230, 231, (101)
Kugelberg 91
Kulmain 32, 54
Kulmbach 62, 63, 65, 82, 87, 91, 92, 93, 96, 97, 178, 179
Kumpfmühl 166
Kupferberg 20, 24, 25, 26, 209
Kuppenrhön 173, 176
Kuschberg 12, 178

L

Labyrinthberg 21
Längenau 179
Laibstein 70
Laisacker 130
Lalling 38
Lam 42
Landau 244
Landsberg 101, 228
Landshut 69, 137, 152, 154, 163
Langdorf 41
Lange Meile 109, 126
Langenaltheim 119
Langenau 21
Langensteinach 70, F 8
Lange Rhön 176
Lattenberg 144
Lattengebirge 103, 106, 204
Laubenstein 134
Laudenbach 243
Lauenstein 18, 26, 97
Lauer 58
Laufach 56
Lauf a. d. P. 95, 111
Laufen/Salzach 229, 231
Lauterach 221

Lauterhofen 126, 131
Lechfeld 234
Lechgletscher 229
Lechtaler Alpen 144
Lehesten 28
Lehnberg 123, 129, 139
Lehrberg 92, 93
Leinleiter 130
Lenau 16, 32
Lendershausen 178
Lengenfeld 38, 126
Lengfurt 67, 74, 76, F 10
Lenggries 101, 133
Leonhardspfunzen 231
Leonhardstein 107
Lerchenbühl 178
Lessau 69, 87
Leuchtenberg 35, 206
Leupoldsdorf 31
Leutebach 126
Leutershausen 93
Lichtenau 92
Lichtenberg 26, 116
Lichtenfels 96, 109, 111, 178
Liebenschütz 206
Limbach F 16
Lindach 167
Lindelberg 123
Linderhof 107, 131, 133
Lindkirchen 139
Löhmar 19
Lösau 118
Löwe am Stein 74
Löwentobel 230
Lofer 106
Lohr 222
Lohstadt 167
Losau 92
Lotharheil 22
Ludwigschorgast 92
Ludwigstadt 17, 20, 21, 22
Ludwigsturm 47
Luhe 38
Luisenburg 31, 33
Luitpoldhütte 138
Luitpoldsprudel 176
Lusen 41, 43

M

Mädelegabel 105, 133, 233
Mähring 38
Maierhofen F 20
Mainberg 82, 220
Mainburg 139, 162, 163, 197, 199, 207
Mainflingen 170, 220
Mainleus 179
Malgersdorf 163
Mangfall 232
Mangolding 166
March 44
Mariaberg 162
Marienberg (Feste) 78
Mariengang 38
Marienstein 146
Marienquelle 176

Markt Berolzheim 126
Marktbreit 71, 82, 202, 222, 240
Markteinersheim 91
Markt Erlbach 92, 93
Marktheidenfeld F 30, 220, 223, 239
Marktleuthen 31, 35, 179
Marktredwitz 15, 28, 30, 31, 179
Marktschellenberg 243
Markt Schwaben 228
Marloffstein 110
Maroldsweisach 177
Matting 138
Mauer bei Heidelberg 225, 245
Mauern 247
Maxberg 119, 131, F 18
Maxhütte 138, 141
Maxbrunnen 176
Mechenhardt 220
Mechenried 177
Mehlmeisel 28
Meiningen 69
Mellrichstadt 53, 56, 57, 58, 60, 65, 69, 70, 86
Mendorf 200
Memmingen 69, 248
Menchau 127
Merching 229
Metten 41, 43
Metzlersreuth 31
Michaelsstollen 104
Michelau 91, 97
Michelbach 47
Miesbach 7, 151
Miltenberg 63, 66, 67, 221
Milseburg 175
Mistelgau 110, 129
Mittelberg 13, 49, 54
Mittenwald 104, 132
Mitterteich 15, 31, 168
Mittlere Ebrach 95
Möhren 130
Mömlingen 175
Mörnsheim 123, 140
Moggast 223, 245
Mondscheinspitze 204
Monte San Giorgio 64, 71
Moosbach 41
Moosburg 163, 229, 234
Mosbach bei Wiesbaden 220, 225
Motschenbach 92
Motten 175
Mudbach 221
Mühldorf 155, 162
Mühldorfer Hart 235
Mühlheim 123, 129
München 44, 48, 67, 69, 78, 98, 130, 131, 136, 137, 139, 148, 151, 152, 154, 157, 165, 229, 233, 235, 239, 248
Münnerstadt 76
Münster 109, 199
Murnau 100, 156
Murnbecken 233
Muttekopf 143

255

N

Naabburg 36
Naabgebirge 15, 16, 35, 36, 37
Nagelberg 114
Naila 21, 27, 29
Nase des Montgelas 103
Nationalpark Bayerischer Wald 38, F 2, 235
Naturdenkmal 24, 57
Naturpark Altmühltal 108, 119
Nenslingen 126
Nenzenheim 85, 89
Neualbenreuth 37, 180
Neubau 32
Neuberg 91
Neubeuern 146, 150
Neuburg/D. 118, 123, 130, 139, 217, 234, 244
Neufang 25
Neufeld 123, 129
Neuhof 91, 126
Neukelheim 139
Neukenroth 54
Neukirchen 138
Neunburg v. W. 37
Neumarkt – St. Veit 13, 49
Neumarkt/Opf. 110, 111, 113, 114, 115, 116, 117, 126, 240, 243
Neuneigen 170
Neunkirchen 110, 114
Neuschwanstein 106, 243
Neusorg 28, 121
Neustadt/Aisch 34, 86, 93, 97, 98
Neustadt a. Donau 208, 234
Neustadt a. Kulm 180
Neustift 41, 43
Neutrasfelsen 130
Niederaudorf 143
Niederlamitz 33
Niederrodenbach 53
Niedertrennbach 163, 199
Niederwalddenkmal 67
Nittenau 38, 44
Nittendorf 164
Nitzlbuch 138
Nordeck 21
Nordhalben 28, 206
Nordheim 82
Nördliche Frankenalb 109, 124
Nördlicher Oberpfälzer Wald 15
Nördlingen 69, 197
Norissteig 130
Nürnberg 48, 49, 51, 54, 60, 69, 70, 78, 89, 90, 91, 94, 95, 96, 97, 98, 109, 110, 111, 114, 119, 136, 148, 171, 240

O

Oberaudorf 149, 204
Oberbreitenlohe 171
Oberbach 175
Obere Argen 232
Oberelsbach 58, 243
Obereisenheim 82
Oberer Bayerischer Wald 15
Oberer Oberpfälzer Wald 15
Oberhausen 123, 128
Oberherrenhausen 229
Oberleinleiter 178, 179, 243
Oberkotzau 26
Obernbreit 70, 220
Oberriedenburg 176
Oberringingen 197
Oberschleichach 93
Oberschwappach 91
Oberschwarzach 91, 97
Obernsees 109
Oberspießheim 177
Oberstaufen 232
Oberstdorf 100, 101, 144, 147
Oberstuff 229
Obertrübenbach 139
Obertshausen 175
Oberviechtach 35, 36, 37, 199
Oberweiler 123
Ochsenfurt 71, 79, 81, 82, 215
Ochsenkopf 31, 32
Öchselberg 123
Oedgassen 228
Ölkofen 231
Ölschnitztal 21, 26
Örtelstein 97
Öttinger Forst 235
Offenstetten 131, 160
Ohlstadt 229
Omersbach 53
Ortenburg 109, 123, 126, 159, 161
Osseck a. W. 22
Osser 40, 43
Ossing 92
Osterseen 231
Ostheim v. d. R. 56, 215, 219, 220, 222, 224
Ostheim i. U. 177
Ostmarkstraße 24, 35, 37, 42
Otterfing 234
Otting 197

P

Pachranger Berge 107
Painten 119, 123, 124, 125, 128, 129, 131, 208
Peißenberg 155
Pandur 176
Pappenheim 130, 218, 244
Paradiestal 130
Parkstetten 39
Parkstein 172, 174, 178, 180
Parsberg 109, 126
Parseierferner 235
Partnach 103
Passau 15, 41, 43, 44, 108, 117, 131, 136, 148, 165, 166, 207, 210, 218
Passauer Wald 15
Pausa 206
Pegnitz 118, 120, 122, 126, 138
Peißenberg 155, 161
Peiting 155
Pemfling 200
Penzberg 155
Perlbachtal 41
Peterleinstein 24, 26
Pfaffenberg 47
Pfaffengraben 91
Pfaffenhofen 163
Pfaffenholz 91
Pfaffenwinkel 243
Pfaffenreuth 37, 40, 179
Pfaffensteiner Tunnel 139
Pfahldorf 171, 200, 202
Pfalz 125
Pfalzpaint 123, 124, 129
Pfarrkirchen 199
Pfatter 166
Pfefferbichl 228
Pfraunfeld 118
Pfronten 104, 144, 232
Pfünz 131
Phillipstein 96
Pilgramsreuth 168
Plankenstein 107
Plattenfluß 102
Plassenburg 97
Platte 31
Plattling 166
Pleinfeld 171
Pleystein 34, 35, 36, F 5
Pockinger Heide 234
Poikam 138
Polling 246
Polsingen 197
Pommersfelden 97
Ponholz F 22
Poppengrün 22
Poppenlauer 220
Poppenreuth 38, 49
Poppberg 128, 130
Possenheim 89
Pottiga 26
Prackenfels 97
Prag 38
Predigtstuhl 103
Premeusel 18
Pressath 86, 90, 91, 92, 93
Presseck 20, 26
Pressecker Knock 26
Prien 159
Prüfening 166
Prüßberg 91
Püllersreuth 36
Püttlach 130
Pullenreuth 168
Puttenham 229
Pyrbaum 96

R

Rabenstein 42, 130
Rachel 43, 235
Radspitze 26
Rakoczy 176
Ramersdorf 239
Ramsau 144, 228
Randeck 128
Randersacker 82, 220, 223, 224
Ranna 43, 78
Rathmannsdorf 166

Rannungen 53, 55, 56, 69
Ratzinger Höhe 159
Rauberweiherhaus 166, 168
Rauheberg 21
Rauher Kulm 178, 180
Rauschberg 104
Rednitz 220
Redwitz 28
Regen 15, 43, F 7
Regenhütte 40
Regensburg 15, 38, 39, 48, 51, 60, 69, 78, 95, 108, 109, 111, 112, 113, 115, 116, 118, 119, 122, 127, 128, 131, 136, 137, 139, 140, 152, 154, 164, 165, 166, 207, 209, 211, 212, 215, 218, 234, 238
Regensburger Wald 15, 54, 117
Regenstauf 38, 42, 137, 166
Rehau 15, 18
Rehbachtal 24
Rehberg 172
Rehlingen 130
Rehmühle 24
Reichenbach 138
Reichenhall 101, 149
Reichenschwandt 96, 110
Reichenstetten 165, 167
Reichsforst 174, 178, 179
Reichswald 97
Reifenberg 114, 145
Reifental 166
Reisberg 123, 129
Reiteralpe 103, 106, 204
Reit i. W. 100, 106, 144
Reitsch 54, 55
Reitzenstein 21, 22
Rennertshofen 123, 217
Repperndorf 82
Retzbach 202
Reuth 31
Rezat 221
Rhein-Main-Donau-Kanal 218
Rhein-Main-Gebiet 44, 221
Richardsreuth 41
Ried 129
Riedberg 144
Riedenburg 13, 49, 119, 120, 127, 131, 171, 208, 247
Rieneck F 6
Riesenkopf 134
Rimlasgrund 21
Rindalphorn 156
Ringheim 240
Risserkogel 106
Rodach 28, 67, 96
Rodachsrangen 26
Rodachtal 21, 26
Rodenbach 220
Roding 16, 138
Rödelsee 97
Rödensdorf 96
Rögling 123, 129
Rötz 35, 36, 37, 201 (83)
Rohrach 123, 244
Rohrbach 244
Rohrdorfer Achen 232

Rohrmoos 232
Ronheim 197
Rosenheim 100, 101, 229, 231
Roßbach 44
Roßfeld 142
Roßkopf 100, 104
Roßstadt 93
Roßstein 107
Rote Flüh 103
Rothach 232
Rothenburg o. T. 68, 69, 77, 78, 80, 82, 87, 89, 90, 215, 243
Rothenfels 67
Rothenkirchen 26
Rottenberg 57
Rottaler Bäderdreieck 159
Rottenbauer 219
Rottershausen 220, 223, 245
Ruchenköpfe 107
Rudolfstein 31, 32, 33
Rückersbach 47
Rückersbacher Schlucht 47, 172, 175
Rüdisbronn 92
Rugendorf 179
Ruhmannsfelden 38, 43
Ruhpolding 106, 204
Ruinenberg 105
Rumpelbachklamm 97
Runder Brunnen 176
Rundhöcker 231
Runding 41
Rupprechtstegen 126

S

Saal a. D. 124, 128, 137, F 19, 200, 201, 208
Saale, fränk. 74, 78
Saale, thür. 18, 29
Sachsendorf 123
Sackdilling 223, 245
Säntis 146
Säuling 103
Salamandertal 96
Sallern 166
Salzburg 144, 150, 151, 159, 230
Sand a. M. 97
Sandelzhausen 162
Sausthal 119, 200, 201, 208
St. Englmar 38, 40
St. Georg 197
St.-Martin-Kirche Landshut 154
Sassendorf 96
Saupurzel 81
Saußbach 43
Saxberg 167
Schaafheim 220
Schachten 37
Schadenreuth 32, 53
Schaffergrube 200
Schaffhausen 160
Schalksberg F 29, 220, 223, 225, 245
Schambach 217, 247
Schamhaupten 129
Schamlesberg 31
Schanzenkopf 47
Scharfreiter 106

Schauenstein 24
Schauergraben 145
Scheibenberg 230
Scheinfeld 69, 77
Scherstetten 13, 49, 152
Scheßlitz 110, 127
Schillingsfürst 92, 93
Schippach 220
Schirnding 28, 168
Schlafende Hexe 103
Schlaifhausen 110
Schliersee 100, 147, 149, 232
Schlittenhart 123
Schlössel 104
Schloßberg 178
Schloß Steinach 39
Schluchtbach 244
Schmachtenberg 97
Schmerldorf 110
Schmidgaden 51, 54
Schmiedefeld 206
Schnaitheim 244
Schnaittach 96, 110
Schnaittenbach 170
Schneckenbach 167
Schneeberg 31
Schneeferner 233
Schöllkrippen 57
Schönaich 91
Schönfeld 170, 202
Schönhaid 168
Schönthal 201
Schorgasttal 24
Schrobenhausen 163, 240
Schröfeln 105
Schübelhammer 17, 21
Schulerloch 246
Schultersdorf 167
Schussen 232
Schutter 216, 217
Schutzfelsen 138
Schwabach 95, 98, 220
Schwabelweis 117
Schwabmünchen 151
Schwaighausen 166
Schwanberg 91, 92, 220
Schwandorf 38, 138, 166
Schwanenkirchen 166
Schwangauer Berge 132
Schwanheim 220, 225
Schwarzach 97, 217
Schwarze Laber 221
Schwarzenbach a. W. 18, 20, 26, 28
Schwarzenbach a. S. 27
Schwarzenfeld 34, 42, 43, 166
Schwarzer Grat 161
Schwarzmilzferner 233
Schwarzer Regen 43
Schweinfurt 69, 70, 71, 77, 78, 82, 86, 87, 88, 89, 177, 222, 236, 240
Schweinfurter Rhön 210
Schweinshaupten 177
Schwetzendorf 166
Schwingen 87, 92
Seefeld 105
Seefelder Paß 232

257

Seeon 231
Seeshaupt 231
Seinsheim 97
Selb 29, 30, 179
Selbitz 18, 21, 27, 29, 206
Seligenstadt 170, 175
Sengenthal 114, 117, 118, 127
Sesselfelsgrotte 247
Seßlach 96, 98
Sibratshausen 145
Siebenersprudel 176
Siebenlindenmassiv 33
Sieblos 164, 220
Siegsdorf 151
Siglohe 140
Silberrangen 179
Simbach 160, 163, 238
Sims 232
Simssee 232
Sinzing 137, 138
Sippenau 165
Soden 57
Söldenau 123
Solnhofen 119, 121, 123, 124, 128, 129, 131, 244
Somborn 53
Sommerach 82
Sommerhausen 80, 224
Sonnenried 166
Sonntagshorn 106
Sonthofen 150, 228
Spalt 171
Sparnberg 26
Sparneck 26
Speckfeld 98
Spiegelau 38
Spindeltal 123, 129
Spitzstein 107
Spullersee 232
Stadtprozelten 67
Stadtsteinach 17, 18, 21, 27, 28, 80, 209
Staffelbach 43
Staffelberg 126
Staffelsee 157
Staffelstein 109, 110, 116, 126, 178, 243
Stallau 147
Stallwang 16
Stammbach 24
Stamsried 201
Starnberger See 231, 232
Starzlach 146
Staufeneck 149
Stein 26
Steinach 26, 28, 35
Steinachfelsen 21
Steinachtal 20, 21, 26
Steinberg 82, 178
Steinbühl 35
Steinerne Agnes 103
Steinernes Haus 174, 176
Steinernes Meer 106, 204, 241
Steinfels 170
Steinheim a. d. M. 236, 247
Steinhügel 24

Steinkart 163
Steinmühle 179
Steinwald 35
Steinwitzhügel 174, 178
Stempelhöhe 47
Stengerts 46
Steppberg 216, 217
Stetten 76, 77
Stiftsberge 34
Stockheim 19, 28, 51, 54, 55, 57
Stockstadt 240
Störzelmühle 123, 129
Stopfenheim 111
Straßkirchen 240
Straubing 15, 39, 109, 136, 159, 166, 199, 209, 235, 248
Straußberg 103, 104
Streitberg 126, 243
Streu 58
Strietwald 47
Strullendorf 96
Stuttgart 113
Sulzbach a. D. 54
Sulzbach-Rosenberg 34, 112, 122, 138
Sulzfeld 82, 220
Sulz 217
Sur 232
Sylvanasprudel 180

T

Tachau 15
Tachinger See 232
Tännesberg 34
Tagmersheim 123, 129
Tannheimer Berge 103
Tattenhausen 231
Taubenberg 161, 231
Tegelberg 113
Tegernheim 117
Tegernsee 100, 101, 107, 147, 149, 232
Teichelberg 168, 178
Teisenberg 145, 150
Teisendorf 231
Tettenwang 171
Teublitz 166
Teufelsbrücke 96
Teufelsgraben 97, 234
Teufelskopf 123, 129
Teufelsloch 96
Teuschnitz 206
Thalmässing 113, 116, 126
Thannhausen 163
Theilheim 222
Theresienbrunnen 176
Theuern 34, 123, 126, 128
Thiersheim 28, 32, 179
Thüngersheim 74, 76, 219
Thurnau 127
Tiefenbach 37, 41, 43
Tiefenellern 117, 179, 243
Tiefengrün 18
Tiefenstockheim 71
Tiefenstürmig 179
Tillenberg 34

Tirschenreuth 38, 168, 170
Tischberg 161
Tischoferhöhle 242
Tittling 41, 43
Tittmoning 163
Töpen 18, 21
Tomerdingen 158
Torkel 26
Torleite 123, 128
Torrener Joch 204
Torsteingletscher 234
Trappstadt 92
Trasching 41
Trauchberg 144
Trauchgau 232
Traungletscher 229
Traunreuth 228
Traunstein 145
Trebgast 62, 209
Tressenberg 33
Tretzendorf 93
Treuchtlingen 48, 49, 114, 115, 123, 125, 126, 130, 131, 171, 215, 243
Trimeusel 110
Tröstau 28
Trossenfurt 93
Trostberg 228
Trubachtal 130
Tüchersfeld 120
Tugendorf 177
Tulln 36
Thumsenreuth 168
Tuntenhausen 231

U

Übergossene Alp 233
Üschersdorf 178
Uffenheim 89, 220
Ulm 153
Undorf 164, 165
Untersberg 106
Untersteinach 91
Unterweißenbrunn 245
Urspringen 57
Ulm 69, 158
Unfinden 93
Unsleben 220
Unterammergau 149
Untereisenheim 82
Unterharthof 39
Unterhausen 123, 129
Unternschreez 96
Unterrodach 74
Untersberg 101, 103, 204, 243
Unterschleichach 93
Unterspießheim 177
Untersteinach 209
Unterwappenöst 28
Unterweilersbach 114
Unterweißenbrunn 244
Upflamör 69
Urphar 222
Urschalling 243
Urspringen 209
Usseltal 123, 129, 217
Usterling 244

V

Veitlahm 178
Veitshöchheim 88
Velburg 126
Velden a. P. 122
Veldenstein 139
Viechtach 38, 42, 43, 44
Viehhausen 142, 164, 165, 166, 167, 168, 201, 209, 211, 235
Vierzehnheiligen 97, 109, 118
Villbach 241
Vilsbiburg 157
Vilseck 126
Vilshofen 40, 41, 109, 126, 235
Vilshofen/Opf. 131
Vilstal 128
Voglarn 123
Vogtareuth 231
Vohenstrauß 15, 16, 35, 36
Voigtstedt 236
Volkach 13, 49, 53, 54, 55, 69, 82, 220, 222
Volkacher Mainschleife 67, 71, 241
Volkenschwand 199
Volkers 65
Volkersberg 65
Vorderer Bayerischer Wald 15
Vorderer Wald 15, 164
Vorderhindelang 145
Vorkarwendel 106
Vorra 118, 120
Vorspessart 44, 51

W

Wachenzell 130
Wachstein 109
Wackersdorf 166, 168
Waffenhammer 26
Waginger See 231, 232
Waidhaus 15, 16, 35, 36
Waischenfeld 126
Walberla 126
Walchensee 204
Waldau 35
Waldecker Schloßberg 174, 178, 180
Waldershof 28, 168, 202
Waldnaab 29
Waldkirchen 40, 42
Waldsassen 15, 29, 37, 168, 172, 178
Waldstein 31, 32, 33
Walhalla 55, 131
Wallenfels 26
Waltersteig 229
Walting 131
Wannbach 128
Wartenfels 27
Warmensteinach 30
Wartberg 179
Wartturmberg 21, 28

Wasserburg 155, 157, 229
Wasserkuppe 164
Wasserlos 46, 47
Wassertrüdingen 111
Wattendorf 123, 128
Watzmann 103, 107, 204
Wegscheidt 33
Weiden 15, 34, 48, 51, 53, 54, 57, 64, 69, 87, 91, 94, 168, 172, 178, 180, 240
Weidenberg 30, 51, 54, 57, 62, 64, 65, 69, 77, 82
Weidesgrün 20
Weihenzell 90
Weiherhammer 63, 170
Weihmörting 141
Weikersheim 88
Weikershof 49
Weinorte 82, 97, F 10
Weismain 109, 115, 122, 126, 127, 243
Weiße Laber 114, 116, 217
Weißenbrunn 63
Weißenburg 96, 111, 115, 126, 131, 158, 217, 220, 244
Weißenstadt 29, 31, 32, 33, 35
Weißenstein 24, 26, 28, 42, F 7
Weißer Main 29
Weitalpe 104
Wellheim 140
Welluck 138
Weltenburg 123, 129, 199
Weltenburger Enge 119, 120, 125, 128, F 17, 218, 235
Wemding 126, 244
Wendelstein 95, 103, 104, 105, 106, 107, 204, 231
Wendelsteiner Höhenzug 95
Wenderner Stein 28
Wengenhausen 48, 171
Wernarzer Quelle 176
Wernfeld 219, 220
Wertacher Horn 145
Wertachgletscher 229
Wertheim 65, 67, 222
Westerstetten 158
Wettelsheim 171
Wetterfeld 201
Wettzell 212
Weyarn 234
Wichsenstein 128
Wiebelsberg 91
Wien 131
Wiesau 31, 168, 170, 179, 180, 202
Wiesenbronn 91, 97
Wiesendorf 170
Wiesent 120, 130
Wiesentfels 128
Wiesentheid 91
Wildbarren 143

Wildenstein 18
Wilde Rodach 21
Willibaldsburg 131, 240
Willmars 53, 55, 56, 219
Willmundsheim 170
Winklarn 35, 36, 201
Winn 118
Wintershof 244
Winzerer Schloßberg 40
Wipfeld 78, 82, 202
Wipfelsfurt 200
Wirsberg 20, 24, 54
Wittislingen 244
Wölfersheim 220
Wölsendorf 36, 38
Wörth a. D. 38
Wojaleite 26
Wolfach 109
Wolfegger 232
Wolfersberg 151
Wolfsbronn 244
Wolfsteiner Ohe 41, 43
Wollbach F 31, 220
Wondreb 29
Wondrebtal 15
Wonfurt 243
Würgau 120, 126, 130, 243
Würzburg 7, 51, 67, 68, 69, 70, 74, 76, 78, 79, 81, 82, 86, 87, 88, 89, 96, 108, 148, 164, 165, 202, 215, 222, 225, 237, 245
Würzburger Leisten 78
Wundermühle 39
Wunsiedel 27, 28, 30, 31, 32, 33, 168, F 4
Wurlitz 25, 26
Wutzlhofen 166

Z

Zabelstein 96
Zandt 123, 124, 129
Zeifen 229
Zeil 93, 97, 98, 209
Zeilberg 178
Zeitlarn 114
Zeitlofs 53, 54, 55
Zell 25, 26, 229
Zenn 98
Zeyern 74
Ziegelanger 94, 97, F 16
Zienst 174
Zinkenreuth 202
Zinnschützweiher 31
Zipplingen 197
Zirndorf 95
Zoppatental 25
Zottenwies 168
Zugspitze 103, 233
Zuidersee 174
Zwiesel 38, 41, 42, 43, 134, 144
Zwieselberg 40

259

Sachregister

F = Farbbild – in Klammer = Abbildungsnummer – halbfett = Kapitelbeginn

A

Aasfresserdepot F 291
Abensberger Schüssel 119
Absolute Altersbestimmung 10
Acanthodes gracilis 54
Acer 228
Aceratherium 170
Acrodus 73, 86
Acrodusbank 84, 90
Actaeonella 144
A-C-Terrassen 91
Adelholzener Schichten 147, 150
Adneter Kalk 132, 133
Absteinschwelle 153
Aktinolithasbest 25
Alaunschiefer 19, 20, 30, 49
Albertibank 79, 87
Albit 34
Albstein 160, 163
Alemonit F 26
Algentuberoide 128
Alleröd-Interstadial 233
Allgäuschichten 132, 133, 134
Allohippus 224
Alluvium 71, 166, 248
Alm 249
Almandin 35
Alpine Trias **98**
Altenfelder Schichten 17, 19
Altersbestimmung **10**
Altes Gebirge **13**
Altmoränen 228
Altmühldonau **214**
Altmühlgruppe 246, 247
Altmuglschichten 17
Altpleistozäne Talaufschüttung 223
Altstadtstufe 233, 234
Alveolinenquarzit 150
Amaltheenton 111, 112, 113
Amaltheus 110, 112
Amberger Erze 137, 138, 141
Amdener Schichten 147
Ammer-Stadium 233
Ampfinger Schichten 157
Analcim 172, 174
Andalusit 31, 44
Angulatensandstein 84, 111
Anhydrit-Knotenschiefer 56
Anoplophora 72, 86, 96
Anoplophorasandstein 84
Ansbacher Sandstein 93
Anthrakonitbank 87
Antimonglanz 25
Apatit 61
Aplit 38
Aptychen 145
Aptychen-Hornstein-Kalk 133
Araucarioxylon keuperianum 92
Arcestes 105

Archaeopteryx lithographica 131
Areal der Astrobleme 198
Arietites bucklandi 110
Arkose 53
Arsenkies 25, 32, 37
Artefakte 7, 225, 237, 245, 247
Arvernensisschotter F 31, 211, 225
Arvernensiszeit **219**
Arzberger Serie 19, 27, 28
Aschaffenburger Becken 55
Aspidoceras 121, 125
Assyntische Gebirgsbildung 16
Astrobleme 37, 198
Ataxioceras hypselocyclum 125
Atlantikum 246, 248
Auelehm 58, 248
Auerbacher Kellersandstein 141
Aufsetzmarken 125
Augsburger Hoch 153
Aulacostephanus 128
Auslaugungsgebiet 58
Austernriff 7, 70, F 81
Auswürflinge 48
Autunit 32
Avicula (Pteria) contorta 73

B

Bändertone 228, 229, 232
Bärenschliff 242
Baltringerschichten 161
Basanit 172
Basische Gesteine 23
Bauernschmelzen 163
Bausteinschichten 149, 155, 156
Bayerische Fazies 17, 19, 205
Benker Sandstein 90
Bennettiteen 96
Bentonit 139, 163, 197, 198
Bergaer Sattel 206
Berggipsschichten 84, 92
Bergleshofschichten 18, 19, 156
Bergsandstein 82, 93
Bergstürze 248
Bernecker Gneiskeil 24, 28
Bernstein 112
Beryll 36
Betzensteiner Kalkstein 141
Bison F 29, 225
Blasensandstein 84, 90, 93, 97
Blastomylonite 30
Blaubank 79, 87
Blaue Wand 158
Bleicherhornserie 134, 146, 150
Bleiglanz 26, 37, 40, 55, 83
Bleiglanzbank 83, F 13
Blintendorfer Kulmmulde 206
Blitzschlag-Magnetisierung 25
Blockmeer 43, 65
Bodenwöhrer Bausandstein 140

Bodmansande 163
Böhmischer Pfahl 36
Bolgenkonglomerat 149
Bonebed 71, 96
Bordenschiefer 19, 206
Bos primigenius 237
Brauer Trog 153
Brauneisenerze 113, 138, 141, 163
Braunkohle 163, 165, 166, 168, 169, 200, 209, 221, 228, 229, 235
Braunkohlentertiär **164**
Braunroter Salzton 57
Bretonische Phase 206
Brisisandstein 147
Brodelboden 231
Bröckelschiefer 60, 62
Bronner Plattendolomit 128, 129
Bruchschollenland 209
Brunnen 176
Bryozoensande 160, 161
Buchener Kalk 70
Buckelwiesen 231
Bühl-Stadium 233
Bürgenschichten 147, 150
Bunte Brekzie 197 (83)
Bunte Gruppe 34
Bunter Hallstätter Kalk 99, 104
Bunte Serie 40
Bunte Trümmermassen 197
Buntkupferkies 46
Buntmergelserie 147, 150
Buntsandstein **60**
Burgberg-Grünsandstein 147
Burgsandstein 84, 90, 94, 98

C

C^{14}-Methode 12
Caenisites turneri 110
Calcisphaeruliden 121
Canis lupus mosbachensis 224
Capitosaurus 63
Cardinia 79, 111, 141
Cardioceras cordatum 125
Cardita 99, 104
Cardiumsandstein 84
Carterella 140
Castor fiber 224
Ceratites 73, 78, 80
Ceratodus 73, 80, 96
Cervus elaphus acoronatus 224
Cervus megaceros 237
Cetischer Rücken 203
Chalkopyrit 36
Chiastolith 31
Chirotheriensandstein 62, 64
Chirotherium 61
Chondriten 112
Cibicidesschlier 159
Cinnamomum scheuchzeri 169

260

Cladiscites 105
Coburger Becken 55
Coburger Sandstein 84, 93, 94, 97
Coccolithophoriden 121
Coelacanthus 80
Coelodonta antiquitatis 237, 239
Colobodus 86
Coesit 198
Columbit 42
Communisbank 110
Compsognathus longipes 7, 125, 127
Conchostraken 61, 85, 86, 87, 91
Conoclypeus 151
Conocoryphe 18
Conodonten 21, 28, 86
Corbiculatone 170
Corbulabank 84
Cordierit-Sillimanit-Gneis 35
Capreolus 224
Cratoliceras crussoliensis 125
Crocuta spelaea 237
Cromer 236, 246
Crussoliensismergel 123, 127
Curia Variscorum 14
Cycadeen 104
Cycloidesbank 79
Cyclotosaurus ebrachensis 93
Cypridinenschiefer 19
Cypris risgoviensis 171
Cyrena semistriata 155
Cyrenenmergel 170
Cyrenenschichten 155, 156

D

Dachschädellurche 61, 63, 86, 93
Dachschiefer 18, 19, 22, 27
Dachsteinbivalven 106
Dachsteinkalk **106**
Dactylioceras commune 110
Danubische Kreide 140
Daonella mosbachensis 223
Daserschichten 156
Daun-Stadium 233
Dawsonia oelandica 18
Deckenschotter 227, 233
Deckgebirge **51**
Dendrochronologie 248
Dentalium 73
Detfurth-Folge 62, 63
Deutenhauser Schichten 155, 156
Deutscher Härtegrad 78
Diabas 17, 19, 21, 25, 26, 32, 49, F 3
Diaphragma 86
Diatektischer Cordieritgneis 40, 43
Diceraskalk 122
Dicerorhinus etruscus 224
Dinotherium 162
Diopsid 35
Diorit 46
Diploporen 103
Disthen 24
Döbrasandstein 19, 20
Doggererz 115, 138
Doggerspatkalk 133, 134
Dolerit 172

Dolinen F 20, 241
Dolomitasche 131
Dolomitische Arkose 84
Dolomitisierung 122, 124
Donaurandbruch 209
Donaustaufer Graben 54
Dorygnathus 112, 129
Dreiangelserie 147, 150
Drumlin 231
Drusbergschichten 146, 147
Drusengelbkalk 87

E

Ebersberger Stadium 233
Echioceras raricostatum 110
Eckscher Geröllsandstein 62
Egertalgraben 168, 172, 202
Ehenfelder Schichten 140
Eibrunner Mergel 140, 166
Eichener Kalk 70, 71, 74, 76
Einheiten 114, 145, 204
Einmußer Schlinge 211
Einschlüsse 172, 175, F 27, 241
Eisbuckelschichten 140
Eisenglimmer 32
Eisensandstein 114, 244
Eishöhlen 243
Eiskeile 231
Eiszeitalter 214, 227
Eklogit 24, 26, 35, 40
Elbersreuther Orthocoratenkalk 19
Eltmanner Sandstein 93
Emmertinger Sand 160
Enantiostreon (Ostrea) 72
Encrinus liliiformis 72
Endmoräne 230, 233
Engelhardtsberger Schichten 128
Epidot 31
Epigenetisches Tal 215, 218
Epipeltoceras bimammatum 125
Equisetites arenaceus 72, 86
Equus mosbachensis 223
Erbendorfer Grünschieferzone 35
Erdbeben 101, **212**, 250
Erdgas 82, 151, 152, 155
Erdöl 49, 56, 151, 152, 155, 157, 159, 160, 208
Erolzheimer Sande 162
Estherien 85
Estherienschichten 79, 84, 87, 92
Euloma **10**
Euxinische Sedimente 20
Exotische Gesteine 143

F

Fagus attenuata 169
Falkenberger Granit 31, 35, 36, 37
Falkmannit 37
Fallenstrukturen 151
Faltenmolasse 154
Fanglomerat 53
Fanóla-Serie 150
Fazies **10**
Feinsandserie 161
Feldspatamphibolith 25
Feldspatvertreter 172

Felsenmeer 33, 43
Felssandstein 62, 63, 65, F 6
Felssicherungen 132
Feuerletten 84, 90, 95, 111
Feuerstätter Decke 145, 146, 202
Feuerstätter Sandstein 145, 150
Fichtelgebirgssattel 30, 206
Fichtelgebirgsschwelle 51
Fichtelit 249
Fischschiefer 157, 159
Flädle F 25, 197
Fleckenmergel 132, 133, 142
Fleckschiefer 31
Fließzone 242
Flinze 161, 233
Flockengraphit 41
Fluderbachschotter 229
Flugsand 71, 238, **240**
Flugsaurier 125, 139
Fluorit 36
Flußpferd 222, 224
Flußspat 26, 31, 36, 37, 95
Flußspatgänge 36, 38, 42, 54
Flutfazies 79, 85, 90, 92
Flysch 144, 146, 161, 203, 210, (101)
Flyschberge 144, 146
Flyschzone 134, 150, 205
Formationstabelle 11
Fränkische Grenzschichten 78, 79
Fränkische Linie 207
Fränkischer Zechsteingolf 55, 56
Fränkische Schüssel 47
Frankenwälder Querzone 206
Frankenwein 47, 59, 76, 82
Frauenbachquarzit 18, 27, 30, 34
Freigold 25
Freihölser Bausand 140
Freisinger Golf 207
Freschenschichten 147
Froschsaurier 65, 93
Fruticicola hispida 239
Fuchsbaugranit 32, F 1
Fucoiden 145
Fulda-Becken 55, 56, 57

G

Gabbro 35, 40
Gagat 112
Gammesfelder Barre 68
Gamser Schichten 147
Gattendorfia 22
Gaultgrünsandstein 147
Geborstene Minerale 199
Geigenschiefer 27
Geiersberg-Geröllsandstein 62
Geiseltalschichten 123
Geiselsteinfazies 132, 133
Gekrösekalk 70
Gelber Kipper 79, 80
Gendorfer Hauptgassand 160
Geoden 110, 113, 114, 115
Geologische Orgeln 228
Geothermische Tiefenstufe 48, 67
Gequälte Gesteine 135
Gerhardsreuter Schichten 147
Germanisches Becken 100

Germanische Trias 102, 203
Germanonautilus 70, 73, 86
Gervilleia costata 73
Gervillienkalke 79
Geschockte Minerale 198
Gesteinsgläser 198
Gipshügel 97
Glanzkohle 104, 155
Glassande 156
Glaukonit 104, 114, 139, 145, 159
Gletscherschliffe 231
Glis sackdillingensis 245
Gluttuff 179
Glyptostrobus 164, 169
Goethit 141
Gold 25, 249
Goldisthaler Schichten 19
Goldseifen 37, 249
Goldschnecken 114, 116, 117
Gomphotherium 161, 162, 219
Gosaukreide 143
Gräfenthaler Schichten 19, 30, 31
Granat 24, 31, 34, 35, 36, 44, 61
Granitische Molasse 156
Graphit 25, 28, 38, 40, 44, 199
Graptolithenschiefer 19
Grasberge 133
Graupensandrinne 152, 153, 160
Gravitationstektonik 81, 204
Grenzbonebed 80
Grenzdolomit 84, 85, 87
Grenzgelbkalk 74, 82
Grenzquarzit 62
Griffelschiefer 18, 19, 24
Grimmelfinger Schichten 160, 161
Großberger Sandstein 140
Großer Muldenzug 204
Großes Interglazial 228
Grottschichten 85, 89
Grüner Mainsandstein 97
Grünbleierz 82
Grundgips 85, 90, 98
Grundletten 93
Grundmoräne 230
Gschnitzstadium 233, 247
Gümbelscher Sandstein 112
Günz 227
Gulo 237
Gutensteiner Kalk 99, 103
Guttenberger Schichten 19

H
Hackbrett-Tektonik 17
Hällritzer Serie 135, 145, 146, 150
Häringer Schichten 149, 159
Hahnbacher Aufwölbungszone 138
Haller Schlier 159
Hallstätter Fazies 99, 104, 204
Hallstätter Gletscher 234
Halorella 105
Halokinese 56
Handkäsle 87
Handtier 61, 64
Hangendserie 24
Haselgebirge 101, 204
Hauchenbergschichten 156

Hauptdolomit **105**
Hauptflyschdecke 145
Hauptgranit 31
Hauptmuschelkalk **78**
Hauptquarzit 18, 19, 79
Hauptterebratelbank 79, 80
Haushamer Mulde 155, 205
Heidelberger 9, 222, 225
Heidenlöcherschichten 161
Heigenbrücker Sandstein 60, 62
Heilbäder 159
Heilwasser 58, 74, 98, **176**
Heimbergschichten 156
Heldburger Gangschar **176**
Heldburgschichten 84, 94, 95
Helle Kieselschieferserie 19, 20, 21
Helminthoides 145
Helvetikum 146
Hemauer Kraterpulk 201
Hessonit 35
Hessenreuther Schotter 141
Hettangien 111
Heustreuer Störungszone 68
Hienheimer Schüssel 119
Hierlatz-Kalk 132, 133
Hiltersdorfer Sandstein 140
Hipparion 171, 215
Hippopotamus 224
Hippurites 144
Hirschberger Sattel 19, 21
Hochdruckmodifikation 198
Hochterrasse 228, 229, 233, 235
Höhlenbär 230, 237, 242, 245
Höhlenhyäne 237
Höhlenlehm 241, 244
Hoernesia socialis 73
Hörnleinserie 146, 150
Höttinger Brekzie 228
Hohlspat 31
Hollfelder Ast 137
Homo erectus heidelbergensis 7, 9
Homomya alberti 72
Homotherium moravicum 224
Horizont der Roten Kugeln 87
Hornblendebasalt 172
Hornfels 28, 31, 35
Hornsandstein 140
Hornsteine 70, 76, 93, 94, 102, 220
Hornsteinkalk 133, 134
Humphriesischichten 115
Hyaena brevirostris 224
Hybodus 73, 86

I
Ichtyol 105
Ichthyosaurus 112
Idoceras planula 125
Ignimbrit 179
Impact 197
Impressamergel 126
Inkohlung 155, 228
Inntaldecke 203, 210
Inoceramus crippsi 140
Isaura minuta 73
Isener Gassand 157

J
Jerea 140
Ioditzer Gangschar 26
Juglans ventricosa 169
Junghansenschichten 149
Jungmoräne 228
Jura-Feuer 130
Juranagelfluh 153, 160
Jurensismergel 111

K
K-Ar-Methode 12, 172
Kaledonische Gebirgsbildung 16
Kalisalz 56
Kalkalgen 71, 103, 171
Kalkeisengranat 25
Kalkkrusten 95
Kalksilikate 25, 40
Kalksilikatfels 28, 29, 35, 46
Kalksinter 243
Kalktuff 175, 241, 243
Kaltzeiten 227
Kames 231
Kaolin 32, 168, 170, F 24
Kaolinit 141, 170
Kare 230, 235
Karneol-Dolomit-Schichten 62, 63
Karst F 19, **241**
Karstgrundwasser 141
Karstkalke 241, 243
Karstquellen 76, 130, 242
Karstwassermarke 242
Katzhütter Schichten 17, 19
Katzenauge 21
Keilbergverwerfung 15, 16, 54, 117
Kelheimer Jura 109, 119, 208
Kelheimer Kalk 122, F 17, F 19, F 21
Kelheimer Platten 131, 139
Kelheimer Schüssel 119, 130, 139
Keratophyr 17, 19, 26, 30
Kernstriche 102
Kersantit 46
Kerngranit 31, 33
Keuperlandschaft 97
Keuperstufe 116, 117
Keuperwein 97
Kiesbank 79
Kieselerde 141
Kieselholz 85, 94
Kieselkalk 133, 134, 147
Kieselkrusten 94
Kieselnierenkalk 126
Kieselschiefer 20, 21, 30, 137
Kieselweiß 139
Kieslagerstätten 38
Kingaspidoides 18
Kirchberger Schichten 152, 161, 202
Kirchseeoner Stadium 233
Kissenabsonderung F 3
Kissingen-Haßfurter Störungszone 68, 209, 210, 218, 221, 238
Klifflinie 151, 160
Knölling-Jedinger Sandstein 141
Knotenschiefer 31
Kobalterze 47

262

Kohlenmulden 205
Kohlensäuerlinge 176
Kojenschichten 156
Körnelgneise 40
Kösseine-Granit 31, 32
Kössener Schichten 99, **106**
Kohlenkalk 22
Kohlensäure 58, 248
Kohlezwischenmittel 168
Kolluvium 248
Konglomeratbänke 71, 74
Kontaktgesteine 35, 41
Kontaktmetamorphose 30, 31
Kramenzelkalke 19
Kraterlandschaft 37, 201
Kretazische Stammfaltung 205
Kreuzschichtung 61
Kristallgranit 41
Kristalline Trümmermassen 48
Kronacher Bausandstein 62, 64, 66
Krotowine 239
Krumbacher Badstein 163
Krumme Lage 120
Krustenbildung 60
Kryoturbationen 231
Künstliche Gablöcher 163, 235
Kugelsandstein 62
Kulm 22
Kulmbacher Konglomerat 60, 62
Kulmbacher Störungszone 209
Kupfererze 47, 110
Kupferglanz 53
Kupferkies 25, 26, 37, 40, 47, 53
Kupferlasur 93
Kupferschiefer 55
Kupferuranglimmer 32

L

Laibsteinhorizont 78
Lagerbasalt 173
Lamprophyr 46
Landshut-Neuöttinger Hoch 152
Laramische Phase 207
Laterit 48
Laubensteinkalk 133
Lechtaldecke 132, 134, 203, 204
Lechtaler Kreideschiefer 143
Lederschiefer 18, 19
Legschieferdach 11
Lehestener Dachschiefer 19, 22
Lehmige Albüberdeckung 199
Lehrbergschichten 84, 88, 92, 93
Leimbach-Becken 233
Leimitzschiefer 19, 20
Leioceras opalinum 114
Lemmus 237
Lepidopteris 86, 96
Lepidotus 105
Leptolepis 125
Leptopterygius 112
Lercheck-Kalk 99
Lettenkohle 87
Leuchtenberger Granit 35, 36, 37
Lias-Erze 112
Liebensteiner Kalk 147

Liegendserie 24
Liegende Kieselschieferserie 19
Lima 72, 103
Limburgit 172
Limnocodium 171, 202
Limulus 64, 96
Lingula tenuissima 72
Lippertsgrüner Schichten 18, 19
Liquidambar europaea 169
Lithographie 131
Lithothamnienkalk 147, 150, 152
Lobites 105
Lochwaldschichten 147
Löß F 30, **238**
Lößkindl 239
Lößschnecken 239
Loisachstörung (101)
Lokalgletscher 230
Lophiodon 244
Loxonema 73
Ludwigia murchisonae 114
Lügensteine 7
Lydit 19, 20, 21, 22, 215, 221
Lytoceras jurense 110

M

Maastricht 143, 147, 150
Macaca 224
Macrocephalen-Schichten 115, 116
Macrocephephalites 114
Macrodon beyrichi 72
Mactra 161
Magnetit 25, 37, 40
Magnolia rüminiana 169
Malachit 93
Malmkalkblöcke 163, 199, (83)
Mammut *Mammonteus primigenius* 224, 226, 234, 237, 239
Mandelsteine 21
Mangan 95
Mangelfazies 85, 90, 92
Mangfall-Becken 233
Mariensteiner Mulde 155
Markasit 37
Marktleuthener Granitmassiv 32
Marxgrüner Marmor 27
Massenkalk 119, 165, 166, F 17
Mastodon 161, 162, 219
Mastodonsaurus ingens 65
Mauthausener Typ 43
Megalodon 106, 107
Mercalli-Cancani-Sieberg-Skala 250
Merckscches Nashorn 222
Mergeln 67, 112, 118
Metabasite 40
Metagabbronorit 24
Metagranit 30
Metakieselschiefer 34
Metamorphite 34
Metasomatose 32
Meteoritenkrater 180, 197
Michelfelder Schichten 140
Miesbacher Mulde 155
Migmatite 40
Mikrit 70
Mikroklin 33

Miltenberger Sandstein 62, 63
Mineraldrusen 31
Mineralwasser **176**
Mischhorizont 163
Mitteldeutsche Hauptschwelle 118
Mittelmaincromer 223, 226
Mittlerer Muschelkalk **76**, F 32
Modiola minuta 73
Mörnsheimer Schichten 123
Molasse **151**
Molukkenkrebs 96
Molybdänglanz 104
Moore 33, 60, F 28, 248, 249
Mosachbecken 233
Moschusochse 237
MSK-Skala (Medveder-Sponheuer-Karnik-Skala) 250
Münchberger Gneismasse **22**
Münchener Schiefe Ebene 234, 235
Münnerstädter Graben 209
Münsteroceras 22
Murnauer Moos 249
Muschelkalk **67**, F 7
Muschelkalkwein 78
Muschelsandstein 163
Museum 20, 27, 34, 38, 119, 131, 144, 240, 247
Muttekopfgosau 143, 144
Mylonitisierte Gesteine 23
Myophoria 73, 77, 86, 101
Myophorienschichten 65, 84, 90
Myophoriopis 83, 86
Mytilus eduliformis 72

N

Naabgebirgsgranit 37
Naabtrog 54
Nagelfluh 144, 155, 156, 158, 161
Nailaer Mulde 206
Nashorn 162, 224
Nassacher Sandstein 84
Natica 101
Natronsyenit 49
Natursteinarchiv 27
Nautilus 7
Neandertaler 9, 214, 222, 237, 247
Nebenpfahl 43
Nebenkrater 200
Neocalamites meriani 72
Neoceratodus 80
Neokom-Aptychenschichten 142
Neokom-Flysch 150
Nephelin-Basalt 178
Nereiten 21
Netzleisten 61
Neuburger Ast 136
Neuburger Kalk 130
Neuburger Kieselkreide 139, 141
Neuburger Schichten 123
Neuhofener Schichten 160, 161
Neukirchener Ocker 141
Neuöttinger Hoch 153, 207
Niederbayerischer Senkungstrog 154
Niederterrasse F 16, 218, 233, 234

263

Nierentaler Schichten 143, 144
Nilpferd 226
Nilsoniaceen 96
Niobella 20
Nördlinger Ries 180
Nonnenwald-Mulde 155
Nordischer Keuper 88
Nordschwarzwälder Schwelle 51
Norit 35, 40
Normalfazies 78, 85, 92
Nothosaurus 71, 73
Numismalismergel 110, 111
Nürnberger Schwelle 60
Nummulitenkalke 147, 151, 161
Nunatakr 230, 231

O

Oberalmer Schichten 133, 135
Obere Meeresmolasse 152
Oberer Sandstein 87
Obere Süßwassermolasse 152
Oberpfälzer Blauton 169
Oberpfälzer Kreideerze 141
Oberpfälzer Molasse 154, 164
Oberpfälzer Pfähle 36
Oberpfälzer Vulkane 172
Oberpfälzer Wald 13, 15, **34**
Oberrheinische Schwelle 51
Oberstdorfer Decke 204
Obolus siluricus 20
Ockerkalkschichten 19
Öhrlimergel 147
Ölkofener Stadium 233
Ölquarzite 145
Ölschiefer 112, 113, 198
Ofterschwanger Schichten 145, 150
Olivin-Basalt 172, 175, 179
Omphalosagdaschichten 158
Oncophora partschi gümbeli 161
Oncophoraschichten 153, 158, 161
Oolithe 74, 76, 106, 114, 117
Oos-Saale-Trog 53
Oos-Stockheim-Trog 51, 54
Opalinuston 115
Orbicularismergel 74, 76
Orbiculoidea 72
Orbitolinen 143
Ornatenton 115, 117, 118
Orthoamphibolit 46
Orthoceraten 20
Orthogneise 23, 24, 30, 45
Ortsfremde Muschelkalkschollen 58, 245
Ortsgebundene Tektonik 203
Ostbayerische Randsenke 109, 152, 206
Ostmolasse 151, 154, 159
Ostracodenton 79, 80
Ostracodenkalk 19
Ostrea 103, 104
Ostthüringischer Hauptsattel 203
Otoites sauzei 114
Ovibos moschatus 237
Oxynoticeras 132
Oxynoticeratenschichten 111

P

Pachypleurosaurus 71, 77
Pachydiscus 144
Paintener Schüssel 119
Palaeoloxodon antiquus 224
Palmen 162
Palit 42, 43
Paraamphibolit 46
Paradoxides 18
Paragesteine 35
Parkinsonia parkinsoni 115, 116
Partnachschichten 99, **103**, 104
Pattenauer Schichten 147
Pechblende 36
Pechkohlen 149, 155, 156
Pechstein-Porphyr 53
Pecopteris 86
Pecten 72
Pegmatit 36, 37, 41, 42, 44
Peißenberger Mulde 155
Penninikum 101, 145
Pentacrinusbank 74
Penzberger Mulde 155
Pericyclus-Stufe 19
Perlgneis 40, 46
Permotrias 57, 58, 65
Pfahl 15, 16, 36
Pfahl-Linie 42, 172
Pfahlquarz 42, 44, F 7
Pfahlschiefer 42, 43, F 7
Pflanzenschiefer 84, 87, 96, 140
Pflaumenkernmuschel 96
Phonolith-Linie 175
Phosphatminerale 42, 95, F 5
Phosphorite 111, 141, 172
Phosphoritknollen 18, 110, 117, 147
Phosphorsiderite 36
Phycoden 28
Phycodenschichten 18, 19, 24, 25
Phycodes circinatum 18
Phyllitgebirge 33
Piesenkopf-Serie 146, 150
Pietra verde 104
Pikrit 21
Pillow-Lava 21, F 3
Pinacoceras 105
Placodus 71
Placunopsidenriffe 80
Placunopsis ostracina 70, F 8
Planknerbrücke-Serie 150
Plateosaurus 86, 95, 127
Plattendolomit 56, 57, 122
Plattenfluß 102
Plattenkalk **106**
Plattensandstein 19, 61, 62, 64
Plattentektonik 203
Platynotenschichten 123
Plesiosaurus 105
Polarmagnetismus 25
Poljen 243
Polymesoda convexa 155
Poppengrüner Konglomerat 19, 22
Populus latior 169
Porphyrische Schichten 54
Posidonia bronni 110, 112
Posidonienschiefer 111, 112, 132

Posidonienstufe 112
Praemegaceros 224
Prasinit 25, 35, 40
Prasinit-Phyllit-Serie 23, 24, 25, 26
Priabon 157
Prodactylioceras davoei 110
Productiden 22
Promberger Schichten 156
Proterobas 32
Protrachyceras 105
Prunella 228
Pseudomonotis substriata 112
Pseudomorphosenschichten 62
Psiloceras psilonotum 110
Psilonotenschichten 111
Pterodactylus 129, 139
Pterophyllum jaegeri 72
Ptychites 103
Pulverturmschichten 140
Pupilla muscorum 239

Q

Quaderkalk **80**
Quarzitphyllit 25, 33
Quarzitsandstein 145
Quarzitschiefer 49
Quarzkeratophyr 26
Quarzkonglomerat 163, (83)
Quarzphyllit 101
Quarzporphyr 19, 29, 32, 42, 45
Quarzrestschotter 163
Quercus drymeia 169
Quintner Kalk 147

R

Radiolarit 133, 134, 135, 164, 215
Radiolites 144
Radiometrische Methoden 10, 11
Raibler Schichten 99, **104**, 106, 134
Rakoczy-Brunnen 248
Ramsaudolomit 99, **103**, 104, 106
Randamphibolite 24, 25
Randgranit 31
Randschieferserie 19, 20, 25
Randterrassen 231
Rangifer tarandus 237
Raricostatenschichten 111
Rauchquarz 36
Rauhwacken 101, 104
Redwitzit 29, 30, 31, 33
Regen-Schwelle 51
Regenporphyr 42
Regensburger Bucht 207
Regensburger Grünsandstein 140
Regensburger Pforte 117, 136, 140
Regensburger Straße 109, 110, 114
Regensburger Trog 60, 141
Regentropfeneindrücke 61, 64
Reichenhaller Schichten 99, **102**
Reinhausener Schichten 140, 166
Reisbergschichten 123
Reiselsberger Sandstein 145, 150
Relative Altersbestimmung 10
Rennertshofener Schichten 123

Rentier 237
Residualtone 76
Restschmelze 31, 36, F 1
Rettenbachbecken 233
Retzia (Tetractinella) trigonella 72
Rezat-Altmühl-Stausee 171, 214
Reussische Phase 21, 206
Reuth-Granit 31
Rhamphorhynchus 129
Rhätkalk 133
Rhätolias 111
Rhätsandstein 96, 98
Rheingletscher 229
Rheinhess. Dinotheriensande 220
Rhesusaffe 226
Rhodanische Phase 208, 211
Rhön-Geiersberg-Wechselfolge 62
Rhyncholithes hirundo 73
Rhynchonella 114, 125, 128, 134
Rhyolith 32
Riedenburger Hoch 48, 153, 208
Riesenhirsch 237
Riesensaurier 86, 95
Riesereignis **180**
Rieskomet 202
Riessee 171, 198
Ries-Tauber-Barre 206
Riffdetritus 119, 121
Rissoa alpina 106
Robulusschlier 159
Rötton 62, 64, F 10
Rötquarzit 62, 65
Rohrbrunner Geröllsandstein 62
Roggensteiner Granit 37
Rollmarken 125
Rosenquarz 36, F 5
Roßfeldschichten 142, 143
Roteisenerze 19, 112, 113
Roteisensteinkonkretionen 79, 87
Roterde 221
Roter Liaskalk 132, 133
Roterz 150
Rotliegendes **52**
Rotweinboden 67
Rottenbucher Mulde 155
Rudisten 144
Ruhlaer Kristallin 46
Ruhpoldinger Marmor 133, 135
Rumunischer Rücken 203
Rußschiefer 19

S
Saale-Trog 51
Saalische Phase 206
Saar-Selke-Trog 51, 53
Säbelzahnkatze 224
Säuerling 176, 178, 180
Salix brauni 169, 228
Salmünster-Folge 62
Salzlagerstätten 49, 69, 77, 101, 102
Salzstöcke 56
Salztektonik 56, 211
Samenfarne 96
Sander 234

Sandschiefer 161, 163
Sandserie 157, 158, 207
Sandsteinkeuper 84
Sao 18
Sargberge 63, F 6
Sarmat 163
Sassendorfites benkerti 96
Saurichthys 85
Sausthal-Zone 129, 139, 206, 207
Sauzeischichten 115
Saxothuringikum 16, 34
Schachtelhalme 61, 85, 92, 96, 104
Schalsteine 19, 21
Schaumkalkbänke 74, 76
Scheelit 35
Scherlinge 204
Schichtstufenlandschaft **240**
Schilfsandstein 92, F 15
Schlangensterne 96
Schlernstadium 233, 247
Schlier 158, 159, 160
Schlotbrekzien 175, 177, 178, 180
Schlotheimia angulata 110
Schönbornsprudel 176
Schrambachschichten 142
Schramberger Trog 51
Schriftgranit 36
Schrattenkalk 147
Schüsseln 119, 120, 125
Schuttbildner 103, 106, 248
Schutzfelsschichten 137, F 19
Schwärzschiefer 19, 21
Schwammkalke 119, 122
Schwarzburger Schwelle 51, 206
Schwarzenbacher Serie 19
Schwarzerz 150
Seeaugen 231
Seelilien 71, 78
Seelohe 249
Seesinterkalk 71
Seewerkalk 147
Seichter Karst 241, 242
Seifenbaum 164
Seifengold 37, 249
Semionotensandstein 93
Semionotus 86, 94, 105
Sennesbaum 169
Sepiolith 25
Septarienton 170
Serpentinit 24, 25, 26, 35, 40
Setatus-Schichten 123, 128
Seugaster Werksandstein 140
Shatter cones 49
Sickerzone 242
Siderit 141
Siebenschläfer 245
Sigiswanger Decke 204
Sigmoidalklüftung 71
Silber 40
Silifikat 201
Sinkwerke 102
Sinnberger Quelle 176
Sinterkalke 171, 241, 243
Sole 78, 101, 102, 176
Solifluktion 66
Solling-Folge 62

Solnhofener Schichten 108, 129
Sonnenbrenner 174
Sonninia sowerbyi 114
Sowerbyi-Schichten 115
Sparit 70
Spateisen 26, 30, 113, 138
Speckstein 27, 30, 32, 33, 53, 169
Sperrzone 242
Spessartit 46
Spessart-Rhön-Schwelle 51, 57, 208
Spessartsandstein 62
Sphaerocodium 104
Sphinx der Geologie 22
Spilit 21, 146
Spiriferina 72, 103, 105
Spiriferinabank 74, 78
Sprudel 176
Stadschiefer 147, 150
Stalagmiten 243
Stalaktiten 243
Stallwanger Furche 16
Stammbecken 231
Staurolith 34
Stauzone 242
Steatit 32
Steigbachschichten 156
Steigerwalddurchbruch 221
Steinerne Rinne 244
Steinfachschule 33
Steinheimer Becken 180, 198, (83)
Steinkohle 49, 53, 55
Steinmergel 83, 97
Steinmeteoriten 197, 202
Steinriegel 81
Steinsalz 58, 69, 70, 76, 102, 241
Steinsalznachkristalle 61
Steinwein 82
Stenopterygius 112
Stephanoceras 114
Steppenelefant 226
Stettener Konglomerat 71, 77
Stinkkalke 76, 110, 112
Stishovit 198
Stockletten 147, 150
Stoßwellenmetamorphose 198
Straubinger Senke 39
Strenoceras subfurcatum 114
Stringit 36
Stromatolithen 71
Stubensandstein 95
Styliolinen 21
Stylolithen 77, 200
Subaquatische Rutschungen F 11
Subeumela-Schichten 123, 128
Subjurassische Molasse 154
Subrugulosaschichten 158
Succinea oblonga 239
Sudetische Faltungsphase 16, 19
Süddeutsches Dreieck 51, 152
Süßbrackwassermolasse 152, 153
Süßwasserkalk 49, 158, 171, 202
Süßwasserquarzite 168
Suevit F 25, 197, (83)
Sulfiderze 20, 32
Sutneria 125
Synklinorium 204

T

Tafelmolasse 151
Talk 25, 26, 32
Talsohleschotter 216
Tapirus arvernensis 219
Tauerngneis 101
Taxus 228
Tegernseer Marmor 133, 135
Tektofazielle Schichtkomplexe 143
Tentakulitenschiefer 19, 21
Tephrit 172
Terebratelbänke 74, 76, 79
Terebratula 72, 79, 103
Tethys 100, 149
Teuschnitzer Konglomerat 19, 21
Teuschnitzer Mulde 54
Thalbergschichten 156, 158
Thaumatopteris 96, 111
Thecosmilia 106, 107
Thermalwasser 67, 159
Thiersee-Mulde (101)
Thüngersheimer Sattel 68, 209, 211
Thüringische Fazies 17, 19, 29, 205
Thüringische Hauptmulde 206
Thuringit 18
Thurnauer Töpferton 98
Ticinosuchus ferox 64
Tiefenbachschichten 18, 19
Tiefer Karst 241, 242
Tillenglimmerschiefer 34
Tirolische Einheit 204
Tirolites 101
Titanit 25
Tithonkalk 133, 135
Topas 31
Topazolith 25
Topfstein 26
Torbernit 32, F 1
Torf 33, 244
Torton 163
Toteisseen 231
Trachytdolerit 172
Tratenbachserie 149, 150
Travertin 171
Treuchtlinger Marmor 123, 128, 130
Trichtergruben 163
Triebenreuther Schichten 18, 19
Triphylin 42
Tripel 166, 235
Triops cancriformis minor 7, 85, 94, 95
Triplit 36
Tristelbrekzien 145
Tristelschicht 150
Tropfsteine 243
Tropites 105
Trümmererze 115
Trusen-Folge 46
Tuff 175
Tuffbrekzien 26
Tuffit 175
Tummler 130
Turbonilla 93
Turmalin 31, 36, 44
Turnerichschichten 111

U

Überschiebungsdecken 203
Ütschendecke 145
Uhlandikalk 123
Ulmer Schichten 158
Ulmus longifolia 169
Umlaufberge 222
Unkener Mulde 204
Unterer Sandstein 79, 87
Untere Süßwassermolasse (USM) 152, 158, 163
Untermain-Trapp 175
Unternoggschicht 149, 150
Untersberger Marmor 143, 144
Ur 237
Uraltmühl 215
Uran 31, 36, 38, 55, 95
Uranglimmer 42
Uraninit 32, 42
Uranocircit 36
Uranophan 36
Urdonau 214
Urmain 171, 215, 220
Urnaab 216
Urpferd 244
Ursus spelaeus 230, 237, 242
Urvogel 7, 121, 122, 125, 127, 131
Usseltaler Schichten 123
Uvala 243

V

Valendis-Mergel 146, 147
Variansschichten 114, 115
Variskische Gebirgsbildung 16, 24
Vergriesung 200, 245
Verkieselungen 95
Verrucano 99
Verwerfungslagerstätten 208
Vesuvian 31, 35
Vielfraß 237
Villafranca 246
Vilser Kalk 133, 134
Vindelizisches Festland 55, 56, 63
Virgataxioceras setatum 125
Virgatosphinctes ulmensis 125
Vitriol 37, 40
Vitriolschiefer 79, 87
Vivianit 37
Vogtendorfer Schichten 19
Vogtländische Hauptmulde 206
Volpriehausen-Folge 62
Voltzia 85
Vorarlberger Fazies 99
Vorderriß 1 151, 204
Vorgosauische Gebirgsbildung 143
Vorlandmolasse 151, 154, 210
Vortiefe 152
Vorwaldfläche 43
Vulkanruinen 33

W

Wackenpflaster 111
Wagners Plattenhorizont 79, 87
Waldelefant 226
Waldheimia 110, 126
Wamberger Sattel 204 (101)
Wangschichten 147
Wanne 120
Warmzeiten 227
Warvite 56, 247
Wasserburger Trog 118, 153, 157
Wasserhärte 78
Weidstaudenschichten 18
Weilloher Mergel 140
Weißachschichten 156
Weißbleierz 82
Weißerden 199
Weißliegendes 53
Weißer Mainsandstein 64
Wellenkalk **71**
Wellheimer Trockental 122, 217
Wendelsteiner Quarzit 95
Werfener Schichten 99, **101**
Werkkalke 126
Werksandstein 79, 84, 87
Werraanhydrit 56
Westmolasse 151, 154, 159
Westthüringischer Hauptsattel 206
Wettersteinkalk **103**
Wetzsteinquarzit-Serie 19
Widdringtonites 86
Wildbarren-Überschiebung 204
Wildensteiner Schichten 17, 19
Wildflysch 145, 149, 150, 204
Windkanter 61, 218, 240
Windmaiser Geröllsandstein 140
Windsheimer Ähren 85
Windsheimer Bucht 60
Winzergesteine 43
Wohlgebankte Werkkalke 126
Wolframit 31, 32
Würm **230**
Würmseegletscher 229
Würzburger Becken 55
Wulstkalke 70, 78
Wunsiedeler Bucht 30
Wurstelbänke 102
Wurstkonglomerat 19, 22, 30
Wurzelhorizont 61

X

Xenocyon lycaeonoides 224

Z

Zeitlarner Schichten 117
Zelkova ungeri 169
Zementationszone 25
Zementmergelserie 146, 150
Zementstein 147
Zentralstock 31
Zeolith 172, 179
Zeugenberg 81, 97
Zeta-Schüsseln 120
Ziegelrohgut 67, 88, 98, 113, 154
Ziller Kalk 99, 104
Zinkblende 26, 37, 40, 55
Zinngranit 31, 32
Zinnhänge 31
Zlambachmergel 99, 106
Zungenbecken 232, 233
Zweigbecken 231, 233
Zwieselalmschichten 143, 144